U0390897

21世纪高等学校规划教材 | 计算机科学与技术

数据结构

（第2版）

王震江 主编

何英 邱莎 俞锐刚 阿圆 副主编

清华大学出版社

北京

内容简介

本书融入编者多年的教学经验和体会，参考国内外流行教材，较全面地组织教材内容，提供大量的经典算法，并适当引入考研典型题例供学生学习，具有很强的实用性、易读性、针对性。本书的体系结构科学合理，可分为6个部分（10章），分别讲述绪论、线性表、树、图、查找与排序、文件。每章后附有习题，部分选自近年考研题目，以帮助深入理解相关内容。

本书适合作为工程型、应用型高校理工科相关专业数据结构课程的教材、本科高年级学生的考研参考书，也可作为程序设计自学者的参考书。

图书在版编目（CIP）数据

数据结构/王震江主编．—2版．—北京：清华大学出版社，2013（2019.1重印）
21世纪高等学校规划教材·计算机科学与技术
ISBN 978-7-302-34028-7

Ⅰ．①数… Ⅱ．①王… Ⅲ．①数据结构－高等学校－教材 Ⅳ．①TP311.12

中国版本图书馆CIP数据核字（2013）第234306号

责任编辑：付弘宇　薛　阳
封面设计：傅瑞学
责任校对：梁　毅
责任印制：李红英

出版发行：清华大学出版社
　　网　　址：http://www.tup.com.cn，http://www.wqbook.com
　　地　　址：北京清华大学学研大厦A座　　**邮　　编**：100084
　　社 总 机：010-62770175　　**邮　　购**：010-62786544
　　投稿与读者服务：010-62776969，c-service@tup.tsinghua.edu.cn
　　质量反馈：010-62772015，zhiliang@tup.tsinghua.edu.cn
　　课件下载：http://www.tup.com.cn，010-62795954
印 装 者：北京建宏印刷有限公司
经　　销：全国新华书店
开　　本：185mm×260mm　　**印　张**：19.75　　**字　　数**：492千字
版　　次：2008年3月第1版　　2013年10月第2版　　**印　　次**：2019年1月第2次印刷
印　　数：2001～2400
定　　价：34.50元

产品编号：053203-01

出版说明

随着我国改革开放的进一步深化，高等教育也得到了快速发展，各地高校紧密结合地方经济建设发展需要，科学运用市场调节机制，加大了使用信息科学等现代科学技术提升、改造传统学科专业的投入力度，通过教育改革合理调整和配置了教育资源，优化了传统学科专业，积极为地方经济建设输送人才，为我国经济社会的快速、健康和可持续发展以及高等教育自身的改革发展做出了巨大贡献。但是，高等教育质量还需要进一步提高以适应经济社会发展的需要，不少高校的专业设置和结构不尽合理，教师队伍整体素质亟待提高，人才培养模式、教学内容和方法需要进一步转变，学生的实践能力和创新精神亟待加强。

教育部一直十分重视高等教育质量工作。2007 年 1 月，教育部下发了《关于实施高等学校本科教学质量与教学改革工程的意见》，计划实施"高等学校本科教学质量与教学改革工程"（简称"质量工程"），通过专业结构调整、课程教材建设、实践教学改革、教学团队建设等多项内容，进一步深化高等学校教学改革，提高人才培养的能力和水平，更好地满足经济社会发展对高素质人才的需要。在贯彻和落实教育部"质量工程"的过程中，各地高校发挥师资力量强、办学经验丰富、教学资源充裕等优势，对其特色专业及特色课程（群）加以规划、整理和总结，更新教学内容、改革课程体系，建设了一大批内容新、体系新、方法新、手段新的特色课程。在此基础上，经教育部相关教学指导委员会专家的指导和建议，清华大学出版社在多个领域精选各高校的特色课程，分别规划出版系列教材，以配合"质量工程"的实施，满足各高校教学质量和教学改革的需要。

为了深入贯彻落实教育部《关于加强高等学校本科教学工作，提高教学质量的若干意见》精神，紧密配合教育部已经启动的"高等学校教学质量与教学改革工程精品课程建设工作"，在有关专家、教授的倡议和有关部门的大力支持下，我们组织并成立了"清华大学出版社教材编审委员会"（以下简称"编委会"），旨在配合教育部制定精品课程教材的出版规划，讨论并实施精品课程教材的编写与出版工作。"编委会"成员皆来自全国各类高等学校教学与科研第一线的骨干教师，其中许多教师为各校相关院、系主管教学的院长或系主任。

按照教育部的要求，"编委会"一致认为，精品课程的建设工作从开始就要坚持高标准、严要求，处于一个比较高的起点上。精品课程教材应该能够反映各高校教学改革与课程建设的需要，要有特色风格、有创新性（新体系、新内容、新手段、新思路，教材的内容体系有较高的科学创新、技术创新和理念创新的含量）、先进性（对原有的学科体系有实质性的改革和发展，顺应并符合 21 世纪教学发展的规律，代表并引领课程发展的趋势和方向）、示范性（教材所体现的课程体系具有较广泛的辐射性和示范性）和一定的前瞻性。教材由个人申报或各校推荐（通过所在高校的"编委会"成员推荐），经"编委会"认真评审，最后由清华大学出版社审定出版。

目前，针对计算机类和电子信息类相关专业成立了两个"编委会"，即"清华大学出版社计算机教材编审委员会"和"清华大学出版社电子信息教材编审委员会"。推出的特色精品教材包括：

（1）21世纪高等学校规划教材·计算机应用——高等学校各类专业，特别是非计算机专业的计算机应用类教材。

（2）21世纪高等学校规划教材·计算机科学与技术——高等学校计算机相关专业的教材。

（3）21世纪高等学校规划教材·电子信息——高等学校电子信息相关专业的教材。

（4）21世纪高等学校规划教材·软件工程——高等学校软件工程相关专业的教材。

（5）21世纪高等学校规划教材·信息管理与信息系统。

（6）21世纪高等学校规划教材·财经管理与应用。

（7）21世纪高等学校规划教材·电子商务。

（8）21世纪高等学校规划教材·物联网。

清华大学出版社经过三十多年的努力，在教材尤其是计算机和电子信息类专业教材出版方面树立了权威品牌，为我国的高等教育事业做出了重要贡献。清华版教材形成了技术准确、内容严谨的独特风格，这种风格将延续并反映在特色精品教材的建设中。

清华大学出版社教材编审委员会
联系人：魏江江
E-mail：weijj@tup.tsinghua.edu.cn

前言

程序设计是计算机专业人员十分重要的基本功，是软件设计的基础，然而，程序设计的根基并不在程序设计中，而在程序设计之外。程序设计课程介绍特定的指令、语法、语句的编写规则，学习这些规则仅仅是最基础的编程训练，并不能解决如何提高编程能力的问题。这与许多应用型普通高校中初学程序设计课程的学生反映出来的问题是一致的，由于数学和物理基础薄弱，程序设计中必备的数理逻辑推理和思维能力不够强，学生在程序设计课程的学习中普遍感到困难，这种困难可能使学生对自己的编程能力产生怀疑，从而影响到学生对计算机专业的认同感和归属感。

程序设计是用来解决问题的，解决问题的关键是面对实际问题时有没有解题的想法，进而在想法的基础上找出解决问题的步骤，对其优化，最终形成一个解题的算法。在软件设计的实践中，问题千奇百怪，五花八门，没有一个定式，但迄今为止，在计算机领域中出现的大多数问题都有一些共性，包含相似的数据现象，研究这些共性和相似性，寻求解决各类问题的普适算法，可以使计算机专业的学生喜欢编程，热爱编程，并具备较强的编程能力，成为一个合格的计算机专业人才。“数据结构”就是这样一门提供能够解决具有共性和相似性问题的通用方法、有效提高编程能力的基础性课程。

“数据结构”原本是计算机专业的重要核心基础课程，近年来，随着信息技术的飞速发展，该课程的重要性已经为从事信息技术及其相关专业教学和研究的同仁们所认识。如今，“数据结构”已经不再是计算机专业独有的课程，而是发展成为高校中多个专业的重要基础课，如数学类、电子技术类、信息技术类等专业。

国内高校的计算机专业分为科学研究型、工程技术开发型、技术推广应用型三个层次。本书编写的深度和难度定位于后两个层次。本书在编者十几年教学和实践经验的基础上，参考了国内外流行教材，较全面地组织、安排了教材内容，提供了大量的经典算法，并适当引入了考研典型题例供学生学习，具有很强的实用性、易读性、针对性，融入了编者多年的教学经验和体会。本书的体系结构科学合理，内容精练。每章附有一定量的习题，其中部分选自近年来的考研题目，以帮助学生深入学习和理解相关章节的内容，并为学生的考研需求提供一定的条件。

根据国内工程型和应用型计算机专业普遍学习 C 语言的特点，本书使用 C 语言作为算法的描述语言。

本书可分为 6 个部分，分别讲述绪论、线性表、树、图、查找与排序、文件。

第 1 章概述数据结构可能涉及的内容和分析方法，讲解算法和程序的差异、算法的评价等问题。

第 2～5 章介绍线性表结构、特殊线性表——栈和队列、字符串和数组与广义表。从顺序存储结构和链表结构两个方面来阐述线性表的存储结构与建立在存储结构之上的算法设计，以及线性表的广泛应用，如栈、队列、字符串、数组、广义表等，并进一步讨论这些数据结构的应用，如程序调用、皇后问题、火车编组问题等。

第6章讨论树。本书与其他教材不同的是，深入讨论一般树的计数、层次、树高等基本问题。在二叉树的生成中讲解多种生成算法。在二叉树的前序、中序和后序遍历运算中讨论树的递归和非递归遍历算法，除此之外，还讨论了欧拉遍历和按层次遍历，线索二叉树及其应用，二叉树的典型应用——哈夫曼树和哈夫曼编码、排序树、平衡树、2－3树、红黑树、表示树、判定树等问题。

第7章讨论图。内容包括图、图的遍历、生成树问题、最短路径问题、拓扑排序和关键路径等。

第8章和第9章讨论目前常见的查找算法和排序算法。在查找算法中，从静态表、动态表和哈希表三个方面来研究查找算法，静态表的数据结构是线性表，动态表的查找主要有二叉树查找、B树查找和键树查找等，哈希表的构造和查找则用哈希算法来实现。在排序中分为内排序和外排序两个部分。内排序主要讨论插入排序、交换排序、选择排序、归并排序、基数排序等8种经典的排序算法。外排序讨论磁盘排序、胜者树和败者树、最佳归并树和磁带排序等。

第10章讨论文件。从文件的存储结构入手讨论文件的管理，包括顺序文件、索引文件、索引顺序文件、散列文件、多关键字文件等。

本书内容涵盖了目前国内数据结构课程涉及的几乎所有内容，有的进行了深入的讨论，有的比较初步，这与教材编写的指导思想有关。

本书由王震江担任主编，何英、邱莎、俞锐刚、阿圆任副主编。其中，王震江编写第1章、第2章、第6章，何英编写第7章、第10章，邱莎编写第8章、第9章，俞锐刚编写第3章，阿圆编写第4章、第5章。王震江对全书进行了统稿和主审，统一了图例。书中提供的算法通过了上机调试。

本书是云南省精品教材建设和昆明学院精品课程建设项目的成果。感谢清华大学出版社给予的大力支持。

由于作者水平有限，编写仓促，书中难免存在疏漏和错误，敬请读者不吝赐教。

本书的配套课件等相关资源可以从清华大学出版社网站 www.tup.com.cn 下载，下载及使用中遇到任何问题，请联系 fuhy@tup.tsinghua.edu.cn。

编　者

2013年5月于昆明

目录

第1章 绪论

1.1 数据结构概述

1.1.1 引言

在计算机科学技术领域，经常要与一些数据和信息打交道。多年来，人类对所有出现过的数据和信息进行了分类处理，从而形成了几种十分重要的数据形式。为了对这些数据形式有一个大体的了解，我们有必要先了解如下几类与数据形式密切相关的问题。

1. 表格问题

表格是对一些有规律的，格式重复的数据的一种理想表现形式，许多客观的对象都可以用表格来描述。表1.1给出了一个单位的人员情况表。

表1.1 某单位的人员情况表

编号	姓名	性别	民族	出生日期	工作时间	文化程度	专业
28011	李立	男	汉	1964	1988.9	大学	图书管理
29121	张媛媛	女	汉	1970	2002.8	大学	机械制造
…	…	…	…	…	…	…	…
23579	王云坤	男	满	1960	1981.9	硕士	数学

类似的表格普遍存在于各行各业，当用计算机进行管理时，怎样建立这一关系，怎样在这样的表上进行数据添加、插入、删除、计算，以及怎样存储，成为涉及广泛的问题。

2. 书的体系结构问题

一本书由前言、目录、各章、附录等组成，各章还包含节，节下面还有小节等，这种层次结构可以表示成图1.1的形式。

同样的结构可以表示许多现实世界的对象，如计算机上的文件系统，一个单位、学校或公司的组织结构图，一篇论文的组织格式，家族的家谱，都具有与图1.1相似的结构，所以，研究这类问题具有十分重要的理论价值和应用价值。

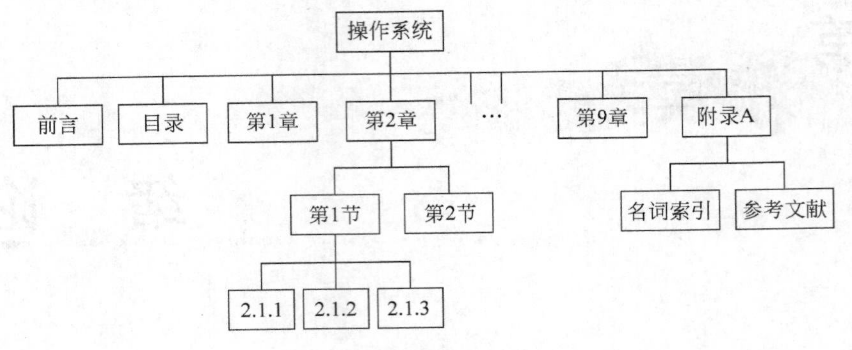

图 1.1　书的组织结构图

3. 二分支条件判断问题

进行程序设计时，经常使用条件语句进行判断，如两个数的大小比较、根据两个数的大小去执行两种操作。类似的操作构成了程序流程的重要组成部分，是计算机处理问题的基础。图 1.2 是从键盘上输入 a、b、c 三个数，然后从大到小排序输出的程序流程图。

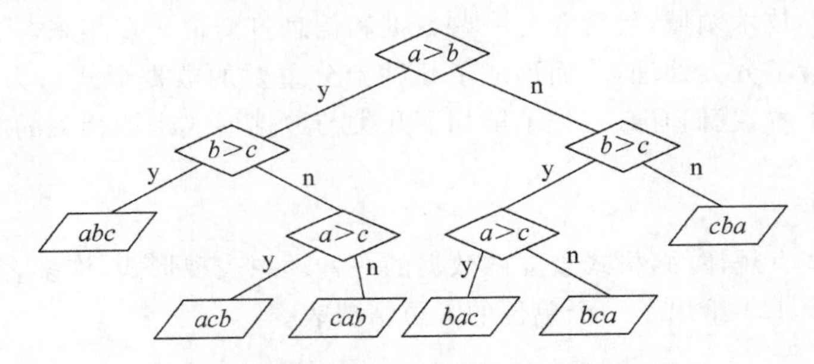

图 1.2　三元素从大到小排序的程序流程图

4. 交通与通信问题

图 1.3 是我国几个城市之间的直线距离图，在两个城市之间的连线上标有里程。在这张图中寻找从某个城市到另外一个城市的最短路径，可以为处理在这些城市之间选择最经济节约的旅游路线、决定如何架设最经济最高效的通信电缆等实际应用问题提供技术支持。因此研究这样的图具有实际意义。

把表格的一行作为一个元素处理，表 1.1 的问题可以用一个称为“线性表”的数据结构来表示。还可以用二维数组来表示表，二维数组也是一个“线性表”。图 1.1 有一个主结点（“操作系统”），主结点下有若干子结点（“前言”、“目录”、“第 1 章”、……），子结点还可以有下一级子结点（“第 1 节”、“第 2 节”、……），结点下的子结点数目不等。这类结构可以用称为“树”的数据结构来表示。图 1.2 与图 1.1 类似，但主结点只有两个子结点，所有的子结点有且最多只有两个下一级子结点，这类结构可以用一种特殊的树——“二叉树”来表示。图 1.3 的结构可以用称为“图”的数据结构来表示，类似的问题有决定某类工程进度、大学课程设置的顺序等，解决的办法可以通过研究“图”来获得。

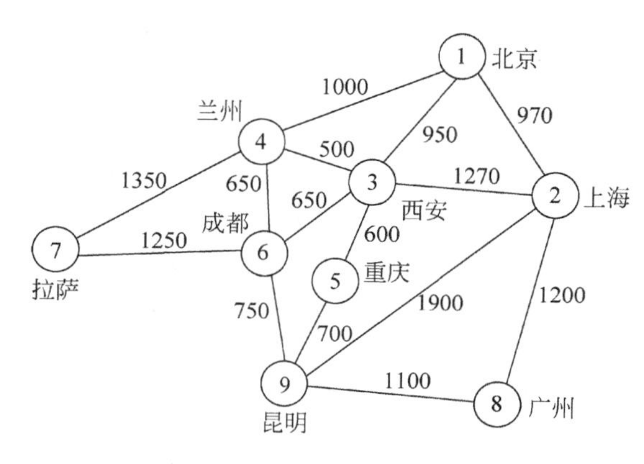

图 1.3 城市交通或通信图

综上所述，客观世界出现了形形色色的现象和对象，它们不再是数学方程所能描述的形态，而是用表、树、图等来描述的另一类数据结构，当我们用计算机进行处理时，总要寻找一些有效的方法来处理它们，数据结构就是这样的一门综合研究此类问题的方法和理论的课程。数据结构不仅是计算机科学技术专业的必修课程，而且是与信息有关的所有专业的必修课程，它在计算机学科具有十分重要的意义。

我们通过学习数据结构而了解计算机领域的各种数据对象和它们的逻辑关系、存储结构以及建立在存储结构之上的各种运算；同时对发生在这些数据对象上的各种算法，如查找、排序（这两类算法将在本书后续章节讲述）、递归、分治、回溯、贪婪（这些算法属于《算法设计》课程的内容）等还将进行系统学习。系统学习数据结构，对我们理解计算机学科处理问题和解决问题的方法有基础而全面的帮助，对程序设计也有十分积极的指导作用。

Donald E. Knuth 在他的《计算机程序设计艺术》的前言中说"对于数字计算机程序的准备过程特别引人入胜，不仅因为它能有效和科学地回报我们，而且因为这个过程非常像创作诗歌和音乐那样给人一种美学的体验。"对于数据结构的学习就是这样的一个准备过程，它会使我们得到美的享受。当我们为解决某个问题设计出一种算法，并不断想出优化该算法的新算法，从而完美地把问题解决的时候，这种美的享受格外地刻骨铭心，令人难以忘怀地久久沉浸在这种美的享受之中。这种感受绝不亚于品尝百年纯酿、极品普洱的那种感受，所以应该认真学习此课程，努力地寻找这种享受，为程序设计能力的培养打下坚实而良好的基础。

1.1.2 数据结构有关概念及术语

1. 概念和术语

信息（Information）是人类为了生存，对各种有用的知识、技能、劳作记录的总结。它们或使用有形的形式，如图形、文字；或使用无形的东西，如音乐、语言等。如农历的 24 节气、历书、甲骨文、恒星运动、太阳的东升西落、力学、数学等，都是信息的典型表现形式。今天，信息无所不在，无所不容。

数据（Data）是对信息的一种符号表示，是指所有能输入到计算机中并被计算机程序处理的符号的总称。它们包括文字、数字、声音、图像等。数据与计算机的处理密切相关，是那些能够编码而被计算机处理的信息。那些不能被计算机处理的信息不是此意义上的数据。数据有不同的等级，如位(bit)、字节(Byte)、字(Word)、数据项(Data Item)、记录(Record)、文件(File)和数据库(Database)等。

数据元素(Data Element)是数据的基本单位。在计算机程序中通常作为一个整体进行考虑和处理。一个数据元素可由若干个数据项组成。如表1.1中的一行可以作为一个数据元素，这个数据元素由若干个数据项(Data Item)组成，如姓名、性别等，它们可以是数字、字符、日期等类型。数据项是组成数据元素的具有独立含义的最小单位(不能再分割，再分割已无意义)。

数据对象：是相同性质的数据元素的集合，是数据的一个子集；或是某种数据类型元素的集合。数据对象可以是有限的，也可以是无限的。如正整数的数据对象{1,2,3,4,…}是无限的；我国行政省份和直辖市的名称构成的数据对象{北京，天津，上海，河北，……，台湾}是有限的；汉字字符组成的数据对象{啊，阿，……}是有限的，等等。

数据结构：是相互之间存在一种或多种特定关系的数据元素的集合。或定义为：按照一定逻辑关系组织，并按照一定存储方法存储在计算机中的，且需要定义一系列运算的数据的集合。数据的逻辑结构、存储结构和运算合称数据结构的三要素。

数据结构的逻辑结构可以形式地定义为

$$\text{Data\_Structure} = (\mathrm{D},\mathrm{R}) \tag{1.1}$$

式中：D——数据元素的有限集合；R——D上关系的有限集合。

例1.1 数据结构A=(D,R)

$$\mathrm{D} = \{a,b,c,d,e\}$$

$$\mathrm{R} = \{r\} = \{<a,b>, <b,c>, <c,d>, <d,e>\}$$

请画出此数据结构的逻辑图形。

解：D中有5个元素：a、b、c、d、e，可以用圆圈标上相应的元素值予以表示，如a、b、c分别用ⓐ、ⓑ、ⓒ来表示。

R给出的关系是$<a,b>$，$<b,c>$，$<c,d>$，$<d,e>$，在数据结构中用尖括号“<>”表示有向边，$<a,b>$表示元素a指向元素b有方向的线段，称为有向边。由此可以得到图1.4。

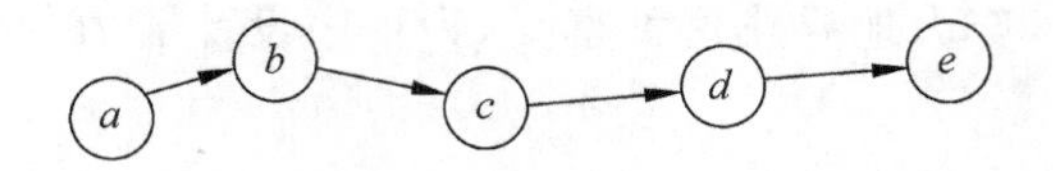

图1.4 例1.1的逻辑图形

逻辑结构：规定了数据元素之间的逻辑关系，形式如式(1.1)。式(1.1)是数据结构的数学表示，它描述了数据元素之间的逻辑关系，所以又称为数据的**逻辑结构**。数据的逻辑结构由四种结构构成，它们是集合结构、线性结构、树型结构、图形结构。**集合结构**：数据之间没有关联关系，处于离散状态(如图1.5 (a))。线性结构：数据元素之间存在一对一的关系(如图1.5 (b))。**树型结构**：数据元素之间存在一个对多个的关系(如图1.5 (c))。**图形结构**：数据元素之间存在多对多的关系(如图1.5 (d))。

存储结构：指数据结构在计算机存储器中的存储映像，又叫做数据的物理结构。存储

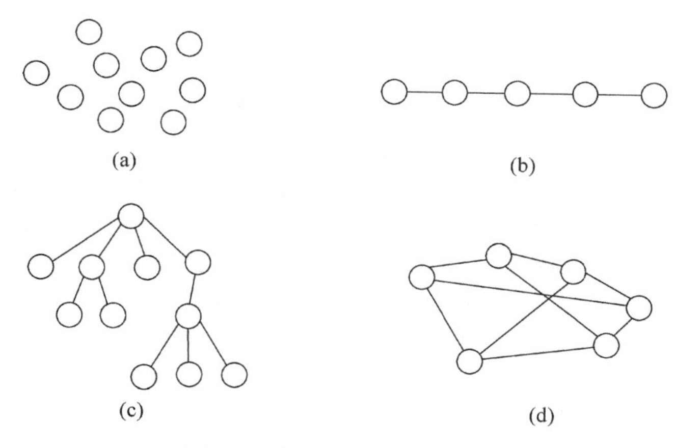

图 1.5 数据的四种逻辑结构

结构既要反映数据元素本身，还要反映数据元素之间的关系。如在树的表示中，既要表示数据元素的值，又要表示树中结点之间一对多的关系。数据在计算机存储器中一般有两种存储结构，另一种是顺序存储结构，一种是链表存储结构。**顺序**(Sequence)结构中每个单元存储数据的值，单元之间的相对位置反映了数据元素之间的关系。**链表**(Link List)**存储结构**中，用数据域表示数据元素的值，另外设置一个或多个指针域来表示数据元素之间的关系。不论是顺序结构还是链表结构，其数据元素可能是一个单一的字符或数值，如"a"、"b"、23.5、"学习"等，也可能是包含若干数据项的复合元素，如表 1.1 中的一行，这一点需要引起注意。

除了顺序存储和链表存储结构外，还有索引存储结构和散列存储结构。**索引**(Index)**存储结构**中，在存储所有数据元素的同时，建立附加的索引表，来表示数据元素之间的逻辑关系。**散列**(Hash)**存储结构**是指根据数据元素的关键字，通过散列函数计算各个数据元素相应的存储地址，存和取都是根据散列函数值来进行的。

数据结构的第三个要素是运算。**运算**(Operation)是对定义在数据结构之上的数据进行操作的总称。不同的数据结构可能有不同的运算。定义在数据元素上的基本运算有以下几种。

(1) 建立：建立某种指定的数据结构。

(2) 清除：把某个指定的数据结构置为空(不存在)。

(3) 插入：在数据结构指定位置上插入一个新的数据元素。

(4) 删除：在数据结构指定位置上删除一个数据元素。

(5) 更新：修改数据结构中某个数据元素的值。

(6) 查找：在数据结构中查找满足某种条件的数据元素。

(7) 排序：使数据元素按某种指定的次序重新排列。

(8) 判空和判满：判定某个数据结构是否为空和判定该数据结构是否已达到逻辑上或存储上的最大允许容量。

(9) 求长：求指定的数据结构中数据元素的个数。

2. 研究数据结构的任务

通过上述分析和讨论，我们可以认为研究数据结构的任务是：研究数据的逻辑结构，各种数据在计算机内部的表示，以及相关的运算；研究如何有效地维护、处理和应用这些数据，提供评估方法；研究如何分析整理源数据，建立数据间的相互关系，以最有利的形态存放在计算机内存中，并提供一种策略使计算机能够充分地使用这些数据的方法。所以数据结构要讨论的问题是：如何以最节省存储空间的方式来表示数据？如何根据数据的存储结构设计算法？如何设计算法才能提高算法的效率？研究并提供各种数据处理的技巧，如插入、删除、查找、排序算法等。

1.1.3 数据类型

数据类型(Data Type)这个概念最早出现在高级程序设计语言中，如 Fortran 中出现的各种类型的数据，整型、浮点型、字符型等。这是因为用计算机来处理自然界的具体数据对象时，为了方便处理，需要把不同性质的数据加以分类，在各类数据上定义特定的运算，并规定在该类数据上的运算产生的数据也具有该类数据的性质(相同的类型)，并根据数据类型来决定在存储器中划分多大的空间来存储该类型的数据。因此说，**数据类型**是一个值的集合和定义在该值集上操作的总称。

在程序设计语言中，数据类型特指变量的数据种类。在所有的程序设计语言中数据类型分为基本类型和构造类型。**基本类型**主要有：整型、浮点型、字符型。**构造类型**主要有：数组、结构、联合、指针、枚举、自定义。如 C 语言中 int、char 是基本类型，structure、union 是构造类型。构造类型可以由不同类型的基本型数据复合定义。所以，又把基本类型叫做**原子类型**(不可再分解的)，把构造类型叫做**结构类型**。

除了数据类型外，还有一种称为**抽象数据类型**(Abstract Data Type，ADT)，只定义基于逻辑类型的数据类型，以及定义在该数据类型上的一组操作，只考虑逻辑结构和运算，而不考虑其存储结构。这样抽象数据类型与计算机存储器内部的表示和实现无关。

程序设计语言分为面向过程和面向对象两大类。C 语言，Fortran 语言是面向过程的编程语言，它们使用数据类型来定义数据。Java，C＃，C++是面向对象的编程语言，它们使用类、对象、封装来使用数据，实际上使用的数据类型就是抽象数据类型。

1.2 算法描述与实现

1.2.1 算法的概念与特性

1. 算法的概念

Algorithm(算法)一词最早与欧几里德算法(Euclid's Algorithm)联系在一起，这个算法又叫辗转相除法。作为算法的简单引入，我们来讨论欧几里德算法。此算法表述如下。

给定两个正整数 m 和 n，寻找它们的最大公约数，即，可以同时整除 m 和 n 的最大正整数 d。

算法描述如下：

① 输入两个正整数 m,n；

② 令 r 等于 m 除以 n 的余数；

③ 令 $m \leftarrow n, n \leftarrow r$，如果 $r \neq 0$ 返回②；否则，运算结束，返回 m。

如果用伪语言描述，则为：

算法 1.1 欧几里得算法

```
Algorithm Euclid(m,n)
    //计算 m,n 的最大公约数,m,n 由调用函数赋值
    do
        r←m mod n
        m←n
        n←r
    while(r≠0)
    输出 m
```

通过这个例子，我们可以对算法有一个初步的理解。该算法目的明确，步骤有限，计算确定，可行，有输入和输出。为此，可以定义算法如下：

算法是建立在数据结构基础之上的，求解问题的一系列规则的有限步骤。换句话说，算法就是计算机解题的过程。这个过程中首先要有解题思路，然后才是编写程序，前者叫“推理”的算法，后者叫“操作”的算法。

2. 算法的特性

一个算法应该具有下列5个特性。

(1) **有穷性**：一个算法必须总是在执行有穷步骤之后结束，且每一步都在有穷时间内完成。算法1.1中，通过把 m 除以 n 的余数赋给 r，再把 r 赋给 n，逐渐使 n 的值减小，直到 $r=0$ 或 $n=1$ 为止，如此循环往复最终使 $r=0$，从而使算法结束。

(2) **确定性**：算法中每一条指令必须有确切的含义，读者理解时不会产生二义性，并且在任何条件下，算法只有唯一的一条执行路径(相同的输入只能有相同的输出)。算法1.1规定 m 和 n 都是正整数，因而 m 除以 n 的余数(如果有的话)也是正整数，从而保证了后续各个步骤中都能确定地执行。

(3) **可行性**：一个算法是可行的，即算法中描述的操作都是可以通过已经实现的基本运算执行有限次来实现。算法的可行性有两层含义，第一层含义是算法中的各个语句是可行的，第二层含义是各个可行的语句的有限步骤对解决问题是可行的。第二层含义尤其重要，否则将出现若干可行的操作不能解决问题的情况，出现南辕北辙的事情。算法1.1中整数的表示是可行的，整数的除法是可行的，把一个整数赋给另外一个整数是可行的，使运算得以顺利结束的判断也是可行的，所以，存在至少一种方法的集合，使我们解决问题方法可行；另外，算法1.1通过有限的可行步骤，可以求解问题，所以算法1.1是可行的。如果算法1.1中涉及的数值是有无限小数的实数，则算法1.1不可能精确地完成，那么这些运算就是不可行的。

(4) **输入**：一个算法有零个或多个输入，这些输入取自某个特定的对象的集合。算法

1.1 中输入了两个整数 m,n。

（5）**输出**：一个算法有零个或多个输出，这些输出是与输入有某种特定关系的量。算法 1.1 输出正整数 m 和 n 的最大公约数 d。

如果一个算法不满足上面的 5 个特性，这样的算法再好也不能解决问题。譬如死循环导致的死机，运算没有输出结果，算法没有达到解决问题的目的等，都不能认为是一个算法。另外，认为语句写得越多就越是一个算法，这是一个误区。语句的多少要看问题的大小，有时候真正解决问题的算法只需要少量的语句就足够了，不是"韩信点兵，多多益善"。因此算法的这 5 个特性是衡量一个算法好坏的基本标准。

1.2.2 算法的设计与实现

1. 算法的设计过程

为了对算法的设计有一个大概的理解，我们讨论一个实例来说明算法的设计过程。

在算法设计中，有时需要流程图。为了学习方便，图 1.6 给出了算法的流程图的图例，其中，图 1.6(a)是圆角矩形，表示流程的开始和结束；图 1.6(b)是平行四边形，表示输入和输出操作；图 1.6(c)是矩形框，表示执行某种运算或操作；图 1.6(d)是菱形框，表示判断和分支；图 1.6(e)是箭头，表示程序的流向。

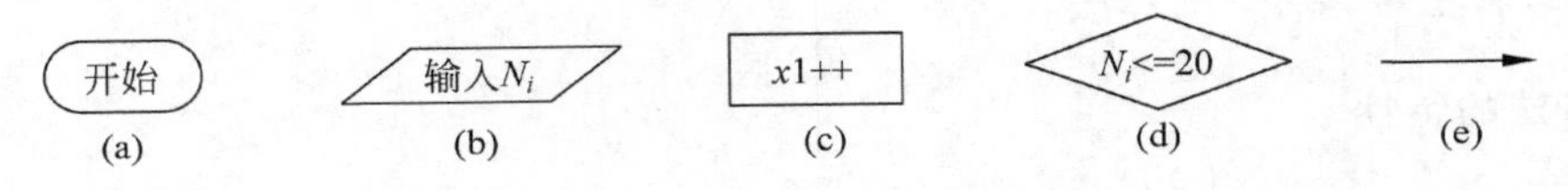

图 1.6 程序流程图符号

例 1.2 对一批正整数($N_0,N_1,\cdots,N_m$)进行分类，要求如下：

① 当 $N_i \leqslant 20$ 时，归类为第一类。

② 当 $20 < N_i \leqslant 50$ 时，为第二类。

③ 当 $50 < N_i \leqslant 100$ 时，为第三类。

④ 当 $100 < N_i$ 时，为第四类。

解：

（1）分析

这是一个简单的分类问题，可以用条件语句进行判断，算法描述为：

① 输入 N_i；

② 如果 $N_i <= 20$，$x1++$；

③ 如果 $N_i > 20$ 并且 $N_i <= 50$，$x2++$；

④ 如果 $N_i > 50$ 并且 $N_i <= 100$，$x3++$；

⑤ 如果 $N_i > 100$，$x4++$；

⑥ 如果 $i < m$ 转①，否则结束。

（2）写出程序流程图

把上面分析中的描述转化为流程图(如图 1.7 所示)。

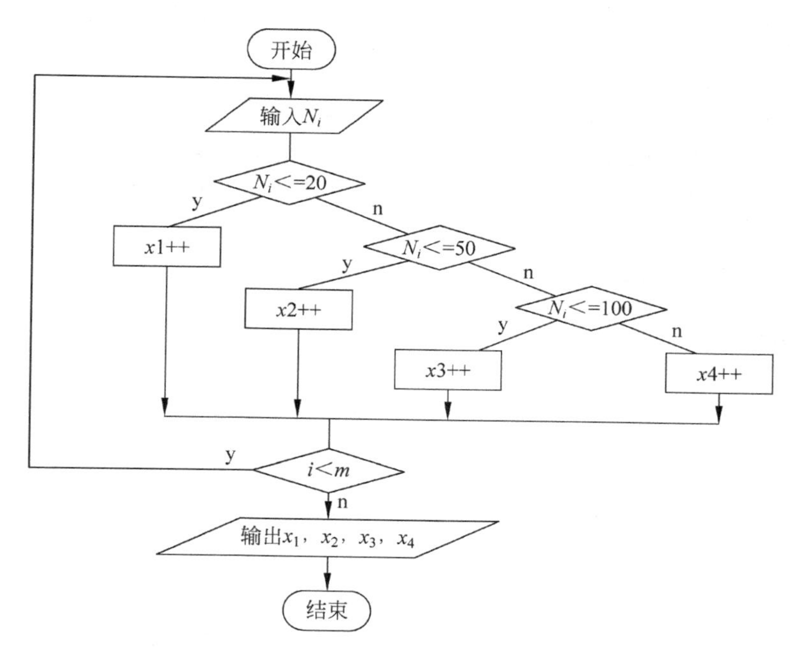

图 1.7 例 1.2 的程序流程图

(3) 算法设计

本书中，采用 C 语言作为描述语言，则此问题的算法为：

```
int sort()
{/* 对 m 个正整数进行分类 */
  do
  {scanf(" %d",&n)
      if(n<=20) x1++;
      else if(n<=50) x2++;
      else if(n<=100) x3++;
      else x4++;
    i++;
  }while(i<m)
  printf(" %d, %d, %d, %d", x1,x2,x3,x4);
  }
```

这就是一个算法的设计过程。对初学者，完整地按照这个顺序进行算法设计，培养良好的学习习惯，对今后一定有好处。对于熟悉这个过程的读者，往往会省略绘制流程图的步骤，经过分析后直接进入算法设计。

2. 算法与程序

算法一般分为两个层面，一个是“推理”的算法，另一个是“操作”的算法。“推理”的算法实际上就是解题思路，美其名曰“解题的数学模型”。推理的算法可以用自然语言予以描述，也可以用流程图来描述，还可以用伪语言来描述。但是只有“推理”的算法，还不能让计算机解题，所以，要把“推理”算法转变成“操作”算法。要实现操作算法，就需要程序设计语言的支持，因此，我们讲的算法的实现是把“推理”算法转化成“操作”算法的过程。本书重点讨论的是“操作”算法，简称算法。

算法与程序不是一回事，初学者往往把算法和程序混为一谈，分不清楚算法和程序的区别，往往把算法当成了程序，因此在开始学习数据结构或算法设计一类的课程时，感觉到手足无措。为了说清楚算法和程序的区别，我们用算法 1.1 为例作一个简单对比。

算法 1.1 可以用 C 语言来描述它。

算法 1.1a 欧几里得算法

```
int Euclid(int m,int n)
{    /* 计算 m,n 的最大公约数,m,n 由调用函数赋值 */
     do
     {  r = m % n;
        m = n;
        n = r;
     }while(r)
     return m;
}
```

这个算法拿到计算机上调试，没法通过(为什么?)，故称为算法。如果对算法 1.1a 进行如下修改：

算法 1.1b 欧几里得算法

```
int Euclid(int m,int n)
{    /* 计算 m,n 的最大公约数,m,n 由调用函数赋值 */
     int r;
     do
     {  r = m % n;
        m = n;
        n = r;
     }while(r)
     return m;
}
```

算法 1.1b 可以在计算机上直接调试通过，因此称为程序。

为什么算法 1.1a 和算法 1.1b 有如此大的区别，前者叫算法，后者叫程序？这就是初学者需要弄清楚的问题。通过上面的讨论，我们知道算法最初来自“推理”，来自数学模型，所以算法的原始目的只是提出解题的思路，一般不深入到如何实现的深度。虽然，算法 1.1 用 C 语言来描述后成为算法 1.1a 的样子，但它的目的并没有改变，仍然是算法，仍然只是解题思路的描述，只不过我们换了一种形式罢了，不能因为使用了某种高级程序语言来描述某个算法，就把该算法简单等同于程序。分析算法 1.1a 和算法 1.1b，发现差别仅仅是在算法 1.1b 中增加了一条语句 int r;，就使算法 1.1b 可以在计算机上运行，这说明算法与程序不是一回事，但又密切相关。因此，对于一个要求用计算机处理的实际问题，我们可以得出其解题过程的“三步曲”：首先分析问题得出其“推理”算法；继而形式化地给出“操作”算法；最后根据算法转化为程序设计语言编写的程序以获得答案，这叫算法的实现。

在本书的编写中，我们自始至终都把主要注意力放在这“三步曲”的前两步，最后的一步主要由读者通过上机实训的办法验证性地完成。

1.3 算法的评价与分析

1.3.1 评价标准

1. 算法设计的要求

算法设计的评价通常有算法的正确性、可读性、健壮性、效率、存储量需求五个方面的因素。

(1) **正确性**:能够确保对于某种相对程度的随机输入有正确的输出。测试一个算法要通过实验性研究,在有限的测试集上进行,因而需要精心选择测试集中的数据,这使得实验性测试带来局限性。所以,正确性是指在测试集上的数据输入能够保证输出是正确的。一般地,正确性很难达到对于一切合法的输入数据都能使算法满足规格说明要求的输出结果这样的高度,但这恰恰是算法设计正确性的最高要求。

(2) **可读性**:算法描述清晰易懂,便于修改和移植,有利于阅读者对程序的理解。进行算法设计时,需要在关键的地方进行代码说明,表示该段代码或该行代码的作用。经过这样设计的代码,既方便了别人阅读,也方便了自己今后来阅读。经验告诉我们,这种算法设计的习惯是一个良好的习惯。

(3) **健壮性**:算法应该具有容错处理,当输入非法数据时,算法能适当作出反应或执行处理,而不会产生莫名其妙的输出结果。这种健壮性也是指在一定程度上的健壮性,它不包含对于正确的输入产生错误结果的那种情形(违反算法正确性要求的情况)。

(4) **效率**:效率指的是算法的执行时间。算法的执行效率可以用算法的时间复杂度度量。

(5) **存储量需求**:指算法执行过程中所需要的最大存储空间。算法的存储量需求用算法的空间复杂度来度量。

2. 算法分析的目的

衡量一个算法的优劣主要看算法的执行效率,算法的时间复杂度和空间复杂度分析叫算法分析,其目的是考察算法的运行时间和空间占有情况,以求改进算法或对不同算法的效率进行比较。

算法的时间复杂度一般指算法的运行时间,它与许多因素有关,如硬件环境(处理器、时钟频率、内存、外存),软件环境(操作系统、程序设计语言、编译器、解释器),这是客观因素。另外还与算法设计的方法有关,不同的设计者对相同问题的解答有不同的思路,因此,对同一个问题的解决,就可能有各种不同的算法,因而其效率也不一样。当然,通过学习,可以让多数人学习效率最高的那些算法的思路,从而提高程序的优化程度。

算法的空间复杂度是指算法使用的数据结构对内存的需求情况,今天,计算机内存运算空间一般比较充足,一般讨论时不予关注,我们把时间复杂度的分析作为重点讨论对象。

1.3.2 算法的时间复杂性

1. 大 O 符号

设函数 $f(n)$ 和 $g(n)$ 是正整数 n 的实函数，如果存在实常数 $c>0$ 和整常数 $n0\geqslant 1$，对于每个 $n\geqslant n0$ 的整数，满足 $f(n)\leqslant cg(n)$，则称 $f(n)$ 是 $O(cg(n))$。这个定义称为大 O 符号。有时又称函数 $f(n)$ 的阶至多是 $O(g(n))$。读作"$f(n)$ 是 $g(n)$ 的大 O"。借助大 O 符号，我们可以了解当 n 趋于无穷大时，n 的函数 $f(n)$ 小于或等于另一个函数的常数倍，即 $cg(n)$。换句话说，$O(g(n))$ 是函数 $f(n)$ 的一个上界。

2. 时间复杂度

一般情况下，算法的执行时间随输入大小的增加而增大。实际上算法中基本操作重复执行的次数是问题规模 n 的某个函数 $f(n)$。如果算法中所有语句的频度(指该语句在算法中被重复执行的次数)之和记为 $T(n)$，它也是该算法所求解问题规模 n 的函数，称为该算法的时间复杂度。当问题的规模 n 趋向无穷大时，$T(n)$ 的数量级称为该算法的渐进时间复杂度(Asymptotic Time Complexity)，记为 $T(n)=O(f(n))$，我们使用了大 O 符号来描述渐进时间复杂度，称"$T(n)$ 是 $f(n)$ 的大 O"。

算法分析中，算法的时间复杂度和渐进时间复杂度往往不加区别，并用后者代替前者来衡量算法的时间复杂度。时间复杂度是衡量一个算法好坏的重要指标。进行算法分析就是要找出这个 $f(n)$，并分析当 n 趋向无穷大时 $T(n)$ 与 $f(n)$ 进而与 n 的函数关系。

问题的规模是算法分析的一个重要参数，为了对这个参数有一个大体的理解，下面的例子可以帮助我们。

例 1.3 某算法的时间复杂度为 $T(n)=2^n$，当 $n=1000$ 时，其工作量将达到 2^{1000}，假定每执行一条语句需要 10^{-9} 秒，解此问题需要多少时间？

解：

$$\frac{2^{1000}}{10^9\times 3600\times 24\times 365}\approx 3.398\times 10^{284}(\text{年})$$

当问题规模 $n=1000$ 时，该算法需要大约 10^{284} 年的时间才能完成，这样就算该算法是一个能解决问题的算法，但当问题规模增大时，该问题仍然不可解。

通过例 1.3 的分析，问题的规模对于算法的影响是很大的。问题的规模相同时，对于不同的时间复杂度，需要的时间不相同，下面的例子描述了这种比较。

例 1.4 有六个算法 A1～A6 的时间复杂度分别为 $\log_2 n$、n、$n\log_2 n$、n^2、n^3、2^n，如果 CUP 每毫秒执行一条语句，那么在运算时间分别为 1 秒、1 分、1 小时时，能够求解问题 n(即问题的规模)的大小。表 1.2 给出了这些算法的比较。

表 1.2 算法时间复杂度比较

算法	$T(n)$	1 秒	1 分	1 小时
A1	$\log_2 n$	$n=2^{1000}$	$n=60\times 2^{1000}$	$n=3600\times 2^{1000}$
A2	n	$n=1000$	$n=60000$	$n=3.6\times 10^6$
A3	$n\log_2 n$	$n=140$	$n=4895$	$n\approx 2\times 10^5$

续表

算法	$T(n)$	1秒	1分	1小时
A4	n^2	$n=31$	$n=244$	$n=1897$
A5	n^3	$n=10$	$n=39$	$n=153$
A6	2^n	$n=9$	$n=15$	$n=21$

显然，在这些算法中，A1算法是最好的。

当时间复杂度 $T(n)$ 与 n 无关时，记为 $T(n)=O(1)$；当算法的时间复杂度 $T(n)$ 与 n 为线性关系时，记为 $T(n)=O(n)$；当 $T(n)$ 与 n 为二次方关系时，记为 $T(n)=O(n^2)$；……。随着问题规模的增大，最好的情况是 $T(n)=O(1)$，最坏的是 $T(n)$ 为 n 的高次方。一般情况下不讨论最好的情况，只讨论最坏情况。

常见的时间复杂度有如下关系：

$$O(1) \leqslant O(\log_2 n) \leqslant O(n) \leqslant O(n\log_2 n) \leqslant O(n^2) \leqslant O(n^3) \leqslant \cdots \leqslant O(n^k) \leqslant O(2^n) \leqslant O(n!) \leqslant O(n^n)$$

另外，也不能单纯根据上述关系来轻易判断究竟哪个算法好，如 $1000n$ 与 n^2，只有当 $n>1000$ 时，$O(n)$ 的时间复杂度才优于 n^2，否则，当 $n<1000$ 时 $O(n^2)$ 都优于 $O(n)$。

3. 算法的时间复杂度分析

算法分析有各种不同的方法，视情况而定。一般有典型语句度量法、分段法、分层法和递推法。

(1) 典型语句度量法

典型语句度量法是用算法中的支配性语句来估算它的运行时间。

例 1.5 分析下面的冒泡排序法的时间复杂度

```
bubble_sort(int a[],int n)
  {inti,j,temp;
    for(i=1;i<n;i++)
      for(j=i+1;j<=n;j++)
      if (a[i]<a[j]) {temp=a[i];a[i]=a[j];a[j]=temp;}
}
```

解：if 条件句是支配性语句，若 $a[i]$ 已经从大到小排好序，则只需一趟比较就结束，此时 $T(n)=O(n)$。

对于任意情况，if 条件的执行次数分析如下：

当 $i=1$ 时，进行 $n-1$ 次比较和交换；

当 $i=2$ 时，进行 $n-2$ 次比较和交换；

……

当 $i=n-1$ 时，进行 1 次比较和交换。

共执行 $1+2+3+\cdots+(n-1)=n(n-1)/2$ 次，所以 $T(n)=O(n^2)$。抓住 if 条件句，根据这个典型语句的执行次数进行分析。

(2) 分段估算法

把算法分成不同的段，每个段有一个 $f(n)$，算法的运行时间是各个段的 $f(n)$ 的和，这叫做分段估算法。

分段估算法是一种常见的时间复杂性计算方法。

例 1.6 分析下面程序段的时间复杂度

```
for(i = 1;i <= n;i++)           //①
  { s++;                        //②
    for(j = 1;j <= 2 * n;j++)   //③
     t++;}                      //④
```

解：给每个语句标上标号，每个标号为一段。

语句①的频度：$n+1$

②的频度：n

③的频度：$n\times(2n+1)$

④的频度：$n\times 2n$

所以，语句频度 $T(n)=n+1+n+n\times(2n+1)+n\times 2n=4n^2+3n+1$

即 $T(n)=O(n^2)$。

(3) 分层估算法

当算法中出现多层结构时，如出现了多重循环结构，外层与内层的关系是相乘的关系，此时分别计算各层的时间复杂性，然后相乘，即为该算法的时间复杂度。

例 1.7 分析下面程序段的时间复杂度

```
for(i = 1;i <= n;i++)
  for(j = 1;j <= i;j++)
      for(k = 1;k <= j;k++)
        s++;
```

解：可以使用分段估算法，也可以用下面的方法：

$$\begin{aligned}\sum_{i=1}^{n}\sum_{j=1}^{i}\sum_{k=1}^{j}O(1) &= \sum_{i=1}^{n}\sum_{j=1}^{i}j \\ &= \sum_{i=1}^{n}(1+2+\cdots+i) \\ &= \sum_{i=1}^{n}i(i+1)/2 \\ &= (n^3+3n^2+2n)/6\end{aligned}$$

所以，$T(n)=O(n^3)$。

此例中共有三层循环，最外层包含内部两层，采用每一层的运行时间相乘的方法，实际上是采用 $O(i)\times O(j)\times O(k)$ 计算，这就是分层法。

一般来说，上面几种方法中，分层方法是最为精确的一种。因为，采用多重循环嵌套结构的计算次数可以用数学中的分层求和的方式进行，这样求得的结果是比较精确的。但是，算法的时间复杂度只需要给出关于问题规模 n 的多项式表示 $f(n)$，然后讨论当 $n\to\infty$ 时的 $f(n)$ 的渐进性，所以各种估算方法都可以得到同样的数量级，因此，采用什么方法都是可以的。

读者可以用分层法重新计算例 1.6，用分段法计算例 1.7，观察两种算法得到的结论是否一样。

(4) 递推估算法

对于能够得到递推公式的那些算法,可以根据递推公式来估算算法的时间复杂性。能够采用递归算法的问题一般都可以得到递推公式,这时就可以采用此方法。

例 1.8 某算法的运行时间 $f(n)$具有如下的递推关系,试分析它的时间复杂度 $T(n)$:

$$\begin{cases} f(1)=3 & \text{当 } n=1 \\ f(n)=f(n-1)+7 & \text{当 } n>1 \end{cases}$$

解:根据上述递推关系:

$$\begin{aligned} f(n) &= f(n-1)+7=f(n-2)+2*7 \\ &\cdots \\ &= f(1)+7(n-1) \\ &= 7n-4 \end{aligned}$$

所以,时间复杂度 $T(n)=O(n)$。

此时,因为有一个递推关系存在,使用递推方法来计算时间复杂度。这就是递推计算法。

1.3.3 算法的空间复杂性

空间复杂度 $S(n)$是一个算法在执行时产生的临时数据占用的存储空间(辅助存储空间)大小的度量,一般是求解问题规模 n 的函数。记为 $S(n)=O(f(n))$。

有时用存储密度来研究算法的空间使用状况。存储密度 d 定义为

$$d=\frac{\text{数据本身占用的存储容量}}{\text{数据实际存储占用的存储容量}}$$

如果算法的问题规模 n 增加时,辅助存储空间大小是常数,则空间复杂度为 $O(1)$,此时称该算法为**原地工作**,即不需要增加额外的存储空间。

本章小结

本章介绍了研究数据结构的目的、任务和内容,数据结构的逻辑结构,存储结构和运算;算法的描述,算法的设计与实现;算法的时间复杂度和空间复杂度。

如何有效地组织和处理非数值计算类数据的理论、技术和方法是数据结构研究的目的。研究数据结构的逻辑结构、存储结构和运算是数据结构的中心内容。

算法是建立在数据结构基础之上的求解问题的一系列规则的有限步骤。算法的设计包括“推理”算法和“操作”算法的设计。“推理”算法就是解题思路,或者叫解题的数学模型。“推理”算法需要转变成“操作”算法。要实现“操作”算法,就需要程序设计语言的支持。算法设计有五个标准:**有穷性**、**确定性**、**可行性**、**输入和输出**。

算法设计要求是:**正确性**、**可读性**、**健壮性**、**效率**、**存储量需求**。算法的评价要根据算法设计要求进行。一般情况下,算法分析包括算法的时间复杂度和空间复杂度分析。时间复杂度分析主要研究当问题规模 n 增大时,算法的渐进时间复杂度如何变化,这是算法分析的

主要内容。

数据结构不仅是计算机科学技术专业的必修课程，而且是与信息有关的所有专业的必修课程，它在计算机学科中具有十分重要的意义。

习题 1

一、单项选择题

1. 数据结构是一门研究非数值计算的程序设计问题中计算机的___①___以及它们之间的___②___和运算等的课程。

① A. 数据元素　B. 计算方法　C. 逻辑存储　D. 数据映像

② A. 结构　B. 关系　C. 运算　D. 算法

2. 数据结构被形式地定义成(D,R)，其中D是___①___的有限集合，R是D上的___②___有限集。

① A. 算法　B. 数据元素　C. 数据操作　D. 逻辑结构

② A. 操作　B. 映像　C. 存储　D. 关系

3. 在数据结构中，从逻辑上可以把数据结构分成________。

A. 动态和静态结构　B. 紧凑结构和非紧凑结构

C. 线性结构和非线性结构　D. 内部结构和外部结构

4. 数据结构在计算机内存中的表示是指________。

A. 数据的存储结构　B. 数据结构

C. 数据的逻辑结构　D. 数据元素之间的关系

5. 在数据结构中，与所使用的计算机无关的是数据的________结构。

A. 逻辑　B. 物理　C. 逻辑和存储　D. 存储

6. 算法分析的目的是___①___，算法分析的两个主要方面是___②___。

① A. 找出数据结构的合理性　B. 研究算法中的输入和输出的关系

C. 分析算法的效率以求改进　D. 分析算法的易懂性和文档性

② A. 空间复杂度和时间复杂度　B. 正确性和简明性

C. 可读性和文档性　D. 数据复杂性和程序复杂性

7. 计算机算法指的是___①___，它必须具备输入、输出和___②___等5个特性。

① A. 计算方法　B. 排序方法

C. 解决问题的有限运算序列　D. 调度方法

② A. 可行性、确定性和有限性　B. 稳定性、安全性和确定性

C. 可行性、可读性和可扩充性　D. 易读性、确定性和有限性

8. 在存储数据时，通常不仅要存储各数据元素的值，而且还要存储________。

A. 数据的处理方法　B. 数据元素的类型

C. 数据的存储方法　D. 数据元素之间的关系

9. 下面的说法错误的是________。

(1) 算法原地工作的含义是指不需要任何额外的辅助空间

(2) 在相同的规模 n 下,复杂度 $O(n)$ 的算法在时间上总是优于复杂度 $O(2^n)$ 的算法

(3) 所谓时间复杂度是指最坏情况下,估计算法执行时间的一个上界

(4) 同一个算法,实现语句的级别越高,执行效率越低

A. (1)　　B. (1),(2)　　C. (1),(4)　　D. (3)

10. 通常要求同一逻辑结构中的所有数据元素具有相同的特性,这意味着________。

A. 数据元素具有同一特点

B. 不仅数据元素所包含的数据项的个数要相同,而且对应的数据项的类型要一致

C. 每个数据元素都一样

D. 数据元素所包含的数据项的个数要相等

11. 以下说法中正确的是________。

A. 数据元素是数据的最小单位

B. 数据项是数据的最小单位

C. 数据结构是带结构的各数据项的集合

D. 一些表面上很不相同的数据可以有相同的逻辑结构

二、填空题

1. 数据结构主要研究三个方面的问题,分别是数据的逻辑结构、________、________。

2. 数据的逻辑结构分为两大类,它们是线性结构和________。

3. 按照元素间关系的不同,逻辑结构通常可分为四种结构,它们分别是集合、________、________、________。

4. 一个数据结构在计算机中________叫存储结构。

5. 数据的逻辑结构包括集合、________、________、________四种类型,树型结构和图形结构合称为________。

6. 算法的 5 个重要特性是________、________、________、输入和输出。

7. 算法可以用不同的语言描述,如果用 C 语言和 PASCAL 语言等高级语言来描述,则算法的实现就是程序,这个断言是__________。

8. 数据结构,数据元素和数据项在计算机中的映射(或表示)分别成为存储结构、结点和数据域。这个断言是________。

三、算法分析

1. 分析下列各题的时间复杂度。

(1)
```
main()
{int i = 1,k = 0,n = 10;
  while(i <= n - 1)
  {k += 10 * i;i++;}
}
```

(2)
```
main()
{int i = 1,k = 0,n = 10;
```

```
    do
    {k += 10 * i;i++;
    }while(i == n)
  }
```

(3)
```
main()
  {int i = 0,k = 0,n = 10;
   while(k <= n)
   { i++; k += i;}
  }
```

(4)
```
main()
  {int i = 1,j = 0,n = 10;
   while(i + j <= n)
     if (i > j) j++;
     else i++;
  }
```

(5)
```
main()
  {int n = 10,x = n,y = 0;
   while(x >= (y + 1) * (y + 1))
   y++;
  }
```

(6)
```
main()
  {int n = 9,i = 1;
   while(i <= n)
     i = i * 3;
  }
```

(7)
```
main()
  {int n = 10,i = 1;
   while(i <= n)
     i = i * 2;
  }
```

2. 分析下列各题的时间复杂度。

(1)
```
int a[] = {10,2,9,7,3,6,4,1}
    order(int j,int m)
    {
     int i,temp;
     if(j < m)
     {
       for(i = j;i <= m;i++)
         if (a[i]< a[j])
            {temp = a[i];a[i] = a[j];a[j] = temp;}
       j++;
       order(j,m);
     }
    }
```

(2) 计算 $n!$ 的递归函数 fact(n)如下,分析它的时间复杂度。

```
int fact(int n)
  {
```

```
    if(n<=1) return 1;
    else return n*fact(n-1);
}
```

（3）Fibonacci 数列 F_n定义如下：$F_0=0, F_1=1, F_n=F_{n-1}+F_{n-2}, n=2,3,4\cdots$。在递归调用 F_n时，给出递归计算 F_n的时间复杂度。

第2章 线性表

在日常学习和工作中存在这样的现象，事物与事物或对象与对象之间只存在前后关系，从而形成一个有序的序列。如在机场安全检查口等待安检的旅客形成的序列、今天计划要办理的事情的列表、亲朋好友的通讯录(通讯录至少需要姓名和电话号码两个项目)、表1.1给出的结构等。前两个是单个对象的排列；后两个的每一行由若干项目组成，如果把一行作为一个对象处理，每个对象之间的排列依然构成一个有序的序列。对象之间具有这种前后关系的组织形式在计算机领域被称为线性表。线性表是对这样一大类事物或对象的抽象概括，把各种此类具体事物(或对象)抽象成数据元素，统一研究这类数据元素的逻辑结构、存储结构和运算，这就是本章的学习内容。

线性表在计算机中有两种表现形式：顺序表和链表。在内存中顺序存放线性表元素，每个元素的值存储在内存单元中，元素之间的逻辑关系由连续的内存地址来表示，用这种方法存储的线性表叫顺序表。除了表示元素值的单元外，另外增加一个(或者多个)指示相邻元素位置的指针来表示线性表元素之间的逻辑关系，用这种方法存储的线性表叫链表；只有一个指针的叫单链表，有两个指针的叫双链表，依次类推。

顺序表和链表在计算机中应用非常普遍，例如，计算机磁盘文件系统就是一个典型的顺序表和链表结合的实例。图2.1所表示的是DOS的文件系统。MS DOS的文件管理使用一个叫FAT(File Allocation Table)的二维线性表来表示和管理文件；表中的每一行叫一个文件目录项，磁盘上的每个文件用一个目录项描述，一个文件系统中有成千上万个目录项。每个目录项包含文件名、扩展名、属性、保留、时间、日期、起始块号、文件长度。如果把表格中的目录项作为一个结点来处理，这张表就成了一个各文件前后连续的一维顺序表。对于每个结点，由若干数据项组成，这些数据项又构成一个顺序表，这个顺序表的第7项(起始块号)是一个指针，其中的内容就是一个指向该文件实体在磁盘上存储的入口地址(如图2.1右边的磁盘所示)。因此说，这是一个顺序表和链表完美组合的应用实例。

文件名	扩展名	属性	保留	时间	日期	起始块号	文件长度
array	exe	只读		11:23	03-02-92	9012	2.5KB
write	dbf	读写		20:46	15-12-95	CD7A	286KB
…	…	…	…	…	…	…	…

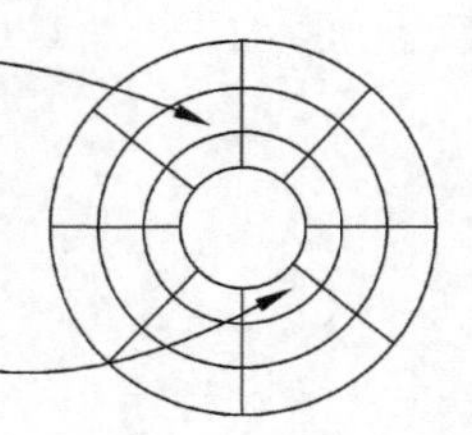

图2.1 MS DOS的文件分配表

线性表是计算机中表示和存储数据的重要手段，普遍存在于计算机世界，用途十分广泛。学好数据结构这门课程，线性表是基础，本章是重点。

2.1 线性表的基本概念

2.1.1 线性表的定义

线性表是一种线性结构，是某类东西的集合，每个线性表的数据元素都具有以下共性：

(1) 集合中的所有元素都是同一种数据类型；

(2) 这些集合具有有限的大小；

(3) 集合中的元素都是线性排列的，即存在一个首元素和一个尾元素。除了尾元素外，每个元素都有一个后继；除了首元素外，每个元素都有一个前驱。

数据元素"一个接一个地排列"的关系叫做线性关系，线性关系的特点是"一对一"，在计算机领域用"线性表"来描述这种关系。另外，在一个线性表中数据元素的类型是相同的，或者说线性表是由同一类型的数据元素构成的，如学生情况信息表是一个线性表，表中数据元素的类型为学生类型；一个字符串也是一个线性表，表中数据元素的类型为字符型等。

综上所述，线性表定义如下：

线性表是具有相同数据类型的 $n(n\geqslant 0)$ 个数据元素的有限序列，通常记为

$$(a_1,a_2,\cdots,a_{i-1},a_i,a_{i+1},\cdots,a_n)$$

其中 n 为表长，$n=0$ 时称为空表。

表中相邻元素之间存在着顺序关系。将 a_{i-1} 称为 a_i 的直接前驱，a_{i+1} 称为 a_i 的直接后继。就是说，对于 a_i，当 $i=2,\cdots,n$ 时，有且仅有一个直接前驱 a_{i-1}，当 $i=1,2,\cdots,n-1$ 时，有且仅有一个直接后继 a_{i+1}，而 a_1 是表中第一个元素，没有前驱；a_n 是最后一个元素，无后继。

需要说明的是：a_i 是序号为 i 的数据元素($i=1,2,\cdots,n$)，通常我们将它的数据类型抽象为 DataType，DataType 根据具体问题而定，如在学生情况信息表中，它是用户自定义的学生类型；在字符串中，它是字符型等。

2.1.2 线性表的存储结构

数据的存储结构是依赖于计算机的，常见的存储结构有顺序存储结构、链式存储结构、索引存储结构和散列存储结构四种。线性表通常使用这其中的两种存储结构：顺序存储和链式存储结构。

1. 顺序存储结构

该存储结构是把逻辑上相邻的结点存储在物理位置上相邻的存储单元里，结点之间的逻辑关系由存储单元的邻接关系来体现。

使用顺序存储结构存储数据的线性表叫顺序表(Sequence List)。这种结构的主要优点是节省存储空间，因为分配给数据的存储单元全用于存放结点的数据，结点之间的逻辑关系

没有占用额外的存储空间。

采用这种方法存储，可实现对结点的随机访问，即每个结点对应有一个序号，由该序号可直接计算出该结点的存储地址。但不便于修改，对结点的插入、删除运算，可能要移动大量的结点。

2. 链式存储结构

该结构不要求逻辑上相邻的结点在物理位置上也相邻，结点之间的逻辑关系是由额外的指针域来表示的。其结构如图 2.10 所示。

链式结构的主要优点是便于修改。在进行插入、删除运算时，仅需修改结点的指针域值，来指向不同的结点，不必修改原结点结构。其主要缺点是存储空间的利用率低，因为分配给数据的存储单元有一部分被用来存储节点之间的逻辑关系。另外，由于逻辑上相邻的结点在存储器中不一定相邻，在访问线性表中指定的元素时必须从首元素开始查找，所以不能对结点进行随机访问，因为查找链表中的元素必须沿着链表的指针逐个进行，因而所有的运算都必须从链表的头开始。

2.1.3 线性表的运算

数据结构的运算是定义在逻辑结构层次上的，而运算的具体实现是建立在存储结构上的，因此下面定义的线性表的基本运算作为逻辑结构的一部分，每一个操作的具体实现只有在确定了线性表的存储结构之后才能完成。

假设存在一个线性表 L，长度为 n，用 x 表示一个元素，用 i 表示元素序号。下面具体给出对线性表的一些具体操作：

(1) 线性表初始化：InitList(L)

如果线性表 L 不存在，构造一个空的线性表 L(没有任何数据元素)。

(2) 求线性表的长度：Length(L)

当线性表 L 存在时，返回 L 中的所含元素的个数。

(3) 取表元：Get(L,i)

当线性表 L 存在且 $1 \leqslant i \leqslant n$ 时，返回线性表 L 中的第 i 个元素的值。

(4) 查找：Locate(L,x)

当线性表 L 存在时，在表 L 中查找值为 x 的数据元素，其结果返回在 L 中首次出现的值为 x 的那个元素的序号或地址，称为查找成功；否则，在 L 中未找到值为 x 的数据元素，返回一特殊值表示查找失败。

(5) 插入操作：Insert(L,i,x)

当线性表 L 存在且插入位置适当 ($1 \leqslant i \leqslant n+1$)时，可以在 L 的第 i 个位置上插入一个值为 x 的新元素，这样使原序号为 i，$i+1$，…，n 的数据元素的序号变为 $i+1$,$i+2$，…，$n+1$,插入后表长=原表长+1。如果 $i=1$,则在表头插入 x；如果 $i=n+1$,则在表尾插入 x。

(6) 删除操作：Delete(L,i)

当线性表 L 存在且 $1 \leqslant i \leqslant n$,在 L 中删除序号为 i 的数据元素，删除后使序号为 $i+1$，$i+2$,…，n 的元素变为序号依次变为 i，$i+1$,…,$n-1$,新表长=原表长−1。如果 $i=1$,则

删除表头元素；如果 $i=n$，则删除表尾元素。

（7）线性表判空：Empty(L)

如果线性表 L 存在，判断 L 是否为空。若为空返回真，否则返回假。这是一个逻辑函数。

（8）显示表元素：DispList(L)

如果线性表 L 存在，显示线性表的所有元素。

注意：

① 某数据结构上的基本运算，不是它的全部运算，而是一些常用的基本运算，而每一个基本运算在实现时也可能根据不同的存储结构派生出一系列相关的运算来，没有必要，也不可以把所有的基于不同结构和不同想法的运算都罗列出来。

② 在上面各操作中定义的线性表 L 仅仅是一个抽象在逻辑结构层次的线性表，尚未涉及到它的存储结构，因此只能写出运算的功能，还不能写出具体算法，而算法的实现要依赖于下面讲述的数据存储结构。

2.2 顺序表

2.2.1 顺序存储结构

线性表采用在内存中用地址连续的一块存储空间顺序存放各元素值，各个元素之间的相邻关系用内存地址的相邻关系表示，这种存储形式存储的线性表叫顺序表。因为内存中的地址空间是线性的，因此，用物理地址上的相邻实现数据元素之间的逻辑相邻关系既简单又自然。这种结构最适合用高级程序设计语言中的数组来描述。

为了统一起见，今后的描述中都使用 DataType 这样的抽象数据类型来表示特定的数据类型，使读者跳出各种具体的数据类型的限制，便于理解数据结构的本质。

定义 2.1

```
#define MAX 100                 /* 表空间大小设为 100 */
typedef int DataType;           /* DataType 可以是任何相应的数据类型如 int, float 或 char */
typedef struct
{DataType data[MAX];            /* 一维数组 data 用于存放表结点元素 */
 int length;                    /* 用于描述线性表的实际元素个数 */
}SeqList;
```

此定义通过 typedef 定义了一个结构体变量 SeqList，这个变量可以用来定义其他的同结构的结构体变量。同时约定，表为空时，length=−1。

上述定义可以形象地表示成图 2.2。请注意元素的下标与存储单元地址正好差 1。

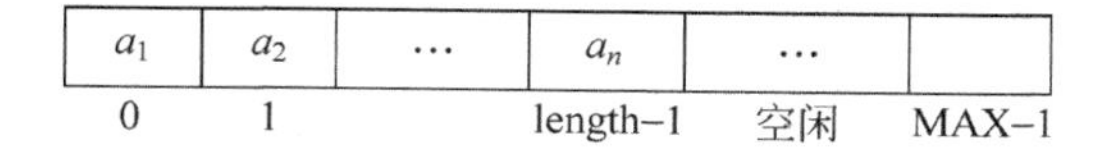

图 2.2 线性表顺序存储示意图

根据定义 2.1，可以用两种不同方式定义顺序表。

```
SeqList  L ;
```

这样表示的线性表如图 2.3(a)所示。表长＝L. length，线性表中的数据元素 a_1 至 a_n 分别存放在 L. data[0]、L. data[1]、…、L. data[L. length－1]中。

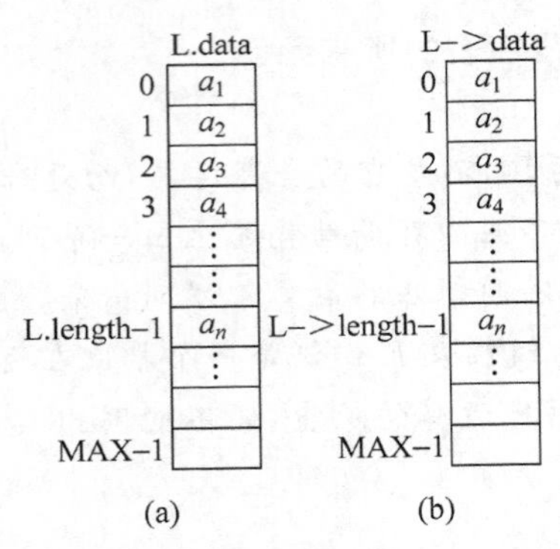

图 2.3 线性表的顺序存储示意图

另一种方法是定义一个指向 SeqList 类型的指针：

```
SeqList  *L ;
```

L 是一个指针变量，线性表的存储空间通过 C 语言中在内存创建块的函数 malloc()创建，具体操作语句为：L＝malloc(sizeof(SeqList))。

L 中存放的是顺序表的地址，这样表示的线性表如图 2.3(b)所示。表长表示为 L－＞length，线性表的存储区域为 L－＞data，线性表中数据元素的存储空间为：L－＞data[0]、L－＞data[1]、…、L－＞data[L－＞length－1]。

2.2.2 顺序表的运算

1. 顺序表的初始化

顺序表的初始化即构造一个空表，将 L 设为指针参数，动态分配存储空间，然后，将表中 length 置为－1，表示表为空。算法如下：

算法 2.1 顺序表初始化

```
SeqList *InitList(SeqList *L)
{ L->length = -1;
  return L;
}
```

此算法相当简单，执行此算法所需的时间为 $O(1)$。

2. 顺序表的建立

顺序表的建立是在一个空线性表的基础上，逐一向线性表中输入元素的操作。

算法 2.2 顺序表创建

```
void CreateList(SeqList *L,int n)          /* 建立含 n 个元素的线性表 */
{for (i=0;i<n;i++)                         /* 逐一输入 n 个元素保存在内存中 */
    scanf(" %d",&L->data[i]);
  L->length=n;                             /* 修改线性表的长度 length */
}
```

此算法需要输入 n 个数据元素，因此执行此算法所需的时间为 $O(n)$。

3. 求线性表长度

算法 2.3 求线性表长度

```
int Length(SeqList *L)
{  return L->length;            /* 返回链表长度 length */
}
```

只需返回链表的长度，此算法所需的时间为 $O(1)$。

4. 读表元素

算法 2.4 读线性表元素

```
DataType Get(SeqList *L,int i)
{  if(i<0 || i>L->length) return -1;
   else return L->data[i-1];
}
```

当位置 i 不正确时，返回“-1”，正确时返回第 i 个元素值。执行此算法所需的时间为 $O(1)$。

5. 查找

线性表中的查找是指在线性表中查找与给定值 x 相等的数据元素。在顺序表中完成该运算最简单的方法是：从第一个元素 a_1 起依次和 x 比较，直到找到一个与 x 相等的数据元素，则返回它在顺序表中的存储下标或序号；或者查遍整个表都没有找到与 x 相等的元素，返回-1。

算法 2.5 在线性表中查找元素

算法如下：

```
int Locate(SeqList *L, DataType x)
{  while(i<=L->length && L->data[i]!= x)
     i++;
   if (i>L->length)              /* i 超过最大下标，查找失败 */
    { printf("没有找到"); return -1; }
   else                          /* 找到 i，表明查找成功 */
   { printf("查找成功，位于第 %d 个位置", i+1);
     return i;                   /* 返回元素存储位置 */}
}
```

本算法的主要运算是比较。显然比较的次数与 x 在表中的位置有关，也与表长有关。

当 $a_1=x$ 时，比较一次成功。当 $a_n=x$ 时比较 n 次成功。平均比较次数为$(n+1)/2$，所需的时间为$O(n)$。

6. 插入

线性表的插入算法比前几种算法要复杂一些，可以分为一般线性表和有序线性表两种操作。

(1) 一般线性表的插入运算

向线性表 L 中的第 i 个位置插入一个元素 x，插入成功返回1，否则返回0。

线性表的插入是指在表的第 i 个位置上插入一个值为 x 的新元素，插入后使原表长为 n 的表$(a_1,a_2,\cdots,a_{i-1},a_i,a_{i+1},\cdots,a_n)$成为表长为 $n+1$ 的表$(a_1,a_2,\cdots,a_{i-1},x,a_i,a_{i+1},\cdots,a_n)$，$i$ 的取值范围为 $1\leqslant i\leqslant n+1$。

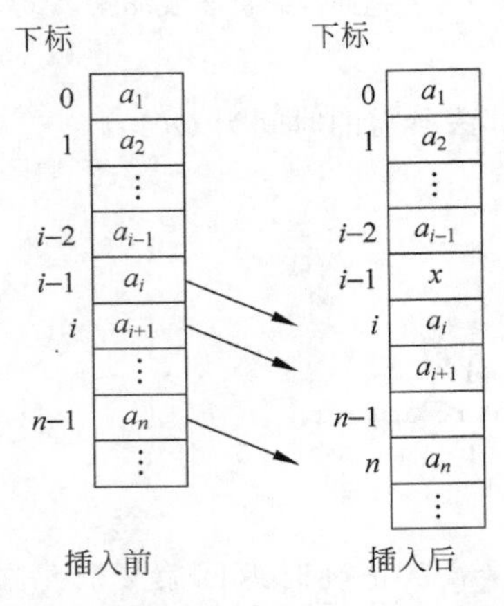

图2.4 在 L 的第 i 单元插入元素 x 的操作

插入操作时需要考虑算法的功能性和健壮性。

插入操作的功能性是指该算法能否把元素插入到线性表的正确位置。首先，在第 i 个位置插入元素 x 后，第1个元素（下标为0）到第 $i-1$ 个元素（下标为 $i-2$）的位置不变，而第 i 个元素（下标为 $i-1$）到最后一个元素（第 n 个元素，下标为 $n-1$）都后移了一位，腾出一个空位（第 i 个元素的位置），然后将待插元素填入空位即可。其次，第 i 到第 n 个元素往后移动一个位置时，怎样移动比较安全，以保证后移元素的正确性？为了保证第 i 个元素到第 n 个元素安全往后移，同时也不被覆盖，采用从线性表的尾部逐个移动元素的方法，即把第 n 个元素移动到第 $n+1$ 的位置，第 $n-1$ 个元素移动到第 n 个位置，……，直到将第 i 个元素移动到第 $i+1$ 的位置为止。具体的插入操作参考图2.4。

算法的健壮性是指当算法遇到不合理的数据输入时，能够作出基本处理而不至于使系统崩溃或得到意想不到的结果。一般的做法是检测错误并给出一个出错信息。

综上所述，可以得到插入算法的思想：

① 先进行插入位置的合法性检查，是否有 $1\leqslant i\leqslant n+1$（$n+1$ 为表尾后的位置），若 $i<1$ 或 $i>n+1$，则表明 i 值超界，无法插入，给出提示信息。

② 检查线性表的存储空间是否已被占满。

③ 从表尾元素向前至第 i 个元素（下标为 $i-1$）止，逐一后移一个存储位置，空出下标

为 $i-1$ 的位置，以便插入新元素。

④ 将新元素插入到第 i 个元素位置，即下标为 $i-1$ 的位置。

⑤ 将表的长度加 1。

⑥ 返回 1 表示插入成功。

从而可得出顺序表上插入操作的算法如下：

算法 2.6a　在一般线性表中插入元素

```
int  Insert(SeqList *L, int i, DataType x)
{  if (i<0 || i>L->length)                /* 检查插入位置的正确性，表尾后也可插入 */
       {  printf("位置错");return 0; }
   if (L->length == MAX)                  /* 表空间已满，不能插入 */
       {  printf("表满"); return -1; }
   for(j = L->length - 1;j >= i - 1;j--)
       L->data[j + 1] = L->data[j];       /* 结点移动，腾空第 i - 1 位置 */
   L->data[i - 1] = x;                    /* 插入 x */
   L->length++;                           /* 修改表长 */
   return 1 ;                             /* 插入成功，返回 */
}
```

本算法的第一个条件语句检验插入位置的有效性。第二个条件语句检查表空间是否满（MAX 个存储单元），在表满的情况下不能再做插入，否则产生溢出错误。

此算法的两个关键操作：移动元素（for 循环），插入新元素 L－>data[i－1]＝x。

插入算法的时间性能分析：顺序表上的插入运算，时间主要消耗在了数据的移动上，在第 i 个位置上插入 x，从 a_i 到 a_n 都要向下移动一个位置，共需要移动 $n-(i-1)$ 个元素，而 i 的取值范围为 $1\leqslant i\leqslant n+1$，即有 $n+1$ 个位置可以插入。设在第 i 个位置上作插入的概率为 p_i，则平均移动数据元素的次数：

$$E_{\text{in}} = \sum_{i=1}^{n+1} p_i(n-i+1)$$

在等概率的情况下，$p_i=1/(n+1)$，则

$$E_{\text{in}} = \sum_{i=1}^{n+1} p_i(n-i+1) = \frac{1}{n+1}\sum_{i=1}^{n+1}(n-i+1) = \frac{n}{2}$$

这说明：在顺序表上做插入操作需移动表中一半的数据元素。显然时间复杂度为 $O(n)$。

当然，算法 2.6a 是在表中进行的，具有一般性，那么，作为特例，如何在表头或表尾插入元素 x 呢？这留着习题让大家去思考。算法 2.6a 是在线性表元素未经过排序的情况下进行的插入操作。下面讨论对于一个有序的线性表，在插入元素 x 后，仍然保持有序，应该如何操作？

(2) 有序线性表的插入操作

线性表中的元素按元素值从小到大顺序排列，或按元素值从大到小顺序排列，这种线性表称为有序表，即有序的线性表。这里，我们讨论从小到大排序的线性表。

该操作应该考虑如下因素：

首先，健壮性，只需考虑表长是否超界。因为必须保证插入元素后线性表仍然有序，可以不考虑插入位置是否有效。

其次，寻找插入位置，以便留出空位。将待插元素和线性表中的元素从头开始逐一比

较，直到待插元素刚好小于或等于某个元素为止，该位置即为待插元素的位置。

最后，进行移动元素，插入元素，修改表长度的操作。

这样，可以得到有序表的插入算法如下：

算法 2.6b 在有序表中插入元素

```
/* 在有序线性表中插入元素,插入后使该表仍然有序 */
int Insert2(SeqList *L,DataType x)
{ if (L->length==MAX)
      {printf("表满"); return -1);}      /* 表空间已满,不能插入 */
  for(i=0; i<L->length; i++)           /* 寻找插入位置 i */
     if(x<=L->data[i])    break;
  for(j=L->length-1;j>=i-1;j--)        /* 结点移动 */
     L->data[j+1]=L->data[j];
  L->data[i]=x;                        /* 新元素插入 */
  L->length++;                         /* 修改表长 */
  return 1;
}
```

在算法 2.6b 中，当插入元素值大于有序表最大元素时，该元素自动插到有序表尾部。此算法运行时间主要花费在寻找插入位置的比较元素次数和腾出空位需移动的次数上，其和为 n 的一次函数，所以时间复杂度为 $T(n)=O(n)$。

图 2.5 中给出了在有序表 $L=(3,9,15,20,22,30,45,47)$ 中插入元素 26 的操作示意。

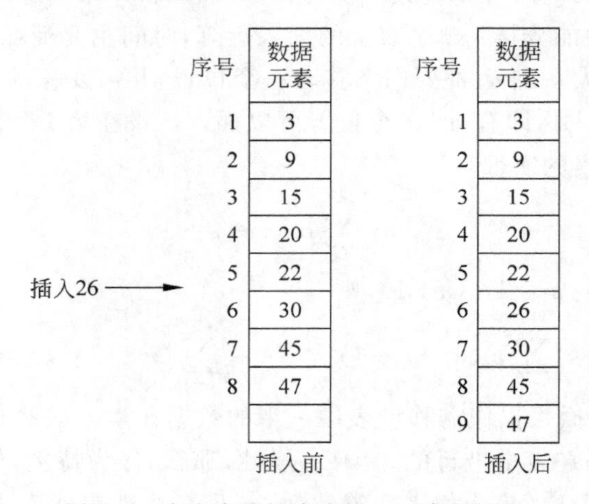

图 2.5 在有序线性表中插入元素的情形

据此，读者可以考虑尝试利用有序表插入算法的思想，来建立一个线性表。

7. 删除

从线性表 L 中删除第 i 个元素并返回该元素的值，若删除失败，则返回出错信息并停止程序运行。

线性表的删除运算是指将表中第 i 个元素从线性表中去掉，删除后使原表长为 n 的线性表 $(a_1,a_2,\cdots,a_{i-1},a_i,a_{i+1},\cdots,a_n)$ 成为表长为 $n-1$ 的线性表 $(a_1,a_2,\cdots,a_{i-1},a_{i+1},\cdots,a_n)$，$i$ 的取值范围为 $1\leqslant i\leqslant n$。

从图 2.6 可以看出,线性表的删除操作,是将表长为 n 的线性表变为表长为 $n-1$ 的线性表。若删除的是第 i 个元素(下标为 $i-1$),则从第 $i+1$ 个元素到第 n 个元素(最后一个元素)依次往前移动了一个位置,表长减少了 1。在移动元素时,从安全性考虑,采用将第 $i+1$ 个元素移动到第 i 个元素,将第 $i+2$ 个元素移动到第 $i+1$ 个元素,……,直到第 n 个元素移动到第 $n-1$ 个元素为止。

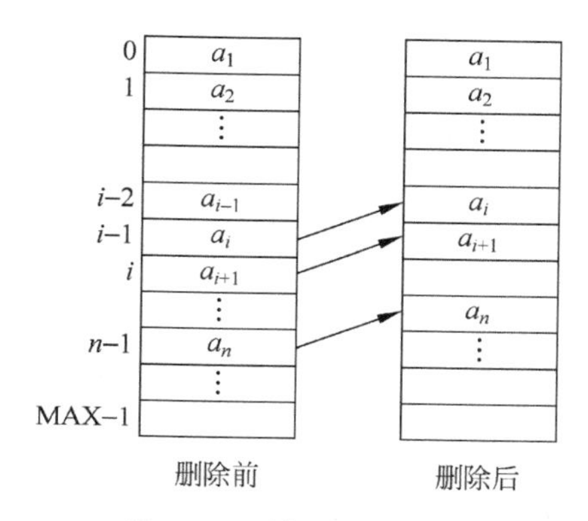

图 2.6 顺序表中的删除

要实现删除元素的算法,我们先考虑其健壮性,后考虑其功能性,经过上述分析,顺序表上的删除操作算法可以设计如下:

算法 2.7 在线性表中删除元素

```
DataType Delete(SeqList *L,int i)
{   if(i<0 || i>L->length-1)              /* 检查删除位置的合法性 */
          { printf ("不存在第 i 个元素\n"); return 0; }
    temp= L->data[i-1];                    /* 暂时保存待删元素,以便返回 */
    for(j=i;j<=L->length;j++)              /* n-i 个元素向前移动 */
       L->data[j-1]=L->data[j];
    L->length--;                           /* 修改表长 */
    printf("删除了第 i 个元素,其值为:%d\n", temp);/* 返回被删元素 */
    return 1;                              /* 删除成功,返回 1 */
}
```

本算法中条件(i<0 || i>L−>length−1)包括了对空表的检查和对删除位置的有效性检查。删除 a_i 之后,该数据已不存在,如果需要,先取出 a_i,再做删除。

删除算法的时间性能分析。与插入运算相同,其时间主要消耗在了移动表中元素上,删除第 i 个元素时,其后面的元素 $a_{i+1}\sim a_n$ 都要向上移动一个位置,共移动了 $n-i$ 个元素,所以平均移动数据元素的次数:

$$E_{de}=\sum_{i=1}^{n}p_i(n-i)$$

在等概率情况下,$p_i=1/\ n$,则

$$E_{de}==\sum_{i=1}^{n}p_i(n-i)=\frac{1}{n}\sum_{i=1}^{n}(n-i)=\frac{n-1}{2}$$

这说明顺序表上作删除运算时大约需要移动表中一半的元素,显然该算法的时间复杂度为 $O(n)$。图 2.7 是在线性表 $L=(3,9,15,20,22,30,45,47)$ 中删除元素 22 的操作示意。

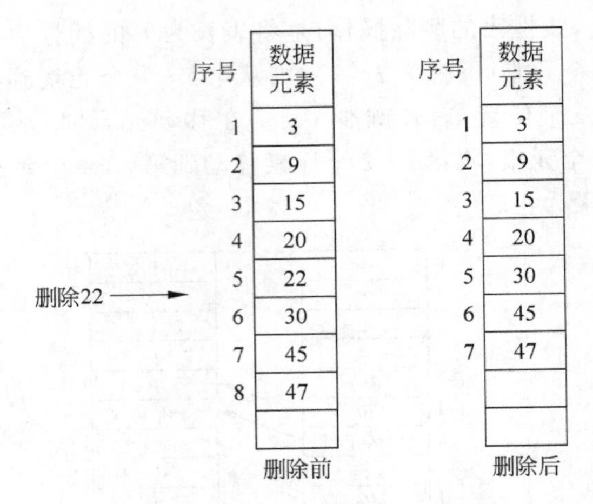

图 2.7 在线性表中删除元素的操作

2.2.3 线性表的遍历

遍历是数据结构中最重要的运算之一，所有关于数据结构的运算都建立在遍历的基础上，所以我们把这个内容独立成节。

遍历一个线性表就是从线性表的第一个元素起，依次访问表中的每一个元素。每个元素只访问一次，直到访问完所有元素为止，如图 2.8 所示。

要实现遍历算法，先看是否需要考虑健壮性？因为不存在插入、删除，没有元素的移动，从而就没有存储空间的增删。因此，本算法的健壮性可不予考虑，只考虑功能性即可。访问 a_1 以后，指针往后移到 a_2，……，直到访问 a_n 止，只需将下标增 1 即可。算法如下：

算法 2.8 线性表的遍历算法

```
void TraverseList(SeqList *L )
{  for(i = 0;i < L -> length;i++)
      visit(L -> data[i]);
}
```

算法 2.8 中的 visit()操作，含义十分广泛，稍做修改，就可以用它表示算法 2.3～算法 2.7 的所有运算。把 visit 语句改写成 printf("%d ",L－>data[i]);，就可以进行显示元素值的操作，算法 2.9 是实现打印每个元素的算法。

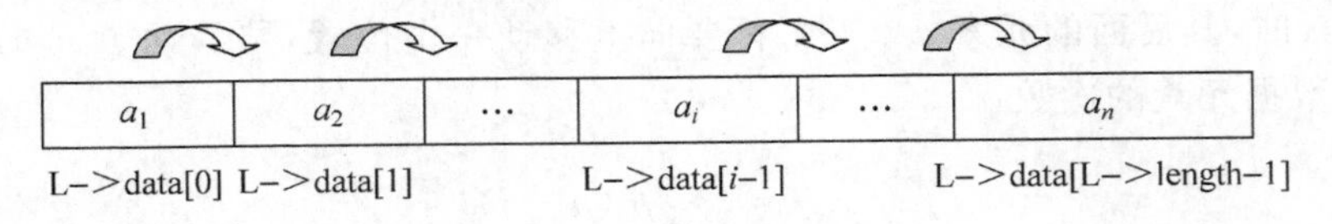

图 2.8 遍历线性表的操作

算法 2.9 顺序表的打印

```
void PrintList(SeqList *L)
{for (i = 0;i < L -> length;i++)
    printf(" %d  ",L -> data[i]);
```

```
printf("\n");
}
```

2.2.4 顺序存储的物理位置

顺序存储的数据元素的物理位置,可以根据数据元素的类型来确定。不失一般性,假设对于线性表($a_1,a_2,\cdots a_n$),该类型数据所需的内存单元数为 d,首元素 a_1 的物理地址为 LOC(a_1),第 i 个数据元素的物理地址 LOC(a_i)与 LOC(a_1)存在如下关系:

$$\mathrm{LOC}(a_i)=\mathrm{LOC}(a_1)+(n-1)d$$

此关系解释如图 2.9,其中,b 表示 LOC(a_1)。

存储地址	1	2	…	i	…	n	空闲		
存储元素	a_1	a_2	…	a_i	…	a_n		…	.
元素在表中的位置	b	$b+d$	…	$b+(i-1)d$	…	$b+(n-1)d$	$b+nd$	…	$b+(\mathrm{MAXS}-1)d$

图 2.9 顺序表的存储地址计算方法

2.2.5 线性表的顺序存储的主要特点

在讨论了线性表顺序存储结构基本运算后,我们来回顾一下线性表的顺序存储的主要特点:

(1) 逻辑上相邻的元素,物理位置上也相邻。

(2) 可随机存取线性表中任一元素,只要知道其下标即可。

(3) 必须按最大可能长度分配存储空间,存储空间利用率低,表的容量难以扩充,是一种静态存储结构。

(4) 插入、删除元素时,需移动大量元素,平均移动元素为 $n/2$(n 为表长)。

(5) 长度变化较大时,需按最大空间分配。

由于有了(3)～(5)的特点,需要引入线性表的链接存储结构——链表。

2.3 链表

根据线性表顺序存储的特点,对顺序表插入、删除时需要通过移动大量的数据元素,使得算法的运行效率较低,因此顺序表只适合数据元素不多的线性表。为了解决顺序表的这个缺点,需要引入另一种存储方式——链式存储结构。链式结构不需要用地址连续的存储单元来实现,它通过在数据元素上另外增加一个指向其后继元素的指针来表示元素之间在逻辑上"相邻"的关系,因此它不要求逻辑上相邻的两个数据元素在物理上也相邻,它是通过指针建立起数据元素之间的逻辑关系,因此对线性表的插入、删除不需要移动数据元素。

在表示元素数据的基础上,另外增加的指针可以有多个。只有一个指针的叫单链表,该指针专门用于指向其后继元素,第一个元素指向第二个元素,第二个指向第三个,……,最后一个数据元素结点的指针为空,因为它的后面没有元素。有两个指针的叫双链表,通常一个指针用来指向其后继,另一个指针用来指向其前驱。还可以设置多个指针,这要看问题的需要，指针数越多，链表的结构越复杂，运算也会变得复杂起来。

本节将讨论单链表，双链表，循环链表等内容。

2.3.1 单链表的定义与创建

1. 单链表的定义

单链表只有一个指针，所以其结构可以表示成图 2.10 的形态。

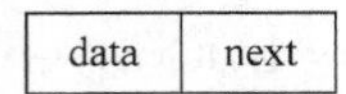

图 2.10 链表的结点结构

其中：data 部分存放线性表的一个元素值。next 部分存放一个指针，指向线性表中下一元素的结点位置。如果没有下一个元素，则使用一个特殊的空值(Null)。相应的存储结构可以定义为：

定义 2.2

```
/* 单链表的定义: */
typedef int DataType;          /* DataType 可以是 int, float 或 char */
typedef struct node            /* 结点类型定义 */
{DataType data;                /* 结点的数据域 */
struct node *next;             /* 结点的指针域 */
}ListNode, *LinkList;
```

用链式结构存储的线性表叫链表(Link List)，由于定义 2.2 中只定义了一个指针 next，所以叫做单链表。采用此定义的单链表可以表示成图 2.11 的形式，注意图中数据域表示的是元素的值 $a_1, a_2, \cdots, a_n$，另一个域用来指向线性表中当前元素的下一个(后继)元素。

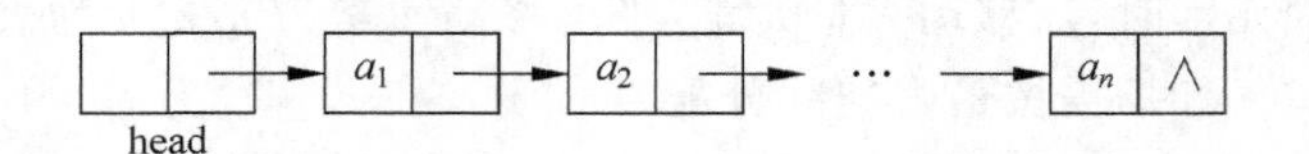

图 2.11 链表示意图

在实际应用中，数据在计算机内存中存放时一定需要一个存储单元，每个单元都有一个相应的内存地址，内存地址是从 0 开始并连续编号的，所以，数据在内存中存放时，可以通过其地址来寻找，链表中某结点的指针(或链域)实际上存放的是该元素后继元素的地址。例如线性表 L=(bat,cat,eat,fat,hat,mat)在内存中存储时的示意图如图 2.12 所示。

地址	数据	指针
110	hat	160
…	…	…
130	cat	135
135	eat	170
…	…	…
160	mat	Null
head=165 → 165	bat	130
170	fat	110
…	…	…

图 2.12 单链表的存储形式

从图 2.12 中可以看出两点：一点是线性表 L 中的元素在内存中不是连续存放的；另一点是每个结点除元素值外，还有一个存放指向该元素后继的地址（数字表示）。

在数据结构中，为了表述方便，在讲解和表示时，会把图 2.12 画成图 2.13 的形式。图 2.12 中的地址值被画成一个表示指针的箭头，用来指向该元素的"下一个"元素，最后一个元素没有后继元素，其后继元素的地址为"Null"，在链表中用"∧"表示。不论这些图如何复杂，乍一看起来会感到迷糊，但实质上这些指针或箭头只是数据存储单元的地址值，这一点对于理解链表很重要。许多初学者在刚开始学习链表时，都会不同程度地感到概念很抽象，对指针的含义不容易理解。

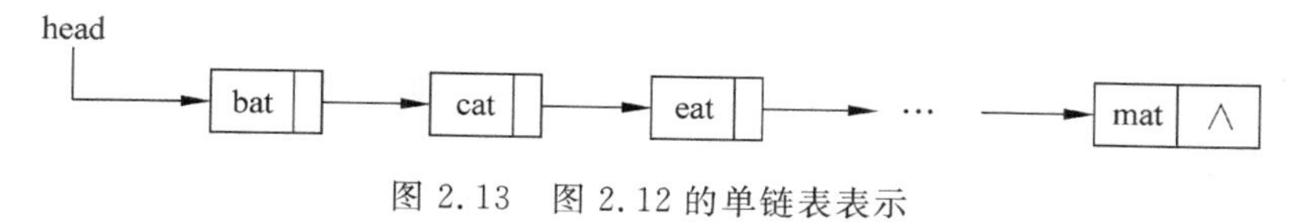

图 2.13　图 2.12 的单链表表示

在数据结构的教材中，习惯上有两种表示链表的方法。一种如图 2.11 所示，专门设置一个头结点 head，其中的数据域 head－>data 为空值，指针（head－>next）指向线性表 L 的第一个元素结点 a_1，这个头结点又称为"哨兵"。另一种如图 2.13 的形式，只用一个指针指向线性表 L 的第一个元素结点，这个指针具有定义 2.2 的类型。有没有头结点对于链表的本质没有影响，但会影响链表的操作。使用什么样的链表形式，要看每个人的习惯，不同的链表形式具有稍微不同的操作方法，本书采用前面一种方法来表述链表。

2. 表结点的生成和释放

需要进一步指出的是：在定义 2.2 中分别定义了 ListNode 和 LinkList 两个变量，ListNode 是该结构体结点的类型，LinkList 是指向 ListNode 类型结点的指针类型。前者表示结点，后者表示指针，记住这点很重要。为了增强程序的可读性，通常将标识一个链表的头指针说明为 LinkList 类型的变量，如 LinkList L；当 L 有定义时，值要么为 NULL，则表示一个空表；要么为第一个结点的地址，即链表的头指针。

在链表中定义结点指针变量的方法有两种：定义变量 p、q、r 为指针变量的方法为

```
ListNode *p, *q, *r;
```

或者

```
LinkList p,q,r;
```

上述定义中，ListNode 是结点类型，定义指针变量时需在变量前附加"*"，而 LinkList 是指针类型，定义指针变量时不需要附加"*"。这两种方法定义的是同一种类型的指针变量，使用任何一种都是可行的。

当定义了变量 p 后，可以用 C 语言中的 malloc()函数申请分配一个 ListNode 类型的存储单元：

```
p=(ListNode *)malloc(sizeof(ListNode));   /*生成新结点*/
```

或者

```
p = (LinkList)malloc(sizeof(ListNode));        /*生成新结点*/
```

注意：前者用结点类型 LinkNode，所以在 malloc 前的括号里要使用“*”，后者使用指针型 LinkList，所以该括号里不需要“*”。

这样就为变量 p 申请了一块 ListNode 类型的存储单元。如图 2.14 所示，p 所指的结点为 $*p$，$*p$的类型为 ListNode 型，所以该结点的数据域为 p－＞data，指针域为 p－＞next。

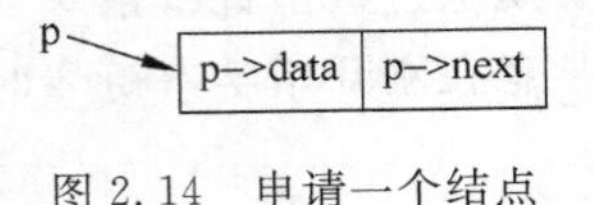

图 2.14 申请一个结点

当一个结点不再被使用时，应该从内存中删除，释放该结点所占的内存空间，C 语言中用 free(p)函数来释放 p 所指的结点。

3. 指针的几种重要操作

设 p，q 为 ListNode 类型的指针变量，分别指向两个不同的链表，如图 2.15(a)所示。

(1) 执行 $p=q$，p 直接指向 q 所指的结点。情况如图 2.15(b)所示。

(2) 执行 p=q－＞next，p 直接指向 q 所指结点的后继。情况如图 2.15(c)所示。

(3) 执行 p－＞next=q，p 所指结点成了 q 所指结点的前驱，q 所指结点成了 p 所指结点的后继，链表成为图 2.15(d)的样子。原来 p 结点的后继成了孤立结点。

(4) 执行 p－＞next=q－＞next，p 所指结点的后继是 q 所指结点的后继。情况如图 2.15(e)所示。

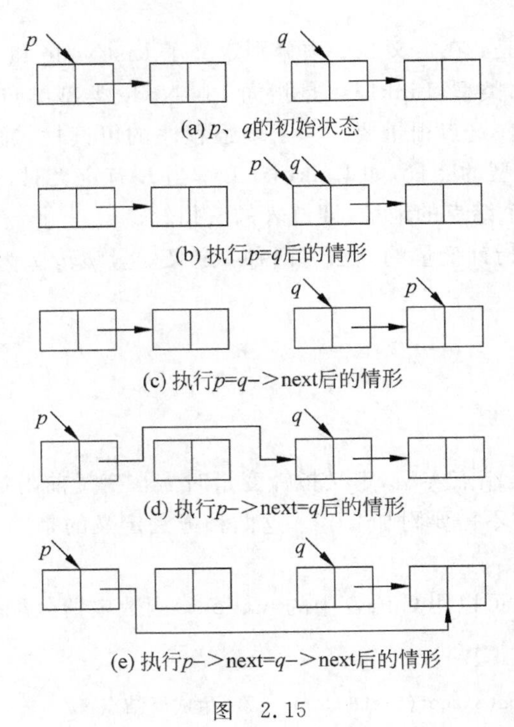

(a) p、q的初始状态

(b) 执行p=q后的情形

(c) 执行p=q->next后的情形

(d) 执行p->next=q后的情形

(e) 执行p->next=q->next后的情形

图 2.15

学习C语言时,指针概念及其变换是一个难点。上述几种操作是链表操作的基础,也是初学者感到难于理解的内容,请读者仔细阅读,自己动手画一画。如果把(1)～(4)中等号两边的q和p互换位置,又可以画出四种类似的情况,读者不妨自己试试,以加深对链表结点指针操作的理解和认识。

4. 单链表的创建

通过上一节的讨论,已经对链表指针的操作有了一定的理解,现在可以着手建立单链表的工作了。

创建链表的方法有多种,此处只介绍顺序法(尾插法)和头插法两种。

(1) 顺序法

根据线性表元素的顺序,依次建立各元素结点,这种方法称为顺序法,也叫做尾插法。

首先,设置指针变量p、q,q指向head;然后创建元素结点p,为其数据域赋值x,并设其指针域为NULL;最后连接q、p两结点(q->next=p),把q设为p的前驱;移动q指向p($q=p$)。重复上述操作,通过不断创建p、移动q指向p,实现链表的创建。为了控制算法的结束,设0为非链表元素的标志值,每当输入"0",结束创建工作。创建过程如图2.16所示。算法如下:

算法2.10a　顺序法创建单链表

```
LinkList create_1(LinkList head)
{  ListNode *p, *q;                                /* 定义辅助指针p、q */
   q = head;
   scanf(" %d",&x);                                /* 输入元素值 */
   while(x!= 0)
    {p = (ListNode * )malloc(sizeof(ListNode)); /* 建立结点p */
    p -> data = x;                                 /* 为结点p的数据域赋值 */
    p -> next = NULL;                              /* p结点的指针为空 */
    q -> next = p;                                 /* q结点的指针指向p结点 */
    q = p;                                         /* q指向p */
    scanf(" %d",&x);                               /* 输入下一个元素值 */
   }
  return head;
}
```

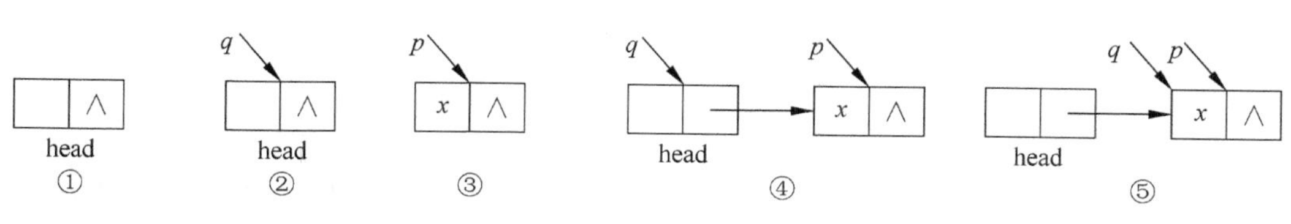

图2.16　创建单链表的过程示意

上面讨论的方法中,每创建一个新结点都把它放到链表的尾部,按照线性表的顺序建立链表,所以叫做顺序法,又称为尾插法。

图2.17展现了顺序法创建线性表(35,21,67,12,9)对应链表的过程。

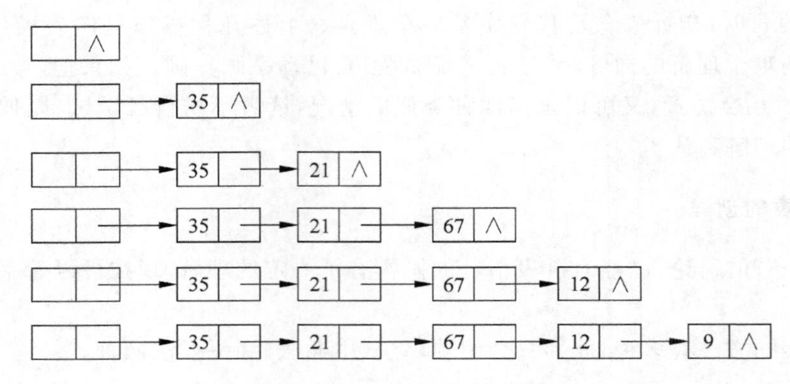

图 2.17　顺序法建立单链表

（2）头插法

头插法建立单链表的基本思想：从一个空表开始，每生成一个新结点，读入数据赋给其数据域中，然后将新结点插入到当前链表的表头后，直到读入结束标志为止。图 2.18 展现了线性表(35,21,67,12,9)的链表建立过程，因为在链表的头部插入，生成的链表结点顺序与原表正好相反。

算法分析：开始时，定义指针 p 指向头结点 head；为链表生成新结点 p，其数据域 data 赋值 x、指针域 next 指向 head 的后继，修改 head 的 next 指向 p，使 p 成为 head 的后继；重复操作，直到输入结束标记值“0”，结束算法。根据以上思想，可以得到头插法建立单链表的算法如下：

算法 2.10b　头插法建立单链表算法

```
  /* 单链表的建立(有头结点): */
LinkList create_2(LinkList head)
{  LinkList p;
   DataType x;
   head -> next = NULL;                              /* 头指针为空,此步很重要 */
   scanf(" %d",&x);
   while(x!= 0)                                      /* 当输入标记值 0 时,结束操作 */
   {  p = (ListNode * )malloc(sizeof(ListNode));    /* 生成新结点 p */
      p -> data = x;
      p -> next = head -> next;                      /* p 指向 head 的后继 */
      head -> next = p;                              /* 使 p 成为 head 的后继 */
      scanf(" %d",&x);
   }
   return p;                                         /* 返回头指针 */
}
```

算法 2.10b 的 head－＞next＝NULL；很重要，否则建立链表的尾结点没有赋值 NULL，这会导致所建链表有多个多余的表结点。算法 2.10a，2.10b 需要建立 n 个结点，其时间复杂度为 $O(n)$。

对于不带头结点的单链表建立，“第一个结点”的问题不是很好处理，如在“第一个结点”前插入结点，删除“第一个结点”的操作与其他结点的操作是不一样的。为了方便操作，使用“头结点(head)”来标识链表 L，可以使问题得到简化。对于带头结点的链表，即使是空表，

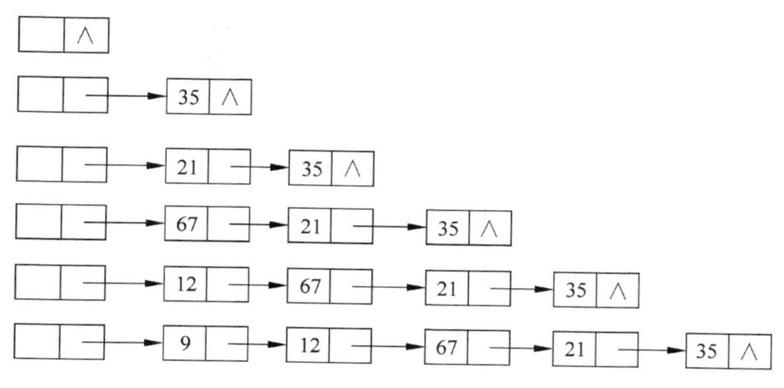

图 2.18 在头部插入建立单链表

头指针变量 head 也不为空。头结点的加入使得“第一个结点”的问题不再存在，也使得“空表”和“非空表”的处理成为一致。本书采用带头结点的链表讨论各种算法。

2.3.2 单链表的基本运算算法

1. 单链表的初始化

链表的初始化是把表设置成空表。对于带头结点的链表，可以生成一个头结点，然后令头结点的指针等于空(NULL)。

算法 2.11 带头结点的单链表初始化算法

```
LinkList InitList(LiskList head)
{ head->next = NULL;                         /* 头结点指针为空 */
}
```

算法 2.11 的时间复杂度为 $O(1)$。

2. 求线性表长度

算法思路：设一个移动指针 p 和计数器 i。p 所指结点后面若还有结点，p 向后移动，计数器加 1；p 所指结点后面若没有结点，则表示单链表已经到表尾了，结束。

算法 2.12 求单链表的表长算法

```
int Length(LinkList head)
  {int i = 0;
  LinkList p = head->next;                   /* p 指向第一个结点 */
  while(p)
  {i++; p = p->next;}                        /* 遍历链表,计数器 i 加 1 */
  return i;
  }
```

算法 2.12 的时间复杂度为 $O(n)$。

3. 读表元素

算法思路：首先判断 i 值的正确性，然后从链表的第一个元素结点起，判断当前结点是

否是第 i 个，若是，则返回该结点的值，否则当该结点的后继不为空时，继续下一个，直到该结点的后继为空（表结束）为止。没有第 i 个结点（$j > i$）时返回空。

算法 2.13 读单链表的第 i 个结点的值

```
DataType  Get(LinkList  head, int  i)
/* 在单链表 head 中查找第 i 个元素结点，找到返回其值，否则返回空 */
{  LinkList p = head -> next;
   int  j = 1;                                 /* j 从第一个结点开始 */
   if(i < 0 || i > Length(p)) return NULL;     /* i 值错，返回空 */
   while (p && j < i )                         /* 查找第 i 个元素 */
       {j++; p = p -> next;}
   if (j == i) return p -> data;
   else  return NULL;
}
```

此算法根据结点的位置查找结点值，当然，也可以根据结点值确定该结点的位置，细节上有所改变，读者可以尝试。因为需要在 n 个结点中查找，算法 2.13 的时间复杂度为 $O(n)$。

4. 查找

算法思路：计数器 i 从链表的第一个元素结点开始，判断：若当前结点不为空且值不等于 x，指针指向下一个结点，计数器针加 1，直到表结束为止；若当前结点不为空且值等于 x，返回该结点的位置，当前的 i 即为查找元素的位置；否则未找到指定结点，找不到时返回 -1。

算法 2.14 查找单链表中值为 x 的算法

```
int Locate(LinkList head, DataType x)
/* 在单链表 head 中查找值为 x 的结点，找到返回其位置，否则返回 -1 */
{  LinkList p = head -> next;
   while(p && p -> data != x)
     {p = p -> next; i++;}
   if (i > Length(head))
      { printf("未找到!"); return -1; }
   else
      { printf("找到，该元素的位置是：%d\n", i);   return i;}
}
```

该算法的 while 条件可以写为：

```
while(p!= NULL && p -> data!= x)
   {p = p -> next; i++;}
```

注意在上述两种写法中，后一个写法中 while 条件中带下划线的部分，前者是只写一个 p，后者是写成 $p!=$NULL，这两种写法是一样的，为什么？请思考。写成两种形式中的哪一种，与程序员的习惯有关，前者使算法表述简明干练，后者显得有些拖泥带水。

算法 2.14 的时间复杂度为 $O(n)$。

5. 插入

在单链表 head 中插入一个元素为 x 的结点，分两种情况来讨论：一是在某个结点的前面插入一个结点，称为前插操作；二是在某个结点的后面插入一个结点，称为后插操作。

(1) 前插操作

在值为 x 的结点前插入值为 y 的新结点。

设指针 p 指向链表中值为 x 的结点，指针 s 指向值为 y 的新结点，将 s 所指结点($*s$)插入到 p 所指结点($*p$)的前面，此时需要设置一个辅助指针 t，指向 $*p$ 结点的前驱。操作过程如图 2.19 所示。

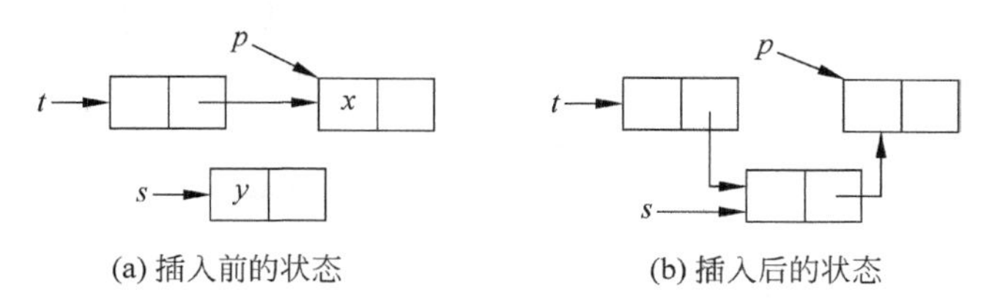

图 2.19 在结点 $*p$ 前插入 $*s$ 的操作

实现图 2.19(b)的操作为：

```
s -> next = p; t -> next = s;
```

或者

```
s -> next = t -> next; t -> next = s;
```

上述两种操作都可以实现把结点 $*s$ 插入到 $*p$ 前的目的，但是顺序不能互换。

根据上述讨论，可以得到在值为 x 的结点前插入结点 s 的算法如下。

算法 2.15 单链表的前插算法

```
insert_before(LinkList head,DataType x)
/* 在单链表 head 中值为 x 的结点前插入值为 y 的新结点 */
{  DataType y;
   LinkList s,p,t;
   printf("输入待插的结点值：");
   scanf(" %d",&y);
   s = (LinkList)malloc(sizeof(ListNode));       /* 创建新结点 s */
   s -> data = y;
   s -> next = NULL;
   p = head;
   while(p && p -> data!= x)                     /* 查找值为 x 的结点 */
     {t = p;p = p -> next;}
   if(p){s -> next = t -> next; t -> next = s; }  /* 把 s 结点插入到 p 前 */
   else printf("结点 x 不存在!\n");
}
```

这是在值为 x 的结点前插入新结点的算法。另外，可以利用先前讨论过的查找函数 Locate(head,y)来修改算法 2.15，请读者试一试。

（2）后插操作

设 p 指向链表中值为 x 的结点，s 指向值为 y 的新结点，将 $*s$插入到 $*p$的后面，比前插操作要简单，此时不需要设置一个辅助指针 t。

操作过程如下：

```
s->next=p->next;   p->next=s
```

插入操作过程如图 2.20 所示。

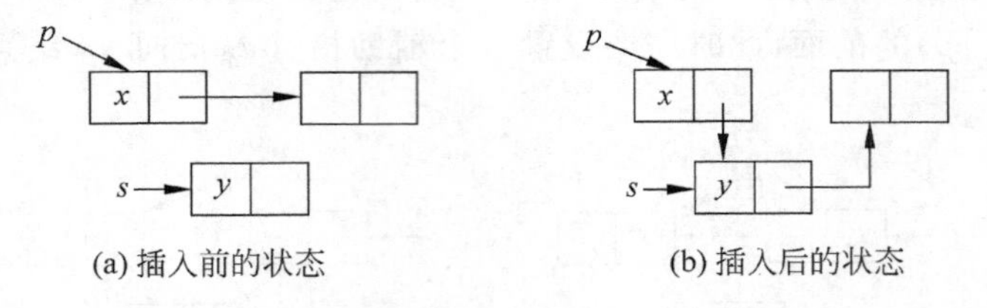

图 2.20　在结点 * p 后插入 *s 的操作

算法 2.16　在单链表的指定结点后插入结点

```
insert_after(LinkList head,DataType x)
/* 在单链表 head 中值为 x 的结点后插入值为 y 的新结点 */
    {DataType y;
    LinkList s,p;
    printf("输入待插结点值: ");                    /* 创建新结点 s */
    scanf(" %d",&y);
    s=(LinkList)malloc(sizeof(ListNode));
    s->data=y;
    s->next=NULL;
    p=head;
    while(p && p->data!=x)                         /* 查找值为 x 的结点 */
        {p=p->next;}
    if(p){s->next=p->next; p->next=s; }                        /* 把 s 结点插入到 p 后 */
    else printf("结点 x 不存在!\n ")
    }
```

此算法是在指定元素值 x 的结点后插入，还可以设计在指定位置 i 的后面插入结点，读者可以结合算法 2.15 和算法 2.16 设计。同样，也可以使用 Locate(head,x)来进行后插操作，读者不妨自己尝试设计其算法。

算法 2.15 和算法 2.16 的时间复杂度为 $O(n)$。

前插操作需要一个辅助指针，而后插操作不需要，前插操作比起后插操作稍微复杂一些。另外，算法 2.15 和算法 2.16 突出了简洁性，没有考虑空链表情况（只有头结点），此时，需要考虑算法的健壮性。在 while()前插入条件 if(! p)，判断链表是否为空，若空，则 p－>next＝s，返回 1，结束算法。

6. 删除

在给定的链表中删除指定结点的操作叫做删除。在图 2.21 的链表中，删除元素值为 x 的结点，删除 p 所指的结点，删除 p 所指结点的后继结点，删除给定位置的结点等，都是常见的删除操作。下面讨论删除值为 x 结点的算法,其他算法读者可以参考其他教材。

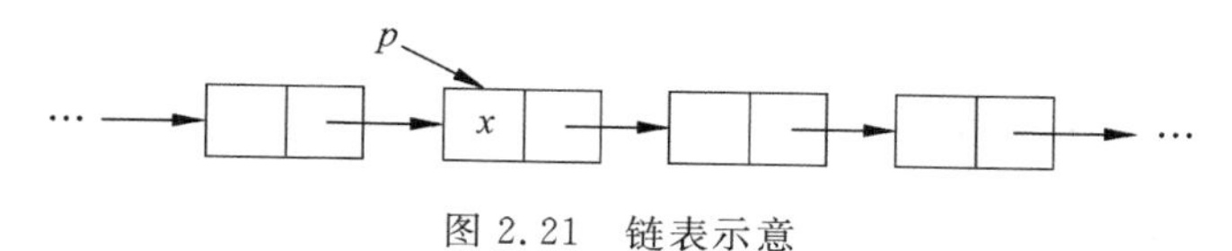

图 2.21 链表示意

删除链表 head 中值为 x 的元素结点算法思路是:首先通过循环查找值为 x 的结点,设置两个指针 p、t,在查找的过程中,p 和 t 一起移动,t 始终指向 p 所指结点的前驱结点,在找到指定结点后,执行 t－>next＝p－>next,并释放 p 所指的结点,返回 1,表示删除成功;否则,返回－1,表示删除不成功。操作由下列语句实现:

```
while(p->data!= x && p)
  {t = p;p = p->next;}
if(p){t->next = p->next; free(p); return 1;}
else {printf("Node x not found!\n");return -1;}
```

通过上述分析,删除值为 x 的结点的算法如算法 2.17 所示。

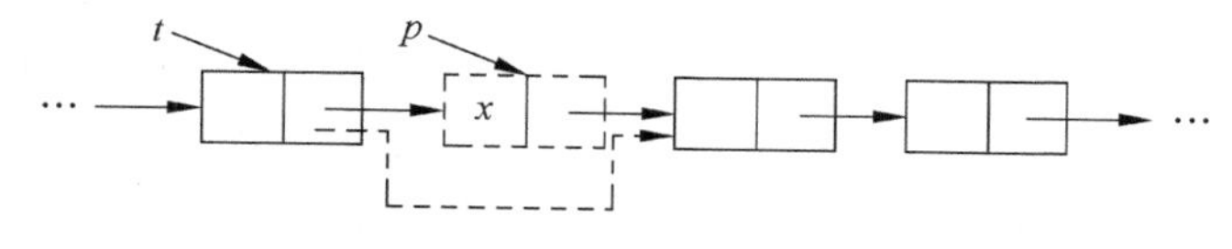

图 2.22 删除值为 x 的结点

算法 2.17 删除值为 x 的结点

```
void Delete(LinkList head,DataType x)
  /* 在单链表 head 中删除值为 x 的结点 */
  void Delete(LinkList head,DataType x)
    {LinkList p,t;                          /* t 为辅助指针,指向 p 的前驱 */
     p = head;
     while(p->data!= x)
       {t = p;p = p->next;}
     if(p){t->next = p->next;              /* 找到,进行删除操作 */
           free(p);
           return 1;}
     else {printf("Node x not found!\n");  /* 未找到 */
          return -1;}
  }
  }
```

算法 2.17 中,由于要查找指定的结点,最好的情况是要查找的结点是第一个结点,此时只需找一次,最坏的情况是找不到元素,此时需要查找 n 次,所以时间复杂度为 $O(n)$。

7. 链表遍历

通过上述讨论,除了链表的初始化以外,所有的操作都是建立在对链表结点的查找基础上的,查找链表结点的操作实际上就是链表的遍历,因此算法 2.8 也适合链表的一般性操作,对于单链表,遍历算法如下。

算法 2.18 带头结点单链表的遍历算法

```
void TraverseLinkList(ListNode *head)
{ListNode *p = head->next;
 while(p)
    {visit(p->data);p = p->next;}
}
```

算法中的 visit 操作可以是打印结点的值，也可以是结点计数等，单链表的遍历是各种操作的基础。当需要打印结点值时，用“printf("%d,",p－>data);”代替 visit 语句即可。因为要遍历 n 个结点，算法 2.18 的时间复杂度为 $O(n)$。

通过对单链表各类算法的讨论，我们可以对单链表的操作作如下概括：

(1) 单链表的操作都是以单链表的遍历算法为基础的；

(2) 单链表不具有按序号随机访问的特点，只能从头指针开始一个个顺序进行；

(3) 在单链表上进行的操作，如插入、删除一个结点，必须知道其前驱结点；

(4) 单链表上的操作算法的平均时间复杂度均为 $O(n)$。

例 2.1 删除单链表中结点值重复的冗余结点，使每个结点的值在单链表中唯一存在。

解：理解此题的关键是单链表由不同取值的结点构成，每个不同取值的结点可能存在多个值相同的重复结点，要使单链表的某个值在链表中唯一出现一次。

完成此运算需要两重循环。外循环指针 q 负责从原链表中从头至尾遍历结点；内循环指针 r 从链表中的某结点 q 开始在链表中查找值相同的结点，直到链表尾部；设置辅助指针 p 指向 r 的后继；若 p－>data＝q－>data，说明存在重复结点，进行删除操作。参考算法如下：

```
delete_sameNode(LinkList head)
  {DataType y;
   LinkList q,r,p;
   q = head->next;                          /* q 为外循环指针 */
   while(q)                                 /* 组织外循环 */
    {r = q;                                 /* r 为内循环指针,从 q 开始 */
      while(r->next)                        /* 组织内循环 */
        {p = r->next;                       /* p 指向 r 的后继 */
          if (p->data == q->data)           /* 若 p 值与 q 值相同 */
            {r->next = p->next;free(p);}    /* 删除与 q 值相同的结点 */
          else
            r = r->next;                    /* 若 p 值与 q 值不相同,r 指向下一结点 */
        }
      q = q->next;                          /* 在外循环中 q 指向下一结点 */
    }}
```

2.3.3 循环单链表

上节讨论的单链表，各种操作只能从表头向表尾进行，达到尾结点后，指针无法回到表头，如果要回到表头，这种链表已经无能为力。必须使用专门的办法，把链表的首尾连接起来，这样指针自然就可以回到表头来，形成一个循环链表。本节讨论循环链表。

循环单链表是首尾相接的单链表,其结构如图 2.23 所示,这是一个把头结点包含在内的循环单链表。头结点不包含在循环单链表内的结构如图 2.24 所示。

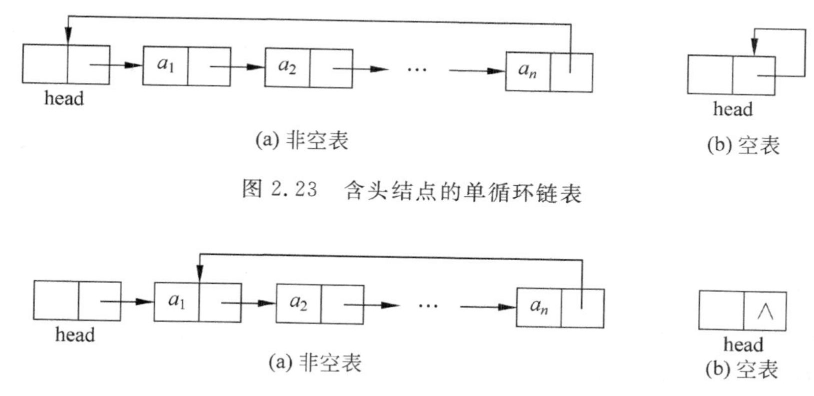

图 2.23　含头结点的单循环链表

图 2.24　不含头结点的单循环链表

循环链表的逻辑定义与定义 2.2 一样,关于循环单链表的讨论以定义 2.2 为基础。

1. 创建循环单链表

(1) 简单方法

循环单链表建立的最简单方法是在算法 2.10 的最后面加上指向表头结点的语句,来实现循环链表的建立。因为在算法 2.10a 中,while 语句结束时已经建立了如图 2.11 的单链表,此时最后一个(尾)结点的指针域是空的,如果将尾结点的指针指向头结点所指结点,则可以使链表首尾结点相连,从而构成带头结点的循环单链表。实现这种想法的操作是在 while 语句体的下一行增加一行把尾结点指向头结点的操作,就把图 2.11 的单链表建成图 2.24 的循环单链表了。对于单链表而言,算法如下:

算法 2.19　带头结点的循环单链表创建算法一

```
LinkList createCyclicLink(LinkList head)
{  ListNode *p, *q;
   q = head;
   scanf(" %d",&x);                        /* 输入元素值 */
   while(x!= 0)                            /* 与算法 2.10a 一致 */
    { … }
    p = head -> next;                      /* 尾指针指向头结点 */
    return head;
}
```

它们的时间复杂度为 $O(n)$。

(2) 顺序法建立循环单链表

顺序法建立循环单链表的算法与算法 2.10a 类似,从头结点着手创建工作。下面来讨论创建过程。创建一个头结点(head)和一个尾结点(tail),tail 在创建链表的过程中起到辅助作用,它始终指向链表的最后一个结点。过程如图 2.25 所示。

① 建立尾结点 tail,head 是建立循环单链表算法的形参;

② 输入结点的值 x,且令 tail－>data=x,让 tail 指针指向自己建立循环链指针,head

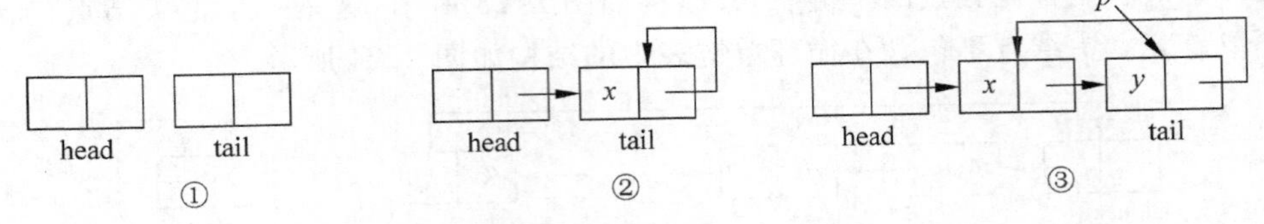

图 2.25 循环单链表的建立过程

指向 tail：

```
tail->next=tail;
head->next=tail;
```

③ 新建结点 p；赋予结点值 y；p 指针指向 tail 指针所指的结点，建立循环链；修改 tail 结点指针指向 p，使 tail 始终指向最后一个结点：

```
p->data=y;
p->next=tail->next;
tail->next=p;
tail=p;
```

④ 重复③，直到完成。

注意，这样建立的循环单链表不包含头结点。根据上述讨论的循环单链表的生成算法为算法 2.20。

算法 2.20 带头结点的循环单链表顺序创建算法

```
LinkList createCyclicLink(LinkList head)
    {DataType x;
     LinkList tail,p;
     tail=(ListNode *)malloc(sizeof(ListNode));  /*建立尾结点*/
     scanf("%d",&x);
     tail->data=x;                               /*第一个结点赋值*/
     tail->next=tail;                            /*尾结点指向自己,建立循环链表*/
     head->next=tail;                            /*头指针指向第一个结点*/
     scanf("%d",&x);
     while(x!=0)
     {  p=(ListNode  *)malloc(sizeof(ListNode)); /*建立新结点*/
        p->data=x;
        p->next=tail->next;                      /*新结点指向第一个结点,继续建立循环链*/
        tail->next=p;                            /*建立尾结点指向新结点的指针链接*/
        tail=p;                                  /*尾指针指向新结点,新结点成了尾结点*/
        scanf("%d",&x);
     }
     return head;
    }
```

因循环链表结点数为 n，算法 2.20 的时间复杂度为 $O(n)$。

2. 循环单链表及其操作

在单循环单链表上的操作基本上与单链表相同，只是将原来判断指针是否为 NULL 变为是否是头指针而已，没有其他较大的变化。本段只讨论插入算法、删除算法和遍历算法。

(1) 插入

在图 2.24 中，如果链表不是空表的话，循环链表中的每个结点都有一个前驱(和后继)。插入操作不用特意考虑结点没有前驱的情况，下面讨论在值为 x 的结点前插入值为 y 的结点算法。对于空表情况，把新建结点 s 插入到头结点的尾部即可，操作如图 2.26(a)所示，方法如下：

```
s->next = s;                         /* 建立循环链 */
head->next = s;                      /* 头指针指向 s */
```

对于非空表而言，需要查找值为 x 的结点，然后在指定的结点前插入结点，查找成功返回 1，否则返回 −1。具体的操作过程请参考 2.3.2 节中的第 5 小节，在此不再赘述。

在非空循环单链表的指定结点前插入操作，如图 2.26(b)所示。

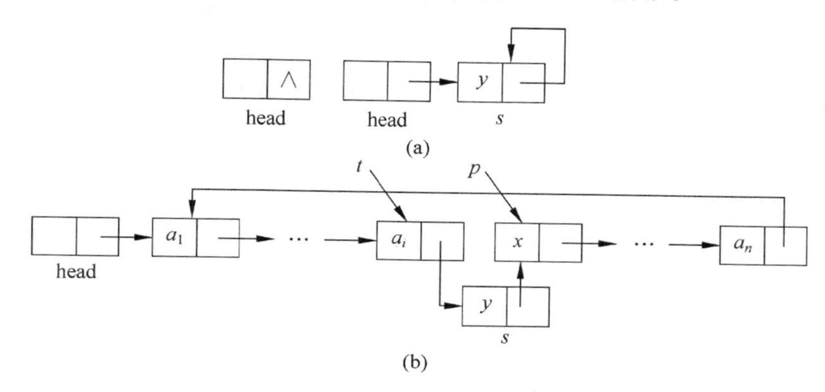

图 2.26 循环单链表的插入过程

(2) 删除

在进行循环链表删除操作时，除了考虑空表情况外，只有一个结点的单元素链表情况也需要特殊对待，因为结点被删除之后链表会变为空表。通过检查结点是否为自己的后继就可以确定这种情况是否出现，即检查一下结点的链是否指向自己：

算法 2.21 删除循环单链表结点操作的核心算法

```
if( head->next = NULL)                    /* 循环链表为空 */
     printf("Empty!\n");
else
{ p = q->next;                            /* q 为 p 的前驱 */
  if(p == q)                              /* 单结点循环链表 */
     head->next = NULL;
  else                                    /* 含 2 个以上结点的循环链表 */
   { q->next = p->next;
     free(p);}
}
```

算法 2.21 的时间复杂度为 $O(1)$。

(3) 遍历

对于循环链表，大部分针对单链表的算法都必须进行修改。例如，在单链表遍历算法中，指针沿着单链表移动直到指针为空时为止，此时最后一个结点已经被处理。对于循环链表中，用 do…while 代替 while，即可实现遍历操作：

```
p = head -> next;
do
{printf(" %d",q -> data);
p = p -> next;
} while(p!= head -> next);
```

2.3.4 双向链表

以上讨论的单链表的结点中只有一个指向其后继结点的指针域 next，因此若已知某结点的指针为 p，其后继结点的指针则为 p－＞next，而找其前驱则只能从该链表的头指针开始，顺着各结点的 next 域进行，也就是说找后继的时间性能是 $O(1)$，找前驱的时间性能是 $O(n)$，如果也希望找前驱的时间性能达到 $O(1)$，仅在图 2.10 的结构上是困难的。解决此问题的办法是再增加一个指向前驱的指针域，结点的结构变成图 2.27 的结构，用这种结点组成的链表称为双向链表，简称双链表。

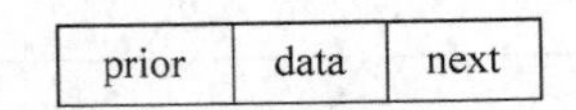

图 2.27　双链表结点结构

其中，data 域叫数据域，与线性表的数据元素值对应，prior 和 next 部分为指针域，用于存放指向前驱和后继元素的指针。相应的存储结构可以定义为：

定义 2.3

```
/* 双向链表的定义: */
typedef int DataType;                  /* DataType 可以是 int, float 或 char */
typedef struct node                    /* 结点结构体定义 */
{DataType data;                        /* 结点的数据域 */
 struct node *prior, *next;            /* 结点的指针域 */
}DListNode, *DLinkList
```

带头结点的一般双链表形态如图 2.28 所示。

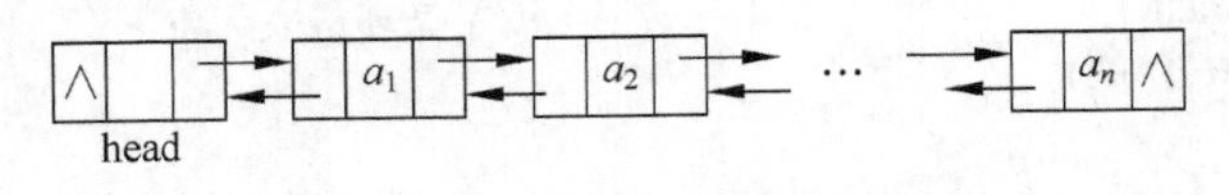

图 2.28　双向链表示意

1. 双链表的操作

因为使用了两个指针，此时，对于 next 指针来说是后继元素的结点，对于 prior 指针就会变成前驱结点，操作时需要细心。双链表比起单链表来说虽然复杂，但解决了单链表指针不能回溯的缺点，使得双链表的操作灵活，下面是循环双链表的一些常用操作。熟悉这些操作，有利于理解双链表的算法设计。

定义"DLinkList p,q;"，把 p,q 定义为具有定义 2.3 类型的指针变量，分别指向 p 所指结点和 q 所指结点。开始时两个结点是独立结点(如图 2.29(a)所示)，执行 p－＞next＝q、q－＞

prior=p 操作，p 结点成了 q 结点的前驱，q 结点成了 p 结点的后继，链表形成图 2.29(b)的形态：

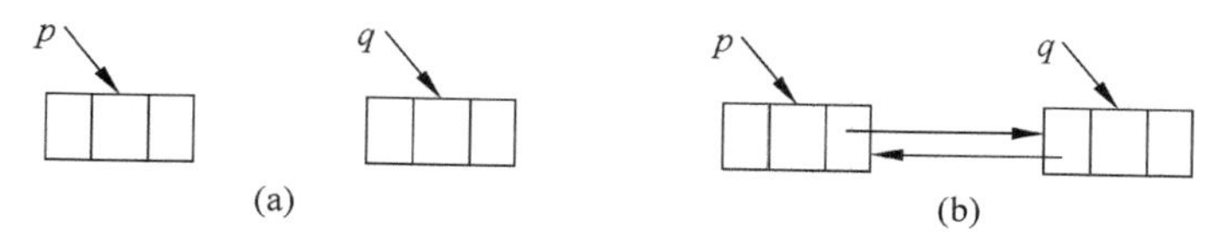

图 2.29　双链表结点的链接操作

对于图 2.29(b)的结点关系，由于双链表有两个链，可以灵活使用这两个链进行各种复杂的操作，如“p－>next－>prior=p;”指向自己，“p－>prior－>next=p;”也指向自己，这种在双链表中十分常见的操作，是双链表运算操作的基本技巧，经常会遇到，读者一定要熟悉它们。类似的操作还有：

```
p->next->next->prior = q;
p->proir->next->next = q;
q->prior->prior->next = p;
q->next->prior->prior = p;
```

这好像是在玩文字游戏，但这种游戏对于双链表的操作很是重要，不可掉以轻心。

2. 创建双链表

根据图 2.29 的操作，建立一个带头结点的双链表，需要设置辅助指针 q，开始时 q 指向表头结点 head，设置新建结点指针 p，辅助指针 q 跟随新建结点 p，始终指向新建结点的前一个结点。步骤如图 2.30 所示。

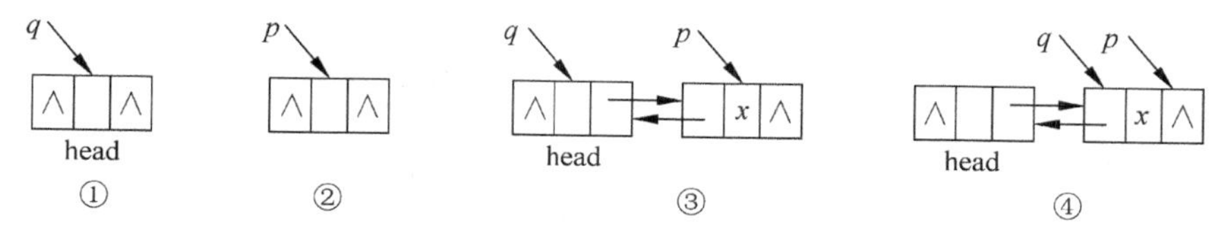

图 2.30　双链表的建立过程示意

过程描述如下

① q=head;

② 建立结点 p：p－>data=x；p－>prior=q;p－>next=NULL;

③ q－>next=p;

④ q=p;

⑤ 重复②～④。

根据上述讨论，创建双链表算法的核心算法为：

算法 2.22　创建双链表算法的核心部分

```
createDoubleLinkList(DLinkList head)
  { DLinkList p,q = head;
    …
    while(x!= 0)
```

```
  { p = (DListNode * )malloc(sizeof(DListNode));
    p -> data = x; p -> prior = q;p -> next = NULL;
    q -> next = p;
    q = p;
    scanf(" %d",&x);
  }
}
```

算法 2.22 的时间复杂度为 $O(n)$。

3. 插入

在双链表 head 中值为 x 的结点前插入 s 结点，s 指向值为 y 的新结点。设 p 指向值为 x 的结点，将 $*s$ 插入到 $*p$ 的前面，此时需要设置一个辅助指针 t，指向 $*p$ 的前驱，然后在 $*t$ 之后（$*p$ 之前）插入 $*s$，参考图 2.31(a)。插入 s 的操作过程如下：

```
s -> prior = p -> prior;
p -> prior = s;
s -> next = t -> next;
t -> next = s;
```

进行上述操作后，链表的状态如图 2.31(b)所示。

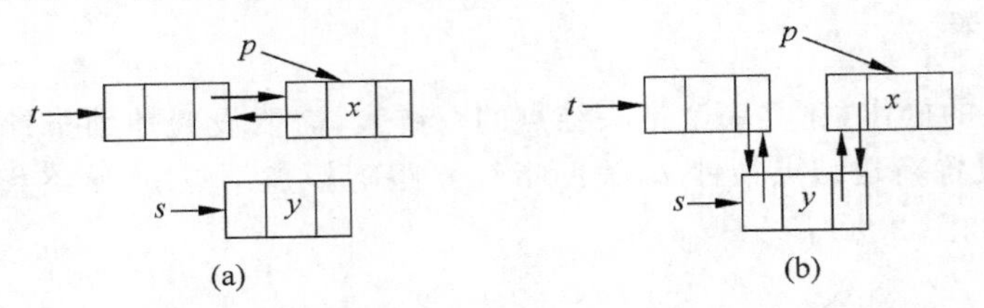

图 2.31　在双链表中值为 x 的结点前的插入操作

根据上述讨论，可以得到在指定位置前插入结点的双链表插入算法为：

算法 2.23　在双链表中值为 x 的结点前插入结点

```
insert(DLinkList head, DataType x)
{ DLinkList s,p,t;
  DataType y;
  s = (DLinkList)malloc(sizeof(DListNode));
  s -> next = s -> prior = NULL;
  scanf(" %d",&y);
  s -> data = y;
  p = head;
  while (p -> data!= x && p -> next)
    {t = p;p = p -> next;}
  s -> prior = p -> prior;
  p -> prior = s;
  s -> next = t -> next;
  t -> next = s;
}
```

算法 2.23 的时间复杂度为 $O(n)$。

注意上述算法中 while 条件中的指针控制条件是 p－＞next，而不是 p，为什么？算法 2.23 是在双链表中值为 x 的结点前插入结点的操作，与单链表类似，也可以指定元素位置 i 进行插入操作，插入也可在元素之前或之后进行。相关内容参考 2.3.2 节第 5 小节，读者可以进行相关的练习。

4. 删除

与上段讨论相类似，设 p、q 指向链表中两个结点，$*p$ 是 $*q$ 的前驱，q 指向值为 x 的结点。要删除 q 结点的操作为：

```
p->next = q->next;
q->next->prior = q->prior;
free(q);
```

这些操作就是删除算法的核心部分。删除 q 结点前后的状态参考图 2.32(a)、图 2.32(b)。

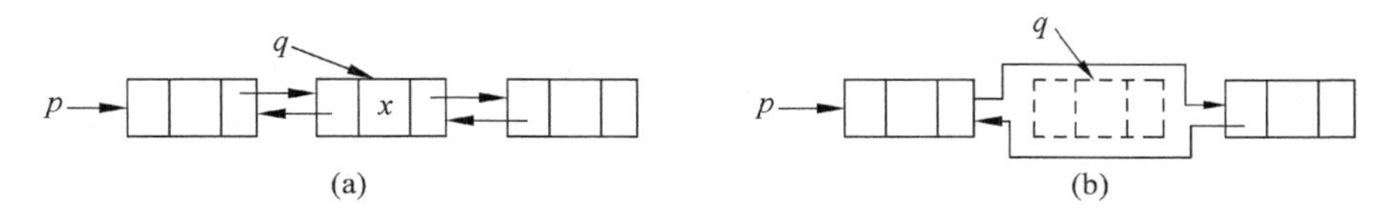

图 2.32　删除双链表值为 x 的结点 q

算法 2.24　删除双链表中值为 x 的结点

```
int delete(DLinkList head,DataType x)
  { DLinkList p,q;
    p = q = head;
    while(p->data!= x)
     {q = p;p = p->next;}
    if(p){q->next = p->next;
          p->next->prior = p->prior;
          free(p);
          return 1;}
    else {printf("Node not found!\n");
          return -1;}
  }
```

算法 2.24 的时间复杂度为 $O(n)$。

5. 循环双链表

循环双链表是把首尾相接的双链表，带头结点的循环双链表的一般形态如图 2.33 所示。

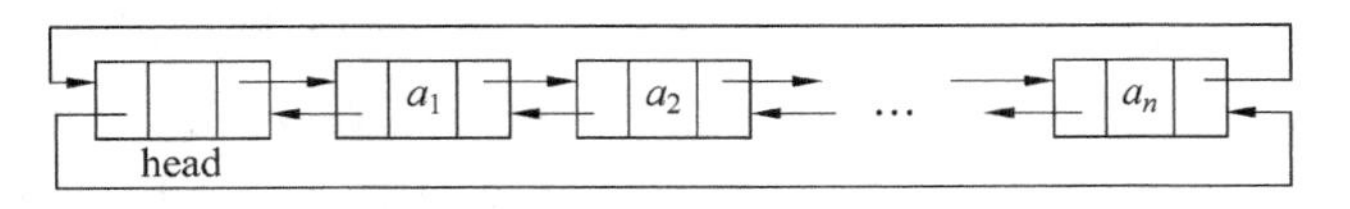

图 2.33　循环双链表

循环双链表与循环单链表的操作类似，要复杂些，运算时要仔细，耐心。

可以在算法 2.22 的基础上，建立循环双链表，此时只需要在 while 语句后面加入

```
p->next = head;
head - prior = p;
```

这两句语句加在算法 2.22 中就成了循环双链表创建算法之一。

算法 2.25 创建循环双链表算法的核心部分

```
createCDoubleLinkList(DListNode *head)
  { …
    while(x!= 0)
    {   …   }                  /* 与算法 2.22 相同 */
    p->next = head;            /* 最后建立的结点 p 指向头结点 */
    head - prior = p;          /* 头结点的 prior 指针指向最后一个结点 p */
}
```

也可以像算法 2.20 那样，从头结点开始创建循环双向链表。读者可以参考算法 2.20，自行设计。

算法 2.25 的时间复杂度为 $O(n)$。

2.4 顺序表和链表的比较

本章介绍了线性表的逻辑结构及它的两种存储结构：顺序表和链表。通过对它们的讨论可知它们各有优缺点，顺序存储有三个优点：

① 方法简单，可以用各种高级程序语言中的数组实现。

② 不用为表示结点间的逻辑关系而增加额外的存储开销。

③ 顺序表具有按元素序号可随机访问的特点。

但它也有两个缺点：

① 在顺序表中做插入删除操作时，平均移动大约表中一半的元素，因此对 n 较大的顺序表效率低。

② 需要预先分配足够大的存储空间，估计过大，可能会导致顺序表后部大量闲置；预先分配过小，又会造成溢出。

链表的优缺点恰好与顺序表相反。在实际中怎样选取存储结构呢？通常有以下几点考虑：

1. 基于存储空间的考虑

顺序表的存储空间是静态分配的，在程序执行之前必须明确规定它的存储规模，也就是说事先对“MAX”要有合适的设定，过大造成浪费，过小造成溢出。可见对线性表的长度或存储规模难以估计时，不宜采用顺序表；链表不用事先估计存储规模，但链表的存储密度较低，存储密度是指一个结点中数据元素所占的存储单元和整个结点所占的存储单元之比。显然链式存储结构的存储密度是小于 1 的。

2. 基于运算的考虑

在顺序表中按序号访问 a_i 的时间性能是 $O(1)$，而链表中按序号访问的时间性能是 $O(n)$，如果经常做的运算是按序号访问数据元素，显然顺序表优于链表；而在顺序表中做插入、删除时平均移动表中一半的元素，当数据元素的信息量较大且表较长时，这一点是不应忽视的；在链表中作插入、删除，虽然也要找插入位置，但操作主要是比较操作，从这个角度考虑显然后者优于前者。

3. 基于环境的考虑

顺序表容易实现，任何高级语言中都有数组类型，链表的操作是基于指针的，相对来讲前者简单些，也是用户考虑的一个因素。

4. 基于空间的考虑

当线性表的长度变化较大，难以估计其存储规模时，适宜采用链表作为存储结构。反之，当线性表的长度变化不大，易于事先确定其大小，为了节约存储空间，宜采用顺序表作为存储结构。

5. 基于时间的考虑

若线性表的操作主要是进行查找，很少做插入和删除操作时，采用顺序表做存储结构为宜。

对于频繁进行插入和删除的线性表，宜采用链表做存储结构。

总之，两种存储结构各有长短，选择哪一种由实际问题中的主要因素决定。通常“较稳定”的线性表选择顺序存储，而频繁做插入删除的动态性较强的线性表宜选择链表存储。

2.5 链表的应用

一元多项式 $P(x)$ 的形式为

$$P(x) = a_0 + a_1x + \cdots + a_{n-1}x^{n-1} + a_nx^n$$

称 $P(x)$ 为 n 项多项式，a_ix^i 是多项式的项($0 \leqslant i \leqslant n$)，其中 a_i 为系数，x 为变量，i 为指数，$P(x)$ 的阶等于多项式中 x(系数不为零)的幂的最大值；例如，多项式

$$P(x) = 5 + 7x - 8x^3 + 4x^5$$

的阶为 5，系数为 5、7、0、−8、0 和 4。常数多项式的阶为 0，零多项式的阶也为 0。

一个多项式可以看作一个系数组成的线性表

$$(a_0, a_1, a_2, \cdots, a_n)$$

且能够采用已经讨论过的任意线性表来表示，一般多项式可以使用顺序表来表示其数据结构，也可以使用链表来表示。本节讨论链表实现多项式相加的运算。

多项式中的每一项有系数、指数，要表示多项式中结点间的逻辑关系，还需要一个链来指向多项式的下一项。这样，数据结构具有如图 2.34 所示的形式：

coef	exp	next

图 2.34 表示多项式结点的结构

其数据的逻辑结构可定义如下：

定义 2.4

```
typedef struct poly_node
{  int coef;
   int exp;
   struct poly_node *next;
}poly_link;
```

为了实现不同多项式相加的算法操作，考虑多项式 $A(x)$和 $B(x)$的加法实现，其中：

$$A(x) = 5x^{12} + 2x^7 - x^3 + 5$$

$$B(x) = 7x^{12} - 4x^{10} + 10x^5 + 2x^3 - 1$$

它们是按降幂的次序排列的，两个多项式的相加问题就是按照降幂或升幂的次序，进行同类项合并，把相同幂的项的系数加起来实现的，然后依次处理剩余的项。因此，多项式 $A(x)$和 $B(x)$的和为

$$C(x) = A(x) + B(x) = 12x^{12} - 4x^{10} + 2x^8 + 10x^6 + x^3 + 4$$

现在来讨论多项式相加的思路。进行多项式相加，有两种办法，一种是在原地进行，另一种是非原地进行。所谓的“原地”是指在现有链表的基础上（即不增加空间消耗），“非原地”是指另外建立一个新链表（即需要增加空间消耗）。前者就是在原有的链表基础上实施多项式的相加操作，后者是在一个新的链表上，把两个多项式链表相加后填入新链表。下面讨论在原地进行相加的算法。

首先，设定两个指针 A，B 指向两个多项式链表 $A(x)$和 $B(x)$，并设指针 C 指向相加后的表头，利用原来的链表 A 做原地操作，使 C 指向 A。为了遵循 C 语言使用小写字母表示变量的编程习惯，使用指针 h1，h2，pc 分别指向 A、B、C 三个链表，如图 2.35 所示。

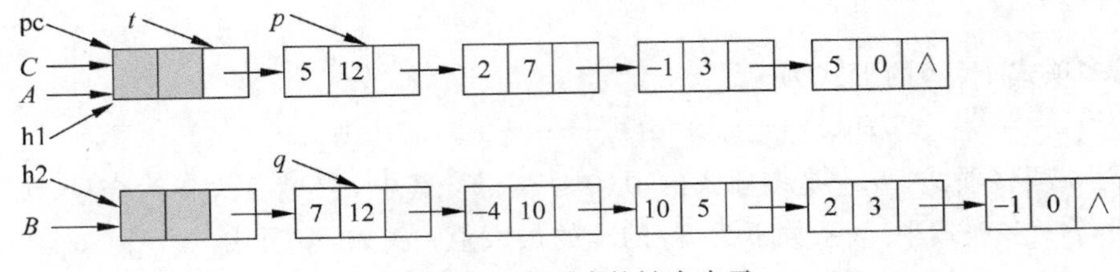

图 2.35 多项式的链表表示

设置指针 p、q，开始时 p、q 分别指向 h1、h2 的第一个结点。设辅助指针 t 始终指向两个链表中刚刚被处理过的结点，开始时，t 指向 p 的前驱。过程为：

① 判断 p−>exp 和 q−>exp 是否相等，若相等，则进行②，否则进行③；

② 进行系数相加，并进一步判断系数和是否为 0，若为 0 则该项在合并的多项式中不存在，移动指针 t 使 t−>next＝p−>next；否则，修改 p 结点的 coef 作为结点的合并多项式的第一个结点；移动 p、q 指向各自的下一个结点；

③ 判断 p−>exp 是否大于 q−>exp，若成立，则移动 p 指向下一个结点，t 指向 p 的

前驱；否则，移动 q 指向下一个结点，t 指向 q 的前驱；

④ 重复②、③，直到 p、q 的其中一个为空（指向尾结点）时，进行⑤；

⑤ 若 p 为空，则 t 指向 q；否则 t 指向 p；

⑥ 结束。

根据上述讨论，可以得到多项式相加的算法为：

算法 2.26 原地进行多项式相加的算法

```
poly_add(poly_link *h1, poly_link *h2)
  {poly_link *p, *q, *pc, *t;
   int x;
   p = h1 -> next;                     /* p 指向 A 的第一个结点 */
   q = h2 -> next;                     /* q 指向 B 的第一个结点 */
   t = h1;                             /* t 指向 p 的前驱 */
   pc = h1;                            /* pc 指向 A */
   while(p && q)                       /* 循环 */
     { if(p -> exp == q -> exp)        /* 幂次相等 */
       {x = p -> coef + q -> coef;     /* 系数相加 */
        if(x!= 0) {p -> coef = x;t -> next = p;t = p;}
        else {t -> next = p -> next;}
        p = p -> next;q = q -> next;
       }
     else if (p -> exp > q -> exp)     /* 幂次不相等 */
              {t -> next = p;t = p;p = p -> next;}
          else
              {t -> next = q;t = q;q = q -> next;}
     }                                 /* while end */
     if (!p) t -> next = q; else t -> next = p;
     return pc;
   }
```

设 A、B 两个链表的长度分别为 $n1$ 和 $n2$，算法 2.27 需要对两个链表进行连接操作，所以需要遍历两个链表的每一个结点，在极端的情况下（两个链表中没有相同幂次的多项式），需要运行的时间复杂度为 $O(n1+n2)$。另外一种情况是两个链表中项的幂次全一样，此时需要的运行时间复杂度为 $O(n1)$。

注意，上述加法运算必须建立在多项式链表已经存在的基础上，根据本章链表部分的内容，可以事先建好两个链表结构，然后进行两个链表的加法。创建多项式链表的算法如下：

算法 2.27 创建多项式链表的算法

```
create_polylist(poly_link *h)
  { poly_link *q, *p;
   int x,y;
   q = h;
   scanf(" %d, %d",&x,&y);
   while(x!= 0)
   { p = (poly_link * )malloc(sizeof(poly_link));
    p -> coef = x;p -> exp = y;p -> next = NULL;
    q -> next = p;
    q = p;
```

```
      scanf(" %d, %d",&x,&y);
    }
}
```

进行多项式相加的链表算法的主函数为：

算法 2.28 创建多项式链表相加的主函数

```
main()
{ poly_link *head1, *head2;
  head1 = (poly_link * )malloc(sizeof(node));        /* 创建第一个多项式 */
  create_polylist(head1);
  PrintList(head1);
  head2 = (poly_link * )malloc(sizeof(node));        /* 创建第二个多项式 */
  create_polylist(head2);
  PrintList(head2);
  poly_add(head1,head2);                             /* 进行两个多项式的相加 */
  PrintList (head1);                                 /* 打印两个多项式的和 */
}
```

上面讨论的是在原地进行多项式相加的算法。至于非原地的算法，是要创建一个新的链表来存放相加后的新链表，操作过程与上述基本一样，比原地操作要简单些，但要增加存储空间的消耗。关于非原地的多项式相加问题，留作作业，请读者自己练习。

本章小结

（1）线性表是一种最简单的数据结构，是许多数据对象和算法的基础，线性表的数据元素之间存在的一对一的关系。

（2）线性表这种数据结构通常采用顺序存储和链式存储的两种方式。

（3）讨论了建立在顺序表和链表（特别是单链表）上各种基本运算的算法。

（4）通过多项式相加问题讨论了链表的应用。

习题 2

一、单项选择题

1. 下述哪一条是顺序存储结构的优点？________
   A. 存储密度大
   B. 插入运算方便
   C. 删除运算方便
   D. 可方便地用于各种逻辑结构的存储表示
2. 下面关于线性表的叙述中，错误的是哪一个？________
   A. 线性表采用顺序存储，必须占用一片连续的存储单元
   B. 线性表采用顺序存储，便于进行插入和删除操作

C. 线性表采用链接存储，不必占用一片连续的存储单元

D. 线性表采用链接存储，便于进行插入和删除操作

3. 线性表是具有 n 个________的有限序列($n>0$)。

A. 表元素　　B. 字符　　C. 数据元素　　D. 数据项

4. 若某线性表最常用的操作是存取任一指定序号的元素和在最后进行插入和删除运算，则利用________存储方式最节省时间。

A. 顺序表　　B. 双链表

C. 带头结点的双循环链表　　D. 单循环链表

5. 某线性表中最常用的操作是在最后一个元素之后插入一个元素和删除第一个元素，则采用________存储方式最节省运算时间。

A. 单链表　　B. 仅有头指针的单循环链表

C. 双链表　　D. 仅有尾指针的单循环链表

6. 单链表中指针表示的是________。

A. 内存地址　　B. 数组下标　　C. 下一元素地址　　D. 左、右孩子地址

7. 链表不具有的特点是________。

A. 插入、删除不需要移动元素　　B. 可随机访问任一元素

C. 不必事先估计存储空间　　D. 所需空间与线性表长度成正比

8. 线性表($a_1,a_2,\cdots,a_n$)以链接方式存储时，访问第 i 位置元素的时间复杂性为________。

A. $O(i)$　　B. $O(1)$　　C. $O(n)$　　D. $O(i-1)$

9. 非空带头结点的循环单链表 head 的尾结点 p 满足________。

A. p->next=head->next　　B. p->next=NULL

C. p=NULL　　D. p= head

10. 双向链表中有两个指针域 prior 和 next，分别指向前驱及后继，设 p 指向链表中的一个结点，q 指向一待插入结点，现要求在 p 前插入 q，则正确的插入为________。

A. p->prior=q; q->next=p; p->prior->next=q; q->prior=p->prior;

B. q->prior=p->prior;p->prior->next=q;q->next=p;p->prior=q->next;

C. q->next=p;p->next=q;p->prior->next=q;q->next=p;

D. p->prior->next=q;q->next=p;q->prior=p->prior;p->prior=q;

11. 在单链表指针为 p 的结点之后插入指针为 s 的结点，正确的操作是________。

A. p->next=s;s->next=p->next;

B. s->next=p->next;p->next=s;

C. p->next=s;p->next=s->next;

D. p->next=s->next;p->next=s;

12. 对于一个带头结点 head 的单链表，判定该表为空表的条件是________。

A. head==NULL　　B. head->next==NULL

C. head->next==head　　D. head! =NULL

13. 双向链表中有两个指针域，prior 和 next 分别指向前驱及后继，设 p 指向链表中的一个结点，现要求删去 p 所指结点，则正确的删除是________。(链表中结点数大于 2，p 不

是第一个结点）

A. p－＞prior－＞next＝p－＞prior；p－＞prior－＞next＝p－＞next；free(p)；

B. free(p)；p－＞prior－＞next＝p－＞prior；p－＞prior－＞next＝p－＞next；

C. p－＞prior－＞next＝p－＞prior；free(p)；p－＞prior－＞next＝p－＞next；

D. 以上 A,B,C 都不对

二、判断题（判断正确与错误，正确的打√，错误的打×）

1. 链表中的头结点仅起到标识的作用。（　　）
2. 顺序存储结构的主要缺点是不利于插入或删除操作。（　　）
3. 线性表采用链表存储时，结点内部的存储空间可以是不连续的。（　　）
4. 顺序存储方式插入和删除时效率太低，因此它不如链式存储方式好。（　　）
5. 对任何数据结构，链式存储结构一定优于顺序存储结构。（　　）
6. 顺序存储方式只能用于存储线性结构。（　　）
7. 集合与线性表的区别在于是否按关键字排序。（　　）
8. 所谓静态链表就是一直不发生变化的链表。（　　）
9. 线性表的特点是每个元素都有一个前驱和一个后继。（　　）
10. 取线性表的第 i 个元素的时间同 i 的大小有关。（　　）

三、填空题

1. 当线性表的元素总数基本稳定，且很少进行插入和删除操作，但要求以最快的速度存取线性表中的元素时，应采用________存储结构。

2. 线性表 $L=(a_1,a_2,\cdots,a_n)$ 用数组表示，假定删除表中任一元素的概率相同，则删除一个元素平均需要移动元素的个数是________。

3. 设单链表的结点结构为(data,next)，next 为指针域，已知指针 px 指向单链表中 data 为 x 的结点，指针 py 指向 data 为 y 的新结点，若将结点 y 插入结点 x 之后，则需要执行以下语句：________。

4. 在一个长度为 n 的顺序表中第 i 个元素（$1\leqslant i\leqslant n$）之前插入一个元素时，需向后移动________个元素。

5. 在单链表中设置头结点的作用是________。

6. 对于一个具有 n 个结点的单链表，在给定值为 x 的结点后插入一个新结点的时间复杂度为________。

7. 根据线性表的链表存储结构中每一个结点包含的指针个数，将线性链表分成________和________。

8. 在双向循环链表中，向 p 所指的结点之后插入指针 f 所指的结点，其操作是________、________、________、________。

9. 链接存储的特点是利用________来表示数据元素之间的逻辑关系。

10. 顺序存储结构是通过________表示元素之间的关系的。

四、简答题

1. 线性表有两种存储结构：一是顺序表，二是链表。试问：

(1) 如果有 n 个线性表同时并存，并且在处理过程中各表的长度会动态变化，线性表的总数也会自动地改变。在此情况下，应选用哪种存储结构？为什么？

(2) 若线性表的总数基本稳定，且很少进行插入和删除，但要求以最快的速度存取线性表中的元素，那么应采用哪种存储结构？为什么？

2. 线性表的顺序存储结构具有三个弱点：其一，在做插入或删除操作时，需移动大量元素；其二，由于难以估计，必须预先分配较大的空间，往往使存储空间不能得到充分利用；其三，表的容量难以扩充。线性表的链式存储结构是否一定都能够克服上述三个弱点，试讨论之。

3. 若较频繁地对一个线性表进行插入和删除操作，该线性表宜采用何种存储结构？为什么？

4. 线性结构包括哪几类？线性表的存储结构又分成哪两类？请用类C语言描述这几种结构。

5. 写出下图双链表中对换值为23和15的两个结点相互位置时修改指针的有关语句。

结点结构为：(prior，data，next)

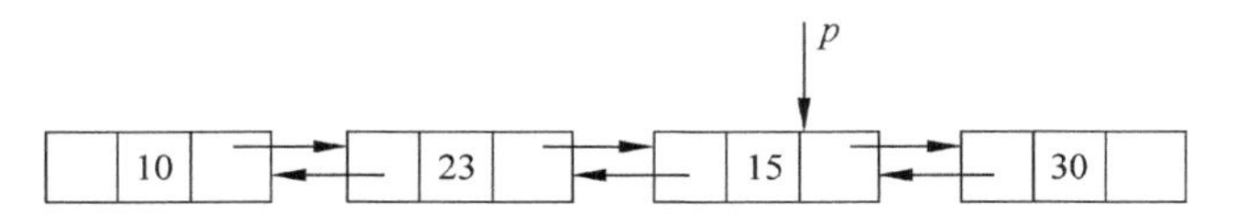

6. 按照下列题目中的算法功能说明，将算法描述片段中的错误改正过来。

(1) 下面的算法描述片段用于在双链表中删除指针变量 p 所指的结点：

```
p->next = p->prior->next;
p->prior = p->next->prior;
free(p);
```

(2) 下面的算法描述片段用于在双链表中指针变量 p 所指结点后插入一个新结点：

```
q = (LinkList)malloc(sizeof(ListNode));
q->prior = p;
p->next = q;
q->next = p->next;
q = p->next->prior;
```

五、算法分析

1. 利用算法2.14，在单链表元素值为 x 的结点前插入结点，请设计算法。

2. 假设有两个按元素值递增次序排列的线性表，均以单链表形式存储。请编写算法将这两个单链表归并为一个按元素值递减次序排列的单链表，并要求利用原来两个单链表的结点存放归并后的单链表。

3. 已知两个单链表 A 和 B，其头指针分别为 heada 和 headb，编写一个算法从单链表 A

中删除自第 i 个元素起的共 len 个元素，然后将单链表 A 插入到单链表 B 的第 j 个元素之前。

4. 设线性表存于 $A[1\cdots\text{size}]$的前 num 个分量中，且递增有序。请设计一个算法，将 x 插入到线性表的适当位置上，以保持线性表的有序性，并在设计前说明设计思想，最后说明所设计算法的时间复杂度。

5. 一元多项式使用链表结构，设计两个一元多项式在新建链表中的合并运算算法。

栈和队列

栈和队列都是线性表的特殊形式，普遍存在于日常生活和计算机领域。

在日常生活中，可以看到许多栈和队列的应用。抽屉中，要想拿到先放进去的东西，必须把后放进去的东西先拿出来，最方便使用的是抽屉顶上的东西。米桶中的米，先倒进去的最后才能用到，最后放进去的先被用到，这些是栈的应用。学校食堂在学生中午下课后的高峰用饭时间，各个卖饭菜的窗口都会排队，否则就会拥挤，发生不必要的纠纷；大型超市等待付款的顾客；银行各柜台前等候存取钱的顾客都会形成排队等待的现象，这些就是队列。

在计算机领域，栈和队列的使用就更为广泛，如递归调用、中断、子程序调用中栈的使用；网络中在同一链路上传输的数据报文形成一个队列，网络中共享的打印机中所有申请打印的作业在打印服务器中形成的队列，是队列的应用。

本章我们讨论栈和队列的应用。

3.1 栈

3.1.1 栈的定义及其运算

1. 定义

定义：只允许在表一端进行删除和插入操作的线性表叫栈(Stack)。

允许插入和删除操作的一端称为栈顶(Top)，另一端称为栈底(Bottom)。处于栈顶位置的数据元素称为栈顶元素。不含任何数据元素的栈称为空栈。

栈具有后进先出(Last In First Out)或先进后出(First In Last Out)的性质。

2. 基本运算

栈的操作不能在栈的中间进行，其插入操作和删除操作都在栈的一端进行，进行插入和删除操作的一端叫栈顶。要使用栈顶元素，可以访问它，也可以弹出栈顶元素。要使用栈底元素必须弹出所有压在它上面的元素，才能实现。

设栈为 S，下面是栈的基本运算。

(1) 初始化 InitStack(S)：创建一个空栈 S(只有架构，没有任何数据元素)。

(2) 入栈 push(S,x)：将元素插入到栈中，使 x 成为栈 S 的栈顶元素。

(3) 出栈 pop(S)：取栈顶元素，并从栈中删除栈顶元素。

(4) 取栈顶元素 GetTop(S)：取栈顶元素。

(5) 判空 Empty(S)：判断栈是否为空。

3.1.2 栈的顺序存储结构

1. 定义

使用线性表的顺序存储结构来表示栈叫栈的顺序存储结构，一般称为顺序栈。常用数组来描述栈的顺序结构。

顺序栈结构描述如下：

定义 3.1

```
#define MAXSIZE 100
typedef int DataType;
typedef struct stack
{     DataType data[MAXSIZE];
     int top;
}sqstack;
```

其中：data 是一个 DataType 类型的数组，长度为 MAXSIZE；top 的值是整数类型，top 表示栈顶指针。top 为－1 时表示空栈。

2. 栈的操作

顺序栈的操作如图 3.1 所示。

图 3.1(a)表示空栈，此时栈顶指针的值 top＝－1。如果作出栈操作，则产生“下溢”。

图 3.1(b)表示栈中已经通过 push(S,A)操作，在图 3.1(a)表示的栈中压入元素 A，此时栈顶指针加 1，top＝0。

图 3.1(c)表示在图 3.1(b)的基础上连续两次对栈进行 push 操作，压入元素 B、C，此时栈顶指针的值 top＝2。

图 3.1(d)表示在图 3.1(c)的基础上，作 pop(S)操作，弹出元素 C 后的状态，此时栈顶指针在图 3.1(c)的基础上减 1，top＝1。

图 3.1(e)表示在图 3.1(d)的基础上连续两次进行 pop(S)操作，栈已经为空栈，此时栈顶指针的值 top＝－1。

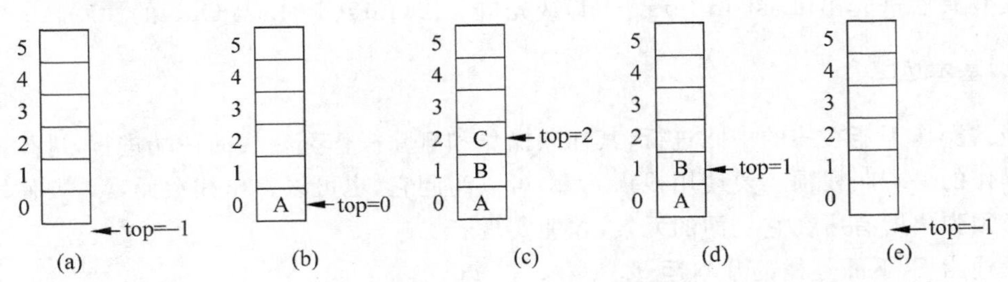

图 3.1 顺序栈的插入和删除操作

3. 顺序栈的基本运算

算法 3.1～算法 3.5 的时间复杂度均为 $O(1)$。

(1) 初始化

算法 3.1 初始化算法

```
InitStack(sqstack *S)
{ S->top = -1;}
```

(2) 入栈

算法 3.2 入栈算法

```
push(sqstack *S,DataType x)
{ if (S->top>MAXSIZE-1)
     printf("error!");
else{
     S->top++;
     S->data[S->top] = x;}
}
```

(3) 出栈

算法 3.3 出栈算法

```
DataType pop(sqstack *S)
{
if (S->top = -1)
     printf("Underflow!");
else{
     x = S->data[S->top]
     S->top--;}
return x;
}
```

(4) 取栈顶元素

算法 3.4 取顶元素的算法

```
DataType GetTop(sqstack *S)
{if (S->top == -1) printf("Underflow!");
 else return S->data[S->top];
}
```

(5) 判空

算法 3.5 判空算法

```
int Empty(sqstack *S)
{if (S->top == -1) return 1;
 else return 0;
}
```

例 3.1 编写一个算法,将栈 S 的内容反转。

解：设 S 是一个顺序栈，要把其中的内容反转排列。设置两个辅助栈 $S1$，$S2$，用把 S 中的内容装入 $S1$，$S2$ 的办法来倒换。

算法如下：

```
reverse_stack(sqstack *S)
{ DataType x;
  sqstack S1,S2;
  InitStack(S1);
  InitStack(S2);
  while(!Empty(S))
    {x = pop(S);
    push(S1,x);
    }
  while(!Empty(S1))
    {x = pop(S1);
     push(S2,x);
    }
  while(!Empty(S2))
    {x = pop(S2);
    push(S,x);
  }
}
```

3.1.3 栈的链表存储结构

1. 链栈的定义

与线性表一样，栈也可以使用链表来表示，此时栈叫链栈。链栈的逻辑定义为：

定义 3.2

```
typedef int DataType;
typedef struct stack
{DataType data;
 struct stack *next;
}lstack;
lstack *top;
```

上面的逻辑定义中定义了一个 top 指针，用来指示链栈的栈顶。

2. 链栈的操作

对一个带有头结点的链栈，进行插入和删除操作如图 3.2 所示。

在图 3.2(a)中，栈中有三个元素 A、B、C，top 是栈顶指针指向头结点，top－＞next 指向元素 C。元素 A 是栈底。

图 3.2(b)表示在图 3.2(a)的基础上，进行一次 pop 操作，栈中有二个元素 A、B，top－＞next 指向元素 B。

图 3.2(c)表示在图 3.2(b) 的基础上，进行一次 push 操作，压入元素 x 后的情况。top－＞next指向元素 x。

图 3.2(d)表示空栈的情况，top－＞next 指向 NULL。

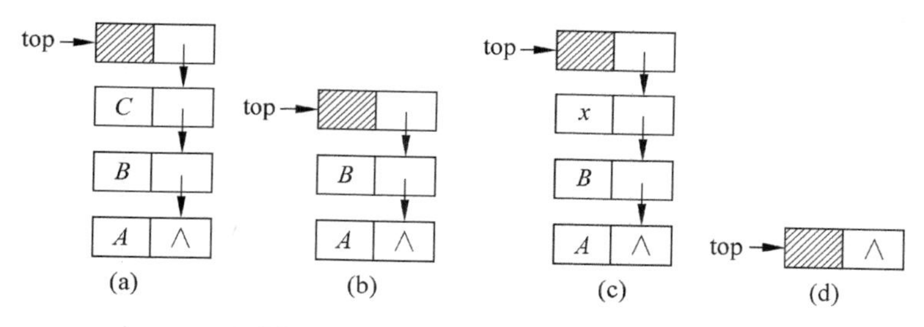

图 3.2 链栈的插入和删除操作

3. 链栈的基本运算

对于一个带头结点的链栈，用 top 来指示栈。使用链栈，在元素入栈和出栈时，可以通过直接修改栈头结点的指针值来进行。算法 3.6～算法 3.10 的时间复杂度均为 $O(1)$。

(1) 初始化

算法 3.6 初始化算法

```
InitStack(lstack *top)
{top -> next = NULL;}
```

(2) 入栈

算法 3.7 入栈算法

```
push(lstack *top,DataType x)
{ p = (lstack * )malloc(sizeof(lstack));
  p -> data = x;
  p -> next = top -> next;
  top -> next = p;
}
```

(3) 出栈

算法 3.8 出栈算法

```
DataType pop(lstack *top)
{ if (top -> next = NULL)
      printf("Underflow!");
  else{
      x = (top -> next) -> data;
      top -> next = top -> next -> next;}
  return x;
}
```

(4) 取栈顶元素

算法 3.9 取顶元素算法

```
DataType GetTop(lstack *top)
{ if (top -> next == NULL)
      printf("Underflow!");
```

```
    else return
         (top->next)->data;
}
```

（5）判空

算法 3.10　判空算法

```
int Empty(lstack *top)
{ if (top->next == NULL) return 1;
  else return 0;
}
```

3.2 栈的应用

3.2.1 数制转换

数制转换是一种常见的计算。在十进制转换成二进制时，根据除 2 取余法，先得到的余数是结果数的低位数，最后得到的是结果数的最高位，如果直接打印，会使结果成为倒序数字。为了得到正确的结果，借助栈，可以把每次计算的余数压入栈，最先得到的余数在栈底，最后得到的余数在栈顶，然后从栈中分别弹出各个余数并打印，可以得到正确的顺序。

十进制数 N 与其他数制 r 的转换，可以用栈来实现。算法基于下列原理：

$$N = \mathrm{int}(N \div r) \times r + N \bmod r$$

如十进制数 1024 转换成八进制数的过程描述在表 3.1 中。

表 3.1　十进制数转换成八进制数

N	int(N÷r)	N mod r	位置
1024	128	0	低位
128	16	0	
16	2	0	
2	0	2	高位

设 s 为一个栈，进行数制转换的算法描述为：

① 初始化栈；

② 输入十进制数 x 和其他进制数 y；

③ 把 x 除以 y 的余数压入栈，商赋给 x；如果 x 为 0，结束计算，否则重复③；

④ 弹出栈顶元素并打印，如果栈空，结束，否则重复④。

算法 3.11　十进制数与其他数制的转换

```
Digit_conversion()
{InitStack(s);
scanf(" %d, %d",&x,&y);
while(x)
   {push(s,x % y);x = x/y; }
while(!Empty(s))
```

```
    {k=pop(s); printf(" %d",k); }
}
```

3.2.2 算术表达式转换

1. 算术表达式求值

例 3.2 写出表达式“3+4/25*8－6”操作数栈和运算符栈的变化情况。

解：建立操作数栈 S 和运算符栈 F，操作数栈 S 存放扫描表达式时的数字，运算符栈 F 用于存放运算符。算术运算有优先次序：

① 先乘除，后加减；

② 从左到右计算；

③ 先括号内，后括号外。

算法如下：

为操作方便，给表达式的左右两边分别标记符号“#”，作为表达式扫描的起点和终点。操作时，从表达式的左边开始扫描，

(1) 若是操作数，压入 S，继续扫描下一个元素。

(2) 若是操作符 Δ，则进入循环：

① 若 F 不空，则比较 Δ 与 F 顶元素$\oplus$的优先级。

② 若 $\Delta>\oplus$，转(3)，否则转③。

③ 使 S 退两栈，退出的数分别为 $x1$，$x2$（$x2$ 为先出栈，$x1$ 为后出栈）；F 退一栈，退出的运算符为$\oplus$，作运算 $x3=x1 \oplus x2$，$x3$ 压入 S。

④ 重复①，②，③，直到 Δ 的优先级高于 F 的顶元素，或 F 已空。

(3) 若 Δ 是结束符“#”，则算法结束，此时 S 中只有一个结果元素，否则 Δ 进入 F，继续扫描下一元素，返回(1)。

入栈和出栈的操作过程如图 3.3 所示。

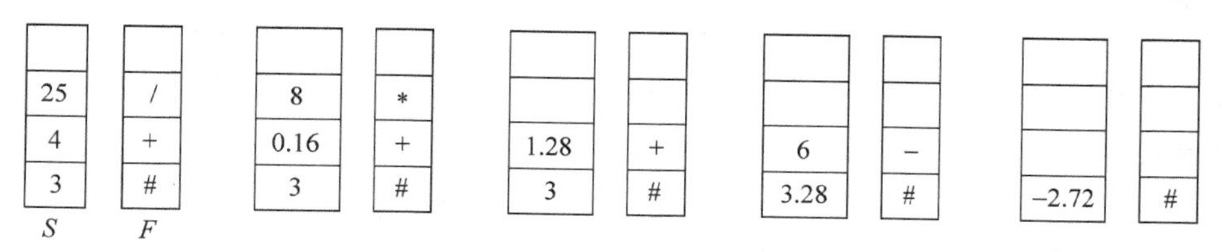

图 3.3 运算符栈和操作数栈的变化

2. 表达式转换

通常在算术表达式中，运算符是放在两个操作数之间，这叫中序式(infix notation)，计算机程序的编译器在处理表达式时，不能处理中序式，而是把中序式转换成前序式或后序式，前序式叫波兰式，后序式叫逆波兰式。

(1) 中序式变成前序式

所谓的前序式是指运算符放在操作数的前面的表达式，进行转换的规则如下：

① 将算式根据运算优先次序完全括起来；

② 移动所有运算符取代所有的左括号，以最近为原则；

③ 删去所有的右括号。

例 3.3 把表达式 $A*B/C$ 和 $(A+B)-C+D/E$ 转换成前序式。

解：$((A*B)/C) \longrightarrow /*ABC$

$(((A+B)-C)+(D/E)) \longrightarrow +-+ABC/DE$

(2) 中序式变成后序式

所谓的后序式是指运算符放在操作数的后面的表达式，进行转换的规则如下：

① 将算式根据运算优先次序完全括起来；

② 移动所有运算符取代所有的右括号，以最近为原则；

③ 删去所有的左括号。

例 3.4 把表达式 $A*B/C$ 和 $A+B-C+D/E$ 转换成后序式。

解：$((A*B)/C) \longrightarrow AB*C/$

$(((A+B)-C)+(D/E)) \longrightarrow AB+C-DE/+$

(3) 中序式变成后序式的分析

中序式转变成后序式时栈的算法如下：

① 将算式根据运算优先次序完全括起来；左右括号的运算优先级别比运算符低。

② 从左到右扫描算术表达式，令读入的符号为 Δ，若 Δ 是操作数，则将 Δ 输出到前序式字符串中，若 Δ 是运算符，则有以下情况要考虑：

(a) Δ＝左括号，Δ 入栈；

(b) Δ＝右括号，弹出栈顶运算符，若不是左括号，则将取出的运算符输出到前序串中，并重复此步直到取出左括号为止，然后将 Δ 与最后弹出的左括号丢弃，返回②；

(c) Δ＝运算符（+ − * /^）：

(i) 设栈顶的运算符为⊕，若 Δ 的优先权大于⊕，则将 Δ 入栈；

(ii) 若 Δ 的优先权小于或等于⊕，则弹出栈顶运算符⊕并输出到前序串中，返回 a)。

③ 最后，若栈不空，则将栈顶运算符弹出到前序字串中，直到栈空为止。

例 3.5 以 $(A+B)-C+D/E$ 为例，说明中序表达式转换成前序式的操作时栈的使用情况。

解：先根据算术运算的优先顺序完善括号：$(((A+B)-C)+(D/E))$。表 3.2 给出了中序表达式转换成前序式的操作栈的使用情况和转换过程。

表 3.2 中序表达式转换成前序式的操作

步骤	读进字符	栈中内容	当前后序字串	说　明
1	(	(		左括号入栈
2	(	((		左括号入栈
3	(	(((		左括号入栈
4	A	(((	A	操作数 A 直接输出到前序串

续表

步骤	读进字符	栈中内容	当前后序字串	说　　明
5	+	+ (((	A	加号入栈
6	B	+ (((	AB	操作数 B 直接输出到前序串
7	)	((	$AB+$	“)”的优先权小于栈顶符号“+”，弹出“+”到前序字串中，继续弹出栈顶左括号并丢弃一对括号
8	−	− ((	$AB+$	减号的优先权比栈顶符号“)”高，减号入栈
9	C	− ((	$AB+C$	操作数 C 直接输出到前序串
10	)	(	$AB+C-$	“)”的优先权小于栈顶符号“−”，弹出“−”到前序字串中，继续弹出栈顶左括号并丢弃一对括号
11	+	+ (	$AB+C-$	加号的优先权比栈顶符号“)”高，加号入栈
12	(	(+ (	$AB+C-$	左括号入栈
13	D	(+ (	$AB+C-D$	操作数 D 直接输出到前序串
14	/	/ (+ (	$AB+C-D$	“/”的优先权比栈顶符号“(”高，“/”入栈
15	E	/ (+ (	$AB+C-DE$	操作数 E 直接输出到前序串
16	)	+ (	$AB+C-DE/$	“)”的优先权小于栈顶符号“/”，弹出“/”到前序字串中，继续弹出栈顶左括号并丢弃一对括号
17	)		$AB+C-DE/+$	“)”的优先权小于栈顶符号“+”，弹出“+”到前序字串中，继续弹出栈顶左括号并丢弃一对括号，结束

得到的后序序列为 $AB+C-DE/+$，这正是例 3.4 的结果。

3.2.3 子程序调用

在子程序调用中，当子程序完成后，应该正确地返回主程序调用该子程序的地方。在计算机技术中使用栈来完成此工作。具体做法是在调用子程序时，用栈把主程序调用处的所有参数保存起来，当子程序调用完成时，从栈中弹出调用主程序断点处的所有参数，使主程序能够正确地从断点处继续执行后续程序。

下面是一个用 C 语言描述的程序多层调用的问题：

```
main()
{ …
  ①A();
  …
}
A()
{…
 ②B();
 …
}
B()
{…
 ③C();
 …
}
```

图 3.4 是上面程序调用时栈的使用情况，为简单起见，调用 A()、B()、C()处的现场信息分别用 A、B、C 表示。分析如下：

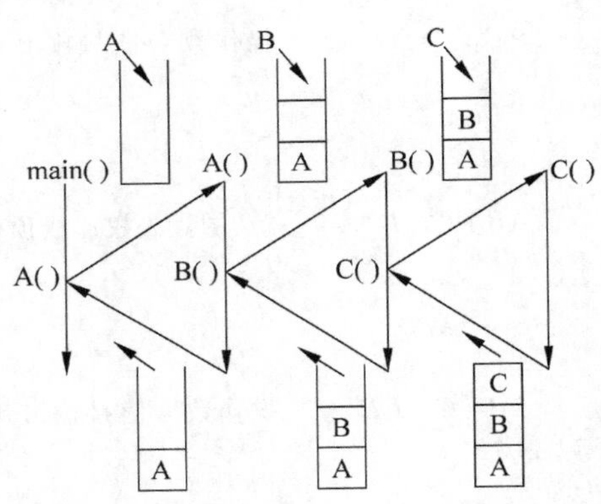

图 3.4 子程序调用时栈的使用情况

(1) 开始时，main()在①处调用 A()，程序在调用处的现场信息 A 被压入栈保护起来；当被调用的子程序 A()结束时，返回 main()调用 A()时的现场信息 A，使 main()得以继续进行下去。

(2) A()在执行中调用 B()(②的位置)，系统又把程序 A()中调用处的现场信息 B 压入栈保护起来；B()完成后，返回 A()中调用 B()时的现场信息 B，使 A()继续执行直至完成。

(3) B()在执行中又调用了 C()，系统再次把 B()中调用处的现场信息 C 压入栈。当 C()

执行完成后，从栈中弹出 B()中调用 C()时的现场信息 C，使 B()继续执行直至完成。

这样一层一层地调用，并使用栈来保护调用点的现场信息，是计算机处理程序的重要形式，调用点的现场信息包括（以 X86 处理器为例）：

(1) 处理器的标志寄存器信息；

(2) 处理器中的指令寄存器 IP 中的内容；

(3) 处理器中代码段寄存器 CS 中的内容。

3.2.4 递归调用

递归调用是通过自身调用解决问题的一种办法。递归现象是自然界存在的一种奇妙的现象，能够用递归调用解决的问题，必须满足下列条件：

① 问题要有出口，否则递归调用将成为死循环；

② 问题是有限规模的。

递归调用与栈的使用密切相关，下面我们讨论几个常见的递归调用问题。

1. Hanoi 塔

Hanoi 塔问题这样描述：有三个塔座 X、Y、Z，在 X 上有 n 个盘，从顶到底依次编号为 1、2、3、…、n，每个盘的半径依次增加，如图 3.5(a) 所示。现在要求把 X 座上的 n 个盘逐个移动到 Z 座，依然是原来在 X 座上的形态，如图 3.5(b)所示。

盘移动的规则为：

(A) 每次只能移动一个盘。

(B) 盘可以插在 X、Y、Z 中的任何一个上。

(C) 任何时刻都不能将大盘压在小盘上。

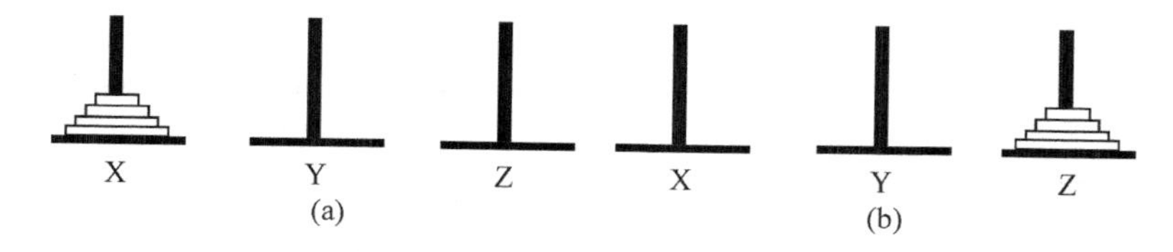

图 3.5 Hanoi 塔问题

求解 Hanoi 塔的算法分析：

当 $n=1$ 时，直接把盘从 X 移到 Z；

当 $n>1$ 时，需要用 Y 作为辅助塔，解法为

① 把 X 上的 $n-1$ 个盘移到 Y，移动中借助 Z；

② 把 X 上的 n 号盘移到 Z；

③ 把 Y 上的 $n-1$ 个盘移到 Z，移动时借助 X。

算法 3.12 Hanoi 塔递归调用算法

```
Hanoi(int n,char x,char y,char z)
{
  if (n == 1) move (1,x,z);
  else
```

```
    {Hanoi(n-1,x,z,y);
    move(n,x,z);
    Hanoi(n-1,y,z,x);
  }
}
```

其中，move()的算法可以设计为

```
move(int m,char u,char v)
{printf("disk %d from %c,to,%c",m,u,v);}
```

算法3.12的时间复杂度记为$T(n)$。设Hanoi函数的执行时间为$f(n)$，移动盘子的操作时间为1，当$n=1$时，if语句执行1次，则$f(1)=1$，有

$$\begin{aligned} f(n) &= f(n-1)+1+f(n-1) \\ &= 2f(n-1)+1 \\ &= \cdots \\ &= 2^i f(n-i)+2^{i-1}+\cdots+2+1 = 2^i f(n-i)+2^i-1 \\ &= 2^{n-1}f(1)+2^{n-1}-1 \\ &= 2^n-1 \end{aligned}$$

所以$T(n)=O(2^n)$，当n很大时，执行此算法很困难。我们在例1.3中曾经分析过当$n=1000$时2^n算法的情况，Hanoi塔的时间复杂度正好是这个问题。

三个盘的Hanoi塔递归调用过程分析如图3.6所示。

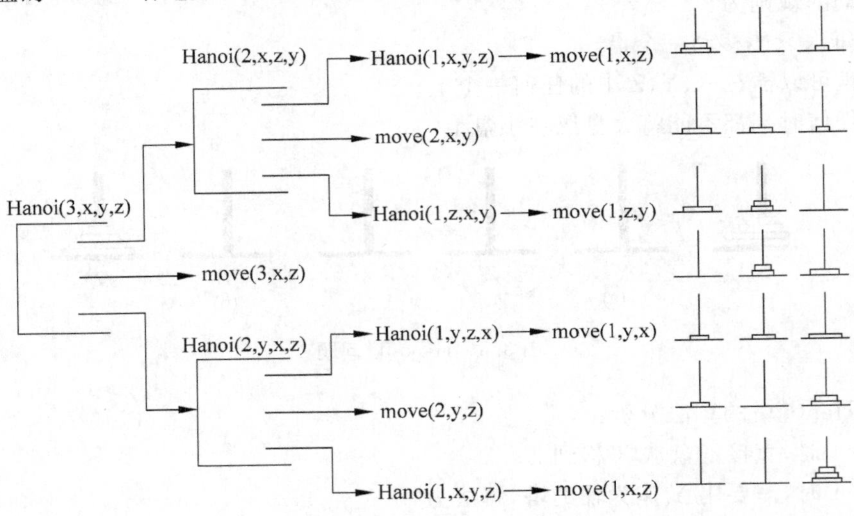

图3.6　三阶Hanoi塔的递归调用情况

系统在进行Hanoi塔的递归调用时，自动创建栈来保存递归调用中的函数调用关系。

2. n!

算法分析：根据定义，n! 有下列关系：

$$n = \begin{cases} 1 & \text{当 } n=0 \\ n(n-1)! & \text{当 } n>0 \end{cases}$$

当 $n=0$ 时，可以结束 $n!$ 的计算，这就是出口，根据这个分析，$n!$ 可以利用递归进行计算，算法如下。

算法 3.13 阶乘的递归调用

```
fact(int n)
{
  if (n = 0) return 1;
  else return n * fact(n - 1);
}
```

$n=5$ 时算法的执行过程如图 3.7 所示。

```
fact(5)=5*fact(4)                      递归调用 →
        fact(4)=4*fact(3)
                fact(3)=3*fact(2)
                        fact(2)=2*fact(1)
                                fact(1)=1*fact(0)
                                        fact(0)=1
                                fact(1)=1
                        fact(2)=2*1=2
                fact(3)=3*2=6
        fact(4)=4*6=24
fact(5)=5*24=124                       ← 返回过程
```

图 3.7　5 阶 $n!$ 的递归算法的执行过程

设此算法的时间复杂度为 $T(n)$，fact()函数的执行时间为 $f(n)$，当 $n=0$ 时，递归调用结束，所以 $f(0)=0$，函数每调用一次，做一次乘法操作，所以有

$$\begin{cases} f(0) = 0 \\ f(n) = f(n-1) + 1 \end{cases}$$

很容易得到 $f(n)=n$，所以 $T(n)=O(n)$。

3. Fibonacci 数列

Fibonacci 数列是在 1202 年由 Fibonacci 发现的，该数列是

0,1,1,2,3,5,8,13,21,34,55…

其中，每一个数都是其后续两个数的和，Fibonacci 数列有下列关系：

$$F_n = \begin{cases} 1 & \text{当 } n = 0, n = 1 \\ F_{n-1} + F_{n-2} & \text{当 } n > 1 \end{cases}$$

当 $n=0,1$ 时，可以结束 Fibonacci 数列的计算，这就是出口，根据这个分析，Fibonacci 数列可以利用递归进行计算，算法如下。

算法 3.14 Fibonacci 数列的递归调用

```
fib(int n)
{
  if (n<=1) s=n;
  else s=fib(n-1)+fib(n-2);
  return s;
}
```

设此算法的时间复杂度为 $T(n)$，$f(n)$是算法执行的时间。可以得到：

$$f(n)=\frac{1}{\sqrt{5}}\left(\left(\frac{1+\sqrt{5}}{2}\right)^n-\left(\frac{1-\sqrt{5}}{2}\right)^n\right)-1$$

当 $n\to\infty$ 时，$f(n)=\frac{1}{\sqrt{5}}\left(\frac{1+\sqrt{5}}{2}\right)^n$，所以 $T(n)=O\left(\left(\frac{1+\sqrt{5}}{2}\right)^n\right)$①

3.2.5 序列进出栈的排列问题

对于一个有序序列，由于序列入栈与出栈的顺序不同将导致出栈序列与原序列顺序不同的问题，如何解决这个问题？下面先讨论出栈的序列数问题，其次讨论哪些排列是不可能的。

对于 n 个元素的序列顺序进栈，出栈共有多少可能排列 C_n？经过计算可以得到排列数为

$$C_n=\frac{1}{n+1}C_{2n}^n$$

在这些排列中，哪些是可能的输出，哪些是不可能的输出？

对于初始输入序列 1,2,3,…,n，利用栈得到输出序列 $p_1p_2\cdots p_i\cdots p_n$，则在 $p_1p_2\cdots p_i\cdots p_n$中，如果有 $i<j<k$，则对于一个输入序列 $p_i<p_j<p_k$，即

$$\cdots p_i,\cdots p_j,\cdots p_k \quad (p_i<p_j<p_k)$$

不存在这样的输出序列：

$$\cdots p_k,\cdots p_i,\cdots p_j$$

因为 p_k后进先出，满足栈的特点，而 p_i在 p_j的前面进入，却在 p_k的前面出来，这是不可能的(因为不满足后进先出的原则)。

例 3.6 已知输入序列为 *abcde*，请给出部分不可能的输出序列。

解：根据上面的讨论，不可能的输出序列有：*cabde*、*adbce*、*abecd*、*aedbc*，因为对于 *cabde*，*c* 在 *ab* 后进入，先出来是正确的，但 *a* 在 *b* 先进，却在 *b* 前先出来，这是不可能的。对于 *adbce*，*a* 先进入就出来，*d* 后进先出，但 *b* 在 *c* 先进，却在 *c* 前先出来，这是不可能的。类似地可以分析 *abecd*、*aedbc*。

下面的输出序列都是可行的，如 *abcde*、*abced*、*abdce*、*abdec*、*edcba*。

对于具有 5 个元素的输入序列，共有 42 种排列，所以我们只给出了部分输出结果。读者可以自己尝试寻找其他的可能或不可能的序列。

3.3 队列

3.3.1 队列的定义及运算

1. 定义

定义：只允许在表的一端进行删除操作而在另一端进行插入操作的线性表叫队列

---

① 参考[美]D. E. Knuth. The Art of Computer Programming Volume 1: Fundamental Algorithms (Third Edition). 北京：清华大学出版社，2002.9，79-84.

(Queue)。

允许删除操作的一端称为队头,允许插入操作的一端称为队尾。新插入的元素只能被加到队尾,被删除的元素只能是队头元素,如图3.8所示。

为队头和队尾分别设置指针,队头指针指向队头元素的前一个单元,队尾指针指向队尾元素,当队头和队尾指针相等时,队列为空。

性质:特殊的线性表,先进先出(First In First Out)结构。

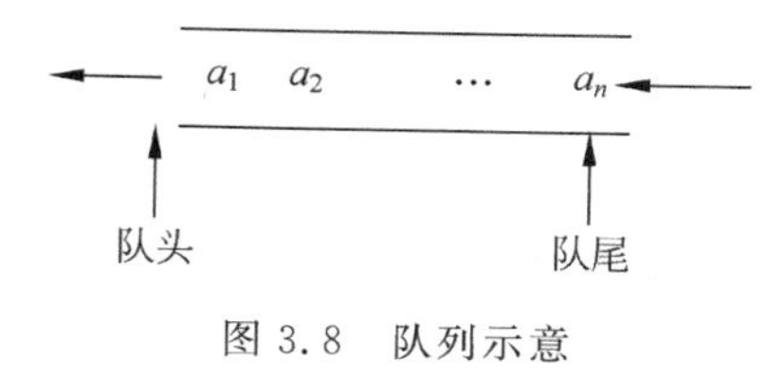

图3.8 队列示意

2. 基本运算

设队列为 Q,下面是队列的基本运算。

(1) 初始化 SetNULL(Q):创建一个空队列 Q。

(2) 入队列 AddQ(Q,x):入队操作,将元素插入到队列中,使 x 成为队列 Q 的元素。

(3) 出队列 DelQ(Q):出队操作,取队头元素,并从队列中删除队头元素。

(4) 取队头元素 GetFront(Q):取队列顶元素,该元素不出队列。

(5) 判空 Empty(Q):判断队列是否为空。

3.3.2 队列的顺序存储结构

1. 定义

顺序存储结构:用程序语言的数组来描述队列的顺序结构,称为顺序队列。

定义 3.3

```
#define MAXSIZE 20
typedef int DataType;
typedef struct queue
{DataType data[MAXSIZE];
 int front,rear;
} squeue;
```

其中:data 是一个 DataType 类型的数组,长度为 MAXSIZE;front 指示队头元素的前一个位置,rear 指向队尾元素的位置;队列空时,front=rear。

2. 队列的操作

顺序队列的操作如图3.9所示。

图3.9(a)表示空队列,此时队列的 front=rear=0。

图3.9(b)表示队列中已经有元素 A,rear 加1,使 rear=1。

图3.9(c)表示队列中连续进入元素 B、C、D、E,此时队尾指针 rear=5。

图 3.9(d)表示在图 3.9(c)的基础上，元素 A 出队列，此时，front 加 1，front＝1。

图 3.9(e)表示在图 3.9(d)的基础上多次进行出队操作，队列已经为空队列，rear＝front＝5。

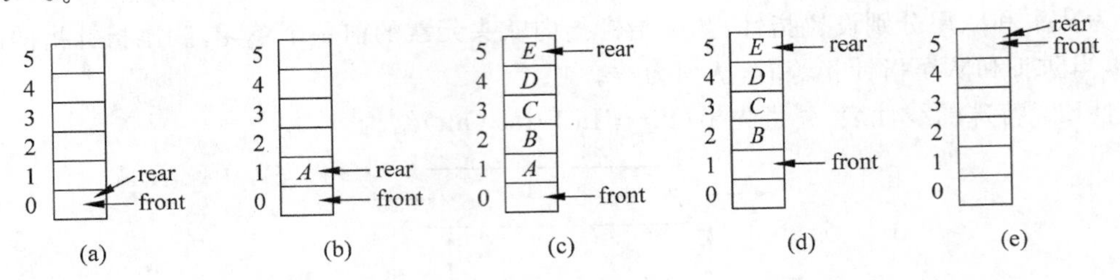

图 3.9　顺序队列的操作

3. 循环队列

在图 3.9(e)中，因为 rear 和 front 已经达到队列尾部，rear＝MAXSIZE－1，要再插入元素，队列已满，无法插入，因而产生了溢出，但实际上队列为空。这种现象叫假“溢出”。解决这个问题的办法是把队列首尾连接起来，构成循环队列。

循环队列的几种操作和状态如图 3.10 所示。

图 3.10(a)表示空队列，此时队列的 front＝rear＝0。

图 3.10(b)表示队列中已经有元素 A，rear 加 1，使 rear＝1。

图 3.10(c)表示队列中连续进入元素 B、C、D、E、F、G，此时队尾指针 rear＝7。

图 3.10(d)表示在图 3.10(c)的基础上，元素 A、B 出队列，此时，front＝2。

图 3.10(e)表示在图 3.10(d)的基础上多次进行出队操作，队列已经为空队列，rear＝front＝7。

在图 3.10(e)的基础上，rear 和 front 均达到队尾，即 front＝rear＝MAXSIZE－1 时，该怎么办？此时再前进一个位置就是 0，那么利用除法取余数的运算，就可以实现指针变量顺利从 MAXSIZE－1 滑动到 0。即

```
rear = (rear + 1) % MAXSIZE
front = (front + 1) % MAXSIZE
```

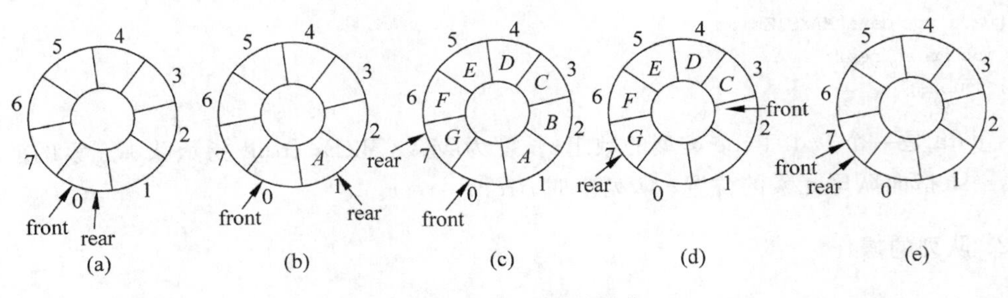

图 3.10　循环队列的操作

这样就可以使循环队列的指针在 MAXSIZE－1 和 0 之间顺利转换。

当使用循环队列时，虽然解决了假溢出的问题，但是，又该怎样判断队列是空还是满呢？

当出队的速度快于入队的速度，队头指针就会赶上队尾指针，使得 front＝rear，则队列已空。如果入队的速度快于出队的速度，则队尾 rear 指针很快赶上队头指针 front，当 rear＝front 时，队列已满。队列空和满都有 rear＝front，这使判断难以进行。使用 front＝＝rear 作为空队列条件，而使用(rear＋1) % MAXSIZE＝＝front 作为队列满条件。见图 3.10(c)。

4. 基本运算

设循环队列为 Q，算法 3.15～算法 3.19 的时间复杂度均为 $O(1)$。

(1) 初始化

算法 3.15 初始化算法

```
SetNULL (Squeue *Q)
{Q->front = 0; Q->rear = 0;}
```

(2) 入队列

算法 3.16 入队列算法

```
AddQ(Squeue *Q,DataType x)
{ if (Q->rear + 1) % MAXQIZE == Q->front) printf("Queue is full!");
  else{Q->rear = (Q->rear + 1) % MAXSIZE;          /* 队尾指针加 1 */
      Q->data[Q->rear] = x;}                       /* 元素入队 */
}
```

(3) 出队列

算法 3.17 出队列算法

```
DataType DelQ(Squeue *Q)
{ if (Q->front == Q->rear) printf("Queue is empty!");
  else{Q->front = (Q->front + 1) % MAXSIZE;        /* 队头指针加 1 */
      returnQ->data[Q->front];}                    /* 队头元素出队 */
}
```

(4) 取队头元素

算法 3.18 取队头元素算法

```
DataType GetFront(Squeue *Q)
{ if (Q->front == Q->rear) printf("Queue is empty!");
  else{Return Q->data[(Q->front + 1) % MAXSIZE];}   /* 返回队头元素 */
}
```

(5) 判空

算法 3.19 判空算法

```
int Empty(Squeue *Q)
{ if (Q->front == Q->rear) return 1;
  else return 0;
}
```

例 3.7 编写一个算法，将队列 L 的内容反序排列。

解：设 Q 是一个顺序队列，要把其中的内容反转排列。设置一个辅助栈 S，先把 L 中的

内容压入 S,然后弹出栈中内容的办法来倒换。

算法如下：

```
reverse_queue(squeue *Q)
{ DataType x;
  sqstack S;
  InitStack(S);
  while(!Empty(Q))
    {x = DelQ(Q);
     push(S,x);
    }
  SetNULL(Squeue *Q)
  while(!Empty(S))
    {x = pop(S);
     AddQ(S,x);
    }
}
```

3.3.3 队列的链表存储结构

1. 定义

队列的链式存储结构简称链队列。此时,每个结点增加一个链域,为了描述的方便,定义队列元素的逻辑结构如下。

定义 3.4

```
typedef int DataType;
typedef struct NodeType
{ DataType data;
  struct NodeType *next;
}lqnode;
typedef struct {
  lqnode *front, *rear;
}Lqueue
```

其中：data 是一个 DataType 类型的元素,next 为链域。把 front 和 rear 作为一个整体定义成指针,分别指向链队列的头和尾。

设队列为带头结点的链队列,Q 是队列的指针结点,则图 3.11 说明了链队列的几种操作。

图 3.11(a)表示链队列的一般情况(不带头结点),队头指针与队尾指针分离。

图 3.11(b)表示前面逻辑定义的链队列的情况,只有一个头结点的队列,即空队列。

图 3.11(c)表示链队列中连续进入元素 A、B 两个元素的情形,此时 Q－>front 指向队列的头结点,而 Q－>front－>next 指向队列中的第 1 个元素 A,Q－>rear 指向队尾元素 B。

图 3.11(d)表示在图 3.11(c)的基础上,元素 A 出队列后的情形,此时 Q－>front－next 指向队列中的第 1 个元素 B,Q－>rear 指向队尾元素 B。

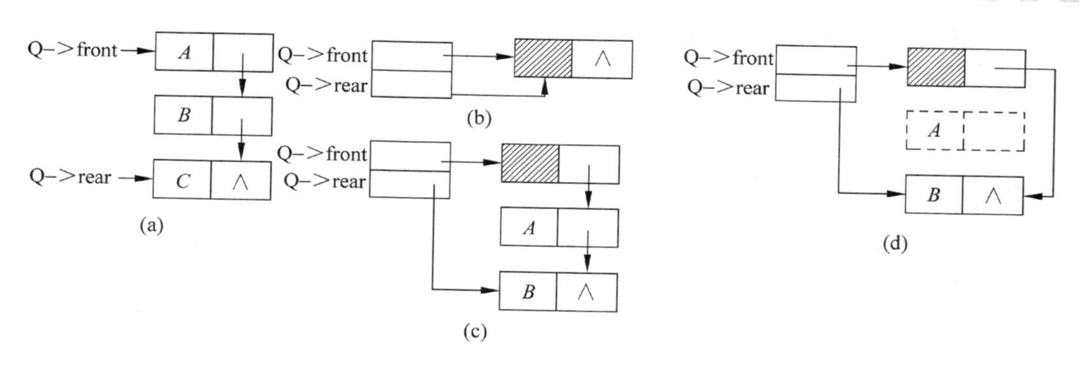

图 3.11　链队列的操作

2. 链队列的基本运算

设链队列为 Q,算法 3.20～算法 3.24 的时间复杂度均为 $O(1)$。

(1) 初始化

算法 3.20　初始化算法

```
SetNULL (Lqueue *Q)
{ lqnode *p;
  p = (lqnode * )malloc(sizeof(lqnode));
  p -> next = NULL;
  Q -> front = p;Q -> rear = p;
}
```

(2) 入队列

算法 3.21　入队算法

```
AddQ(Lqueue *Q,DataType x)
{ lqnode *p;
  p = (lqnode * )malloc(sizeof(lqnode));
  p -> data = x;
  p -> next = NULL;
  Q -> front -> next = p;                    /* 头结点指针指向 p * /
  Q -> rear = p;                             /* Q 的尾指针指向 p * /
}
```

(3) 出队列

算法 3.22　出队算法

```
DataType DelQ(Lqueue *Q)
{ lqnode *p;
  if (Q -> front == Q -> rear)
    printf("Queue is empty!");
  else{
      p = Q -> front -> next;                /* 指针 p 指向第一个元素 * /
      x = p -> data
      Q -> front -> next = p -> next;        /* 队头指针指向第二个元素 * /
```

```
    free(p);}                                  /*释放第一个元素*/
  return x;
}
```

(4) 取队头元素

算法 3.23 取队头元素的算法

```
DataType GetFront(Lqueue *Q)
{ lqnode *p;
  if (Q->front == Q->rear)
    printf("Queue is empty!");
  else{
    p = Q->front->next;
    return p->data}
}
```

(5) 判空

算法 3.24 判空算法

```
int Empty(Lqueue *Q)
{ if (Q->front == Q->rear) return 1;
  else return 0;
}
```

3.3.4 队列的应用

在计算机领域，队列有十分广泛的应用，网络中在同一链路上传输的数据报文形成一个队列，在网络环境下各个客户申请打印的作业在打印服务器中形成队列，在操作系统中，存在临界资源的共享和互斥的问题等，都使用了队列，下面是操作系统中使用队列的问题示例：生产者与消费者问题。

这是一个利用循环队列解决临界资源互斥的经典问题。

假定在生产者和消费者之间的公用缓冲池中，具有 n 个缓冲区，用循环队列 buffer[n] 表示(如图 3.12 所示，图中阴影部分表示存放产品区，空白部分为空闲缓冲区)，用于存放生产的产品。又假定这些生产者和消费者相互等效，只要缓冲池未满，生产者便可将产品送入缓冲池；只要缓冲池未空，消费者便可从缓冲池中取走一个产品。

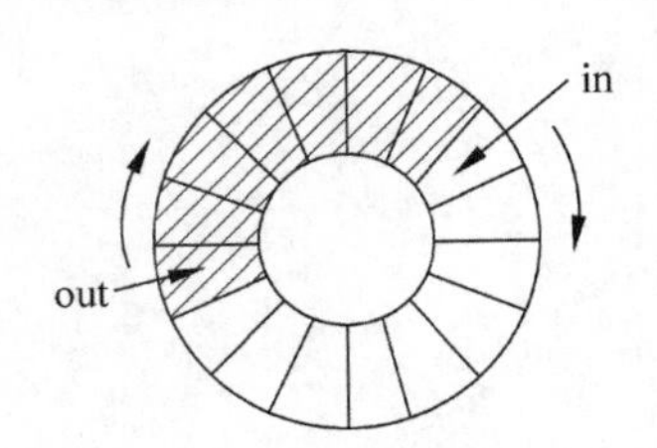

图 3.12 生产者-消费者问题

设信号量 mutex 表示公共信号量，实现诸进程对 buffer[n]的互斥使用，初值为 1；

empty 为生产者信号量，表示队列是否为空，初值为 n，full 表示消费者信号量，表示队列是否为满，初值为 0。

在每个程序中用于实现互斥的 wait(mutex)和 signal(mutex)必须成对地出现；其次，对资源信号量 empty 和 full 的 wait 和 signal 操作，同样需要成对地出现，但它们分别处于不同的算法中。最后，在每个算法中的多个 wait 操作顺序不能颠倒。应先执行对互斥信号量的 wait 操作，然后再执行对互斥信号量的 signal 操作，否则可能引起进程死锁。

关于信号量 S 的 wait(S)和 signal(S)操作的定义分别为

wait(S)：while $S\leqslant 0$ do no-op；

$S=S-1$；

若 $S\leqslant 0$，则在信号量 S 上的操作等待。

signal(S)：$S=S+1$；

若 $S\leqslant 0$，则唤醒信号量 S 上等待的操作。

wait (S)和 signal(S)是两个原子操作，因此，它们在执行时是不可中断的。亦即，当一个进程在修改某信号量时，没有其他进程可同时对该信号量进行修改。

整型量 in，out 表示生产和消费一个产品的下标变量。in 表示生产一个产品并加入到缓冲池的下标，初值为 0，当生产者生产一个产品并加入到 buffer[n]时，in=(in+1) mod n。out 表示从 buffer[n]中取走一个产品时的下标，初值为 0，当消费者从缓冲池取走一个产品时，out=(out+1) mod n。

根据上述分析，生产者和消费者共用公用缓冲池的算法为

```
itemType buffer[n];                       /* 定义缓冲池类型数组 */
semaphore mutex;                          /* 定义信号量 mutex */
semaphore empty = n;                      /* 定义信号量 empty */
semaphore full = 0;                       /* 定义信号量 full */
int in = 0;
int out = 0;
proceducer()
{   while(1)
      {produce an item;                   /* 生产一个产品 */
       wait(empty);                       /* empty - 1 */
       wait(mutex);                       /* mutex - 1 */
       buffer(in) = item;                 /* 产品入队 */
       in = (in + 1) mod n;               /* 修改队头指针的下标 */
       signal(mutex);                     /* mutex + 1 */
       signal(full);                      /* full + 1 */
      }
}
consumer()
{While(1)
      {wait(full);                        /* full + 1 */
       wait(mutex);                       /* mutex - 1 */
       item = buffer(out);                /* 产品出队 */
       out = (out + 1) mod n;             /* 修改队头指针的下标 */
       signal(mutex);                     /* mutex + 1 */
       signal(empty);                     /* empty + 1 */
```

```
        consume the item;                     /* 消费一个产品 */
    }
}
```

本章小结

本章讨论了栈和队列的定义、逻辑结构、存储结构和它们的运算，并简单讨论了它们的应用。

栈是一种特殊的线性表，采用后进先出或先进后出的结构。在栈中插入或删除元素只能在其一端进行，能够进行插入和删除操作的一端叫栈顶，另一端叫栈底。栈的存储结构与线性表类似，分为顺序结构和链表结构。栈的运算主要有初始化，入栈，出栈，取栈顶元素和判空。

队列是一种特殊的线性表，采用先进先出的结构。在队列中插入和删除元素只能在队列的不同端头进行，能够进行插入操作的一端叫队尾，能进行删除操作的一端叫队头。队列的存储结构与线性表类似，分为顺序结构和链表结构。队列的运算主要有初始化，入队，出队，取队头元素和判空。

习题 3

一、单项选择题

1. 将整数 1、2、3、4、5 依次进栈，最后都出栈，出栈可以在任何时刻（只要栈不空）进行，则出栈序列不可能是________。

A. 23415　　B. 23145　　C. 54132　　D. 15432

2. 若一个栈的进栈序列为 1、2、3、…、n，输出序列的第 1 个元素是 n，则第 i 个元素是________。

A. $n-1$　　B. $n-i+1$　　C. i　　D. $n-i-1$

3. 设数组 data[n]作为循环队列 queue 的存储空间，front 为队头指针，rear 为队尾指针，则执行出队操作后，其头指针的 front 值为________。

A. front=front+1　　B. front=(front+1) % (n−1)

C. front=(front−1) % n　　D. front=(front+1) % n

4. 向一个栈顶指针为 top 的链栈（不带头结点），压入一个 s 所指的结点时，执行________。

A. top->next=s;

B. s->next=top->next;top->next=s;

C. s->next=top;top=s;

D. s->next=top;top=top->next;

5. 若用一个大小为 6 的数组来实现循环队列，且当前 rear 和 front 的值分别为 0 和 3。当从队列中删除一个元素，再加入两个元素后，rear 和 front 的值分别为________。

A. 1和5　　B. 2和4　　C. 4和2　　D. 5和1

6. 栈和队列的共同特点是________。

A. 都是先进后出　　B. 都是先进先出

C. 没有共同点　　D. 只允许在端点处插入和删除元素

7. 判断一个栈 S(最大元素数为 MAX)为空的条件是________。

A. S->top! =1　　B. S->top==-1

C. S->top ! =MAX　　D. S->top ! =MAX-1

8. 判断一个栈 S(最大元素数为 MAX)为满的条件是________。

A. S->top! =1　　B. S->top==-1

C. S->top ! =MAX　　D. S->top ! =MAX-1

9. 最不适用于链栈的链表是________。

A. 只有表头指针没有表尾指针的循环双链表

B. 只有表尾指针没有表头指针的循环双链表

C. 只有表头指针没有表尾指针的循环单链表

D. 只有表尾指针没有表头指针的循环单链表

10. 从一个栈顶指针为 top 的链栈中删除一个结点时,用 x 保存被删除的结点,则执行________。

A. x=top; top=top->next　　B. x=top->data

C. top=top->next;x=top->data　　D. x=top>data; top=top->next;

11. 判断一个队列 Q(最大元素数为 MAX)为空的条件是________。

A. Q->rear-Q->front=MAX-1　　B. Q->rear-Q->front-1=MAX

C. Q->front= Q->rear　　D. Q->front= Q->rear+1

12. 判断一个队列 Q(最大元素数为 MAX)为满的条件是________。

A. Q->rear-Q->front=MAX　　B. Q->rear-Q->front-1=MAX

C. Q->front= Q->rear　　D. Q->front= Q->rear+1

13. 在循环队列中是否可以插入下一个元素,________。

A. 与队头指针和队尾指针的值有关

B. 只与队尾指针的值有关,与队头指针的值无关

C. 只与数组大小有关,与队头指针和队尾指针的值无关

D. 与曾经进行过多少次插入操作有关

14. 判断一个循环队列 Q(最大元素数为 MAX)为空的条件是________。

A. Q->front==Q->rear

B. Q->front! =Q->rear

C. Q->front== (Q->rear+1) % MAX

D. Q->front! = (Q->rear+1) % MAX

15. 循环队列用 C 中的数组 $A[n]$表示,已知其头尾指针分别为 front 和 rear,则当前队列中的元素个数为________。

A. (rear－front＋n)%n
B. rear－front＋1
C. rear－front－1
D. rear－front

16. 中缀表达式 $A-(B+C/D)*E$ 的后缀式是________。
A. $AB-C+D/E*$
B. $ABC+D/-E*$
C. $ABCD/E*+-$
D. $ABCD/+E*-$

二、填空题

1. 仅允许在表的同一端进行插入和删除操作的线性表叫________。
2. 队列的插入操作在________进行，删除操作在________进行；栈的插入操作在________进行，删除操作在________进行。
3. 栈和队列的差别仅在于________。
4. 通常元素进栈的操作是________。
5. 通常元素出栈的操作是________。
6. 设栈采用顺序存储结构，若已知 $i-1$ 个元素进栈，则将第 i 个元素进栈时，进栈的时间复杂度为________。
7. 若用不带头结点的单链表来表示链栈 S，则创建一个空栈要执行的操作是________。
8. 从循环队列删除一个元素时，通常的操作是________。
9. 向循环队列插入一个元素时，通常的操作是________。
10. 在具有 MAX 个单元的循环队列中，队满时共有________元素。
11. 在 Q 的链队列中，判定只有一个元素的条件是________。

三、简答题

1. 跟踪下列代码，显示每次调用后栈中的内容。

```
InitStack(st);
push(st,'A') ;
push(st,'B') ;
push(st,'C') ;
pop(st,x);
pop(st,x);
push(st,'D') ;
push(st,'E') ;
push(st,'F') ;
pop(st,x);
push(st,'G') ;
pop(st,x);
pop(st,x);
pop(st,x);
```

2. 对于一个栈，输入序列为 A,B,C。如果输出序列由 A,B,C 所组成，试给出全部可能的输出序列和不可能的输出序列。

3. 跟踪下列代码,显示每次调用后队列中的内容。

```
InitQueue(Q);
AddQ(Q,'A');
AddQ(Q,'B');
AddQ(Q,'C');
DelQ(Q) ;
DelQ(Q) ;
AddQ(Q,'D') ;
AddQ(Q,'E') ;
AddQ(Q,'F') ;
DelQ(Q) ;
AddQ(Q,'G') ;
DelQ(Q) ;
DelQ(Q) ;
DelQ(Q) ;
```

4. 设 $Q[10]$是一个线性队列,初始状态为 front=rear=0,画出做完下列操作后队列的头尾的状态变化情况,如不能入队,请指出其元素,并说明理由。

```
d,e,b,g,h 入队
d,e 出队
i,j,k,l,m 入队
b 出队
n,o,p 入队
```

5. 设 $Q[10]$是一个循环队列,初始状态为 front=rear=0,画出做完下列操作后队列的头尾的状态变化情况,如不能入队,请指出其元素,并说明理由。

```
d,e,b,g,h 入队
d,e 出队
i,j,k,l,m 入队
b 出队
n,o,p 入队
```

四、算法分析

1. 编写返回栈底元素的算法。

2. 编写算法,计算栈顶指针为 top 的栈中元素个数。

3. 编写一个算法,利用栈和队列的运算将队列的内容反转。

4. 编写算法返回队列中的最后一个元素。

5. 有两个栈 $s1$ 和 $s2$ 共享存储空间 $c[1\cdots m_0]$,其中一个栈底设在 $c[1]$处,另一个栈底设在 $c[m_0]$处,分别编写 $s1$ 和 $s2$ 的进栈 push(i,x)、退栈 pop(i)和设置栈空 setNULL(i)的函数,其中 $i=1,2$。

注意:仅当整个空间 $c[1\cdots m_0]$占满时才产生溢出。

6. 假定用一个循环单链表表示队列,该队列只设一个队尾指针 rear,不设队头指针,编写函数:①向循环队列中插入一个元素为 x 的结点;②从循环队列中删除一个元素。

7. 在 top 指向的链队列中,编写算法求链队列中结点个数。

8．已知 n 为大于或等于零的整数，试写出下列函数的递归算法：

$$f(n)=\begin{cases} n+1 & n=0 \\ n*f(n/2) & n\neq 0 \end{cases}$$

9．写出顺序栈中，完整的十进制数转换成任意进制数的算法（包括压入，弹出，初始化栈，判断栈空及主程序）。

第4章 串

今天,计算机可以进行数值计算,进行文字、图像、声音、视频等形式的信息处理,文字与字符是计算机处理的重要对象之一。一段文字与字符序列称为字符串,是一种特殊的线性表。用计算机写小说、写论文、著书立说、编写教材、处理公文信函等文字工作,都离不开计算机对字符串的处理。

4.1 串的基本概念

1. 串的定义

串是由 $n(n\geqslant 0)$ 个字符组成的有限序列。一般记为

$$S = 'a_1a_2a_3\cdots a_n'$$

其中 S 是串名,单引号(或双引号)括起来的字符序列是串值,单引号(或双引号)作为串的分界符,不属于串的内容,$a_i(1\leqslant i\leqslant n)$ 称为串的元素,可以是任一字母、数字、汉字或其他字符。

2. 串的术语

串中字符的个数 n 称为串长。当串长为 0 时,称该串为空串。当串的元素都是空格符时,称该串为**空白串**或**空格串**,空白串不是空串。串 S 中任意个连续的字符组成的子序列称为 S 的**子串**。包含子串的串叫该子串的**主串**。

$S1$='World';

$S2$='';

$S3$=' '(有时用 φ 表示空格符号,则 $S3$='φφ')

$S4$='Wo'

$S1$ 是长度 $n=5$ 的字符串。$S2$ 是长度 $n=0$ 的空串。$S3$ 是长度 $n=2$ 的空白串。$S4$ 是 $S1$ 的子串,$S1$ 是 $S4$ 的主串。

$S1$ 的子串共有 16 个:

空串、'W'、'o'、'r'、'l'、'd'、

'Wo'、'or'、'rl'、'ld'、'Wor'、'orl'、'rld'、'Worl'、'orld'、'World'。

3. 串相等

当两个串的长度相等且对应字符也相同时，称两个串相等。

$S1$='Kunming'

$S2$='Kunming'

$S3$='KunMing'

显然，$S1=S2$，$S1\neq S3$，$S2\neq S3$。

4.2 串的存储结构

4.2.1 串的顺序存储

顺序存储结构：用一组地址连续的存储单元存储字符串叫串的顺序存储。一般用数组来描述串的顺序结构，称为顺序串。

用数组存储串时，为了描述方便，定义串的结构如下。

定义 4.1

```
#define MAXSIZE 100
typedef char DataType
typedef struct
{DataType ch[MAXSIZE];
 int length;
}sqstr;
```

其中：ch 是一个 DataType 类型的数组，长度为 MAXSIZE，用于存储串值；整型变量 length 用于存储串的实际长度。

例 4.1 用 $a[100]$作为串的存储的一维数组，则 S='Programming'在 a 中的存储状态如图 4.1 所示。

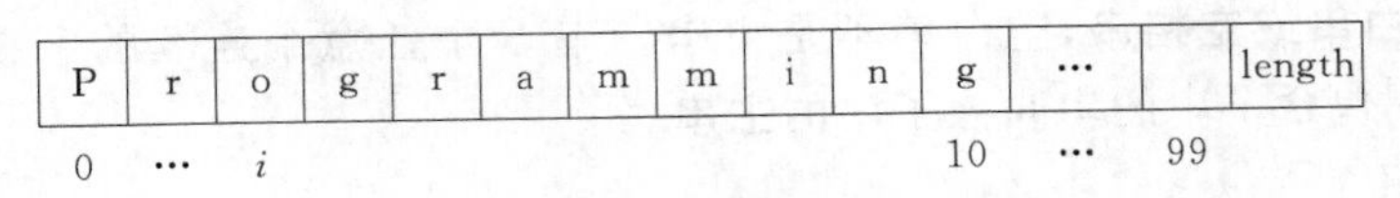

图 4.1 串的顺序存储示意

这种存储方式的串称为顺序串，因存储串值的数组空间是在程序编译时一次性分配的，数组空间不能扩展，串长度扩展就受到限制。

在顺序串中，分为单字节存储和紧缩存储、非紧缩存储几种方式。

(1) 单字节存储方式

一个字符占一个字节(Byte)，当计算机系统以字节为单位编址时，一个存储单元正好存一个字符，对于串 S='Programming'的存储情况如图 4.2 所示。

当计算机系统以字(word)为单位编址时，例如 1 个字为 32 位，一个存储单元包含 4 个字节，此时有紧缩存储和非紧缩存储两种存储方式。

(2) 紧缩存储

一个存储单元存 4 个字符,紧缩方式以单个字符为单位依次将字符存储到存储单元中。串 S='Programming'在内存中存储如图 4.3 所示。

(3) 非紧缩存储

以存储单元为单位依次存放字符,一个存储单元存一个字符,串 S= 'Programming'的存储情况如图 4.4 所示。

P
r
o
g
r
a
m
m
i
n
g

图 4.2 单字节存储示意

P	r	o	g
r	a	m	m
i	n	g	

图 4.3 紧缩存储示意

P			
r			
o			
g			
r			
a			
m			
m			
i			
n			
g			

图 4.4 非紧缩存储示意

在对串进行操作时,如进行字符的插入操作,串的长度可能超过存储串数组的最大容量 MAXSIZE,可以考虑使用动态分配存储串的方式。

4.2.2 串的链表存储

与线性表一样,串也可以使用链表来表示,此时串叫链串。

链串的逻辑定义如下。

定义 4.2

```
#define MAXSIZE 4
typedef char DataType
typedef struct node
{DataType ch[MAXSIZE];
 struct node *next;
}lstring;
```

这种结构称为多字符域结点链表结构。根据上面的逻辑定义,链表中每个结点的 ch 域最多可存储 MAXSIZE 个字符,使用这个结构存储串 S= 'Programming'时,链串结构如图 4.5 所示。

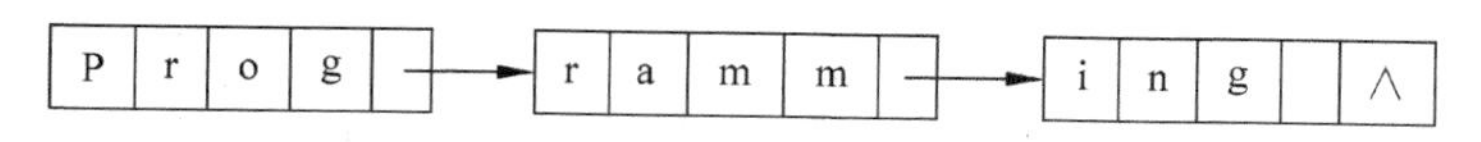

图 4.5 串的多字符域链表存储示意

除了上述结构外,还有单字符域结构,即每个结点的 ch 域只存储一个字符的结构,此时串 S ='Programming'的存储如图 4.6 所示。那么它的结构应该如何定义?请读者自己给出。

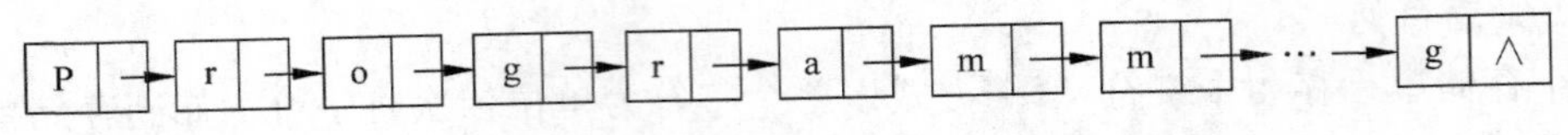

图 4.6 串的单字符域链表存储示意

串的链表结构便于字符的插入和删除操作，但一般很少使用。关于串的运算，如果没有特殊的要求，一般用顺序存储结构进行讨论。

4.3 串的运算

4.3.1 串的基本运算

设 S 和 T 都是串，下面是串的基本运算。

(1) 求串长 length(S)：求串 S 的字符个数。

(2) 串连接 concat(S,T)：在 S 串后接 T 串。

(3) 串比较 strcmp(S,T)：比较 S 串和 T 串。若 $S=T$，则返回 0；$S>T$，则返回正数；$S<T$，则返回负数。

(4) 子串查询 index(S,T)：求子串 T 在 S 串中的位置。

(5) 求子串 substr(S,i,j)：求 S 串中从第 i 个字符开始的长度为 j 的子串。

(6) 插入子串 insert(S,T,i)：在 S 串中第 i 个字符的位置处插入 T 串。

(7) 删除子串 delete(S,i,j)：在 S 串中删除第 i 字符开始的 j 个字符。

(8) 串的复制 strcpy(S,T)：将 T 串复制给 S 串。

下面分别讨论这些基本运算的算法，为了方便，使用静态顺序串结构(结构按定义 4.1)。

1. 求串长

在 C 语言中，一个串存放在数组中时，串结束后紧接着跟随一个符号'\0'，标志该串的结束。求串长算法如下：

算法 4.1 求串长

```
int length(sqstr *s)
{   int i = 0;
    while(s->ch[i]!= '\0')i++;
    return i;
}
```

除此之外，定义中的 length 标志了串的实际长度，可以返回 length 求串长。

2. 串连接

将两个串 $S1$ 和 $S2$ 首尾连接起来，这就是串的连接，一般情况下，讨论 $S1$ 串在前，$S2$ 串接在 $S1$ 串的后面。此时需要考虑 $S1$ 与 $S2$ 连接后是否超出串的最大空间 MAXSIZE，如果是则提示出错，否则进行连接操作。连接时把 $S2$ 并入 $S1$ 串中，设置一个指针 i，让其直接指向 $S1$ 串的尾部，然后把 $S2$ 逐个加入到 $S1$ 中，最后给 $S1$ 串加上结束符'\0'。

算法 4.2　串 S1 和 S2 连接操作

```
concat(sqstr *S1,sqstr *S2)
{ i=0;
  if (S1->length+S2->length>MAXSIZE) return(error);
  while(i<S1->length) i++;              /* i 指向 S1 的尾部 */
  for(j=0;j<=S2->length-1;j++)
    S1->ch[j+i]=S2->ch[j];             /* S2 的字符并入 S1 中 */
  S1->length=S1->length+S2->length;    /* 修改 S1 的 length */
  S1->ch[S1->length]='\0';             /* 给 S1 串末尾加上结束符标志 */
}
```

3. 串比较

进行两个串 $S1$ 和 $S2$ 的比较时，如果 $S1$ 比 $S2$ 长，返回 1；如果 $S1$ 比 $S2$ 短，返回 -1；如果 $S1$ 和 $S2$ 一样长，才进行逐个字符的比较。并设置一个参数 log=1，在比较过程中，只要有一个字符不相同，令 log=0，结束比较。若 log=1，说明两个串相等，否则不相等。

算法 4.3　串 $S1$ 和 $S2$ 比较运算

```
strcmp(sqstr *S1,sqstr *S2)
{ int i;
  if (S1->length>S2->length) return 1;   /* S1 的长度大于 S2,返回 1 */
  else if (S1->length==S2->length)        /* S1 的长度等于 S2,进行比较操作 */
          {log=1;i=0;
           while (log && i<=S1->length)
              if (S1->ch[i]== S2->ch[i]) i++;
              else log=0;
          }
   else return -1;                       /* S1 的长度小于 S2,返回 -1 */
   if (log==1) printf("S1 is same as S2.");
  else printf("S1 isn't same as S2.");
}
```

4. 求子串

设 S 为串，把 S 中从第 i 个位置开始到第 j 个位置结束的子串取出，放到串 T 中。

算法 4.4　求 S 的第 i 个位置开始到第 j 个位置结束的子串

```
substr(sqstr *S,sqstr *T,int i,int j)
{int n=length(S);
 if (i<0 || i>n-1 || i>j){printf("i and j is invalid."); return;}
 /* 判断 i,j 的有效性 */
 else
   {for(k=i;k<=j;k++)                 /* 从 S 中取出第 i 位置到第 j 位置的子串放到 T 中 */
      T->ch[k-i]=S->ch[k];
   T->length=j-i+1;                    /* 修改 T 的长度 */
   T->ch[T->length]='\0';              /* 标记 T 的结束符 */
   }
}
```

此算法的时间复杂度为 $O(n)$。

5. 插入子串

设 $S1$,$S2$ 为串,现在把 $S2$ 插在 $S1$ 的第 i 个位置上。插入过程如图 4.7 所示。图 4.7(a)表示插入前的状态；图 4.7(b)表示 $S1$ 串从第 i 个位置开始后移 m 个字符(m=length(S2)),空出待插入串 $S2$ 的位置。图 4.7(c)表示 $S2$ 插入到 $S1$ 后的状态。

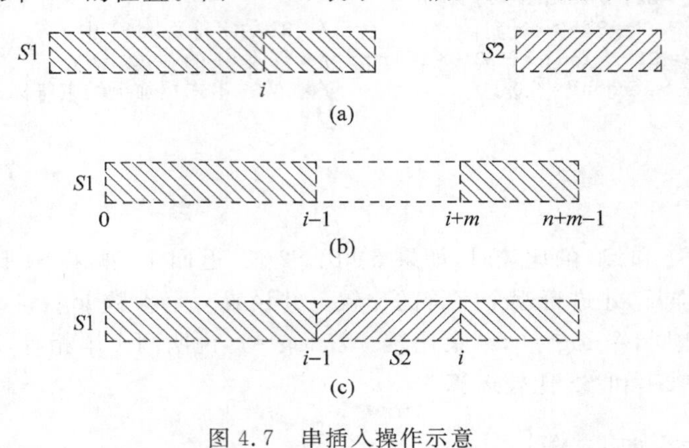

图 4.7 串插入操作示意

算法 4.5 在 $S1$ 串的第 i 个位置上插入 $S2$ 串

```
insert(sqstr *S1,sqstr *S2,int i)
{ int n,m;
  n = length(S1);
  m = length(S2);
  if (i < 0 || i > n - 1 || m + n > MAXSIZE) return(error);
  /* 判断插入位置 i 是否合法以及插入后 S1 串长度是否超界 */
  else
  {for(j = n - 1;j >= i;j -- )                /* 从 S1 中第 i 个位置开始向后移动 m 个字符 */
    S1 -> ch[j + m] = S1 -> ch[j];
  for(j = i;j < i + m;j++)                    /* 把 S2 插入到 S1 中第 i 个位置处 */
    S1 -> ch[j] = S2 -> ch[j - i];
  }
  S1 -> length = n + m;                       /* 修改 S1 串的长度 */
}
```

算法 4.5 首先移动 $n-i$ 个字符,然后插入 m 个字符,所以时间复杂度为 $O(m+n)$。

6. 删除子串

设 S 为串,现在把 S 的第 i 个位置开始的 j 个字符组成的子串从 S 中删除。删除子串只需要用 $i+j$ 位置后面的字符顺序地覆盖第 i 字符后的所有字符,然后给修改过的串加上结束符 '\0 来标识串 S,并修改串的长度。删除过程如图 4.8 所示。图 4.8(a)表示删除前串 S 的状态；图 4.8(b)表示串 S 从 i 位置开始删除 j 个字符后的状态。

算法 4.6 删除 S 串中的第 i 个位置开始的 j 个字符的子串

```
delete(sqstr *S,int i,int j)
{int n = length(S);
```

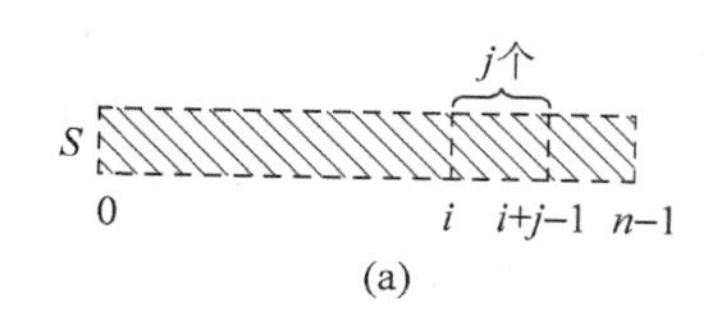

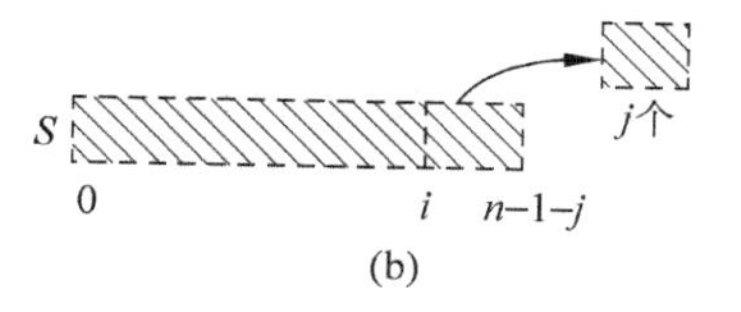

图 4.8 串删除操作示意

```
if (i<0 || i>n-1 || i+j-1>n) {printf("i is invalid."); return;}
/* 判断删除位置 i 是否合法以及删除子串长度是否超界 */
else
 for(k=i;k<=n-(i+j);k++)              /* 将 S 中第 i+j 后的字符顺序向前移动 i 个位置 */
   S->ch[k]=S->ch[k+j];
 S->length=n-j;                        /* 修改串 S 的长度 */
 S->ch[S->length]='\0';                /* 标记 S 的结束符 */
}
```

7. 串复制

设 $S1$,$S2$ 为串,现在把 $S1$ 串复制给 $S2$ 串。把 $S1$ 串的字符依次赋给 $S2$ 串即可,给 $S2$ 标记结束符,修改 $S2$ 的 length 值。算法如下。

算法 4.7 把 $S1$ 串复制给 $S2$ 串。

```
strcpy(sqstr *S1,sqstr *S2)
{ int n=length(S1);
  for(i=0;i<=n-1;i++)                 /* 将 S1 的所有字符依次赋给 S2 */
    S2->ch[i]=S1->ch[i];
  S2->ch[i]='\0';                     /* 标记 S2 的结束符 */
  S2->length=n;                       /* 修改 S2 的长度 */
}
```

算法 4.6 的时间复杂度为 $O(n)$。

4.3.2 串的简单模式匹配

串的模式匹配就是在一个串中查找另一个串的问题。这个问题具有实际意义,如在一篇文章中查找指定的文字串,如果找到,返回子串在文章的第 1 个位置,如果继续查找,则返回第 2、3…位置;否则返回未找到信息。这样的工作在文本编辑中经常遇见,是用计算机从事文字工作的人常用的操作。

设 t 和 p 是两个指定的串,在 t 中查找与 p 相同的子串的过程称为模式匹配。t 称为正文(text),p 称为模式(pattern)。t 和 p 的长度分别为 m,n,且 $m>>n$。如果在 t 中找到 p,则返回 p 在 t 中的最初位置,如果未找到,则返回 0。

在 4.3.1 节中介绍的子串查询操作就是一种模式匹配。字符串查询在文字处理软件中应用十分普遍,所以,讨论模式匹配问题很有意义。下面一般性地进行模式匹配的讨论。

设 $t='t_1\ t_2\cdots t_i\cdots t_m'(1\leqslant i\leqslant m)$,$p='p_1\ p_2\cdots\ p_j\cdots p_n'(1\leqslant j\leqslant n)$。简单模式匹配中采用“逐段试配法”。开始时,$i=1$,$j=1$,正文与模式均从头进行试配,若在 $i-1$ 前,$t_1\ t_2\cdots t_{i-1}$ 与 $p_1\ p_2\cdots\ p_{i-1}$ 相等,当进行到 i 时,发现 $t_i\neq\ p_i$,第 1 趟试配失败;进行第 2 趟试配,从 t 串的

第 2 个字符开始($i=2$)，$j=1$ 又逐个进行比较，如果仍然不能找到模式 p，则进行第 3 趟试配，这个过程一直进行下去，……，直到某次试配时完全匹配，返回此次试配时 i 的位置，如果一直进行到 $m-n+1$ 次，此时 $t_m=p_n$，已经查找到正文的尾部，如果仍然不能完全匹配，则匹配失败，如果这时完全匹配，则返回 $m-n+1$ 的值。此过程参考图 4.9。

图 4.9　简单模式匹配示意

根据上述分析，简单模式匹配的算法描述如下。

使用 C 语言时，数组的下标从 0 开始，在下面的算法中丢弃 $t[0]$ 和 $p[0]$ 不用，以便与上述讨论一致。

算法 4.8　简单模式匹配算法一

```
int index(sqstr *t, sqstr *p)
{/*t为正文串,p为模式串.若t中存在p,返回t中p的第一个位置,否则返回0*/
 m = length(t);n = length(p);
 pos = 1;                                /*pos为正文起点*/
 i = j = 1;                              /*i为正文指针,j为模式指针*/
 while(i <= m - n + 1 && j <= n)
  if (t -> ch[i] == p -> ch[j])
    {i++;j++;}
  else                                   /*t->ch[i]≠p->ch[j]*/
    {pos++;i = pos;j = 1;}               /*重新设置正文起点,模式从1开始*/
 if(j > n) return pos;                   /*若模式指针大于p的长度,匹配成功*/
 else return 0;                          /*匹配失败*/
}
```

算法 4.8 的时间复杂度：在最坏情况下，进行 $n*(m-n+1)$ 比较，因为 $m>>n$，所以算法的时间复杂度为 $O(nm)$。

算法 4.9　简单模式匹配算法二

```
int index(sqstr *t, sqstr *p)
{/*t为正文串,p为模式串.若t中存在p,返回t中p的第一个位置,否则返回0*/
 m = length(t);n = length(p);
 i = j = 1;                              /*i为正文指针,j为模式指针*/
 while(i <= m && j <= n)
  if (t -> ch[i] == p -> ch[j])
```

```
        {i++;j++;}
      else                              /* t->ch[i]≠p->ch[j] */
        {i=i-j+2;j=1;}                  /* 重新设置正文起点为 i-j+2,模式从 1 开始 */
    if(j>n) return i-n;                 /* 若模式指针大于 p 的长度,匹配成功 */
    else return 0;                      /* 匹配失败 */
}
```

算法 4.9 没有使用正文串起点,而用 i 代替。在进行某次试配比较后,发现 t->ch [i] ≠p->ch [j],此次比较中已经比较过 j 对字符,则此次比较的起点应该为 $i-j+1$ 处,下次比较的起点应该是 $i-j+2$ 处。

算法 4.9 的时间复杂度与算法 4.8 一样。

这种匹配方式采用的是"回溯搜索法",使用了最原始的逐段匹配办法,所以又叫做"蛮力(Brute Force)模式匹配"。当出现 t='aaaaaaaaaa…a',p='aaaaaab'的极端情况时,若 t 串的长度 m 在百万的量级时,运算的时间复杂度将在千万次的水平上,显然查找的效率是很低的。

4.3.3 Knuth-Morris-Pratt 算法

简单模式匹配中,在进行试配的过程中进行过很多次比较,而在正文串中某个字符与模式串中的某个字符不匹配时,将从下一个位置进行试配,从而不得不丢弃前面多次比较得到的所有信息,这是导致简单模式匹配算法效率低的重要原因。是否可以利用前面多次进行比较的信息来改善模式匹配的效率?

一种改进的算法是由 D. E. Knuth、J. H. Morris 和 V. R. Pratt 三人同时发现的,称为 Knuth-Morris-Pratt 算法,简称 KMP 算法。下面来讨论这个算法。

1. KMP 算法的基本思想

仍然设 t='$t_1 t_2 \cdots t_i \cdots t_m$'($1 \leqslant i \leqslant m$),$p$='$p_1 p_2 \cdots p_j \cdots p_n$'($1 \leqslant j \leqslant n$)。在进行第 $i+1$ 趟匹配时,匹配从 t 的第 $i+1$ 个位置开始,模式串 p 从第 1 个位置开始。假设此趟比较在模式串 p 的第 j 个位置失配,如图 4.10 所示,此时,$t_{i+j} \neq p_j$。

$$\text{第}i+1\text{趟试配}\quad \begin{matrix} t_1 & t_2 & \cdots & t_{i+1} & t_{i+2} & \cdots & t_{i+j-1} & t_{i+j} & \cdots t_m \\ & & & \| & \| & & \| & \nparallel & \\ & & & p_1 & p_2 & \cdots & p_{j-1} & p_j & \end{matrix}$$

图 4.10 第 $i+1$ 趟试配时 $t_{i+j} \neq p_j$

虽然,$t_{i+j} \neq p_j$,但模式与正文串的前 $j-1$ 个字符全都匹配,所以有

$$t_{i+1}\ t_{i+2} \cdots t_{i+j-1} = p_1\ p_2 \cdots p_{j-1} \tag{4.1}$$

是否需要让模式 p 向右移动一个字符进行第 $i+2$ 次比较?此时用 $t_{i+2}\ t_{i+3} \cdots t_{i+j}$ 与 $p_1\ p_2 \cdots p_{j-1}$ 试配,如果试配成功,则隐含

$$p_1\ p_2 \cdots p_{j-2} = p_2\ p_3 \cdots p_{j-1} \tag{4.2}$$

否则,若式(4.2)不成立,根据式(4.1),有

$$t_{i+2}\ t_{i+3} \cdots t_{i+j-1} = p_2\ p_3 \cdots p_{j-1} \neq p_1\ p_2 \cdots p_{j-2}$$

也就是说,第 $i+2$ 次试配不需要进行同时还能够确定即使进行了比较也是不匹配的。因此

可以跳过下次试配。那么到底可以跳过多少字符进行试配而又能保证正确找到匹配的子串？

假设存在这样的一个整数 k，使得在模式的子串 $p_1p_2\cdots p_{j-1}$ 中存在 $p_1p_2\cdots p_k = p_{j-k-1}p_{j-k+1}\cdots p_{j-1}$，$p_1p_2\cdots p_k$ 称为 $p_1p_2\cdots p_{j-1}$ 的前缀，$p_{j-k-1}\ p_{j-k+1}\cdots\ p_{j-1}$ 称为 $p_1p_2\cdots p_{j-1}$ 的后缀（如图 4.11 的阴影区域）。那么如果存在这样的 k，可以断言，下次试配，模式串 p 的位置可以移动到 p_{j-k-1}，主串 t 的位置移动到 $p_{i+j-k-1}$ 的位置开始（如图 4.11 所示），跳过 $j-k-2$ 个字符。

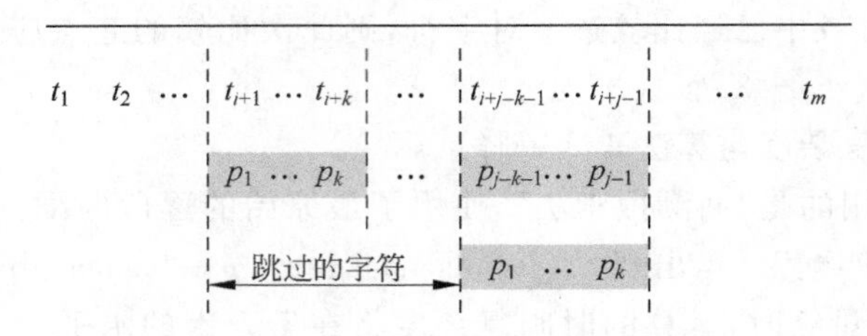

图 4.11 可以跳过的字符数

这样，在第 $i+1$ 次比较发现 $t_{i+j}\neq p_j$ 时（正文指针 i 已经移动到 $i+j-1$），正文的指针 i 不必返回到 $i+2$ 的位置，而是回溯到 $i+j-k-1$ 的位置。此外，在第 $i+j-k-1$ 次试配时，由于 $t_{i+j-k-1}\cdots\ t_{i+j-1}$ 与 $p_1\cdots p_k$ 已经对应相等，所以进行第 $i+2$ 次试配时，只需要从 t_{i+j} 和 p_{k+1} 开始，此时，正文指针 i 根本就不用回溯，只需要移动到原位置的下一个位置。模式串指针 j 也不需要"一退到底"，而只需要退到 $k+1$ 的位置。因此，在正文中寻找子串的问题就转化成在模式中寻找最大相同子串的问题，这就是 KMP 算法的基本思想。

KMP 算法的描述：

在进行模式匹配时，如果执行 $t_i(1\leqslant i\leqslant m)$ 与 $p_j(1\leqslant j\leqslant n)$ 的试配，可能出现的情况如下：

(1) 如果 $t_i = p_j$，则继续进行试配，进行 t_{i+1} 与 p_{j+1} 的试配；

(2) 如果 $t_i\neq p_j$，则

① 如果 $j=1$，把模式 p 右移一位再从头开始进行试配。

② 如果 $2\leqslant j\leqslant n$，选择一个适当的位置 $f(j)$，进行 t_i 与 $p_{f(j)}$ 的试配，把模式串的位置移动到 $j-f(j)$。$f(j)$ 称为"失效函数"。

算法 4.10 KMP 算法

```
int kmpmatch(sqstr *t, sqstr *p)
{/*t为正文串,p为模式串.若t中存在p,返回t中p的第一个位置,否则返回0*/
 m = length(t);n = length(p);
 i = j = 1;                                /*i为正文指针,j为模式指针*/
 while(i <= m && j <= n)
     if(j == 0 && t -> ch[i] == p -> ch[j])    /*j已经退到头*/
       {i++;j++;}                          /*继续进行比较*/
     else j = f(j);                        /*j从f(j)开始*/
 if(j > n) return i;                       /*若模式指针大于p的长度,匹配成功*/
 else return 0;                            /*匹配失败*/
}
```

算法 4.10 的时间复杂度。因为进行第 i 次试配发现 $t_i\neq p_j$ 时，下次比较正文指针 i 从 $i+j$ 的位置上开始，不需要回溯到 $i+1$ 的位置，所以可以达到 $O(m+n)$ 的情况。

现在的问题就是寻找失效函数的计算方法。

2. 失效函数的计算

失效函数的计算与正文 t 无关，只与模式 p 自身有关。在进行失效函数计算时需要满足下面两个条件：

(1) $k<j$，找到 $p_1p_2\cdots p_{j-1}$ 的前缀子串与后缀子串，且前缀和后缀相等；

(2) k 最大，即这种子串必须是最长的。

"失效函数"的计算。在计算 $f(j)$ 之前，$f(1)$ $f(2)\cdots$ $f(j-1)$ 都已经计算出来，$f(j)$ 的计算可能会使用 $f(1)\cdots f(j-1)$ 的值。

设 $f(j-1)=k$，即：$p_1p_2\cdots p_{k-1}=p_{j-k+1}p_{j-k+2}\cdots p_{j-1}$，则

(1) 若 $p_k=p_j$，则 $f(j)=k+1=f(j-1)+1$；

(2) 若 $p_k\neq p_j$，则查找 $f(k)$(因为 $k<j$，所以 $f(k)$ 已经求得)。此时，在 $p_1p_2\cdots p_{k-1}$ 中寻找满足 $p_1p_2\cdots p_{s-1}=p_{k-s+1}\cdots p_{k-1}$ 的 s。如果找到，则 $f(k)=s$。如果没有找到则 $f(k)=0$。

对于找到的情形，则存在

$$p_1p_2\cdots p_{s-1}=p_{k-s+1}p_{k-s+2}\cdots p_{k-1}=p_{j-s+1}p_{j-s+2}\cdots p_{j-1}$$

即在 $p_1p_2\cdots p_{j-1}$ 中找到了长度为 s 的相等的前缀子串和后缀子串，此时又分两种情况继续确定 $f(k)$：

① 如果 $p_s=p_j$，$f(j)=s+1=f(k)+1$。

② 如果 $p_s\neq p_j$，那么需要在 $p_1p_2\cdots p_{s-1}$ 中寻找更小的 $f(s)=r$ 的子串，如此递推，直到 $f(1)=0$ 为止。

失效函数的计算过程如图 4.12 所示。

$$\begin{array}{lcccccc} & p_{j-k} & \cdots & & p_{j-1} & p_j & \cdots\ \ p_n \\ & \| & \| & & \| & & \\ & p_1 & \cdots & & p_{k-1} & p_k & \\ & & \| & & \| & & \\ \text{若}p_k\neq p_j & & p_1 & \cdots & p_{s-1} & p_s & \end{array}$$

图 4.12 失效函数的计算过程

因此，失效函数可以定义如下：

$$f(j)=\begin{cases}0 & j=1 \\ k & 1<k<j \quad \text{且满足 } p_1p_2\cdots p_{k-1}=p_{j-k+1}p_{j-k+2}\cdots p_{j-1} \text{ 的最大 } k \\ 1 & \text{其余情况}\end{cases}$$

例如，p='abcabcacab'，可以求得下表 $f(j)$ 的取值

j	1	2	3	4	5	6	7	8	9	10
$p(j)$	a	b	c	a	b	c	a	c	a	b
$f(j)$	0	1	1	1	2	3	4	5	1	2

由此，可以得到失效函数的算法为：

算法 4.11 KMP 算法中失效函数的计算一

```
int f1(sqstr *p)
{/* 在模式串 p 中计算最大相同子串 */
 n = length(p);
 f[1] = 0;
 j = 1;k = 0;
 while(j <= n)
 if(k == 0 && p -> ch[j] == p -> ch[k]){k++;f[++j] = k;}
 else k = f[k];
}
```

算法 4.11 的时间复杂度。If 条件语句成立时执行 $2n$ 次，不成立时执行 n 次，所以算法 4.11 的时间复杂度为 $O(n)$。

3. 失效函数的改进

在算法 4.11 中，如果正文串为 $t=$'cccbccccb'，$p=$'ccccb'，根据此模式计算的 $f(j)$ 如下：

j	1	2	3	4	5
$p(j)$	c	c	c	c	b
$f(j)$	0	1	2	3	4

进行试配时，当 $i=4,j=4$ 时，$t(4)=$ 'b '，$p(4)=$ 'c '，所以，$t(4)\neq p(4)$，失配。根据算法，指针 $i=4$ 不变，指针 j 取 $j=f(j)=f(4)=3$，让 $t(4)$ 与 $p(3)$ 比较，因为 $p(3)=p(4)=$ 'c '，结果仍不匹配，此时指针 j 将一步一步退到 $j=1$，还要进行 $i=4$、$j=2$，$i=4$、$j=1$ 的比较，结果仍不匹配，有必要这样一步一步地退吗？问题出在当发现 $t(4)\neq p(4)$ 时，因为 $p(1)=p(2)=p(3)=p(4)$，$j=3,2,1$ 的比较都是不需要的，可以将模式向右滑动 4 个字符后直接进行 $i=5,j=1$ 的比较，这样需要修改算法 4.11，改进失效函数 f 为 fm。

若 $f(j)=k$，当 p_j 与 t_i 比较失配时，则取 $p_{f(k)}$ 与 t_i 作比较，而不必取 p_k 与 t_i 作比较，因此可以取 $\mathrm{fm}(j)=f(k)$，因此修改过的失效函数算法如下。

算法 4.12 KMP 算法中失效函数的计算二

```
int f2(sqstr *p)
{/* 在模式串 p 中计算最大相同子串 */
 n = length(p);
 fm[1] = 0;
 j = 1;k = 0
 while(j <= n)
     if(k == 0 && p -> ch[j] == p -> ch[k])
         {k++;j++;
          if(p -> ch[j]!= p -> ch[k]) fm[j] = k;
          else fm[j] = fm[k]
         }
     else k = fm(k);
}
```

按照这个算法，模式 $p=$'ccccb'的改进失效函数 fm 的值如下表所示。

j	1	2	3	4	5
$p(j)$	c	c	c	c	b
$f(j)$	0	1	2	3	4
fm(j)	0	0	0	0	4

除了上面讨论的模式匹配算法，还有一些其他的模式匹配算法。读者可以参考其他参考书。

本章小结

字符串是计算机处理的重要对象之一。本章讨论了串的定义、存储结构、串的运算、串的模式匹配等问题。

串是由 $n(n\geqslant 0)$个字符组成的有限序列，是一种单个字符组成的线性表，是表结构的一种特殊结构。

串可以使用顺序结构和链表结构进行存储和表示，但是一般情况下主要使用串的顺序结构来讨论串的各种运算。

串的运算有求串长、串连接、串比较、子串查询、求子串、插入子串、删除子串、串的复制。子串查询又称为串的模式匹配。

串的模式匹配有简单匹配、KMP 等几种。

习题 4

一、单项选择题

1. 串是一种特殊的线性表，其特殊性体现在________。
   A. 可以顺序存储　　B. 仅可以链式存储
   C. 元素是一个字符　　D. 元素可以是多个字符
2. ________是 C 语言中串'xyzabc1256ABCD'的子串。
   A. "xyzx"　　B. "abc1256"　　C. "xyztuv"　　D. "bc12"
3. 下列关于字符串的说法错误的是________。
   A. 字符串是有限序列　　B. 模式匹配是字符串运算
   C. 字符串可以是链表和数组存储　　D. 空串是空格组成的串
4. 下列关于字符串的说法正确的是________。
   A. 字符串的长度至少为 1　　B. 字符串的长度指的是字符的个数
   C. 空串是空格组成的串　　D. 两个串长度相等则两个串相等
5. 设两个串 s 和 t，求 t 在 s 中首次出现的位置的运算叫做________。
   A. 连接　　B. 求子串　　C. 模式匹配　　D. 串的初始化
6. 若串 s='abcdefg'，其子串的个数是________。

A. 7　　B. 13　　C. 15　　D. 29

7. 若 p='ababcabacd',该模式串的 $f[j]$的值为________ fm[j]的值为________。

A. 0112312341　　B. 0121212341　　C. 0111231234　　D. 1123123412

8. 若 p='abcaabbabcab',该模式串的 fm[j]的值为________。

A. 011021230115　　B. 011021301105　　C. 011123123014　　D. 001123123412

9. 若 $s1$='students',$s2$='tea',根据教材中函数的定义,concat(x,y)返回串 x,y 的连接串,则 concat(substr($s1$,4,4),substr($s1$,1,length($s2$)))=________。

A. student　　B. dentstu　　C. denttee　　D. teedent

二、填空题

1. 串的最基本的存储方式为________和________。
2. 两个串相等的充分必要条件是________________。
3. 空白串是________,其长度为________。
4. 空白串和空串是________________。
5. 串'This is trie search'的长度为________。
6. 串'cgtacgttcgtacg'的最长前缀子串是________。
7. 模式串'abaabcac'的失效函数 f 为________,fm 为________。

三、算法分析

1. 设字符串采用链表存储,请编写一个求串长的函数。
2. 设字符串采用链表存储,请编写一个串复制的函数。
3. 设字符串采用顺序存储,请编写一个求子串在该字符串中出现的次数的函数。
4. t= 't_1 t_2…t_n'是顺序存储的,编写程序将 t 改造后输出:

① 将 t 的所有第偶数个字符按照其原来的下标从大到小的次序放在 t 的后半部分;
② 将 t 的所有第奇数个字符按照其原来的下标从大到小的次序放在 t 的后半部分。

数组和广义表

数组是线性表的推广形式，广泛用于日常生活中，如表 1.1 表示的表格就是一个典型的二维数组，数组中的某个元素根据行和列的位置可能出现行的前驱和后继，或者是列的前驱和后继，因而一个元素可能有多个前驱和多个后继。

广义表是一种较为复杂的线性结构，它们的逻辑特征为一个数据元素可能被递归地定义。

数组和广义表是一种复杂的非线性结构，它们的逻辑特征是：一个数据元素可能有多个直接前驱和多个直接后继。数组和广义表大量用于计算机领域，是一种重要的数据存储和表现形式。

5.1 数组的基本概念

5.1.1 数组的定义

数组(Array)是由一组类型相同的数据元素构造而成的。它的每个元素由一个值和一组下标确定。

一维数组：如果数组元素只含有一个下标，这样的数组称为一维数组。如果把数据元素的下标顺序换成线性表中的序号，则一维数组就是一个线性表。下面就是一个一维数组。

$$A=(a_1, a_2, a_3, \cdots, a_n)$$

二维数组：如果数组的每一个元素都含有两个下标，这样的数组称为二维数组，也称为矩阵(Matrix)。

如图 5.1，$\boldsymbol{A}_{mn}$ 就是一个 m 行 n 列的矩阵，可以用一个二维数组来表示，它的每一个元素由 a_{ij} 及两个下标来确定。

$$A_{mn}=\begin{bmatrix} a_{11} & a_{12} & \cdots & a_{1n} \\ a_{21} & a_{22} & \cdots & a_{2n} \\ \cdots & \cdots & \cdots & \cdots \\ a_{m1} & a_{m2} & \cdots & a_{mn} \end{bmatrix}$$

图 5.1　$m\times n$ 阶矩阵

这个二维数组还可以进一步表示成如下形式。

$$A = \begin{bmatrix} A_1 \\ A_2 \\ \vdots \\ A_m \end{bmatrix}$$

其中：A_i为行向量，$A_i=(a_{i1}, a_{i2}, \cdots, a_{in})(1 \leqslant i \leqslant m)$。或者把图 5.1 表示如下：

$$A = [A_1 \quad A_2 \quad \cdots \quad A_n]$$

此时，A_j为列向量，形式为：

$$A_j = \begin{bmatrix} a_{1j} \\ a_{2j} \\ \vdots \\ a_{mj} \end{bmatrix} \quad (1 \leqslant j \leqslant n)$$

经过这样的处理，一个二维数组就蜕化成了一维数组，因而成为线性表，所以处理二维数组的基础是线性结构。

数组一旦被定义，它的维数就不再改变。在二维数组中进行元素的插入和删除操作将会移动大量的数据，因此运算的效率很低，一般不进行这类运算。数组通常只有两种基本运算：**存取给定位置上的数据元素和修改给定位置上的数据元素值。**

三维数组：三维数组 A_{mnp} 可视为以二维数组为数据元素的向量。三维数组中的每个元素 a_{ijk} 都有三个向量。图 5.2 是一个三维数组的示意，可以帮助理解三维数组的空间结构。

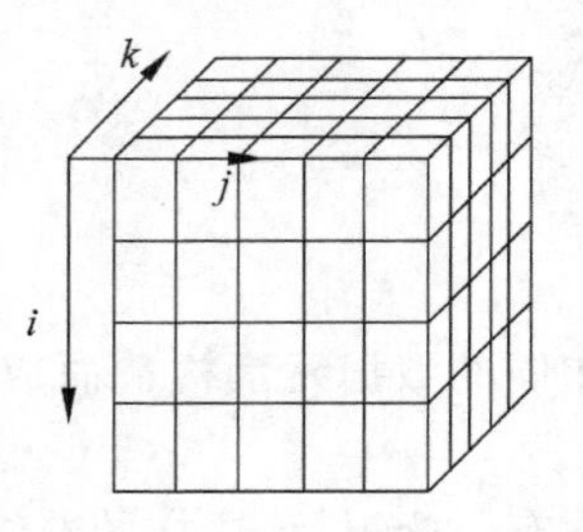

图 5.2　4×5×5 三维数组

其中，$i(1 \leqslant i \leqslant m)$表示行，$j(1 \leqslant j \leqslant n)$表示列，$k(1 \leqslant k \leqslant p)$表示二维数组的个数。三维数组是由 p 个 m 行 n 列的二维数组组成的。

多维数组：四维数组 A_{mnpq} 可理解为以三维数组为数据元素的向量。五维数组可理解为以四维数组为数据元素的向量……，n 维数组可理解为以 $n-1$ 维数组为数据元素的向量。

5.1.2　数组的顺序存储结构

由于计算机的内存结构是一维的，用一维结构来表示多维数组，就必须按某种次序将数组元素排成一维线性序列，然后将这个线性序列存放在存储器中。

在数组操作中，一般不做插入和删除操作，数组一旦建立，结构中的元素个数和元素间的关系就不再发生变化。因此，一般采用顺序存储结构来表示数组。

数组的顺序存储结构指的是用一组连续的存储单元依次存放数组元素。一维数组的存储结构在 2.2 节中讨论过，下面介绍二维数组和三维数组的顺序存储结构。

要将二维数组的元素按顺序结构进行存储，就必须要按某种次序将元素排成一个线性序列。通常有行优先和列优先两种存储方式来存储二维数组的元素。

1. 行优先顺序

将数组元素按行向量排列，第 $i+1$ 个行向量紧接在第 i 个行向量后面。在 PASCAL、C 语言中，数组就是按行优先顺序存储的。此时，图 5.1 中的元素按下列方式存储。

$$a_{11}, a_{12}, \cdots, a_{1n}, a_{21}, a_{22}, \cdots, a_{2n}, \cdots, a_{m1}, a_{m2}, \cdots, a_{mn}$$

2. 列优先顺序

将数组元素按列向量排列，第 $j+1$ 个列向量紧接在第 j 个列向量之后。在 FORTRAN 语言中，数组就是按列优先顺序存储的。此时，图 5.1 中的元素按下列方式存储。

$$a_{11}, a_{21}, \cdots, a_{m1}, a_{12}, a_{22}, \cdots, a_{m2}, \cdots, a_{1n}, a_{2n}, \cdots, a_{mn}$$

很容易根据数组元素的下标，求出其存储地址。设二维数组 A_{mn} 按"行优先顺序"存储在内存中，假设每个元素占 d 个存储单元，则 a_{ij} 的地址计算函数为

$$\mathrm{LOC}(a_{ij}) = \mathrm{LOC}(a_{11}) + [(i-1)\times n + j - 1]\times d$$

对应 C 语言来说，数组 $A[m][n]$ 的两个下标的下界均为 0，上界分别为 $m-1$、$n-1$，每个数据元素占 k 个存储单元，二维数组中任一元素 $a[i][j]$ 的存储位置可由下列公式确定。

$$\mathrm{LOC}(a[i][j]) = \mathrm{LOC}(a[0][0]) + (n\times i + j)\times k$$

其中，$\mathrm{LOC}(a[0][0])$ 是 a_{00}（即图 5.1 中的 a_{11}）的存储位置，它是该二维数组的起始地址。$\mathrm{LOC}(a[i][j])$ 是 a_{ij} 的存储位置。这个式子确定了 C 语言的二维数组元素的位置和下标的关系。

3. 数组元素的地址计算公式

(1) 二维数组

设 $m\times n$ 的二维数组行下标为 $c1\cdots d1$，下界为 $c1$，上界为 $d1$；列下标为 $c2\cdots d2$，下界为 $c2$，上界为 $d2$。且 $d1-c1=m-1$，$d2-c2=n-1$。

① 按行优先顺序存储的二维数组 A_{mn} 地址计算公式

$$\mathrm{LOC}(a_{ij}) = \mathrm{LOC}(a_{c1c2}) + [(i-c1)\times(d2-c2+1) + j - c2]\times d \tag{5.1}$$

其中：$\mathrm{LOC}(a_{c1c2})$ 是开始结点的存放地址（即基地址），d 为每个元素所占的存储单元数。当 $c1=1$ 时 $d1=m$，$c2=1$ 时 $d2=n$，式(5.1)成为

$$\mathrm{LOC}(a_{ij}) = \mathrm{LOC}(a_{11}) + [(i-1)\times n + j - 1]\times d$$

② 按列优先顺序存储的三维数组 A_{mn} 地址计算公式

$$\mathrm{LOC}(a_{ij}) = \mathrm{LOC}(a_{c1c2}) + [(j-c2)\times(d1-c1+1) + i - c1]\times d \tag{5.2}$$

其中：$\mathrm{LOC}(a_{c1c2})$ 是开始结点的存放地址（即基地址），d 为每个元素所占的存储单元数。当 $c1=1$ 时 $d1=m$，$c2=1$ 时 $d2=n$，式(5.2)C 成为

$$\mathrm{LOC}(a_{ij}) = \mathrm{LOC}(a_{11}) + [(j-1)\times m + i - 1]\times d$$

(2) 三维数组

设 $m\times n\times p$ 的三维数组行下标为 $c1\cdots d1$，下界为 $c1$，上界为 $d1$；列下标为 $c2\cdots d2$，下界为 $c2$，上界为 $d2$；第三维（高）下标为 $c3\cdots d3$，下界为 $c3$，上界为 $d3$。且 $d1-c1=m-1$，

$d2-c2=n-1, d3-c3=p-1$。用 i、j、k 分别表示行、列、高的下标。

① 按行优先顺序存储的三维数组 A_{mnp} 地址计算公式

$$\begin{aligned}\mathrm{LOC}(a_{ijk}) = \mathrm{LOC}(a_{c1c2c3}) + [&(i-c1)\times(d2-c2+1)\times(d3-c3+1)\\ &+(j-c2)\times(d3-c3+1)+k-c3]\times d\end{aligned}$$

当 $c1=1$ 时 $d1=m$，$c2=1$ 时 $d2=n$，$c3=1$ 时 $d3=p$，上式成为

$$\mathrm{LOC}(a_{ijk}) = \mathrm{LOC}(a_{111}) + [(i-1)\times n\times p+(j-1)\times p+k-1]\times d$$

② 按列优先顺序存储的三维数组 A_{mnp} 地址计算公式

$$\begin{aligned}\mathrm{LOC}(a_{ijk}) = \mathrm{LOC}(a_{c1c2c3}) + [&(j-c2)\times(d1-c1+1)\times(d3-c3+1)\\ &+(i-c1)\times(d3-c3+1)+k-c3]\times d\end{aligned}$$

当 $c1=1$ 时 $d1=m$，$c2=1$ 时 $d2=n$，$c3=1$ 时 $d3=p$，上式成为

$$\mathrm{LOC}(a_{ijk}) = \mathrm{LOC}(a_{111}) + [(j-1)\times m\times p+(i-1)\times p+k-1]\times d$$

5.1.3 特殊矩阵的压缩存储

在科学与工程计算问题中，矩阵是一种常用的数学对象，用高级语言编程时，简单而又自然的方法，就是将一个矩阵描述为一个二维数组。矩阵在这种存储表示之下，可以对其元素进行随机存取，各种矩阵运算也非常简单。但是在矩阵中非零元素呈某种规律分布或者矩阵中出现大量的零元素的情况下，用了许多单元去存储重复的非零元素或零元素，这对于高阶矩阵的存储会造成极大的空间浪费，为了节省存储空间，可以对这类矩阵进行压缩存储：即为多个相同的非零元素只分配一个存储空间；对零元素不分配空间。

1. 几种特殊的矩阵

(1) 对称矩阵

在一个 n 阶（n 行 n 列）方阵 **A** 中，若元素满足下述性质：

$$a_{ij}=a_{ji} \quad 1\leqslant i,j\leqslant n$$

则称 **A** 为对称矩阵。如图 5.3 所示，对称矩阵沿主对角线折叠时，元素相同。

(2) 三角矩阵

以主对角线划分，三角矩阵有上三角和下三角两种。上三角矩阵的下三角（不包括主对角线）中的元素均为 0。下三角矩阵正好相反，它的主对角线上方均为 0。图 5.4 给出了上三角和下三角矩阵的图示。

$$\begin{bmatrix}1&3&-1&0&0\\3&5&0&2&1\\-1&0&0&6&8\\0&2&6&7&0\\0&1&8&0&2\end{bmatrix}$$

图 5.3 对称矩阵

$$\begin{bmatrix}a_{11}&a_{12}&\cdots&a_{1n}\\0&a_{21}&\cdots&a_{2n}\\\cdots&\cdots&\cdots&\cdots\\0&0&\cdots&a_{nn}\end{bmatrix}\begin{bmatrix}a_{11}&0&\cdots&0\\a_{21}&a_{22}&\cdots&0\\\cdots&\cdots&\cdots&\cdots\\a_{n1}&a_{n2}&\cdots&a_{nn}\end{bmatrix}$$

(a) 上三角矩阵　(b) 下三角矩阵

图 5.4 三角矩阵

(3) 稀疏矩阵(Sparse Matrix)

设矩阵 $\mathbf{A}_{mn}$ 中有 s 个非零元素，若 $s<<m\times n$，即 s 远远小于矩阵元素的总数时，则称 **A** 为稀疏矩阵。图 5.5 给出了一个稀疏矩阵，它的非零元素的个数为 8 个，而矩阵的大小为 36。

稀疏矩阵中由于非零元素的个数远远小于矩阵元素的个数，若存储时仍然采用二维数组来存储，则将造成巨大的存储空间浪费，其空间效率低下，因而需要寻找其他存储结构来存储稀疏矩阵的元素。

$$\boldsymbol{M}=\begin{bmatrix}15 & 0 & 0 & 22 & 0 & 15\\ 0 & 11 & 3 & 0 & 0 & 0\\ 0 & 0 & 0 & 6 & 0 & 0\\ 0 & 0 & 0 & 0 & 0 & 0\\ 91 & 0 & 0 & 0 & 0 & 0\\ 0 & 0 & 28 & 0 & 0 & 0\end{bmatrix}$$

图 5.5 稀疏矩阵

$$\begin{bmatrix} * & * & & & 0\\ * & * & * & & \\ & * & * & * & \\ & & * & * & *\\ 0 & & & * & * \end{bmatrix}$$

图 5.6 三对角矩阵

(4) 三对角矩阵

非零元素沿矩阵的主对角线按照图 5.6 分布的叫三对角矩阵。

2. 特殊矩阵的存储压缩

对于顺序表示数组的方法，当数组具有完整的矩阵结构时（即多维数组元素 $a_{i1i2\cdots in}$ 的各下标在各自独立的范围 $1\leqslant i_1\leqslant d_1, 1\leqslant i_2\leqslant d_2, \cdots, 1\leqslant i_n\leqslant d_n$ 内改变时，大部分元素值不为零），一般是很适合的。但对于上面提到的几种情况，仍然采用数组来存储矩阵元素就会导致大量的存储空间浪费。为了节省存储空间，可以对这些矩阵进行压缩存储。下面是上三角矩阵、下三角矩阵、三对角矩阵三种特殊矩阵的压缩存储形式。

这些特殊矩阵的共同特点是非零元素的分布很有规律，从而可将其压缩到一维数组中，并能找到每个非零元素在一维数组中的对应位置。

对于 n 阶上三角形和下三角形矩阵，按以行序为主序的原则将矩阵的所有非零元素压缩存储到一个一维数组 $M[1,\cdots,n(n+1)/2]$中，则 $M[k]$和矩阵非零元素 a_{ij} 之间存在一一对应的关系。

下三角形矩阵：$k=i\times(i-1)/2+j$ $\quad(i\leqslant j)$

上三角形矩阵：$k=(2n-i+1)\times(i-1)/2+(j-i+1)$ $\quad(i\geqslant j)$

对于三对角矩阵，按以行序为主序的原则将矩阵的所有非零元素压缩存储到一个一维数组 $M[1,\cdots,3\times(n-1)+1$ 或 $3n-2]$中，则 $M[k]$和矩阵中非零元素 a_{ij} 之间存在一一对应的关系：

$$k=2\times i+j-2$$

下面给出了三对角矩阵的压缩存储的实例。设有矩阵：

$$\begin{matrix} a_{11} & a_{12} & \cdots & & & \\ a_{21} & a_{22} & a_{23} & \cdots & & \\ & a_{32} & a_{33} & \cdots & & \\ & & a_{43} & \cdots & & \\ & & & \cdots & & a_{(n-1)n}\\ & & & & a_{n(n-1)} & a_{nn} \end{matrix}$$

则压缩存储如表 5.1 所示。

表 5.1 三对角矩阵的压缩存储

	a_{11}	a_{12}	a_{21}	a_{22}	a_{23}	…	a_{ij}	…	a_{nn}
k	1	2	3	4	5	…	$2\times i+j-2$	…	$3\times n-2$

5.2 稀疏矩阵

在实际应用中，往往会遇到稀疏矩阵。式(5.3)所示的矩阵 **M** 和它的转置矩阵 **N**（式(5.4)），在 36 个元素中只有 8 个非零元素，满足非零元个数远小于元素总数，显然是个稀疏矩阵。

$$\boldsymbol{M}=\begin{bmatrix}15 & 0 & 0 & 22 & 0 & 15\\ 0 & 11 & 3 & 0 & 0 & 0\\ 0 & 0 & 0 & 6 & 0 & 0\\ 0 & 0 & 0 & 0 & 0 & 0\\ 91 & 0 & 0 & 0 & 0 & 0\\ 0 & 0 & 28 & 0 & 0 & 0\end{bmatrix} \tag{5.3}$$

$$\boldsymbol{N}=\begin{bmatrix}15 & 0 & 0 & 0 & 91 & 0\\ 0 & 11 & 0 & 0 & 0 & 1\\ 0 & 3 & 0 & 0 & 0 & 28\\ 22 & 0 & 6 & 0 & 0 & 0\\ 0 & 0 & 0 & 0 & 0 & 0\\ 15 & 0 & 0 & 0 & 0 & 0\end{bmatrix} \tag{5.4}$$

按照压缩存储概念，只需存储稀疏矩阵的非零元素。但是，为了实现矩阵的各种运算，除了存储非零元素的值外，还必须同时记下它所在的行和列。这样一组数(i, j, a_{ij})便能唯一地确定矩阵中的一个非零元素，其中 i，j 分别表示非零元素的行号和列号，a_{ij} 表示非零元素的值。下列 8 组数表示了式(5.3)中矩阵 **M** 的 8 个非零元素：

(1, 1, 15)　(1, 4, 22)　(1, 6, 15)　(2, 2, 11)

(2, 3, 3)　(3, 4, 6)　(5, 1, 91)　(6, 3, 28)

其中，第一个数表示行号，第二个数表示列号，第三个数表示元素值，这样就构成了所谓的三元组(i,j,a_{ij})，并由此三元组唯一确定稀疏矩阵的存储结构。

若以某种方式(以行为主或以列为主的顺序)将 8 个三元组排列起来，再加上一个表示矩阵 **M** 的行数、列数及非零元素的个数的特殊的三元组(6, 6, 8)，则所形成的表就能唯一地确定稀疏矩阵。稀疏矩阵的压缩存储使矩阵的随机存取变得困难。

稀疏矩阵进行压缩存储通常有两类方法：顺序存储和链式存储。

5.2.1 三元组表

将表示稀疏矩阵的非零元素的三元组按行优先(或列优先)的顺序排列(跳过零元素)，并依次存放在向量中，这种稀疏矩阵的顺序存储结构称为三元组表。对于式(5.3)，按照行优先的顺序排列，它的三元组表如表5.2所示。

表5.2 三元组存储结构

i	j	v
1	1	15
1	4	22
1	6	15
2	2	11
2	3	3
3	4	6
5	1	91
6	3	28

以下的讨论中，均假定三元组表是按行优先顺序排列的。

1. 类型定义

为了运算方便，将矩阵的总行数、总列数及非零元素的总数作为三元组表的属性进行描述。其类型描述为：

定义5.1

```
#define MaxSize 100
typedef int DataType;
typedef struct {                        /*三元组*/
  int i,j;                              /*非零元的行、列号*/
  DataType v;                           /*非零元的值*/
}TriTupleNode;
typedef struct{                         /*三元组表*/
    TriTupleNode data[MaxSize];         /*三元组表空间*/
    int m,n,t;                          /*矩阵的行数、列数及非零元个数*/
}TriTupleTable;
```

2. 转置运算

一个 $m\times n$ 的矩阵 $\boldsymbol{A}$，它的转置矩阵 $\boldsymbol{B}$ 是一个 $n\times m$ 的矩阵，且

$$A[i][j]=B[j][i] \quad 0\leqslant i<m,0\leqslant j<n$$

即 $\boldsymbol{A}$ 的行是 $\boldsymbol{B}$ 的列，$\boldsymbol{A}$ 的列是 $\boldsymbol{B}$ 的行。

(1) 三元组表表示的矩阵转置的思想方法

第一步：根据 $\boldsymbol{A}$ 矩阵的行数、列数和非零元总数确定 $\boldsymbol{B}$ 矩阵的列数、行数和非零元总数。

第二步：当三元组表非空时，将 $\boldsymbol{A}$ 的三元组表 a－>data 转置为 $\boldsymbol{B}$ 的三元组表 b－>data。

(2) 三元组表的转置

由于 $\boldsymbol{A}$ 的列是 $\boldsymbol{B}$ 的行，因此，按 a－>data 的列序转置，所得到的转置矩阵 $\boldsymbol{B}$ 的三元组表 b－>data 必定是按行优先存放的。

按这种方法设计的算法，其基本思想是：对 **A** 中的每一列 col(0≤col≤a－>n－1)，通过从头至尾扫描三元组表 a－>data，找出所有列号等于 col 的那些三元组，将它们的行号和列号互换后依次放入 b－>data 中，即可得到 **B** 的按行优先的压缩存储表示。

根据上述方法得到三元组矩阵转置算法为：

算法 5.1 三元组矩阵转置转换算法

```
void TransMatrix(TriTupleTable *b,TriTupleTable *a)
{ /*a, *b是矩阵A、B的三元组表表示，将A转置为B*/
  int p,q,col;
  b->m=a->n; b->n=a->m;             /*A和B的行列总数互换*/
  b->t=a->t;                        /*非零元总数*/
  if(b->t<=0)    return;            /*A中无非零元，退出*/
  else
  {
  q=0;
  for(col=0; col<a->n; col++)       /*对A的每一列*/
    for(p=0; p<a->t; p++)           /*扫描A的三元组表*/
      if(a->data[p].j==col){        /*找列号为col的三元组*/
        b->data[q].i=a->data[p].j;
        b->data[q].j=a->data[p].i;
        b->data[q].v=a->data[p].v;
        q++;
      }
} //TransMatrix
```

该算法的时间主要耗费在 col 和 p 的二重循环上：

若 **A** 的列数为 n，非零元素个数 t，则执行时间为 $O(n\times t)$，即与 **A** 的列数和非零元素个数的乘积成正比。

通常用二维数组表示矩阵时，其转置算法的执行时间是 $O(m\times n)$，它正比于行数和列数的乘积。

由于非零元素个数一般远远大于行数，因此上述稀疏矩阵转置算法的时间小于通常的转置算法的时间。

5.2.2 稀疏矩阵的十字链表存储

1. 十字链表的组成

十字链表有以下 3 类结点：

(1) 有一个指针 hm，它指向总表头结点，该结点有 5 个域，如图 5.7(a)所示。row 域存放矩阵总行数 m，col 域存放矩阵总列数 n，down 和 right 两个指针域空闲不用，next 指针指向第一个行列表头结点。

(2) 行表头结点和列表头结点，该类结点也有 5 个域，如图 5.7(b)所示。行列表头结点的 row 域和 col 域值均为 0；行表头结点 next 和 down 两个指针域空闲，right 指针域指向本行第 1 个非零元素结点；列表头结点 right 指针域空闲，next 指向下一列表头结点，down 指向本列第 1 个非零元素结点。行列表头结点有 S 个(S 取 m，n 之较大者)，行列表头结点如图 5.8 中的 $h[1]$，$h[2]$，…，$h[S]$。每一列链表的表头结点只需用一个链域(down 域)，指向该列中第一个非零元素，而每一行链表的表头结点只需 right 链域，指向该行中第一个非零元素，恰好它们的 row 和 col 域又同时为零，故这两组的表头结点可以合用(即第 i 行链表和第 j 列链表共用一个表头结点)。

(3) 非零元素结点结构也有 5 个域，与其他结点域结构相似，只是 next 域为一变体域，可为 val 域存放非零元素的值，row、col 存放行下标值和列下标值，right 指向本行的下一个非零元素结点，down 指向本列的下一个非零元素结点，如图 5.7(c)所示。

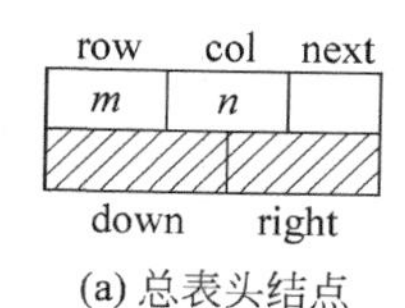

(a) 总表头结点

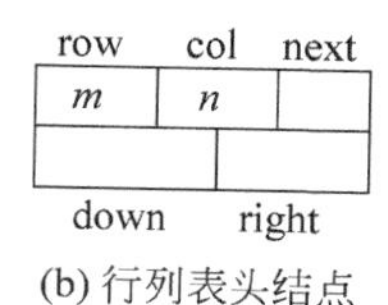

(b) 行列表头结点

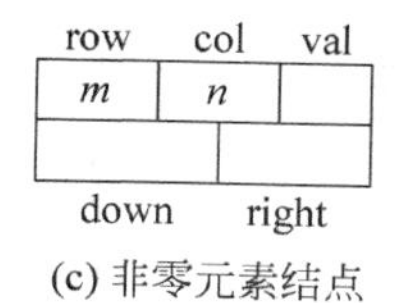

(c) 非零元素结点

图 5.7 结点结构

稀疏矩阵中同一行的非零元素通过向右域 right，链接成一个带头结点的循环链表。同一列的非零元素通过向下域 down，链接成一个带头结点的循环链表。因此，每一个非零元素既是第 i 行循环链表中的一个结点，又是第 j 列循环链表中的一个结点。这好比处于一个十字交叉路口上，故称这样的链表为十字链表。

列表头结点本身可以通过 next 域相链接，当最后一个列表头结点的 next 域指向总表头结点 hm 时，又组成一个带列表头结点的循环链表。见图 5.8 的第 1 行。hm 所指结点为整个十字链表的表头结点，其 row 域和 col 域的值分别为稀疏矩阵的行数和列数，hm 为头指针。由此，只要给定 hm 指针值，便可取得整个稀疏矩阵的全部信息。

例如，对于如式(5.5)所示的 5×5 稀疏矩阵 **A** 的十字链表如图 5.8 所示。

$$A=\begin{bmatrix}0&5&0&0&0\\0&0&0&1&0\\0&0&0&0&0\\0&0&0&0&1\\2&0&4&0&0\end{bmatrix}\tag{5.5}$$

2. 十字链表的有关算法

(1) 十字链表的结点结构类型定义

定义 5.2

```
typedef int DataType;
typedef struct matnode
  {   int row, col;
      struct matnode  * down, *right;
      union { struct matnode *next; DataType val;}
  }NODE;
```

(2) 建立稀疏矩阵的十字链表算法描述

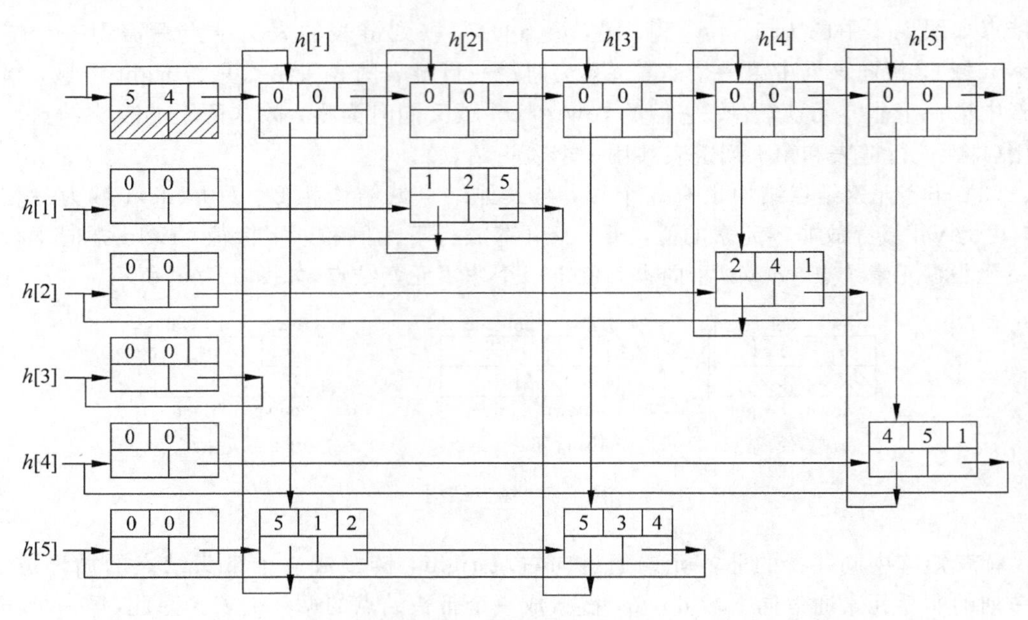

图 5.8 十字链表存储结构

算法 5.2 建立稀疏矩阵的算法

```
creat_linkedmat(NODE *hm)                   /* hm 为头指针 */
{  printf("\n 请输入矩阵的行数 m 和列数 n = ?");
   scanf(" %d %d", &m, &n);                 /* 输入矩阵的行值和列值 */
   if(m > n) s = m;
   else s = n;                              /* 确定行(列)表头结点的个数 */
   p = (NODE * )malloc(sizeof(NODE));
   p -> row = m; p -> col = n;
   hm = p;h[0] = p;                         /* h[1 … s]为一组指示行表头结点的指针 */
   for(i = 1;i < = s;i++)                   /* 建立头结点循环链表 */
     { p = ( NODE * )malloc(sizeof(NODE));
       p -> row = 0; p -> col = 0;h[i] = p;
       p -> right = p; p -> down = p;h[ i - 1] -> next = p;
     }
     h[s] -> next = hm;
     scanf(" %d %d % f", &r, &c, &v);       /* 输入一个非零元素的三元组 */
     while(r!= rend)                        /* rend 为行尾标志,可根据需要而定 */
     { p = (NODE * )malloc(sizeof(NODE));
       p -> row = r; p -> col = c; p -> val = v; q = h[r];
       while((q -> right!= h[r])&&(q -> right -> col < c))
          q = q -> right;                   /* 寻查行表中插入位置 */
        p -> right = q -> right; q -> right = p;     /* 插入 */
        q = h[c];
        while((q -> down!= h[c])&&(q -> down -> row < r))
          q = q -> down;                    /* 寻查列表中插入位置 */
        p -> down = q -> down; q -> down = p;      /* 完成插入 */
        printf("\n r,c,v = ?");
        scanf(" %d %d % f", &r, &c, &v); /* 输入下一个非零元素的三元组 */
```

```
        }
      }
```

(3) 输出十字链表算法描述

算法 5.3 十字链表输出算法

```
void print_linkedmat(NODE *hm)
{ /* 输出稀疏矩阵中非零元素的值，并标注行与列的序号 */
  NODE *p, *p1;
  int i, j;
  for(i = 0;i <= hm -> col;i++)
    printf(" %d\t", i);
  printf("\n");
  for(i = 1, p = hm -> next; p!= hm; i++)
    { printf(" %d\t", i);
      for(j = 1, p1 = p -> right; p1!= p;   j++)
       if(j == p1 -> col)
         {printf(" % 4f", p1 -> val);
          p1 = p1 -> right;}
       else printf("\t");
       printf("\n");
       p = p -> next;
    }
}
```

5.3 数组的应用

5.3.1 矩阵乘法

本节讨论数组的应用——矩阵的乘法。

设 **A** 和 **B** 为两个 n 阶(n 行 n 列)的对称矩阵，输入时，对称矩阵只输入下三角形元素，存入一维数组，如图 5.9 所示。

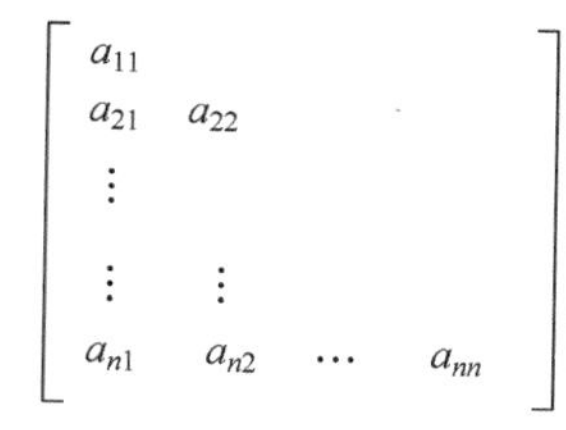

(a) 下三角矩阵

(b) 下三角矩阵的存储表示

图 5.9 下三角矩阵及其存储表示

下面就编写一个程序来实现对称矩阵 **A** 和 **B** 的乘积。

根据两个矩阵相乘的定义，**A** 和 **B** 两个矩阵相乘则 **A** 矩阵的列数必须等于 **B** 矩阵的行数。而本节中考虑的是 n 阶（n 行 n 列）的对称矩阵，所以，条件是满足的。

首先，将矩阵压缩成一个一维数组的形式，通过一个函数 value 来得到压缩成的一维数组形式的矩阵。

其次，在压缩存储 a 和 b 的基础上，来求矩阵 **A** 和 **B** 的乘法，用函数 mult 来实现。

最后，通过一个输出函数，输出乘积矩阵 **C**，用 disp 来实现。

算法 5.4 返回矩阵存储值的算法

```
# include < stdio.h>
# define n 4
# define m 10
int value ( int a[], int i, int j )         /* 返回压缩存储 a 中 A[i][j]之值 */
{if ( i >= j )
    return a[(i * (i - 1))/2 + j];
 else
    return a[(j * (j - 1))/2 + i];
}
```

算法 5.5 压缩矩阵相乘算法

```
void mult( int a[], int b[],int c[n][n]) /* 求压缩存储 a 和 b 的乘积 */
{
   inti,j,k,s;
   for(i = 0;i < n;i++)
      for(j = 0;j < n;j++)
      { s = 0;
        for(k = 0;k < n;k++)
            s = s + value(a,i,k) * value(b,k,j);
        c[i][j] = s;
      }
}
```

算法 5.6 输出压缩矩阵相乘的积矩阵

```
void disp(int c[n][n] )                   /* 输出压缩存储 a 和 b 的乘积 c */
{  inti,j;
   for(i = 0;i < n;i++)
   {  for(j = 0;j < n;j++)
           printf(" %3d",c[i][j]);
      printf("\n");}
}
```

5.3.2 迷宫问题

所谓迷宫问题，就是把一只老鼠放进一个无盖的大箱内，箱内设置若干隔板，使老鼠走动的方向受到阻碍，看其如何找到一条通道，走出大箱。

现用二维数组 maze[m][n]来模拟迷宫，数组元素为 0 表示此路可通，数组元素为 1

表示此路不通。不失一般性，设迷宫入口是 maze[1][1]，出口 maze[m][n]，且 maze[1][1]=0，maze[m][n]=0。

现要求设计算法找一条从迷宫入口到迷宫出口的通道，如图 5.10 所示，maze[6][7] 表示一个 6×7 的迷宫。

求解迷宫问题的基本思想是将迷宫的入点(1，1)作为第一个出发点，向四周搜索可通行的位置，形成第一层新的出发点，然后对第一层中各个位置再分别向四周搜索可通行的位置，形成第二层新的出发点 ……，如此进行下去直至到达迷宫的出口点(m，n)为止。

maze[6][7]

0	1	0	1	1	0	1
0	1	0	0	1	0	1
0	1	1	0	0	1	1
0	0	0	1	0	0	0
1	1	0	0	0	1	0
0	1	1	1	1	1	0

图 5.10 6×7 的迷宫

maze[8][9]

1	1	1	1	1	1	1	1	1
1	0	1	0	1	1	0	1	1
1	0	1	0	0	1	0	1	1
1	0	1	1	0	0	1	1	1
1	0	0	0	1	0	0	0	1
1	1	1	0	0	0	1	0	1
1	0	1	1	1	1	1	0	1
1	1	1	1	1	1	1	1	1

图 5.11 图 5.10 外圈加 1 后的迷宫

为了避免多次检测是否走到边缘，将迷宫四周各镶上一条取值均为 1 的边，相当于在迷宫周围布上一圈不通过的墙。由此，表示迷宫的二维数组应为 maze[m+2][n+2]。如图 5.11 所示。由此，表示迷宫的二维数组应为 maze[8][9]。这样，在迷宫任一位置(x，y)(1≤x≤8，1≤y≤9)上都有 4 个可以搜索的方位，设当前的坐标位置为(x，y)，则递归往左表示坐标为(x−1，y)，往右表示坐标为(x+1，y)，往上表示坐标为(x，y−1)，往下表示坐标为(x，y+1)。

为使问题简化，使用递归方法来解决。其算法的基本思想是将迷宫的入点(6，7)作为第一个出发点，向四周搜索可通行的位置，形成第一层新的出发点，然后对第一层中各个位置再分别向四周搜索可通行的位置，形成第二层新的出发点 ……，如此进行下去直至到达迷宫的出口点(1，1)为止。

如果有路可走，设置 maze[x][y]=0；如果路不可走，设置 maze[x][y]=1；如果已经走的路，设置 maze[x][y]=2。

算法 5.7

```
/* 应用递归求迷宫问题；数字 0 表示是可走的路；数字 1 表示是墙壁，不可走的路；
数字 2 表示是走过的路 */
#include <stdio.h>
int maze[8][9] = {                        /*迷宫的数组*/
        1, 1, 1, 1, 1, 1, 1, 1,1,
        1, 0, 1, 0, 1, 0, 0, 0,1,
        1, 0, 1, 0, 1, 0, 1, 1,1,
        1, 0, 1, 0, 1, 1, 1, 1,1,
        1, 0, 0, 0, 1, 0, 0, 0,1,
        1, 1, 1, 0, 0, 0, 1, 0,1,
        1, 0, 1, 1, 1, 1, 1, 0,1,
        1, 1, 1, 1, 1, 1, 1, 1,1};
```

算法 5.8 走迷宫的递归函数

```
/* 走迷宫的递归函数   */
int find_path(int x,int y)
{  if ( x == 1 && y == 1 )                       /* 是否是迷宫出口 */
   {  maze[x][y] = 2;                            /* 记录最后走过的路 */
      return 1;
   }
   else
      if ( maze[x][y] == 0 )                     /* 是不是可以走 */
      {maze[x][y] = 2;                           /* 记录已经走过的路 */
         if ((   find_path(x-1,y) +              /* 调用递归函数往左 */
                 find_path(x+1,y) +              /* 往右 */
                 find_path(x,y-1) +              /* 往上 */
                 find_path(x,y+1)) > 0 )         /* 往下 */
            return 1;
         else
         {  maze[x][y] = 0;                      /* 此路不通取消记号 */
            return 0;
         }
      }
      else return 0;
}
```

算法 5.9 主函数

```
/* 主程序：用递归的方法在数组迷宫找出口 */
void main()
{  int i,j;
   find_path(6,7);                               /* 从(6,7)位置调用递归函数 */
   printf("迷宫的路径如下图所示:\n");
   for ( i = 1; i < 7; i++)                      /* 打印出迷宫的图形 */
   { for ( j = 1; j < 8; j++)
        if (maze[i][j] == 2)                     /* 打印出通路的值 0 */
           printf("%c",'0');
        else                                     /* 不是通路的地方打印空格 */
           printf("%c",' ');
      printf("\n");
   }
}
```

可以修改算法 5.9，打印出通路上各坐标的值，请读者自行设计。

5.4 广义表

广义表是线性表的推广，它是递归的数据结构。

5.4.1 广义表的定义

广义表是 $n(n\geqslant 0)$ 个元素的有限序列，记作

$$A = (a_1, a_2, \cdots, a_n)$$

其中，A 是广义表的名称，n 是它的长度，$a_i(1\leqslant i\leqslant n)$或者是单个数据元素，或者是一个广义表。显然，广义表的定义是一个递归的定义，广义表中可以包含广义表。按照惯例，用英文大写字母表示广义表的名称，小写字母表示数据元素。对于广义表 A 中的某个元素 a_i 是一个数据元素时，称其为 A 的一个原子；当其不是一个数据元素时，则称它为广义表 A 的子表。

当广义表 A 非空时，称第一个元素 a_1 为 A 的**表头**(head)，称其余元素组成的表$(a_2, \cdots, a_n)$为 A 的**表尾**(tail)。

例 5.1 广义表示例

① $A=(\ )$，A 是一个空表，其长度为零。

② $B=(e)$，列表 B 只有一个原子 e，B 的长度为 1。

③ $C=(a, (b, c, d))$，列表 C 的长度为 2，两个元素分别为原子 a 和子表(b, c, d)。

④ $D=(A, B, C)$，列表 D 的长度为 3，3 个元素都是列表。

⑤ $E=(a, E)$，这是一个递归的表，其长度为 2，E 表相当于一个无穷表。

从以上例子可以看出，广义表可以共享子表，且允许递归。另外，广义表的元素之间除了存在次序关系外，还存在层次关系。广义表中元素的最大层次为表的深度。元素的层次就是包含该元素的括号对的数目。例如

$$F = (a, b, (c, (d)))$$

其中，数据元素 a，b 在第一层，数据元素 c 在第二层，数据元素 d 在第三层。广义表 F 的深度为 3。

根据对表头和表尾的定义可知：任何一个非空列表其表头可能是原子，也可能是列表，而其表尾必定为列表。例如

$\text{Head}(D)=A \qquad \text{Tail}(D)=(B, C)$

$\text{Head}(C)=a \qquad \text{Tail}(C)=((b, c, d))$

为了简单起见，把每个表的名称(若有的话)写在该表的前面，也是一种表示广义表的方法，对于上面例子中的表可以相应地表示为

$$A();\ B(e);\ C(a, (b,c,d));\ D(A,B,C);\ E(a,E);\ F(a,b,(c,(d)))$$

这里规定：用圆圈和方框分别表示单元素和子表元素，并用线段把表和其元素(放在表结点的下方)连接起来，则可以得到广义表的图形表示，如图 5.12 所示。

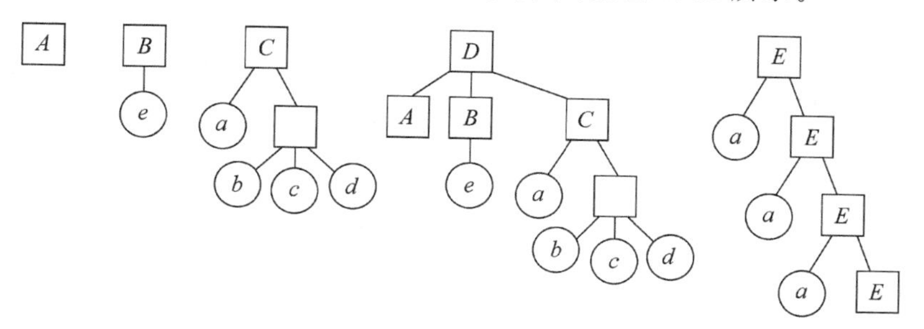

图 5.12 广义表图形表示

从上面广义表的图形可以看出：广义表的图形表示像倒着画的一棵树，树根结点代表整个广义表，各层树枝结点代表相应的子表，树叶结点代表单元素。

广义表的深度：一个广义表中括号嵌套的最大层数称为广义表的深度。在图形表示中，是指从树根结点开始到每个树枝结点（表结点，而非树叶结点（单元素））所经过的结点个数的最大值。

5.4.2 广义表的存储结构

由于广义表(a_1，a_2，…，a_n)中的数据元素可以具有不同的结构（或是原子，或是列表），因此难以用顺序存储结构表示，通常采用链式存储结构，每个数据元素可用一个结点表示。

如何设定结点的结构？由于列表中的数据元素可能为原子或子表，由此需要两种结构的结点：一种是表结点，用以表示子表；另一种是原子结点，用以表示原子（单元素）。

对于单元素原子结点来说，应包括值域和指向其后继结点的指针域，并用 tag＝0 表示单元素结点，如图 5.13 所示。

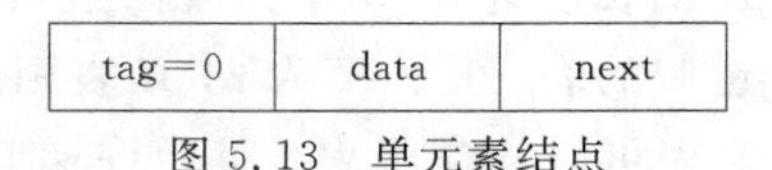

图 5.13 单元素结点

对于子表结点：应包括指向子表中第一个结点的表头指针域和其后继结点的指针域。用 tag＝1 表示子表结点，sublist 表示子表的第一结点的表头指针，如图 5.14 所示。

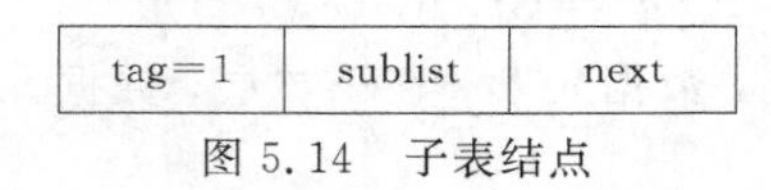

图 5.14 子表结点

为了方便这样的存储，必须将广义表作一个转换，转换目标是一条链。转换时保留父结点与左孩子的连线，抹去所有父结点与右孩子的连线；加上左孩子与其同父右孩子的连线，若有多个孩子，则依次连接，如图 5.15 所示。

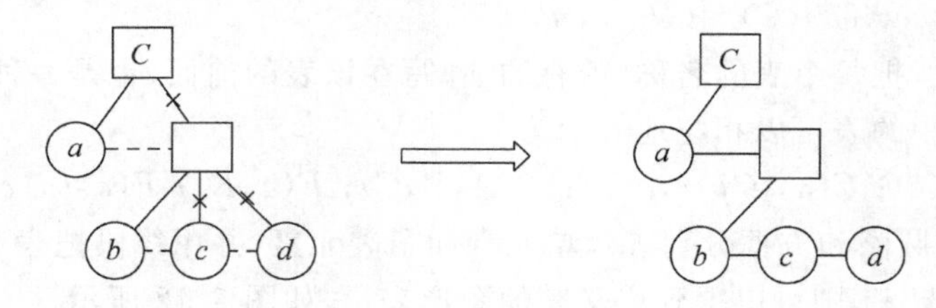

图 5.15 广义表的转换

根据上面的分析可知：单元素结点和子表结点共用一个域。如果是单元素结点，则是数据域；如果是子表结点，则是子表指针域，如图 5.16 所示。

tag	sublist/data	next

图 5.16 表结点

中间部分采用 C 语言的共用体。于是，得出广义表的结构类型定义如下。

定义 5.3

```
typedef int datatype;
typedef struct lnode
```

```
{   int tag;
    union
    {datatype data;
     struct lnode *sublist;
    }val;
    struct lnode *next;
  }GLNode
```

在这种存储结构中有几种情况：①除空表的表头指针为空外，对任何非空广义表，其表头指针均指向一个表结点；②容易分清列表中原子和子表所在层次。如在列表 D 中，原子 a 和 e 在同一层次上，而 b、c 和 d 在同一层次且比 a 和 e 低一层，A、B 和 C 是同一层的子表；③最高层的表结点个数即为广义表的长度。图 5.17 和图 5.18 给出了例 5.1 广义表的存储结构示意。

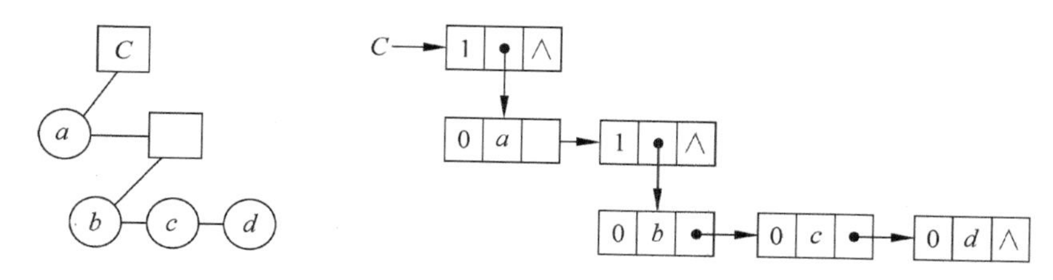

图 5.17 广义表存储结构示例图

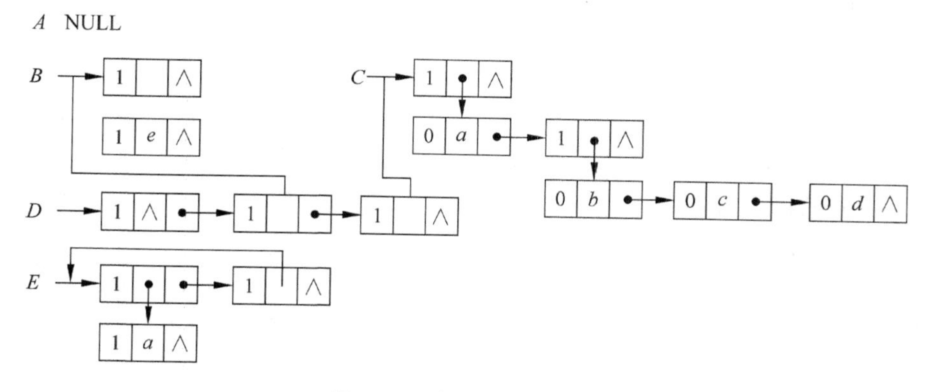

图 5.18 广义表存储结构

在图 5.18 的广义表表示中，D 表使用了 B、C 表。

5.4.3 广义表的运算

广义表的运算主要有求广义表的长度、深度，向广义表插入元素，从广义表中查找元素，删除元素和输出广义表等。

1. 求广义表的长度

在广义表中，同一层次的每一个结点是通过 next 域连接起来的，所以可把它看做是由 next 域链接起来的单链表。这样，求广义表的长度就是求单链表的长度。用以前的方法即可。

算法 5.10 求广义表的长度的递归算法

```
int Glist_Length(GLNode *GL)
{  if ( GL!= NULL )
      return Glist_Length(GL->next ) + 1;    /* 若链表非空,其后继的链表 */
   else                                      /* 长度加 1 */
      return 0;                              /* 若链表为空,则长度为 0 */
}
```

算法 5.11 求广义表的长度的非递归算法

```
int Glist_Length(GLNode *GL)
{ int n = 0;
  GL = GL->val.sublist;                      /* GL 指向广义表的第一个元素 */
  while(GL)
   { n++;
     GL = GL->next;
   }
   return n;
}
```

2. 求广义表的深度

广义表的深度定义为广义表中括号的重数，是广义表的一种量度。

设非空广义表为

$$GL = (a_1, a_2, \cdots, a_n)$$

其中 $a_i(i=1, 2, \cdots, n)$或为原子或为 GL 的子表，则求 GL 的深度可分解为 n 个子问题，每个子问题为 a_i 的深度，若 a_i 是原子，则由定义知其深度为 0；若 a_i 是广义表，则和上述一样处理，而 GL 的深度为各 $a_i(i=1, 2, \cdots, n)$的深度中最大值加 1。空表也是广义表，并由定义可知空表的深度为 1。

由此可见，求广义表的深度是个递归算法，它有两个终结状态：空表和原子，且只要求得 $a_i(i=1, 2, \cdots, n)$的深度，广义表的深度就容易求得。显然，它应比子表的最大值多 1。

深度 DEPTH(GL)的递归定义为

基本项：DEPTH(GL)＝0　当 GL 为原子时

　　　　DEPTH(GL)＝1　当 GL 为空表时

归纳项：$DEPTH(GL) = 1 + Max\{DEPTH(a_i)\}\quad n \geqslant 1$

由此定义容易写出求深度的递归函数，其深度的算法如下。

算法 5.12 求广义表深度的递归算法

```
int GL_Depth(GLNode *GL)                     /* 采用头尾链表存储结构, 求广义表 L 的深度 */
{ int max = 0, dep;
  if(GL->tag == 0)                           /* 原子深度为 0 */
     return 0;
  GL = GL->val.sublist;                      /* GL 指向第一个元素 */
  if(GL == NULL)                             /* 空表深度为 1 */
     return 1;
```

```
    while(GL!= NULL)                        /* 遍历表中的每个元素 */
     {if(GL->tag == 1)                      /* 元素为子表的情况 */
        {dep = GL_Depth(GL);                /* 递归调用求出子表的深度 */
          if(dep > max)                     /* max 为同一层所求过的子表中深度的最大值 */
             max = dep; }
      GL = GL->next;                        /* 使 GL 指向下一个元素 */
     }
    return (max + 1);                       /* 返回表的深度 */
}
```

例 5.2 求广义表 $D=(A, B, C)=((\ ), (e), (a, (b, c, d)))$的深度。

解：$\text{DEPTH}(D)=1+\text{Max}\{\text{DEPTH}(A), \text{DEPTH}(B), \text{DEPTH}(C)\}$

$\text{DEPTH}(A)=1$

$\text{DEPTH}(B)=1+\text{Max}\{\text{DEPTH}(e)\}=1+0=1$；

$\text{DEPTH}(C)=1+\text{Max}\{\text{DEPTH}(a), \text{DEPTH}((b, c, d))\}=2$

$\text{DEPTH}(a)=0$

$\text{DEPTH}((b,c,d))=1+\text{Max}\{\text{DEPTH}(b),\text{DEPTH}(c),\text{DEPTH}(d)\}=1+0=1$

由此，$\text{DEPTH}(D)=1+\text{Max}\{1, 1, 2\}=3$。

3. 建立广义表

假设把广义表的书写形式看成是一个字符串 S。每个原子的值被限定为英文字母，并假定广义表是一个表达式，其格式为：元素之间用一个逗号分隔，子表元素的起止符号分别为左、右圆括号，空表在其圆括号内不包含任何字符。例如，$(a,(b,c,d))$就是一个符合上述规定的广义表达式，如果广义表是图形表示，则不难将它转换为广义表的表达式格式。

建立广义表存储结构的算法同样是一个递归算法。该算法使用一个具有广义表格式的字符串参数 s，返回由它生成的广义表存储结构的头结点指针 h。在算法的执行过程中，需要从头到尾扫描 s 的每个字符。当碰到左括号时，表明它是一个表元素的开始，则应建立一个由 h 指向的表结点，并用它的 sublist 域作为子表的表头指针进行递归调用，来建立子表的存储结构；当碰到一个英文字母时，表明它是一个空表，则应置 h 为空；当建立了一个由 h 指向的结点后，接着碰到逗号字符时，表明存在后继结点，需要建立当前结点（即由 h 指向的结点）的后继表；当碰到右括号时，表明当前所处理的表已结束，应该置当前结点的 next 域为空。

4. 输出广义表

以 h 作为带表头附加结点的广义表的表头指针，打印输出该广义表时，需要对子表进行递归调用。当 h 结点为表元素结点时，首先输出作为一个表的起始符号的左括号，然后再输出以 h－>sublist 为表头指针的表；当 h 结点为单元素结点时，则应输出该元素的值。当以 h－>sublist 为表头指针的表输出完毕后，应在其最后输出一个作为表终止符的右括号。当 h 结点输出结束后，若存在后继结点，则应首先输出一个逗号作为分隔符，然后再递归输出由 h－>next 指针所指向的后继表。即广义表的输出也是一个递归过程。设需输出的广义表为 LS，广义表输出操作的递归定义为基本项：当 GL 指向原子元素时，输出原子元素。

当 GL 为空表时，输出一对空的圆括号。

归纳项：当 GL 指向列表时，先输出表头，后输出表尾。

综上所述，广义表输出算法如下。

算法 5.13 广义表的输出算法

```
void Print_GL( GLNode *GL)                    /* GL 为一个广义表的头结点指针 */
  {if(GL!= NULL)                              /* 表不空判断 */
 {if(GL -> tag == 1)                          /* 为表结点时 */
  { printf("(");                              /* 输出'(' */
   if(GL -> val.sublist == NULL)
      printf(" ");                            /* 输出空表 */
   else
      Print_GL( GL -> val.sublist);           /* 递归输出子表 */
   }
   else
    printf(" % c",GL -> val.data);            /* 为原子时输出原子值 */
    if( GL -> tag == 1)
        printf(")");                          /* 为表结点时输出')' */
    if(GL -> next!= NULL)
    {  printf(",");
       print_GL( GL -> next);                 /* 递归输出后续表的内容 */
     }
  }
}
```

算法 5.13 的时间复杂度与建立广义表存储结构的情况相同，均为 $O(n)$，n 为广义表中所有结点的个数。

本章小结

本章主要讨论了数组和广义表的有关概念。这些概念是：

(1) 数组，数组的顺序存储结构，以及元素地址的计算方法。

(2) 各种特殊矩阵的压缩存储方法。

(3) 稀疏矩阵的两种存储结构，以及三元组表转置算法，十字链生成算法。

(4) 广义表及其运算。

(5) 运用数组解决矩阵乘法、迷宫问题等。

习题 5

一、单项选择题

1. 设有一个 10 阶的对称矩阵 A，采用压缩存储方式，用下三角矩阵表示，以行序为主存储，a_{11} 为第一元素，其存储地址为 1，每个元素占一个地址空间，则 a_{85} 的地址为________。

A. 13　　B. 33　　C. 18　　D. 40

2. 有一个二维数组 $A[1:6,0:7]$ 每个数组元素用相邻的 6 个字节存储,存储器按字节编址,那么这个数组的体积是__①__个字节。假设存储数组元素 $A[1,0]$的第一个字节的地址是 0,则存储数组 A 的最后一个元素的第一个字节的地址是__②__。若按行存储,则 $A[2,4]$的第一个字节的地址是__③__。若按列存储,则 $A[5,7]$的第一个字节的地址是__④__。就一般情况而言,当__⑤__时,按行存储的 $A[I,J]$地址与按列存储的 $A[J,I]$地址相等。供选择的答案有

①～④：A. 12　　B. 66　　C. 72　　D. 96　　E. 114　　F. 120

G. 156　　H. 234　　I. 276　　J. 282　　K. 283　　L. 288

⑤：A. 行与列的上界相同　　B. 行与列的下界相同

C. 行与列的上、下界都相同　　D. 行的元素个数与列的元素个数相同

3. 设有数组 $A[i,j]$,数组的每个元素长度为 3 字节,i 的值为 1 到 8,j 的值为 1 到 10,数组从内存首地址 BA 开始顺序存放,当用以列为主存放时,元素 $A[5,8]$的存储首地址为________。

A. BA＋141　　B. BA＋180　　C. BA＋222　　D. BA＋225

4. 假设以行序为主序存储二维数组 A＝array[1：100,1：100],设每个数据元素占 2 个存储单元,基地址为 10,则 LOC[5,5]＝________。

A. 808　　B. 818　　C. 1010　　D. 1020

5. 数组 $A[0:5,0:6]$的每个元素占五个字节,将其按列优先次序存储在起始地址为 1000 的内存单元中,则元素 $A[5,5]$的地址是________。

A. 1175　　B. 1180　　C. 1205　　D. 1210

6. 有一个二维数组 $A[0:8,1:5]$,每个数组元素用相邻的 4 个字节存储,存储器按字节编址,假设存储数组元素 $A[0,1]$的第一个字节的地址是 0,存储数组 A 的最后一个元素的第一个字节的地址是________。若按行存储,则 $A[3,5]$和 $A[5,3]$的第一个字节的地址是________和________。若按列存储,则 $A[7,1]$和 $A[2,4]$的第一个字节的地址是________和________。

A. 28　B. 44　C. 76　D. 92　E. 108　F. 116

G. 132　H. 176　I. 184　J. 188

7. 将一个 $A[1:100,1:100]$的三对角矩阵,按行优先存入一维数组 $B[1:298]$中,A 中元素 $A_{66,65}$(即该元素下标 $i=66,j=65$),在 B 数组中的位置 K 为________。

A. 198　　B. 195　　C. 197　　D. 196

8. 二维数组 A 的每个元素是由 6 个字符组成的串,其行下标 $i=0,1,\cdots,8$,列下标 $j=1,2,\cdots,10$。若 A 按行优先存储,元素 $A[8,5]$的起始地址与当 A 按列优先存储时的元素________的起始地址相同。设每个字符占一个字节。

A. $A[8,5]$　　B. $A[3,10]$　　C. $A[5,8]$　　D. $A[0,9]$

9. 若对 n 阶对称矩阵 A 以行序为主序方式将其下三角形的元素(包括主对角线上所有元素)依次存放于一维数组 $B[1:(n(n+1))/2]$中,则在 B 中确定 $a_{ij}(i<j)$的位置 k 的关系为________。

A. $i*(i-1)/2+j$　B. $j*(j-1)/2+i$　C. $i*(i+1)/2+j$　D. $j*(j+1)/2+i$

10. 设 A 是 $n*n$ 的对称矩阵，将 A 的对角线及对角线上方的元素以列为主的次序存放在一维数组 $B[1:n(n+1)/2]$ 中，对上述任一元素 $a_{ij}(1\leqslant i,j\leqslant n$，且 $i\leqslant j)$ 在 B 中的位置为________。

A. $i(i-1)/2+j$　　B. $j(j-1)/2+i$
C. $j(j-1)/2+i-1$　　D. $i(i-1)/2+j-1$

11. $A[N,N]$ 是对称矩阵，将下面三角（包括对角线）以行序存储到一维数组 $T[N(N+1)/2]$ 中，则对任一上三角元素 $a[i][j]$ 对应 $T[k]$ 的下标 k 是________。

A. $i(i-1)/2+j$　　B. $j(j-1)/2+i$
C. $i(j-i)/2+1$　　D. $j(i-1)/2+1$

12. 设二维数组 $A[1:m,1:n]$（即 m 行 n 列）按行存储在数组 $B[1:m*n]$ 中，则二维数组元素 $A[i,j]$ 在一维数组 B 中的下标为________。

A. $(i-1)*n+j$　　B. $(i-1)*n+j-1$
C. $i*(j-1)$　　D. $j*m+i-1$

13. 有一个 100*90 的稀疏矩阵，非 0 元素有 10 个，设每个整型数占 2 字节，则用三元组表示该矩阵时，所需的字节数是________。

A. 60　　B. 66　　C. 18000　　D. 33

14. 数组 $A[0:4,-1:-3,5:7]$ 中含有元素的个数________。

A. 55　　B. 45　　C. 36　　D. 16

15. 广义表 $L=(a,(b,c))$，进行 Tail(L) 操作后的结果为________。

A. c　　B. b,c　　C. (b,c)　　D. $((b,c))$

16. 广义表 $((a,b,c,d))$ 的表头是________，表尾是________。

A. a　　B. ()　　C. (a,b,c,d)　　D. (b,c,d)

17. 下面说法不正确的是________。

A. 广义表的表头总是一个广义表　　B. 广义表的表尾总是一个广义表
C. 广义表难以用顺序存储结构表示　　D. 广义表可以是一个多层次的结构

二、判断题（判断正确与错误，正确的打√，错误的打×）

1. 数组不适合作为任何二叉树的存储结构。　（　）
2. 从逻辑结构上看，n 维数组的每个元素均属于 n 个向量。　（　）
3. 稀疏矩阵压缩存储后，必会失去随机存取功能。　（　）
4. 数组是同类型值的集合。　（　）
5. 数组可看成线性结构的一种推广，因此与线性表一样，可以对它进行插入，删除等操作。　（　）
6. 一个稀疏矩阵 $\mathbf{A}_{m\times n}$ 采用三元组形式表示，若把三元组中有关行下标与列下标的值互换，并把 m 和 n 的值互换，则就完成了 $\mathbf{A}_{m\times n}$ 的转置运算。　（　）
7. 二维以上的数组其实是一种特殊的广义表。　（　）
8. 广义表的取表尾运算，其结果通常是一个表，但有时也可是个单元素值。　（　）
9. 若一个广义表的表头为空表，则此广义表亦为空表。　（　）
10. 广义表中的元素或者是一个不可分割的原子，或者是一个非空的广义表。　（　）

三、填空题(将正确答案填写到相应空格中)

1. 数组的存储结构采用________存储方式。

2. 设二维数组 $A[-20:30,-30:20]$，每个元素占有 4 个存储单元，存储起始地址为 200。如按行优先顺序存储，则元素 $A[25,18]$的存储地址为________；如按列优先顺序存储，则元素 $A[-18,-25]$的存储地址为________。

3. 设数组 $a[1:50,1:80]$的基地址为 2000，每个元素占 2 个存储单元，若以行序为主序顺序存储，则元素 $a[45,68]$的存储地址为________；若以列序为主序顺序存储，则元素 $a[45,68]$的存储地址为________。

4. 广义表的表尾是指除第一个元素之外，________。

5. 广义表简称表，是由零个或多个原子或子表组成的有限序列，原子与表的差别仅在于________。为了区分原子和表，一般用________表示表，用________表示原子。一个表的长度是指________，而表的深度是指________。

6. 广义表的________定义为广义表中括号的重数。

7. 设广义表 $L=((),())$，则 head(L)是________；tail(L)是________；L 的长度是________；深度是________。

8. 设某广义表 $H=(A,(a,b,c))$，运用 head 函数和 tail 函数求出广义表 H 中某元素 b 的运算式____________。

9. 广义表 $A((( ),(a,(b),c)))$，head(tail(head(tail(head(A)))))等于________。

10. 广义表运算式 head(tail(((a,b,c),(x,y,z))))的结果是________。

四、简答题

1. 数组 $A[1:8,-2:6,0:6]$以行为主序存储，设第一个元素的首地址是 78，每个元素的长度为 4，试求元素 $A[4,2,3]$的存储首地址。

2. 已知对角矩阵$(a_{ij})n\times n$，以行主序将 b 条对角线上的非零元存储在一维数组中，每个数据元素占 L 个存储单元，存储基地址为 S，请用 i,j 表示出 a_{ij}的存储位置。

3. 假设按行优先存储整型数组 $A(-3:8,3:5,-4:0,0:7)$时，第一个元素的字节存储地址是 100，每个整数占 4 个字节，问 $A(0,4,-2,5)$的存储地址是什么?

4. 设有三维数组 $A[-2:4,0:3,-5:1]$按列优先顺序存放，数组的起始地址为 1210，试求$A(1,3,-2)$所在的地址。

5. 三维数组 $A[1:10,-2:6,2:8]$的每个元素的长度为 4 个字节，试问该数组要占多少个字节的存储空间？如果数组元素以行优先的顺序存储，设第一个元素的首地址是 100，试求元素 $A[5,0,7]$ 的存储首地址。

6. 画出下列广义表的两种存储结构图$((),A,(B,(C,D)),(E,F))$。

五、算法分析

1. 设整数 $x_1,x_2,\cdots,x_n$已存放在数组 A 中，编写 C 递归过程，输出从这 n 个数中取出所有 k 个数的所有组合($k\leqslant n$)。例：若 A 中存放的数是 1,2,3,4,5,k 为 3，则输出结果应为：543,542,541,532,531,521,432,431,421,321。

2. 编写一个算法，对一个 $n\times n$ 矩阵，通过行变换，使其每行元素的平均值按递增顺序排列。

3. 二项式$(a+b)^n$ 展开式的系数为

$C(n,0)=1, C(n,n)=1$，对于 $n\geqslant 0$。

$C(n,k)=C(n-1,k)+C(n-1,k-1)$，对于 $0<k<n$。形成著名的杨辉三角形，如图 5.19 所示。

(1) 试写一个递归算法，根据以上公式生成 $C(n,k)$。

(2) 试画出计算 $C(6,4)$的递归树。

(3) 试写一个非递归算法，既不用数组也不用栈，对于任意的 $0\leqslant k\leqslant n$ 计算 $C(n,k)$

```
                1                          n=0
              1   1                        n=1
            1   2   1                      n=2
          1   3   3   1                    n=3
        1   4   6   4   1                  n=4
      1   5  10  10   5   1                n=5
    1   6  15  20  15   6   1              n=6
  1   7  21  35  35  21   7   1            n=7
1   8  28  56  70  56  28   8   1          n=8
```

图 5.19

第6章 树

树(Tree)是计算机领域常见的数据结构,它与前面所讲的线性表结构有很大的区别。从第2章知道,线性结构中元素之间的关系是一对一的关系。树的元素之间的关系将是怎样?

下面通过给出两个例子予以简单说明,详细的内容将在本章的后续内容中讨论。图6.1显示了计算机文件管理的树型结构,这种结构在计算机领域普遍采用。图6.2给出了三元素 a、b、c 从大到小排序时的判定树,图中y表示"yes",n表示"no"。

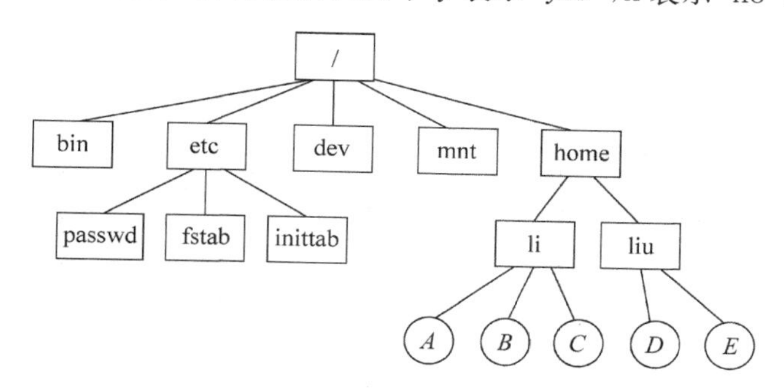

图6.1 Linux的文件树的部分结构

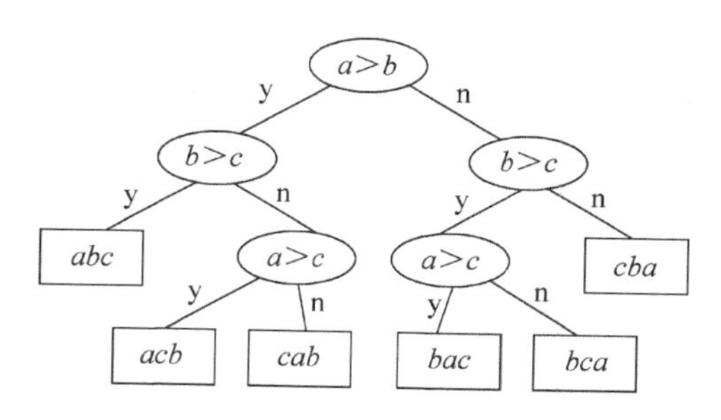

图6.2 三元素的排序判定树

树结构大量用于计算机领域,抛开每种树的具体含义,把它们抽象出来进行统一研究,对于理解树的基本知识很有帮助。经过简单分析发现:图6.1给出的树中每个结点可以有数量不等的分支指向它们的子结点,而图6.2中给出的树每个结点只有两个分支,人们把前者称为"树",而把后者称为"二叉树";每个结点可能有子结点,也可能没有;树有许多层次;……通过分析可以得到很多结论,这些结论将留在本章后面详细讨论。

对于树和二叉树的研究各有不同的侧重点,本章将从树、二叉树、二叉树的应用几个方面来讨论。

6.1 树

把图 6.1 的文件树抽象化，给予每个结点一个字母，从根结点开始编号，可以得到图 6.3 的树。

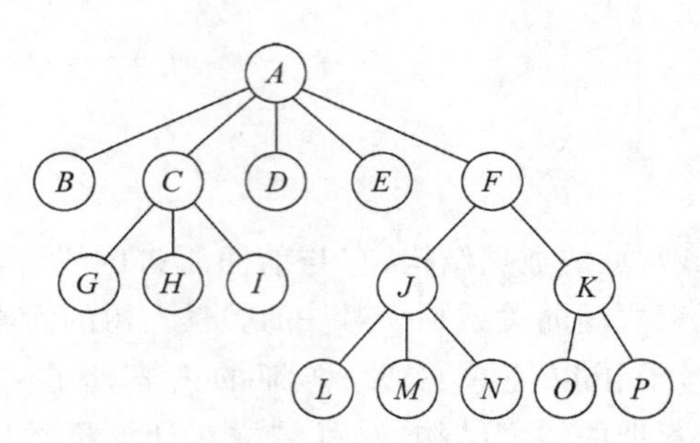

图 6.3　图 6.1 对应的树

6.1.1 树的定义

树是由 $n(n\geqslant 0)$ 个结点的有限集。

当 $n=0$ 时，称此树为空树。当 $n\neq 0$ 时，称此树为非空树。在一棵非空树中，

(1) 有且仅有一个特定的称为根的结点。

(2) 当 $n>1$ 时，其余的结点可分为 $m(m>0)$ 个互不相交的有限集 $T_1,T_2,\cdots,T_m$。其中的每个集合本身又是一棵树，并称为根的子树。

例 6.1　分析图 6.3 的树结构。

解：图 6.3 中的树是一个有 16 个结点的树，A 为根结点，其余的结点分成 T_1、T_2、T_3、T_4、T_5 共 5 棵互不相交的子树。$T_1=\{B\}$、$T_2=\{C,G,H,I\}$、$T_3=\{D\}$、$T_4=\{E\}$、$T_5=\{F,J,K,L,M,N,O,P\}$。其中 T_1、T_3、T_4 是只有一个结点的子树；对于 T_5，F 是根结点，其余的结点可以继续划分成 T_{51}、T_{52}，$T_{51}=\{J,L,M,N\}$，$T_{52}=\{K,O,P\}$，对于 T_{51} 还可以继续进行类似的划分。由此，发现树的定义是递归的。

树是一种数据结构，具有：

$$\text{Tree} = (\text{D},\text{R})$$

其中：D 是具有相同性质的数据元素的集合；R 是 D 上的二元关系 r 的集合，即 R＝{r}。若 D 中只有一个元素，则 R 为空集。

对于图 6.3，$\text{D}=\{A,B,\cdots,P\}$，$\text{R}=\{<A,B>,<A,C>,<A,D>\cdots,<K,P>\}$。

从上述定义中看出，树具有非线性结构，结点之间的关系是一对多的关系。由于一对多的关系，引出了许多与线性表不同的数据结构和算法。

6.1.2 树的常用术语

树是一种具有复杂关系的数据结构，从树的定义中可以引出如下的常用术语，在后续内容中使用这些概念时将以此为准。下面的说明均以图 6.3 为例。

度(Degree):结点拥有的子树数叫结点的度。树中各个结点的度的最大值定义为树的度。根结点 A 的度为 5,C 的度为 3,F 的度为 2,B 的度为 0。树 A 的度为 5。

叶子(Leaf):度为 0 的结点叫终端结点,又称为叶子。

分支结点(Branch node):度不为 0 的结点叫非终端结点,又叫分支结点,度为 1 的结点叫单分支结点,度为 2 的结点叫双分支结点,以此类推。如 B,D,E,O,P 等为叶子结点;F,K 为双分支结点;C,J 为三分支结点;A 为 5 分支结点。

孩子(Child):结点的子树叫做该结点的孩子;该结点称为此孩子的双亲(Parent);具有相同双亲结点的结点叫兄弟(Sibling);其双亲结点为兄弟的那些结点叫堂兄弟;从根结点开始到达某个结点的所有结点是该结点的祖先(Ancester);某个结点的所有子树上的结点叫该结点的子孙(Descendent)。如 F 结点是 J,K 结点的双亲;B,C,D 是兄弟;I,J 和 L,O 是堂兄弟;A,F,K 是 O,P 的祖先,$B\sim P$ 结点是 A 的子孙。

层次(Level):从根结点开始定义起,根为第一层,根的孩子为第二层。若某结点在第 l 层,其子树的根就在第 l 层。如 A 为第一层,$B\sim F$ 处于第二层;$G\sim K$ 处于第三层;$L\sim P$ 处于第四层。

树深(Depth):树中结点的最大层次叫树的深度,又叫做树的高度。图 6.3 的树深为 4。

有序树和无序树:如果把树中各结点的子树按照从左到右的次序标记,不能互换,则称这样的树为有序树,否则叫无序树。

森林:是 n ($n\geqslant 0$) 棵互不相交的树的集合。

6.1.3 树的逻辑表示

树的表示有四种形式:树形表示法,文氏图表示法,凹图表示法和广义表表示法。对于图 6.3 的树,图 6.4 给出了该树的文氏图(图 6.4(a))、凹图(图 6.4(b))和广义表(图 6.4(c))三种表示法。

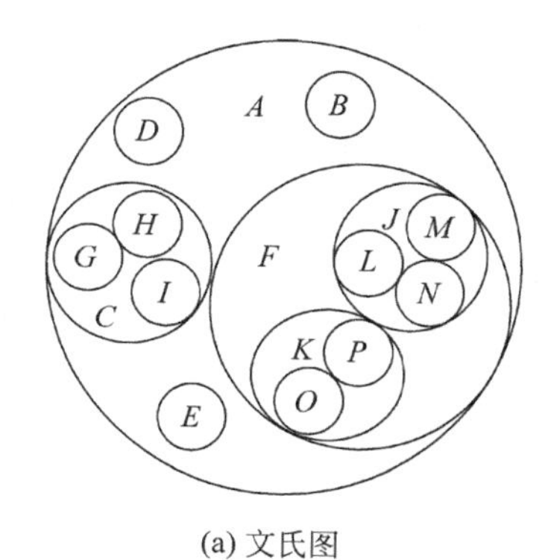

(a) 文氏图

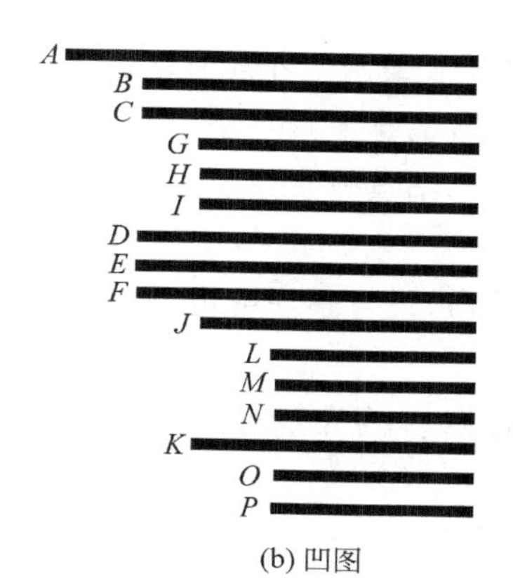

(b) 凹图

$A(B, C(G, H, I), D, E, F(J(L, M, N), K(O, P)))$

(c) 广义表

图 6.4

6.1.4 树的性质

性质 1：树中的结点数等于所有结点的度数和加 1。

证明：对于一棵树，除根结点外，每个结点有且只有一个分支连接到该结点的一个孩子，一个结点有几个分支（度）就有几个孩子，所以树的结点数等于所有结点的分支数（度数）之和加上一个根结点，因此，树的结点数等于所有结点的度数和加 1。

例 6.2 求图 6.3 所示树的结点数。

解：图 6.3 所有结点的度数 $D(x)$ 分别为 $D(A)=5$，$D(C)=3$，$D(F)=2$，$D(J)=3$，$D(K)=2$，其余的结点度数为 0，所以该树的分支数之和为 $5+3+3+2+2=15$，显然该树的结点数为 16。

性质 2：度为 m 的树中第 i 层上至多有 m^{i-1} 个结点（$i \geqslant 1$），即第 i 层上的结点数 $n_i \leqslant m^{i-1}$。

证明：使用归纳法进行证明，证明如下。

设 $i=1$，树中只有根结点，$n_1 \leqslant m^{i-1} = m^{1-1}=1$，结论显然成立；

假设对于第$(i-1)$层$(i>1)$命题成立，即 $n_{i-1} \leqslant m^{i-2}$（度为 m 的树中第 $i-1$ 层的结点数至多有 m^{i-2} 个结点数）；

对于第 i 层，因为树的度数为 m，树中每个结点至多有 m 个孩子，所以第 i 层的结点数至多是第 $i-1$ 层的 m 倍，即 $m^{i-2} \times m = m^{i-1}$ 个，故命题成立。

性质 3：高度为 h 的 m 叉树至多有 $(m^h-1)/(m-1)$ 个结点。

证明：m 叉树意味着树的度为 m，根据性质 2，第 i 层上的结点数至多为 $m^{i-1}(i=1,2\cdots h)$。当高度为 h 的 m 叉树每一层都为满（即每个结点都有 m 个子结点，第 i 层的结点为 m^{i-1} 个）时，此 m 叉树拥有的结点数最多，因此 m 叉树的结点数 n 至多为

$$n = m^0 + m^1 + m^2 + \cdots + m^{h-1} = (m^h - 1)/(m-1)$$

证毕。

性质 4：具有 n 个结点的 m 叉树的最小高度为$\lceil \log_m(n(m-1)+1) \rceil$。

证明：设具有 n 个结点的 m 叉树的树高为 h，若该树的前第 $h-1$ 层都是满的（即每一层的结点数都等于 m^{i-1} 个$(i=1,2,\cdots,h-1)$），第 h 层的结点数可能满，也可能不满，则此树的高度 h 与结点数 n 满足如下的关系：

$$(m^{h-1}-1)/(m-1) < n \leqslant (m^h-1)/(m-1) \tag{1}$$

对式(1)进行整理可得

$$m^{h-1} < n(m-1)+1 \leqslant m^h$$

两边以 m 为底取对数，则有

$$h-1 < \log_m(n(m-1)+1) \leqslant h \tag{2}$$

整理式(2)，有

$$\log_m(n(m-1)+1) \leqslant h < \log_m(n(m-1)+1)+1$$

h 只能取整数，所以

$$h = \lceil \log_m(n(m-1)+1) \rceil$$

证毕。

例 6.3 计算：①高度为 4 的满 3 叉树的结点数；②具有 20 个结点的 2 叉树的最小高度；③具有 20 个结点的 3 叉树的最小高度。

解：① $(m^h-1)/(m-1)=(3^4-1)/(3-1)=40$

② $\lceil \log_m(n(m-1)+1)\rceil=\lceil \log_2(20+1)\rceil=5$

③ $\lceil \log_m(n(m-1)+1)\rceil=\lceil \log_3(20\times 2+1)\rceil=4$

6.1.5 树的存储结构

树的存储结构可以分为顺序存储结构和链表存储结构。这里重点讨论树的链表存储结构。树的链表存储结构分为多重链表和二重链表表示法。除了这种分法，还有双亲存储结构、孩子存储结构和孩子兄弟存储结构。现在分别来讨论这几种存储结构。

1. 多重链表示法

多重链表示法分为定长结点多重链和非定长结点多重链。

(1) 定长结点多重链

取树的度数 m 作为每个结点的指针域个数。设树的度为 3，则结点逻辑结构为：

data	next[1]	next[2]	next[3]

结点结构定义为：

定义 6.1

```
typedef char DataType;
typedef struct node
{ DataType data;                /* 定义某种类型的结点值 */
  struct tnode *next[3];        /* 定义度为 3 的指针域的个数,对于任意的 m */
}tnode;                         /* 可以定义成 next[m] */
```

对于形状如图 6.5(a)所示的树，它的三重链表示法如图 6.5(b)所示。

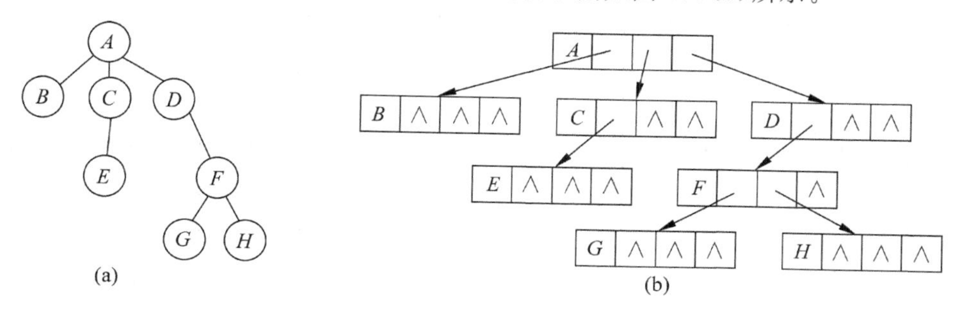

图 6.5 图的定长多重链存储结构

这种存储方式，因为以树的度数作为指针域，而树中的多数结点度数不会都是树的度数，所以很多结点将有大量的空闲指针域，因而造成存储空间浪费。

对于度为 m 的 n 个结点的树，这种结构中共有 nm 个指针域，有 $n-1$ 条边，所以指针域的使用率为

$$(n-1)/nm \approx 1/m$$

当 m 越大时，存储空间的利用率越低。因此这种方式适合存储度数小的树。

(2) 非定长结点多重链

每个结点由数据域、度数域，以及由度数来给定的指针域。因而指针域随着度的不同而变化，这就是非定长多重链表示法。其结点的逻辑结构为：

data	degree	next[1]	next[2]	…

结点结构定义为：

定义 6.2

```
typedef char DataType;
typedef struct node
{ DataType data;                        /* 定义某种类型的结点值 */
  int degree;                           /* 定义结点的度 */
  struct tnode *next[degree];           /* 根据结点的度定义指针域 */
}tnode;
```

对于图 6.5(a)的树，其存储结构表示如图 6.6 所示。

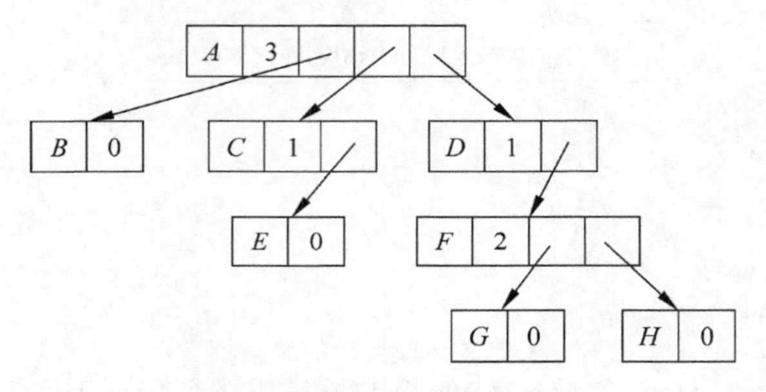

图 6.6 图的非定长链表示法

这种结构根据结点的度数设计指针域，虽然增加了一个度数域，但从总体上看，这种结构改善了定长多重链的性能，节约了存储空间。这种结构又称为孩子存储结构。

2. 二重链表示法

树中每个结点设置三个域：数据域、长子指针域 firstC 和次弟指针域 secondC，其逻辑结构为：

data	firstC	secondC

结点结构定义为：

定义 6.3

```
typedef char DataType;
typedef struct node
{ DataType data;
  struct tnode *firstC, *secondC;        /* 定义指向长子和次子的指针域 */
}tnode;
```

此时，图 6.5(a)的树表示成图 6.7。

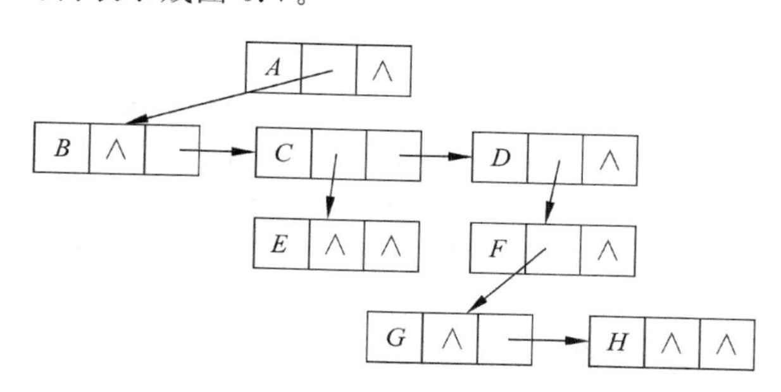

图 6.7 树的双重链表表示

这种结构实际上与后面讨论的二叉树的结构极为相似，所以树的这种存储结构容易转换成二叉树的存储结构。

3. 双亲存储结构

双亲存储结构使用一个连续的内存空间存储树的所有结点，每个结点用一个附加的指针域来指示其双亲结点的位置。根结点无双亲结点，指针域的值设置成－1，孩子结点的伪指针设置为双亲结点的存储地址。这种结构可以定义如下。

定义 6.4

```
typedef char DataType;
typedef struct node
{ DataType data;
  int father;                 /* 定义结点指向双亲指针 */
}tnode;
Tnode t[n];                   /* 定义一个具有双亲存储结构的数组 t */
int root;                     /* 定义根的双亲指针 */
```

这种存储结构首先给根结点编号为 0，树中的其他结点从左到右从上到下按 1、2、3…的顺序编号，图 6.8 中的第 1 行就是图 6.5(a)中树的结点的编号。这种编号有两个意义，一个是给出下标来确定结点的位置，另一个是为其孩子生成双亲结点索引号，即上面所说的附加指针域。例如，结点 A 的下标是 0，其孩子 B、C、D 的指向双亲指针域中存放的值是 0；结点 E 的双亲是 C，而 C 的下标是 2，故 E 的指针域中存放的值为 2；其余的结点均按照这样的办法来设计其存储结构，因此就有了图 6.8 中的第 3 行的值。显然从图 6.8 很容易找到各个结点的双亲结点。

0	1	2	3	4	5	6	7
A	B	C	D	E	F	G	H
－1	0	0	0	2	3	5	5

图 6.8 树的双亲存储结构表示

这种结构很容易从孩子结点找到其双亲结点，但是从双亲结点寻找孩子结点时出现了问题，因为这种结构中没有孩子结点的地址。

6.1.6 树的基本运算

树是非线性结构，结点间的关系比线性结构要复杂，因此，定义在树结构上的运算比线性结构上的运算要复杂。树的基本运算有三类：查找满足某种特定关系的结点；插入或删除某个结点；遍历树中所有结点并执行某种操作。树的遍历是一种重要的运算，许多其他操作都以它为基础，是本章的重点讨论对象。

树的遍历是指按照某种顺序访问树的每个结点，且只访问一次。根据访问根结点的次序的不同，把遍历分为先(根)序遍历和后(根)序遍历两种遍历方式。

1. 先序遍历

先序遍历是一种树的重要操作，它的算法思想是：首先访问根结点，然后访问根结点的孩子，从左至右，依次访问根的所有孩子。这个算法可以递归定义成下面的形式。

算法 6.1 先序递归遍历树的算法

```
preorder(T,x)
{visit(x);                         /* 进行访问结点 x 的操作 */
 for z∈children(x) do             /* children(x)为 x 的所有孩子 */
   preorder(T,z);                  /* 对于 x 的所有孩子，递归调用 preorder()函数 */
}
```

其中，visit(x)表示对结点的访问操作。如果对结点的操作是进行记数，需要把 visit(x)设计成一个记数器 n，初始值为 0，每遍历一个结点进行一次 $n++$ 操作，当遍历结束时就可以得到树中的结点总数 n。如果是输出结点的值，visit(x)函数可以写成 printf("%c\t",q－>data)。所以，在实际应用中，应该根据具体的访问操作来设计 visit 函数。

若执行 visit(x)所需的时间为 $O(1)$，算法 6.1 的时间复杂度为 $T(n)=T(n-1)+O(1)=n\times O(1)=n$，则访问 n 个结点所需的时间为 $O(n)$。

根据这个算法，可以画出图 6.3 的树在先序遍历下的遍历情况(如图 6.9 所示)。在先序遍历下，如果对结点的操作是输出结点的值，则得到的元素值序列为 *ABCGHIDEFJLMNKOP*。

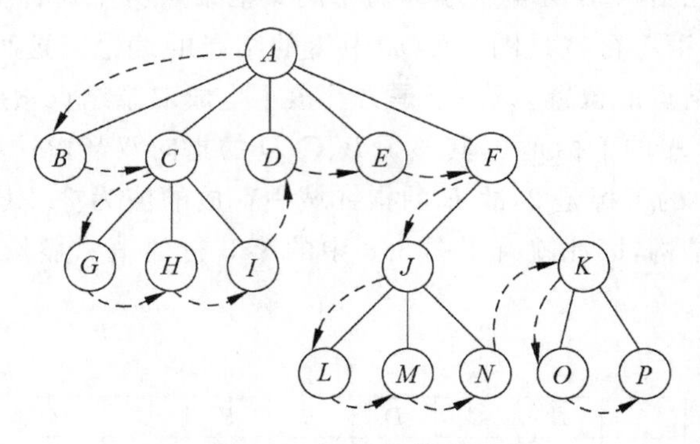

图 6.9 树的先序遍历

2. 后序遍历

后序遍历也是一种重要的操作，它的思想是：首先访问根结点的孩子，从左至右，依次访问根的所有孩子，最后访问根结点。这个算法可以递归定义成下面的形式。

算法 6.2 后序递归遍历树的算法

```
postorder(T,x)
{ for z∈children(x) do             /* children(x)为 x 的所有孩子 */
      postorder(T,z);              /* 对于 x 的所有孩子，递归调用 postorder()函数 */
  visit(x);                        /* 进行访问结点 x 的操作 */
}
```

若执行 visit(x)所需的时间为 $O(1)$，算法 6.2 的时间复杂度的计算与算法 6.1 类似，也是 $O(n)$。

根据这个算法，可以画出图 6.3 的树在后序遍历下的遍历情况(如图 6.10)。如果访问树的结点的操作是输出结点的值，则后序遍历得到的结点序列为：*BGHICDELMNJOPKFA*。

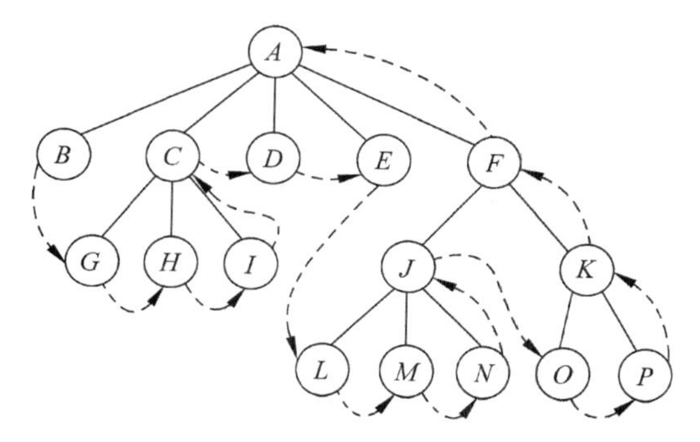

图 6.10 树的后序遍历

树的后序遍历有广泛的用途，下面的例 6.4 是其应用举例。

例 6.4 图 6.11 是一棵磁盘文件系统的树，图中的数字表示该文件或文件夹的大小，求该磁盘文件树所需的磁盘空间数。

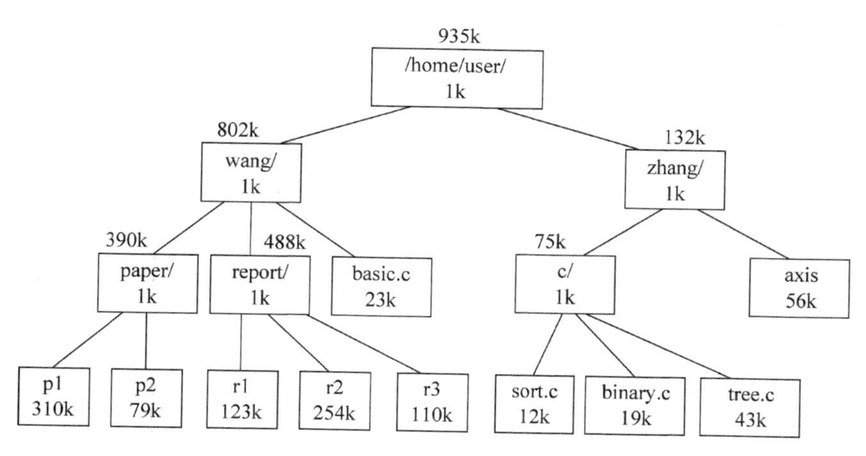

图 6.11 后序遍历计算文件树的大小

解：要计算图 6.11 中/home/user/下的文件树所需的磁盘容量，可以把算法 6.2 中的 visit(x)设计成对每个子文件夹中的文件大小进行求和，最后把求和一直进行到根元素。在每个子文件夹的计算中,先计算子文件夹下各个文件的大小,然后返回到子文件夹,给出该子文件夹下文件的大小；每个子文件夹进行类似的操作；最后返回到根,从而得到该文件树所需要的磁盘空间大小(计算结果标在图 6.11 中)。这种运算在文件管理中经常使用。

6.2 二叉树

当树的度 m 为 2 时,m 叉树变成只有两个分支的二叉树。二叉树是一种十分重要的树。具有十分广泛的应用。可以用二叉树进行查找排序、表示算术表达式、解决决策问题等。研究二叉树可以为理解计算机中的某些问题提供解决方案。图 6.2 中的判断树可以抽象化成图 6.12。

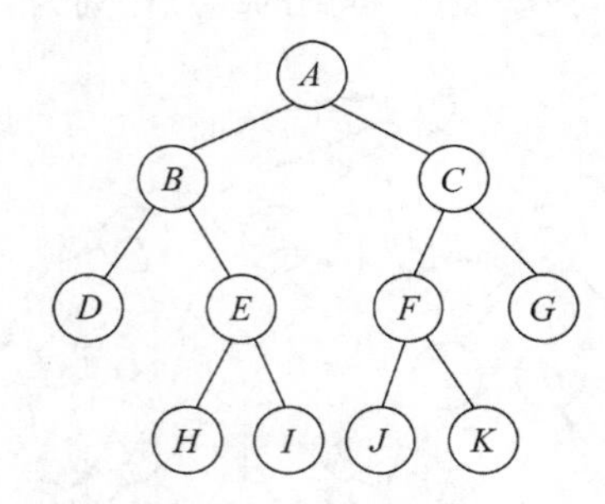

图 6.12 图 6.2 对应的二叉树

6.2.1 二叉树的定义

定义：二叉树是由 $n(n\geqslant 0)$个结点的有限集。它或为空树,或为非空树,对于非空树有

(1) 有且仅有一个特定的称为根的结点。

(2) 除根结点外,其余结点分为互不相交的左子树 T_l和右子树 T_r,其中,每个子树本身又是一棵树,它们的孩子也构成二叉树,所以二叉树的定义是递归定义。

二叉树是一种数据结构：

$$\text{Binary\_Tree} = (\text{D},\text{R})$$

其中：D 是具有相同性质的数据元素的集合；R 是 D 上二元关系 r 的集合,若 D 为空,则 R 为空集,称此二叉树为空二叉树。

根据这个定义,二叉树有如图 6.13 的五种基本形态,任何复杂的二叉树形态都可以用这五种基本形态组合起来表示。

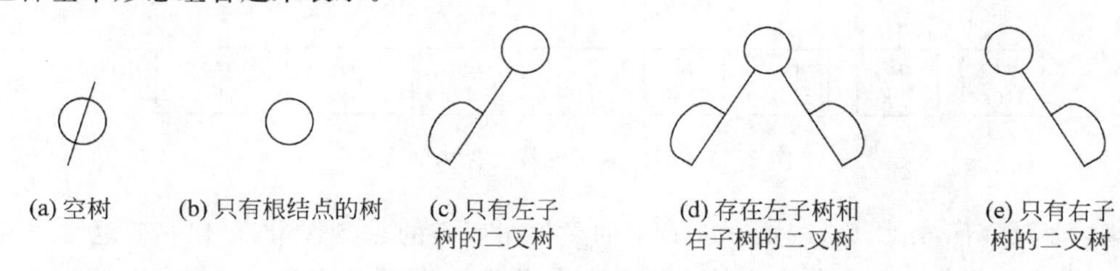

图 6.13 二叉树的五种基本形态

6.2.2 二叉树的性质

性质 1：二叉树 T 第 i ($i \geqslant 1$)层上的结点数 n_i 至多有 2^{i-1} 个，即 $n_i \leqslant 2^{i-1}$。

证明：利用数学归纳法进行证明。

首先，当 $i=1$，只有一个根结点，$n_1 \leqslant 2^{i-1}=2^0=1$，命题显然成立。

假设对于第$(i-1)$层($i>1$)命题成立，即 $n_{i-1} \leqslant 2^{(i-1)-1}=2^{i-2}$。

对于第 i 层，由于二叉树的度为 2，因此树中每个结点至多有 2 个孩子，第 i 层上的结点数最多是第 $i-1$ 层的 2 倍，所以：

$$n_{i-1} \leqslant 2 \times n_{i-1} \leqslant 2 \times 2^{i-2} = 2^{i-1}$$

证毕。

此性质也可以从树的性质 2 推导得出，读者可以自行推导。

性质 2：深度为 $k(k \geqslant 1)$的二叉树 T 结点数 n 至多有 2^k-1 个，即 $n \leqslant 2^k-1$。

证明：树深为 k，则此二叉树共有 k 层，深度为 k 的二叉树的结点数就是这 k 层结点数之和，根据性质 1，有

$$\begin{aligned} n &= n_1 + n_2 + \cdots + n_k \\ &\leqslant 2^0 + 2^1 + 2^2 + \cdots + 2^{k-1} \\ &= 2^k - 1 \end{aligned}$$

证毕。

此性质也可以从树的性质 3 推导得出，读者不妨自行推导。

性质 3：具有 n 个结点的二叉树 T 的高度至少为 $\lfloor \log_2(n) \rfloor + 1$。

证明：

设树 T 的高度为 h，根据性质 2，该树满足：

$$n \leqslant 2^h - 1$$
$$n < 2^h$$

两边以 2 为底取对数，得

$$h > \log_2 n$$

$\log_2 n$ 为实数，h 为整数，因此有 $h \geqslant \lfloor \log_2(n) \rfloor + 1$。

证毕。

性质 4：在任意二叉树 T 中，若叶子结点个数为 n_0，度为 1 的结点数为 n_1，度为 2 的结点数为 n_2，那么 $n_0 = n_2 + 1$。

证明：

设 n 为 T 的结点总数，n_0，n_1，n_2 分别为叶子结点数，1 分支结点数，2 分支结点数。则

$$n = n_0 + n_1 + n_2 \tag{1}$$

设 B 为二叉树的总分支数，除根结点外，每个结点都有一个分支进入，则

$$B = n - 1 \tag{2}$$

这些分支由度数为 1 和度数为 2 的结点发出，所以有：

$$B = n_1 + 2n_2 \tag{3}$$

从式(1)、式(2)、式(3)可得：$n_0 = n_2 + 1$。

证毕。

几个重要概念：深度为 k 并且包含 2^k-1 个结点的二叉树叫满二叉树，如图 6.14(a)所

示。对满二叉树的结点进行编号，从根结点开始自上而下，从左到右编号，如图 6.14(a)中的数字。深度为 k，含有 $n(n<2^k-1)$个结点，且每个结点的编号与满二叉树中 $1\sim n$ 个结点的编号对应的树叫完全二叉树，如图 6.14(b)所示。不满足此条件的二叉树叫非完全二叉树，如图 6.14(c)和图 6.14(d)所示。

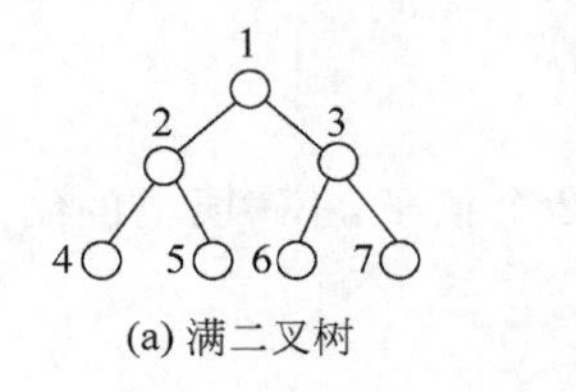

(a) 满二叉树

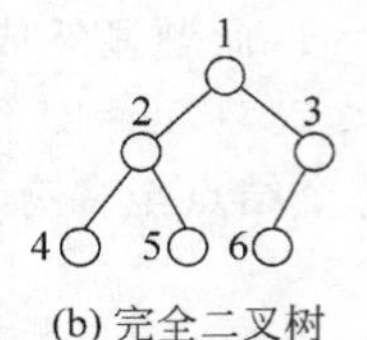

(b) 完全二叉树

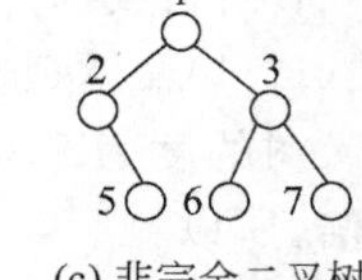

(c) 非完全二叉树

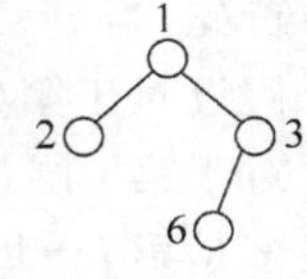

(d) 非完全二叉树

图 6.14

性质 5：具有 n 个结点的完全二叉树 T 树深为$\lfloor \log_2(n) \rfloor+1$。

证明：

设树 T 的高度为 h，该树的前第 $h-1$ 层最多有 $2^{h-1}-1$ 个结点；而第 h 层可能为满(2^h-1)，也可能不满，因此有

$$2^{h-1}-1<n\leqslant 2^h-1$$
$$2^{h-1}<n<2^h$$

两边以 2 为底取对数，得

$$h-1<\log_2 n<h$$

$\log_2 n$ 为实数，在 h 和 $h-1$ 之间，而 h 为整数，因此有 $h\geqslant\lfloor \log_2(n) \rfloor+1$。

证毕。

注意，性质 3 用于任意二叉树，性质 5 用于完全二叉树。

性质 6：如果对一棵有 n 个结点的完全二叉树 T 按层从左到右顺序编号，则对于任意结点 $i(1\leqslant i\leqslant n)$，有

(1) 如果 $i=1$，则该结点是二叉树的根，它无双亲结点。

(2) 如果 $i>1$，该结点的双亲结点是$\lfloor i/2 \rfloor$。则有：

① 如果 $2i>n$，则 i 结点无左孩子，否则 i 结点的左孩子编号为 $2i$。

② 如果 $2i+1>n$，则 i 结点无右孩子，否则 i 结点的右孩子编号为 $2i+1$。

证明：利用数学归纳法证明。

首先，对于 $i=1$，结点的双亲为$\lfloor i/2 \rfloor=0$，其左孩子为 $2i=2$，右孩子为 $2i+1=3$，命题成立。

假设，对于第 $i-1$ 号结点，命题成立，即其双亲结点为$\lfloor (i-1)/2 \rfloor$，其左孩子为 lchild$(i-1)$和右孩子 rchild$(i-1)$ 分别为

$$\text{lchild}(i-1)=2(i-1)$$
$$\text{rchild}(i-1)=2(i-1)+1$$

最后，对于第 i 号结点，其左、右孩子的编号与第 $i-1$ 号结点的右孩子的编号相邻，所以有

$$\text{lchild}(i)=\text{rchild}(i-1)+1=2(i-1)+1+1=2i$$
$$\text{rchild}(i)=\text{rchild}(i-1)+2=2(i-1)+1+2=2i+1$$

所以，命题成立。

证毕。

根据性质 6,使用一维数组很容易存储满二叉树和完全二叉树。

6.2.3 二叉树的存储结构

二叉树的存储结构最常用的有顺序存储和链表存储两种。

1. 二叉树的顺序存储结构

使用数组来存储二叉树的结点,这就是二叉树的顺序存储结构。此时,将使用二叉树的性质 6：根结点的编号为 1,第 i 结点的左孩子编号为 $2i$,右孩子的编号为 $2i+1$。这种结构适合存储满二叉树和完全二叉树,因为可以对这两种树的结点顺序编号,此编号与内存中的数组下标一一对应,这样,用顺序结构比较适合。例如,图 6.15 是表达式 $a+b*c-d/e$ 的表示树,可以用一个一维数组来存储。

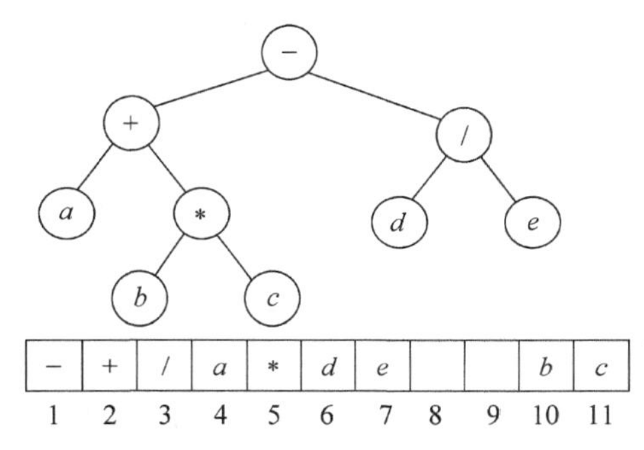

图 6.15 各结点按照满二叉树编号

但对于任意二叉树,如果依然采用满二叉树的编号为结点顺序存储,会造成存储空间的浪费。对于图 6.16(a)、图 6.16(b)的偏树(只有左子树或只有右子树的树叫偏树),为了存储图 6.16(a) 树的 4 个结点需要 8 个存储单元(见图 6.16(c)),存储空间的占有率是 50%,而存储图 6.16(b)树的 4 个结点则需要 15 个存储单元(见图 6.16(d)),空间的占有率仅为 26.7%。显然,这时若仍使用顺序存储结构,将导致存储空间的巨大浪费。

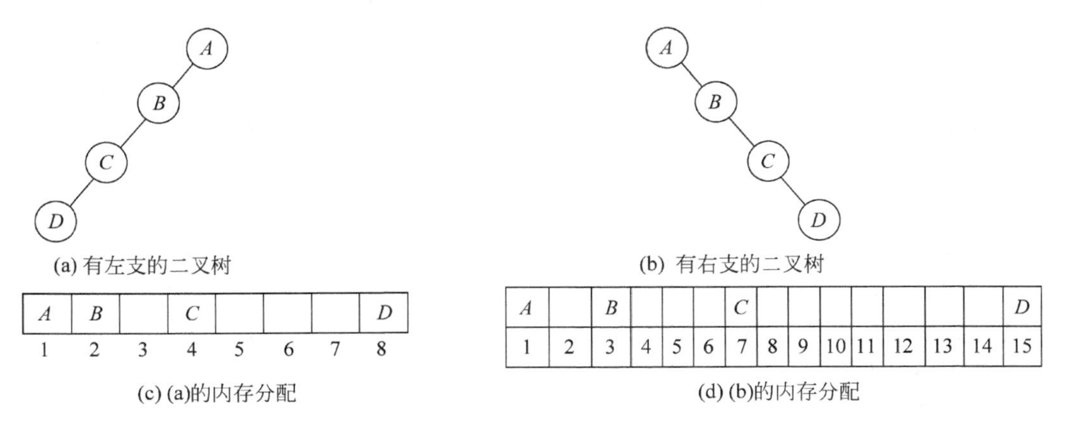

图 6.16

2．二叉树的链表存储结构

二叉树的链表存储用二叉链表示。二叉链的结点结构为：

lchild	data	rchild

其中，data 为数据域，lchild 为指向左孩子的指针，rchild 为指向右孩子的指针。其逻辑定义为：

定义 6.5

```
typedef char DataType;
typedef struct node
{DataType data;
 struct node *lchild, *rchild;
}BTree;
```

此时，图 6.15 的二叉树的存储结构如图 6.17 所示。

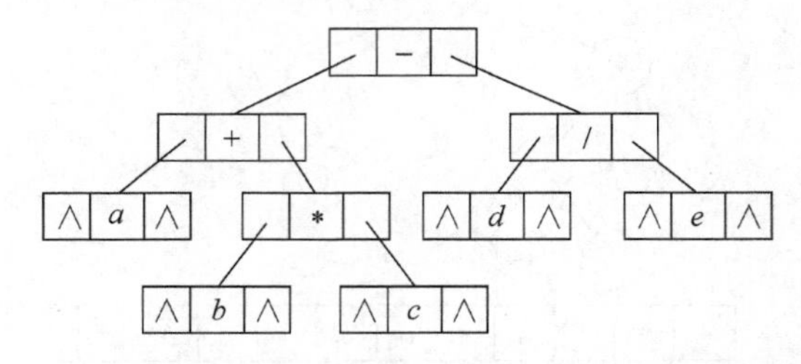

图 6.17　图 6.15 的二叉树的链表存储结构

6.2.4　二叉树的遍历

按照一定的次序访问二叉树的每个结点，且每次仅访问一个结点，这就叫遍历二叉树。这里的访问是指对结点进行的各种操作的总称。遍历二叉树是二叉树操作的基础，许多关于二叉树的操作都以遍历为基础。如查找结点、求树深，求叶子结点等。

遍历二叉树可以先确定是从左到右，还是从右到左，然后再确定根在前、中、后几种遍历顺序。根据惯例，规定从左到右地进行遍历，这样就有先(根)序、中(根)序和后(根)序三种遍历。另外，遍历算法又分为递归遍历和非递归遍历，递归算法简单，容易理解，给人带来一种美的享受；非递归算法复杂，容易出错，但更能够体现算法本身的逻辑性和严密性。

1．先序遍历

(1) 递归遍历

递归遍历利用树的定义是递归定义的性质进行。

先序递归遍历算法描述为

若树不空，则

① 访问根结点；

② 先序遍历左子树；

③ 先序遍历右子树。

算法 6.3 二叉树递归遍历算法

```
preorder(BTree *p)              /* p 为具有二叉树结点类型的任意结点 */
{ /* recursive traversing a binary tree with order root in first */
  if(p!= NULL)
   { visit(p);
     preorder(p->lchild);
     preorder(p->rchild);
}}
```

关于 visit(p)函数的讨论与算法 6.1 的讨论类似,请读者参考算法 6.1。

设算法 6.3 的时间复杂度为 $T(n)$。因为一棵有 n 个结点的二叉树共有 $2n$ 个链域,有 $n-1$ 个链指向其子结点,有 $n+1$ 个链为空。对于 $n-1$ 个子结点,每次非空调用时分别执行 if、visit(p)、preorder(p－＞lchild)、preorder(p－＞lchild)各 1 次,共 4 次运算,所以有 $4(n-1)$次;对于 $n+1$ 个空链,每次递归调用时只执行 if 一次,共有 $n+1$ 次。因此 $T(n)=O(n)$。

(2) 非递归遍历

递归算法虽然简洁,但它把计算的复杂性交给了系统,需要系统建立递归栈来实现,它实际上占用的系统资源会比较多,效率并不高,所以有必要寻找其他的遍历算法。遍历二叉树的算法很多,限于篇幅,本节讨论借助栈来进行非递归遍历的算法。

先序访问子树根结点 q,然后访问 q 的左子树,再访问 q 的右子树,如何实现?如果根结点有右子树,访问根结点的左子树后,怎样访问右子树?应该考虑在访问左子树前需要把根结点压入栈保护起来,当先序访问左子树完成后,从栈中把子树根结点 q 弹出,然后才能找到其右子树。建立栈 s,用来放置结点的右链不空时的结点。

算法描述如下:

① 建立栈 s,q 指向 p,栈顶指针置 0。

② 访问结点 q。

③ 若结点 q 的右链不空,且左链也不空,则把 q 压入 s,栈顶指针加 1,访问左子树;若结点 q 的左链为空(q 不用入栈),则 q 指向 q 的右孩子 t。

④ 若 q 的右链为空,则看 q 有左孩子否,若无则说明 q 是叶子,需要返回双亲结点。此时,若栈不空则弹出双亲结点,访问双亲结点的右孩子,若栈空表明已经结束。若 q 有左孩子,访问其左孩子。

5 重复②～④步,直到结束。

算法 6.4 二叉树非递归先序遍历算法

```
preorder(BTree *p)
{ /* non-recursive traversing a binary tree with order root in first */
  BTree *q, s[MAX];
  q = p;  top = 0;
  while(q!= NULL)
   {if (q!= NULL)
     {printf("%c\t",q->data);                /* 访问 q 结点 */
      if (q->rchild!= NULL)                   /* 若 q 的右链不空 */
```

```
      if (q->lchild!= NULL)                    /* 若左链不空，根入栈 */
        {top++;s[top] = q;q = q->lchild;}      /* 根入栈，q指向左子树 */
      else q = q->rchild;                      /* 若左链空，q指向右子树 */
    else                                       /* q的右链空 */
      if (q->lchild == NULL && top!= 0)        /* 若左链空且栈不空 */
        {q = s[top];top--;q = q->rchild;}      /* 栈顶元素出栈，指针指向右子树 */
      else q = q->lchild;
   }
  }
}
```

记算法 6.4 的时间复杂度为 $T(n)$。如果结点不空，while，if(q! =NULL)，printf()分别执行 1 次；如果结点有右子树且有左子树则执行 5 次，否则执行 3 次；如果结点无右子树，左子树不空且栈不空，则执行 5 次，否则执行 3 次；所以从 while 语句开始，最大可能执行$(1+1+1+5)n$ 次，从而有 $T(n)=O(n)$。

2. 中序遍历

(1) 递归遍历

中序递归遍历的算法描述为：

若树不空，则

① 中序遍历左子树；

② 访问根结点；

③ 中序遍历右子树。

算法 6.5 二叉树中序递归遍历算法

```
inorder(BTree *p)
{ /* recursive traversing a binary tree with order root in middle */
  if(p!= NULL)
    { inorder(p->lchild);
      printf("%c\t",p->data);
      inorder(p->rchild); }
}
```

算法 6.5 的时间复杂度与算法 6.3 的一样，为 $T(n)=O(n)$。

(2) 非递归遍历

因为是中序遍历，所以当搜索到子树的根结点 q 时，不能立即访问根结点，而是要访问其左子树，此时，得保存 q 结点(否则在访问其左子树后，将丢失 q 结点而无法访问其右子树)；访问完 q 结点的左子树后，访问 q 结点，然后访问 q 结点的右子树，所以需要建立栈 s，用来放置遍历时的子树根结点 q。另外需要设置标志 tag，当栈空或满时 tag=1，否则 tag=0。开始时，结点 q 指向树的根结点。算法描述如下：

① 建立栈 s。

② 搜索结点 q，若 q 不空(存在左子树或右子树)，则将结点 q 入栈 s(以备访问左子树后访问子树根结点)，然后访问 q 结点的左子树。

③ 若结点 q 为空且栈不空，则弹出栈中 q 的双亲结点赋给 q，输出 q，然后访问 q 的右

子树。

④ 重复②、③步,直到 tag=1 为止。

算法 6.6 二叉树中序非递归遍历算法

```
inorder(BTree *p)
{ /* non - recursive traversing a binary tree with order root in middle */
  BTree *q, s[MAX];
  q = p;
  while(tag!= 1)
    {if (q!= NULL)
        {top++;
         if (top > MAX - 1)
           {tag = 1; printf("Stack overflow!");}  /* 栈满 */
         else {s[top] = q;q = q -> lchild;}
         }
      else
         if(top == 0) tag = 1;                    /* 栈空 */
         else {q = s[top];top -- ;printf(" %c\t",q -> data);q = q -> rchild;}
    }
}
```

算法 6.6 的时间复杂度为 $T(n)=O(n)$。分析类似于算法 6.4,请读者自行分析。

3. 后序遍历

(1) 递归遍历

后序递归遍历二叉树的算法为:

若树不空,则

① 后序遍历左子树;

② 后序遍历右子树;

③ 访问根结点。

算法 6.7 二叉树后序递归遍历的算法

```
postorder(BTree *p)
{ /* recursive traversing a binary tree with root in post - order */
  if(p!= NULL)
    {postorder(p -> lchild);
      postorder(p -> rchild);
      printf(" %c\t",p -> data);
    }
}
```

算法 6.7 的时间复杂度与算法 6.3 的一样,为 $T(n)=O(n)$。

(2) 非递归遍历

因为是后序遍历,所以当搜索到 q 结点时,不能立即对 q 访问,而是先要访问其左子树,需要建立栈 s 保存 q 结点;访问完 q 结点的左子树后,返回到 q 结点时,还不能访问,需要访问 q 的右子树,所以 q 结点需要再次入栈保存。为了区别同一结点的两次入栈,设置标志 tag 约定:tag=0,q 结点首次入栈;tag=1,q 结点第二次入栈。另外设置一个参数 bool,当栈不空时或栈不满时，该参数为0，否则为1，当该参数为1时结束算法。

算法描述如下：

① 建立栈 $s1$、$s2$，$s1$ 存放 q 结点地址，$s2$ 存放 q 结点入栈次数。

② 若 q 结点非空，则 q 结点入栈，并访问 q 结点的左子树；否则返回其双亲结点。

③ q 结点第二次入栈，访问 q 结点的右子树，返回；判断 tag，然后输出 q 结点。

④ 重复②、③步，直到 bool 为 1 时结束。

算法 6.8 二叉树后序非递归遍历的算法

```
postorder(BTree *h)
{  /* non-recursive traversing a binary tree with root in post-order */
  BTree *q,s1[MAX],s2[MAX];
  q=h;bool=0;
  while(bool!=1)
    {if (q!=NULL)
      {top++;
       if (top>MAX-1) {bool=1; printf("Stack overflow!");}
       else {s1[top]=q;s2[top]=0;q=q->lchild;}
       }
     else
      if(top==0) bool=1;
      else {
          q=s1[top]; tag=s2[top]; top--;
          if (tag==0) {top++; s1[top]=q; s2[top]=1; q=q->rchild;}
          else{printf("%c\t",q->data);q=NULL;}
          }
    }
}
```

算法 6.8 的时间复杂度为 $T(n)=O(n)$。分析类似于算法 6.4，请读者自行分析。

4. 按层遍历

算法描述：

① 设计一个辅助队列 q，若 p 结点不空，则入队。

② 队列中的结点出队，赋给 p 结点，访问该结点。

③ 判断 p 结点是否有左子树，若存在，则 p 结点的左子树入队。

④ 判断 p 结点是否有右子树，若存在，则 p 结点的右子树入队。

⑤ 若队列不空，重复②～④。

算法 6.9 按层遍历二叉树算法

```
leveltraverse(BTree *p)
{  BTree *q[20];
  int front=0,rear=0;
  if(p!=NULL) {q[rear]=p;rear++;}
  while(front!=rear)
   { front++; p=q[front]; printf("%c\t",p->data);
    if (p->lchild!=NULL) {rear++;q[rear]=p->lchild;}
    if (p->rchild!=NULL) {rear++;q[rear]=p->rchild;}
```

```
    }
}
```

5. 二叉树的欧拉路径遍历

二叉树的先序、中序和后序遍历,可以统一用欧拉路径遍历来进行说明。欧拉路径是一个围绕二叉树各个结点的线路,图 6.18 显示了欧拉路径。对于二叉树 T 中的每个结点 d,欧拉路径会三次遇到它:

① 左侧

② 下方

③ 右侧

如果 d 有左右子树,上述三种情况会依次发生,如果 d 是叶子结点,上述三种访问会同时发生。

算法 6.10 二叉树的欧拉路径遍历算法

```
eulerTour(BTree *T, BTree *d)
{ /* Euler tour traversing a binary tree */
  left_visit(p);                                /*左侧访问结点 p*/
  if(p!= NULL) eulerTour(T,p->lchild);
  bottom_visit(p);                              /*下方访问结点 p*/
  if(p!= NULL) eulerTour(T,p->rchild);
  right_visit(p);                               /*右侧访问结点 p*/
}
```

当沿着欧拉路径遍历二叉树 T 时,如果仅在左边相遇结点 d 时进行访问动作,这样就得到了二叉树的先序遍历;如果仅在下方相遇结点 d 时进行访问动作,这样就得到了二叉树的中序遍历;如果仅在右侧相遇结点 d 时进行访问动作,这样就得到了二叉树的后序遍历。

根据这个算法容易得到图 6.18 的先序序列 $ABCDEFG$,中序序列 $DBEAFCG$,后序序列 $DEBFGCA$。

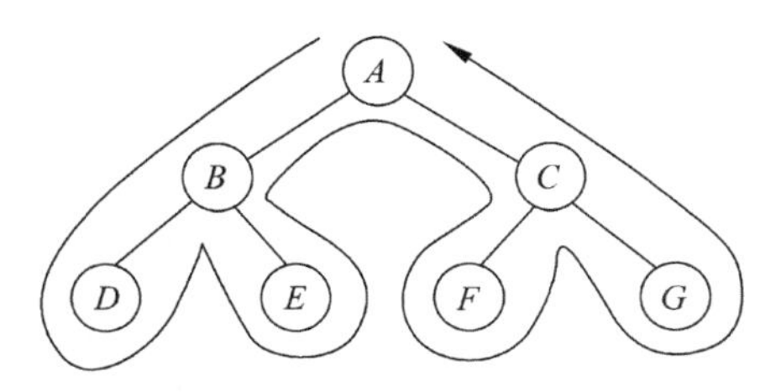

图 6.18 欧拉路径遍历二叉树

6. 二叉树遍历的应用

在算法 6.1 和算法 6.3 的分析中,曾经简单讨论过 visit(p)。把这个函数具体化,就可以得到一些二叉树遍历的应用。

例 6.5 结点的计数。

设计一个计数器 n,然后使用递归调用函数对 n 进行求和。

算法 6.11 求二叉树的结点数

```
int count(BTree *p, int n)
/ * 此算法用中序递归遍历来为二叉树计数,n 的初值为 0,由主函数设置 * /
{ q = p;
  if (q!= NULL)
    {count(q - > lchild, n);
     n++;
     count(q - > rchild, n);
    }
  return(n);
}
```

例 6.6 求叶子结点数。

对于叶子结点,其左链和右链均为空,所以只需要判断结点是否满足此条件即可。

算法 6.12 求二叉树的叶子结点数

```
int leaves(BTree *p, int n)
/ * 此算法用中序遍历来为计算叶子结点数,n 的初值为 0,由主函数设置 * /
{ q = p;
  if (q!= NULL)
    {leaves(q - > lchild, n);
     if (q - > lchild == NULL && q - > rchild == NULL) n++;
     leaves(q - > rchild, n);
    }
  return(n);
}
```

例 6.7 求二叉树的高度。

遍历左子树和右子树,分别得到左子树和右子树的树高,然后比较两者的值,输出最大的值作为树的高度。

算法 6.13 求二叉树的高度

```
int depth(BTree *p)
{ int left, right;
  q = p;
  if (q == NULL) return 0;
  else
  { left = depth(q - > lchild);                    / * 记录左子树的高度 * /
    right = depth(q - > rchild);                   / * 记录右子树的高度 * /
    if (left > right) return(left + 1);
    else return(right + 1);
  }
}
```

6.2.5 二叉树的构造

二叉树的构造是进行二叉树运算的基础,二叉树的构造有多种方法,本节介绍两种算法，一种是根据二叉树性质6设计的构造算法，另一种是根据先序和中序遍历结果构造二叉树的算法。

1. 根据顺序存储结构构造二叉树

根据二叉数的性质6，把二叉树各结点按照满二叉树的编号原则编号，根结点为1，i结点的左孩子为$2i$，右孩子为$2i+1$。在构造算法中设计一个数组v[i]($i=1,2,\cdots,n$)，对于任意的i，如果结点p的编号是$2i$，则p结点是i的左孩子；如果结点p的编号是$2i+1$，则p结点是i的右孩子。如图6.19给出了这种示例。

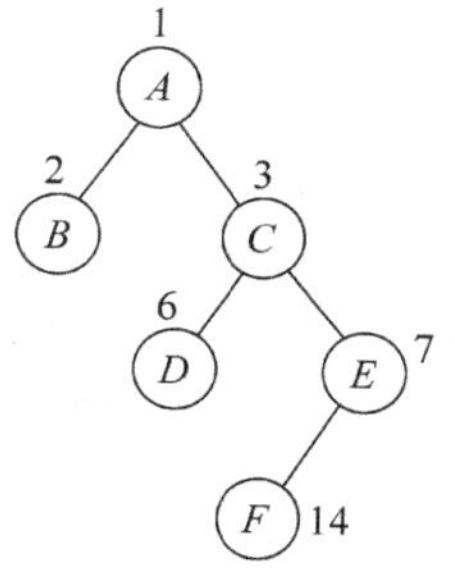

1 A
2 B　3 C
6 D　7 E
F 14

图6.19 各结点按照满二叉树编号

算法描述：

① 输入信息：结点值x和结点编号i；新建结点p,p－>data＝x；p－>lchild＝NULL；p－>rchild＝NULL；其序号是i。

② i结点的地址存放在v[i]中，即v[i]＝p。

③ 若$i=1$则为根结点(head＝p)；否则，j＝int(i/2)，如果i为偶数，则i的双亲结点j的左链指向p；如果i为奇数，则双亲结点j的右链指向p。

④ 重复①～③，直到链表建立完毕。

⑤ 返回所建立二叉树的头指针。

算法6.14 根据顺序存储结构构造二叉树的算法

```
BTree *create()
{ while((i!= 0) && (x!= 0))
    { scanf(" %d, % c",&i,&x);
      p = (BTree *)malloc(sizeof(BTree));
      p -> data = x;p -> lchild = NULL;p -> rchild = NULL;
      v[i] = p;
      if(i == 1) head = p;
      else
      { j = i/2;
        if(i % 2 == 0) v[j] -> lchild = p;
        else v[j] -> rchild = p;}
    }
    return(head);
}
```

算法6.14的时间复杂度$T(n)$依赖while语句的执行次数，而while语句共执行$n+1$次(n为结点数)。while语句根据外层if语句分别执行为8次和10次，所以$T(n)\leqslant O(10n+1)=O(n)$。

2. 用先序序列和中序序列构造二叉树

构造二叉树还可以使用二叉树的先序、中序和后序序列。可以使用先序和中序序列构造二叉树，也可以使用中序和后序序列构造二叉树，但对于一般树，用先序和后序序列不能构造一般树。这里讨论用先序和中序序列构造二叉树的方法。

(1) 二叉树的先序和中序序列的性质

对于一棵有 n 个结点的任意二叉树 T，如果其先序序列是 $a_1a_2a_3a_4a_5\cdots a_n$，则 a_1 必定是 T 的根结点。如果 a_1 有左子树，则 a_2 必定是此左子树的根结点。如果 a_1 只有右子树，则 a_2 必定是右子树的根结点。同理，可以对任意结点 a_i 进行上述类似分析。

对于一棵有 n 个结点的任意二叉树 T，其中序列是 $b_1b_2b_3b_4b_5\cdots b_n$。如果 T 的根有左右子树且 b_i 为根结点，则 $b_1b_2\cdots b_{i-1}$ 必定是 b_i 的左子树，而 $b_{i+1}b_{i+2}\cdots b_n$ 必定是右子树。如果 b_i 为 b_1，则 b_i 无左子树；如果 b_i 为 b_n，则 b_i 无右子树。对于 b_i 的左子树 $b_1b_2\cdots b_{i-1}$，同样可以找到其根结点 $b_j(1\leqslant j\leqslant i-1)$，则 $b_1b_2\cdots b_{j-1}$ 是 b_j 的左子树，而 $b_{j+1}b_{j+2}\cdots b_{i-1}$ 是 b_j 的右子树；同样，以此推论可以分析 b_i 的右子树，这种分析是递归的。

(2) 二叉树的唯一性

使用中序序列和先序序列可以唯一地构造二叉树，这就是二叉树的唯一性。

定理 3.1 n 个结点的任意二叉树 T，都可以由其先序序列和中序序列唯一地确定。

证明：使用数学归纳法。

当 $n=1$ 时，二叉树只有一个根结点，其先序序列和中序序列都是根结点，显然命题成立。

假设，对于结点数小于 n 的任意二叉树，都可以由其先序序列和中序序列唯一确定。

归纳：

对于有 n 个结点的任意二叉树，设其先序序列 $a_1a_2\cdots a_i\cdots a_n$，中序序列是 $b_1b_2\cdots b_i\cdots b_n$。

根据前段分析的二叉树先序和中序序列的性质，a_1 必定是树的根结点，且 a_1 必定出现在 $b_1b_2\cdots b_i\cdots b_n$ 中，若 $b_i(1\leqslant i\leqslant n)$ 是根结点，则 a_1 就是 b_i。

由于 b_i 是根结点，所以 $b_1b_2\cdots b_{i-1}$ 必定是 b_i 的左子树，此左子树共有 $i-1$ 个元素。由此，可以推断在二叉树的先序序列中，a_1 后的 $i-1$ 个元素 $a_2\cdots a_i$ 是 a_1 的左子树（而 $a_{i+1}\cdots a_n$ 是 a_1 的右子树）。根据归纳假设，可以由 $a_2\cdots a_i$ 和 $b_1b_2\cdots b_{i-1}$ 唯一确定 a_1 的左子树。

同理，此二叉树根结点在先序序列的右子树是 $a_{i+1}\cdots a_n$，在中序序列的右子树是 $b_{i+1}b_{i+2}\cdots b_n$，根据归纳假设，可以由 $a_{i+1}\cdots a_n$ 和 $b_{i+1}b_{i+2}\cdots b_n$ 唯一地确定 a_1 的右子树。

通过上述分析，此二叉树的根结点已经确定，其左、右子树都唯一地确定了，因此整个二叉树被唯一地确定了。

证毕。

可以用同样的方法证明用中序序列和后序序列唯一构造二叉树的方法。

例 6.8 已知一棵二叉树的先序序列为 $CBADEGFH$，中序序列为 $ABCDEFGH$，请画出此二叉树。

解：

① 先序序列的第一个结点一定是根结点，所以 C 是根结点。由根结点可以在中序中找出左子树为 AB 组成，右子树为 $DEFGH$ 组成，如图 6.20(a)所示。

② 又因左子树先序序列为 BA，中序遍历序列是 AB，所以 B 为左子树的根，A 是 B 的左孩子，从而确定了左子树。因右子树先序为 $DEGFH$，D 是右子树的根且为中序序列第一个结点，所以 D 无左子树，其右子树为 $EFGH$，如图 6.20(b)所示。

③ 在 D 的子树 $EFGH$ 中，先序序列是 $EGFH$，所以 E 是根；在中序序列中，E 为第一

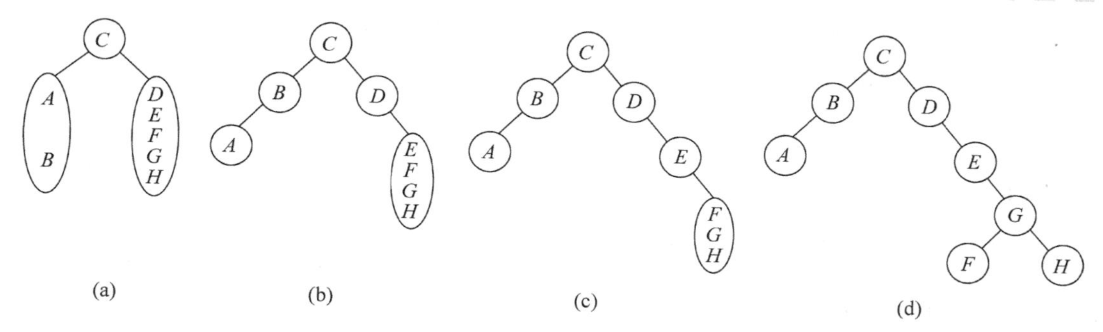

图 6.20 用先序序列和中序序列构造二叉树

结点，所以 E 无左子树；其右子树为 FGH，如图 6.20(c)所示。

④ 在 E 的子树 FGH 中，先序序列为 GFH，所以 G 是根；中序序列为 FGH，由此知道 G 的左孩子为 F，右孩子为 H，得到如图 6.20(d)所示的树。

6.2.6 二叉树的计数

一个普遍的问题是，当给定一定数量的结点后，如何知道这些结点可能构造出多少种不同形态的二叉树，这就是二叉树的计数问题。

对于一个有 1 个结点和 2 个结点的二叉树，可能具有的树的形态很容易画出。对于一个具有 3 个结点 ABC 的二叉树可能具有多少种树形结构？如果只考虑树的形态，而不去管这 3 个结点在先序、中序和后序中的顺序，则图 6.21 表示了三个结点所有可能的二叉树形态。

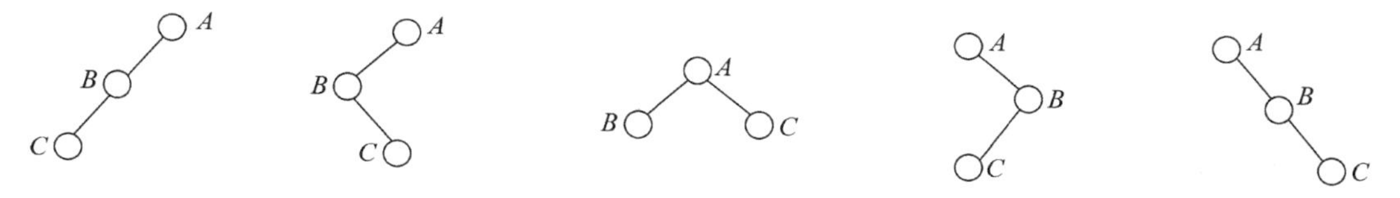

图 6.21 结点元素为 3 的二叉树的所有可能的树形

对于一个具有 4 个结点的二叉树，它们能够生成的二叉树怎样？读者可以自己思考。

对于一个具有任意结点数 n 的二叉树，又该怎样计算它们可能的构造形态？可以画出 $n(n>1)$ 个结点的二叉树具有图 6.22 的形态。

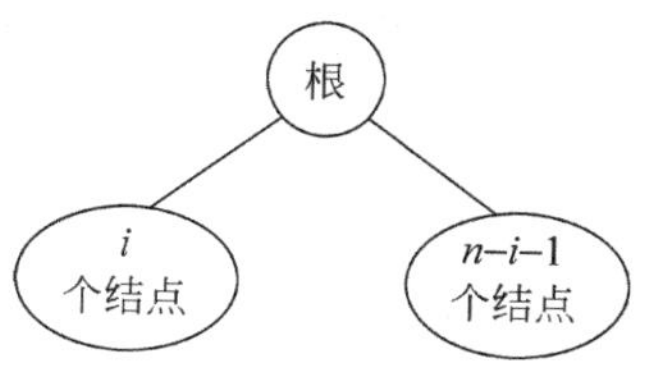

图 6.22 n 个结点的二叉树形态

设 b_n 表示 n 个结点的不同形态二叉树的棵数，则 b_n 是其左子树的所有可能的棵数 b_i 和其右子树的所有可能的棵数 b_{n-i-1} 的积，由此得到下面的递推公式：

$$b_n = \sum_{i=0}^{n-1} b_i \times b_{n-i-1} \quad n \geqslant 1$$

对于较小的 n，可以求出其二叉树的形态数。

当 $n=0$ 时，二叉树为空，只有一种形态，所以 $b_0=1$；

当 $n=1$ 时，二叉树只有一个根结点，只有一种形态，所以 $b_1=1$；

当 $n=2$ 时，二叉树有两个结点，只有两种形态，所以 $b_2=2$；

当 $n=3$ 时，根据递推公式有：

$$b_3=\sum_{i=0}^{2}b_i\times b_{2-i}=b_0\times b_2+b_1\times b_1+b_2\times b_0=5$$

所以 $b_3=5$；图 6.21 正好验证了此递推公式的正确性。

当 $n=4$ 时，根据递推公式容易求得：$b_4=14$。

对于任意的结点数 n，可以用被称为“生成函数”的函数进行求解，过程复杂，这里不再赘述，读者可参考文献[2]，求得的 b_n 为：

$$b_n=\frac{1}{n+1}C_{2n}^{n}$$

6.3 二叉树的线索化

6.3.1 线索二叉树的概念

在几种遍历算法中，可以得到关于二叉树这种非线性结构的线性化操作，但是无法得知在某种遍历中，某结点的前驱和后继？由此引入了线索树。

n 个结点的二叉树，共有 $2n$ 个链域，实际只使用了 $n-1$ 个链，还有另外 $n+1$ 个链是空链域，是否可以使用这些空链来求解结点前驱和后继？回答是肯定的。办法是把这些链域设置成指向结点前驱和后继的线索，这就是二叉树的线索化问题。

为了引入线索，对二叉树的链表结构进行改造，结构如下：

ltag	lchild	data	rchild	rtag

其逻辑定义如下：

定义 6.6

```
typedef char DataType;
typedef struct node
{DataType data;
 struct node *lchild, *rchild;
 int ltag,rtag;
}BTree;
```

并规定：

$$\text{ltag}=\begin{cases}0 & \text{lchild 域指示其左孩子}\\ 1 & \text{lchild 域指示其前驱}\end{cases}$$

$$\text{rtag}=\begin{cases}0 & \text{rchild 域指示其右孩子}\\ 1 & \text{rchild 域指示其后继}\end{cases}$$

用改造后的结点结构构成的二叉链叫线索链表，指向前驱和后继的指针叫线索，加上线索的二叉树叫线索二叉树。针对先序遍历得到的线索化二叉树叫先序线索二叉树。

在构造某种遍历下的线索树时，首先确定具体的遍历序列，从而确定了结点在序列中的相对位置，即得到各个结点的前驱和后继，最后根据这个先后关系画出线索。

对于有左右孩子的结点，没有线索，因其链域不空(已经用于指向子结点)；对于只有左孩子的结点，其右链域空，需要画一根线索指向其后继；对于只有右孩子的结点，其左链域空，需要画一根线索指向其前驱。对于叶子结点，左右链域均为空，所以，左链域的线索指向其前驱，右链域的线索指向其后继。

以先序为例，假设二叉树的先序序列是 $ABCDEF$，A 是第一个结点，无前驱；F 是最后一个结点，无后继。对于 A 结点，因为它有左孩子和右孩子，所以不需要画线索，对于 F 结点，它没有孩子，所以需要画出指向其前驱和后继的线索；F 的前驱是 E，所以其左线索指向其前驱 E，后继为空，所以其右线索指向空(NULL)，通过分析可以画出其他结点的线索(参考图 6.23(a)中的虚线)。同样，可以画出中序和后序遍历的线索二叉树，如图 6.23(b)，图 6.23 (c)所示。

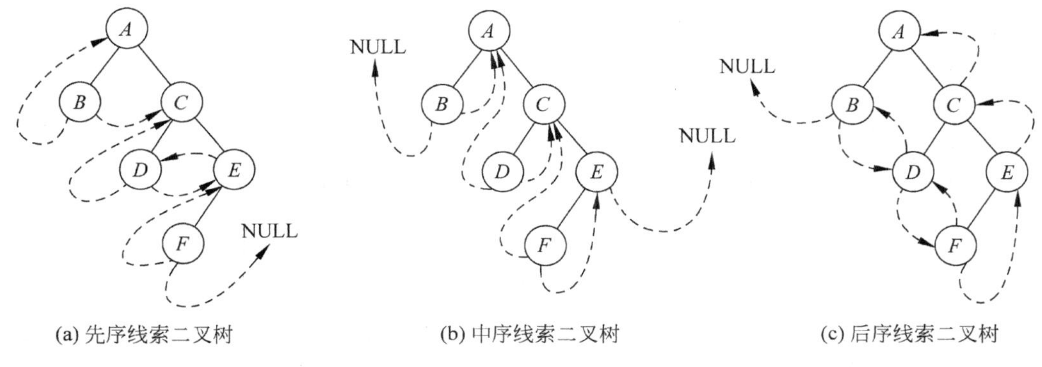

图 6.23 二叉树的线索化

用改造后的结点构成的二叉链叫线索链表，指向前驱和后继的指针叫线索，加上线索的二叉树叫线索二叉树。针对某种遍历得到的线索化二叉树叫线索二叉树。读者不妨画一棵任意的二叉树，然后给出其先序、中序和后序序列，最后根据上面的讨论，自行画出该二叉树的线索树。

根据线索二叉树的存储结构和图 6.23(b)，很容易得到在中序序列图 6.24 的二叉树线索链表结构(如图 6.24 所示)。

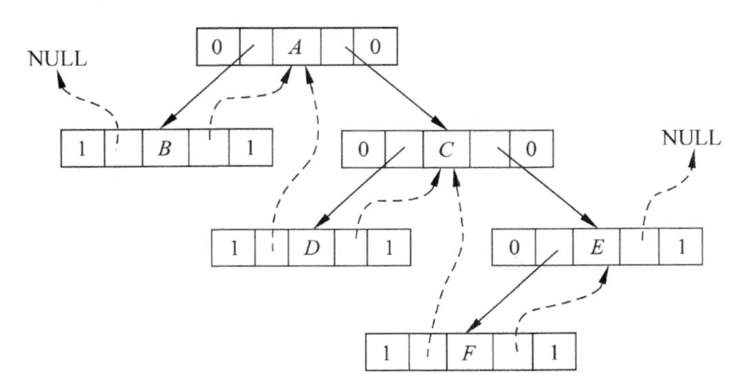

图 6.24 图 6.24 的中序线索二叉树的链表存储结构

6.3.2 构造中序线索二叉树

本节讨论中序递归遍历下的二叉树线索化算法。

与算法 6.5 类似，中序递归线索化二叉树的算法为：

若树不空，则

① 中序遍历左子树。

② 访问子树根结点 *q*。如果 *q* 有左孩子，令 *q*－＞ltag＝0；否则 *q*－＞ltag＝1，q－＞lchild 指向其前驱。如果结点 *q* 的前驱 pre 结点有右孩子，令 pre－＞rtag＝0；否则 pre－＞rtag＝1，pre－＞rchild 指向其后继 *q*。移动 pre 指向 *q*。

③ 中序遍历右子树。

算法 6.15 中序递归线索化二叉树算法

```
inthread (BTree *q)
{ /* recursive threading and traversing a binary tree with order root in middle */
  if(q!= NULL)
    { inthread (q -> lchild);
      visit(q);
      if(q -> lchild!= NULL) q -> ltag = 0;          /* 对 q 结点的线索化 */
        else {q -> ltag = 1;q -> lchild = pre;}
      if(pre!= NULL)                                  /* 对 q 的前驱结点 pre 的线索化 */
        if (pre -> rchild!= NULL) pre -> rtag = 0;
        else {pre -> rtag = 1;pre -> rchild = q;}
      pre = q;                                        /* pre 跟上当前结点 q,以便 q 向后移动 */
      inthread(q -> rchild);
    }
}
```

算法中，visit(q)和 pre＝*q* 之间的语句是“线索化”操作的部分。此时的主函数定义为：

```
BTree *pre, *h;
main()
{ pre = NULL;
  h = create();
  inthread(h);
}
```

其中，pre 和 *h* 定义成全局变量。

算法 6.16 的时间复杂度与中序递归遍历二叉树的时间复杂度一样。

中序非递归线索化的算法可以参考中序非递归遍历二叉树的算法 6.6 进行相应设计。

6.3.3 在中根序线索树上的操作

1. 已知 *q* 结点，求前驱

根据中序遍历的性质，在中序序列中任意结点 *q* 的前驱一定在以 *q* 为根的左子树上，如果 *q* 无左子树，则无前驱结点；并且，*q* 结点的前驱必定是 *q* 的左子树上最后一个被访问的

结点，所以已知 q 结点求前驱的算法需要考察 q 结点的左子树。如何寻找中序遍历下 q 结点左子树上最后被访问的结点 p？参考图 6.25。

算法描述为：

① 如果 q—>ltag=1，则 p=q—>lchild，p 就是 q 的前驱；

② 否则，r 指向 q 的左子树，然后一直沿 r 的右链找到最底层的右孩子，此孩子一定是 q 结点左子树在中序遍历下最后一个被访问的结点，然后 $p=r$；

③ 返回 p。

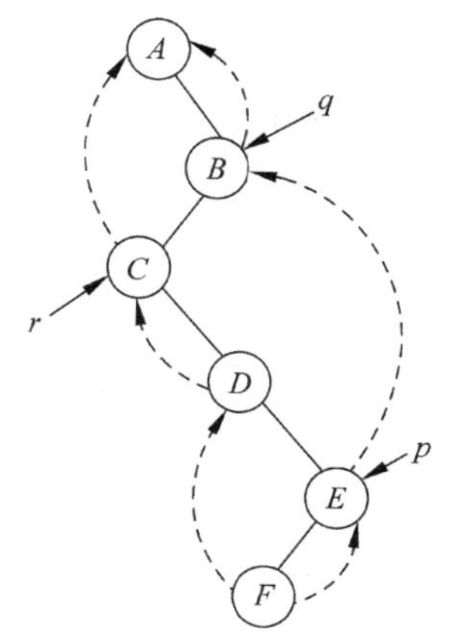

图 6.25 求指定结点 q 的前驱

算法 6.16 已知 q 结点求前驱算法

```
inpre(BTree *q)
{ BTree *p, *r;
  if(q->ltag==1) p=q->lchild;
  else
    { r=q->lchild;
      while(r->rtag!=1) r=r->rchild;
      p=r;
    }
  return(p);
}
```

2. 已知 q 结点，求后继

根据中序遍历的性质，在中序序列中任意结点 q 的后继一定在以 q 为根的右子树上，如果 q 无右子树，则无后继结点；若 q 有右子树，q 结点的后继必定是 q 的右子树上最先被访问的结点，所以已知 q 结点求后继的算法需要考察 q 结点的右子树。如何寻找中序遍历下 q 结点右子树上最先被访问的结点 p？参考图 6.26。

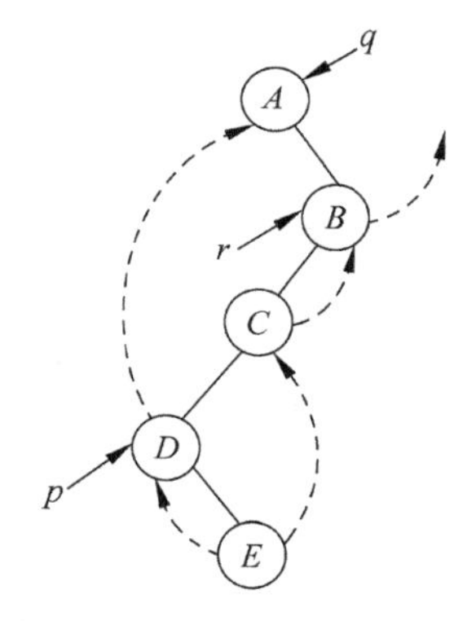

图 6.26 求指定结点 q 的后继

算法描述为：

① 如果 q—>rtag=1，则 p=q—>rchild，p 就是 q 的后继；

② 否则，r 指向 q 的右子树，然后一直沿 r 的左链找到最底层的左孩子，此孩子一定是 q 结点右子树在中序遍历下最先一个被访问的结点，然后 $p=r$；

③ 返回 p。

算法 6.17 已知 q 结点求后继算法

```
insucc(BTree *q)
{ BTree *p, *r;
  if (q->rtag==1) p=q->rchild;
  else
    { r=q->rchild;
      while(r->ltag!=1) r=r->lchild;
      p=r;
    }
```

```
  return(p);
}
```

3. 在中根序线索树上遍历二叉树

在中序线索树上遍历二叉树，可以用二叉树的根结点作为参数。从根结点开始，一直找到根结点左子树上最左边的结点，此结点一定是中序序列中的第一个元素，访问此结点。然后调用求后继的算法 p=insucc(p)，可以得到此二叉树的中序序列。

算法 6.18 中序线索树上遍历二叉树算法

```
inthreadorder(BTree *h)
{ /* traverse a binary threaded tree in root middle order */
  BTree *p = h;
  if(p!= NULL)while(p->lchild!= NULL) p = p->lchild;      /*寻找最底层的左孩子*/
  visit(p);
  while(p->rchild!= NULL)
     {p = insucc(p);visit(p);}
}
```

6.4 二叉树、树、森林

6.4.1 树与二叉树之间的转换

树的结构比二叉树的结构要复杂，如果能够把树与二叉树之间进行转换，树的研究可以通过二叉树的研究来进行，所以有必要讨论二叉树和树的转换。

一般树的孩子之间可以无序，但二叉树的左、右孩子是有序的，所以约定二叉树与树的转换根据树的图形上的结点次序进行。

1. 树转换为二叉树

设 T 是一棵树，B 是一棵二叉树，将 T 转换成二叉树 B 的规则是：

(1) T 的根作为 B 的根；

(2) 对于所有 T 的孩子结点，分成已经转换的 p 结点和还未转换的 q 结点两部分，重复下列操作：

① 如果在 T 中，q 是 p 的第一个孩子，则在 B 中使 q 作为 p 结点的左孩子；

② 如果在 T 中，q 是 p 的紧邻的“下一个”兄弟，则在 B 中使 q 作为 p 结点的右孩子。

上述规则仍然不具备可操作性，下面是实现上述规则的操作步骤：

① 加线：在各兄弟结点之间加一条虚线连接。

② 抹线：对于每个结点，除了其最左边的孩子外，抹掉该结点原先与其余孩子的连线。

③ 整形：将处理后的结点旋转成二叉树形状，虚线改实线。

例 6.9 图 6.27(a)是一棵树，把它转换成二叉树。

解：①加线(图 6.27(b))；

② 抹线(图 6.27(c))；

③ 整形(图 6.27(d))。

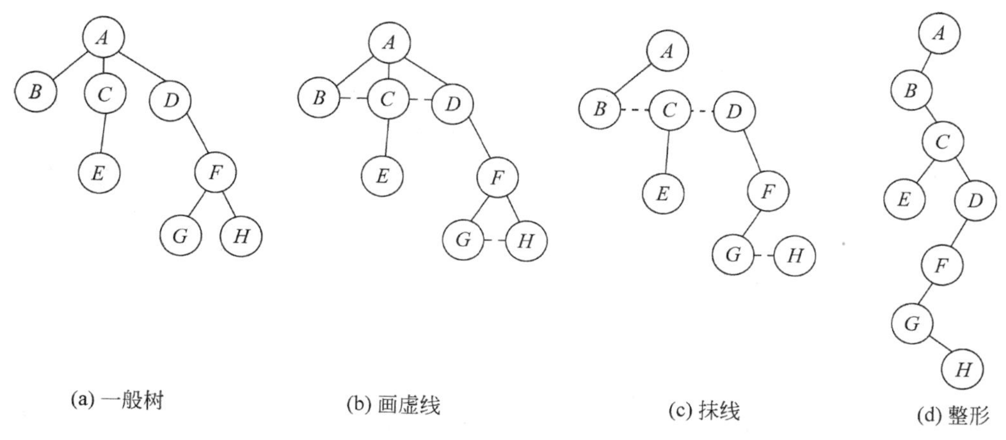

图 6.27 树转换成二叉树

特点：根结点无右孩子；转换成的二叉树各结点的右孩子是原树中该结点的兄弟结点，而左孩子是原树中该结点原来的孩子。

2. 二叉树转换为一般树

设 B 是一棵二叉树，T 是一棵树，将 B 转换成 T 的规则是：

(1) B 的根作为 T 的根；

(2) 对于所有 B 的孩子结点，分成已经转换的 p 结点和还未转换的 q 结点两部分，重复下列操作：

① 如果在 B 中，q 是 p 的左孩子，则在 T 中使 q 作为 p 结点的第一个孩子；

② 如果在 B 中，q 是 p 的右孩子，则在 T 中使 q 作为 p 紧邻的"下一个"兄弟结点。

这个规则仍然不具备可操作性，下面是实现上述规则的操作步骤：

① 加线：若结点 k 是结点 i 的左孩子，则将 k 的右孩子以及连续沿此右孩子的右链不断搜索到所有的右孩子，分别与 i 结点用虚线相连。

② 抹线：抹掉原二叉树中所有双亲结点与其右孩子的连线。

③ 整形：将处理后的结点旋转成一般树形状，虚线改实线。

例 6.10 图 6.28(a)是一棵树，把它转换成二叉树。

解：①加线(图 6.28(b))；

② 抹线(图 6.28(c))；

③ 整形(图 6.28(d))。

3. 一般树与二叉树转换的基础

一般树与二叉树能够进行转换的基础是它们可以具有类似的存储结构。根据 6.1.5 节的第 2 小节的讨论，用二叉链可以表示一棵树的存储问题。根据 6.2.3 节中二叉树的存储结构发现，一般树的二叉链存储结构与二叉树的存储结构基本相同，不同的只是对于不同的

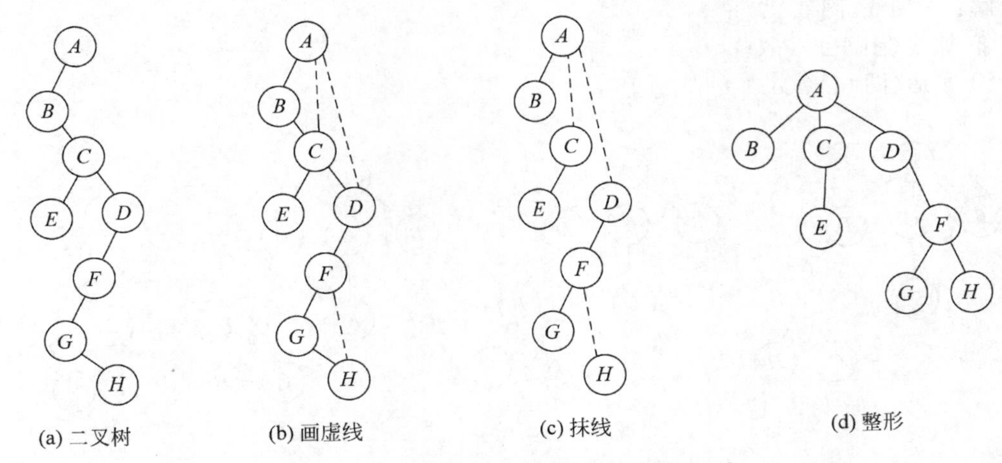

图 6.28　一般树转换成二叉树

树，它们的意义不同。所以，一般树可以很方便地转换成二叉树，二叉树也可以很方便地转换成一般树。读者可以画出图 6.27(a)的二叉链表示图，然后画出其转换后的图 6.27(d)的存储结构图，对两者进行比较，观察两者的关系，以加深对这一基础的理解。

6.4.2　森林与二叉树之间的转换

1. 森林转换为二叉树

森林转换为二叉树的操作描述为：

若 $F=\{T_1, T_2, \cdots, T_n\}$是森林，则此森林对应的二叉树 $B(F)$为

① 若 $n=0$，$B(F)$为空树；

② 若 $n>0$，则 $B(F)$的根是 T_1的根，其左子树为 T_1，其右子树为 $B\{T_2, \cdots, T_n\}$。

操作步骤：

① 将各树先转换为二叉树；

② 按给出的在森林中树的次序依次将后一棵二叉树作为前一棵二叉树的根结点的右子树。

例 6.11　图 6.29(a)是有三棵树的森林，把它转换成二叉树。

解：① 把树转换成二叉树(图 6.29(b))；

② 构造二叉树(图 6.29(c))。

特点：树转换成森林后，根结点的右孩子及其沿根的右链的结点都是原森林中的独立树的根。

2. 二叉树转换为森林

可以把图 6.29(c)的二叉树还原成森林图 6.29(a)。其过程是例 6.9 的逆过程。具体操作步骤为：

① 抹线：将二叉树根结点与其右孩子 i 的连线以及连续沿此 i 结点的右链搜索到所有的右孩子间的连线抹去，得到若干棵独立的二叉树；

② 还原：将各二叉树还原成树。

读者可以自行进行设计。

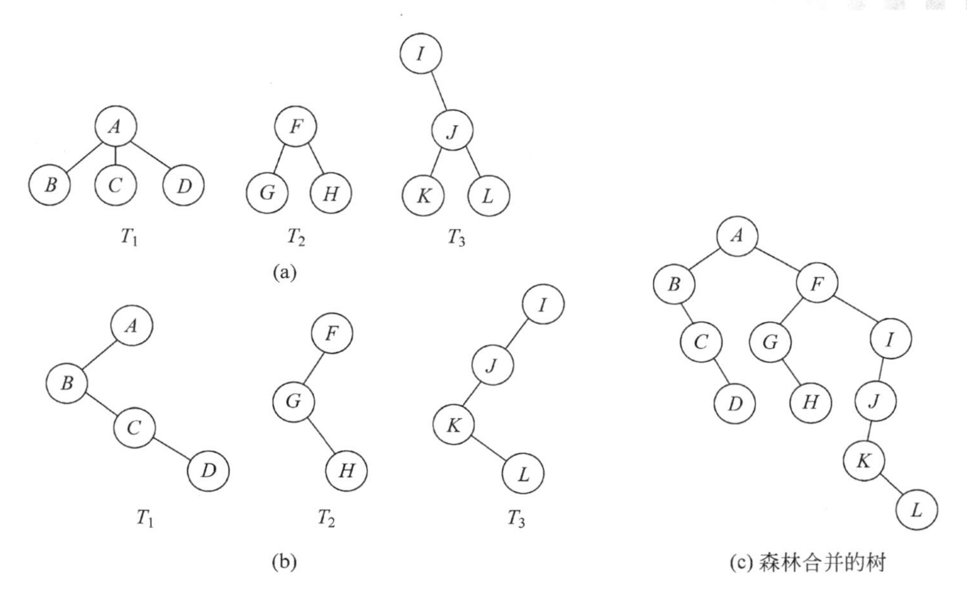

图 6.29 森林转换成二叉树

6.5 哈夫曼树

在前面对二叉树的讨论中，重点放在了树的线性化问题上，如先序序列把二叉树的非线性结构转换成先序序列的线性结构；而对于什么样的二叉树具有最优结构的问题尚未讨论。哈夫曼(Huffman)树就是要讨论的具有最优结构的二叉树。

6.5.1 哈夫曼树的定义

1. 哈夫曼树的概念

为了讨论哈夫曼树，需要引入路径长度的概念。所谓的“路径长度”，是从一个结点到另外一个结点的分支数的和。

根结点到每个结点的路径长度的和，叫树 T 的路径长度，用 PL(Path Length)表示。设 l_i 是根到第 i 结点的路径长度，则

$$\mathrm{PL} = \sum l_i \quad (1 \leqslant i \leqslant n)$$

如图 6.30 所示的树：PL=2＊1+4＊2+2＊3+2＊4=24。

有时，树可以表示一些实际的应用，这时需要给树的结点赋予一个有特定意义的实数，该实数称为该结点的权(Weight)。

设 w_i 为第 i 结点的权值，l_i 是根到第 i 结点的路径长度，$w_i l_i$ 是根结点到 i 结点的带权路径长度，则树 T 的带权路径长度定义为

$$\mathrm{WPL} = \sum w_i l_i \quad (1 \leqslant i \leqslant n)$$

其中，n 是树的结点数。不同构形的二叉树具有不同的带权路径长度。

例 6.12 图 6.31 是具有 4 个带权结点的二叉树的三种形态，计算它们的带权路径长度。

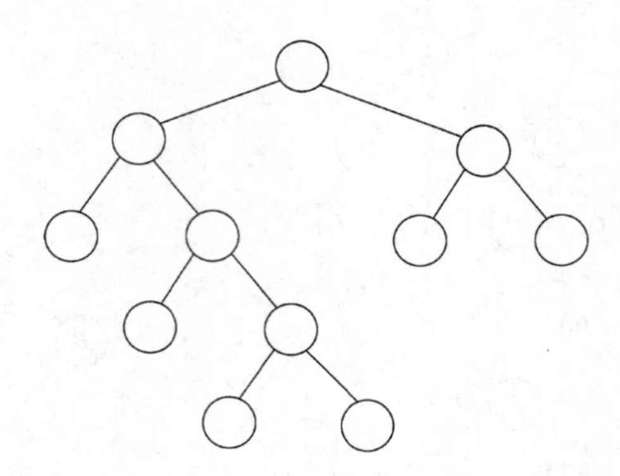

图 6.30 求带权路径长度

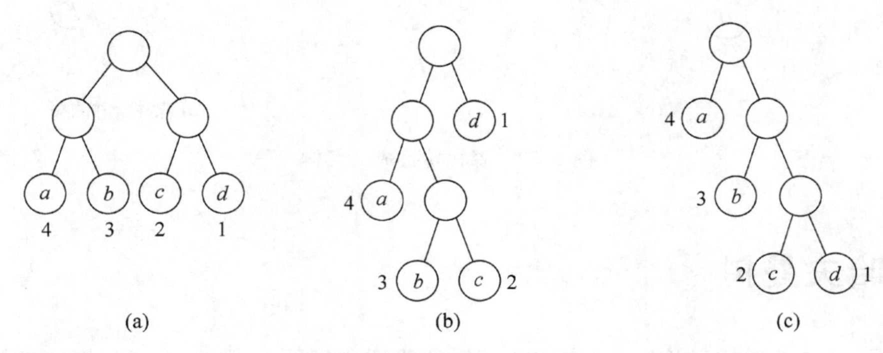

图 6.31 带权路径长度

解：

$$\mathrm{WPL}(a)=4*2+3*2+2*2+1*2=20$$
$$\mathrm{WPL}(b)=4*2+3*3+2*3+1*1=24$$
$$\mathrm{WPL}(c)=4*1+3*2+2*3+1*3=19$$

在这三棵树中，图 6.31(c)是带权路径长度最短的二叉树，又叫最优二叉树。因为这种树的构造算法是 1952 年由哈夫曼提出，所以又称为哈夫曼树。

2. 哈夫曼树的构造

哈夫曼树的构造算法描述如下：

① 森林 $F=\{T_1,T_2,T_3,\cdots,T_n\}$，其中，$T_i$的权值为 w_i，且 F 中每棵树 T_i 只有根结点；

② 在 F 中选两棵最小权值的树作为左右子树构造一棵新二叉树，其根结点的权值为两子树权值的和；

③ 在 F 中删除这两棵树，并将新生成的二叉树并入森林；

④ 重复②、③，直到 F 中只有一棵树为止。

例 6.13 有森林 $F=\{$②，③，⑥，⑦$\}$，构造哈夫曼树。

解：图 6.32(a)是森林 F；

首先，从 F 中选择权值最小的②、③树构造根的权为⑤的新二叉树，然后从 F 中删除②、③，把新树并入森林 F(如图 6.32 (b))；

从 F 中选权值次小的⑤、⑥树构造新树，根的权为⑪，然后从 F 中删除树⑥，把新树并入森林 F(如图 6.32 (c))；

最后，选择剩余的两棵树⑦和⑪构造新树，根的权为⑱，F 中只剩下一棵树，合并完成(如图 6.32(d))。

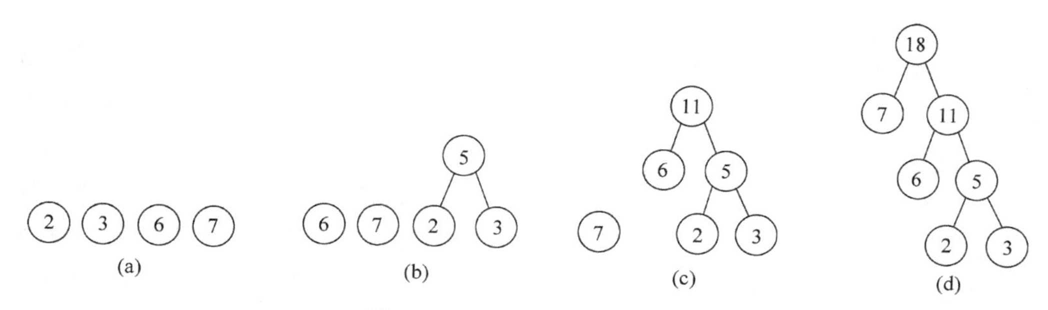

图 6.32 哈夫曼树的构造过程

n 个树构造的哈夫曼树的带权路径长度是唯一的，但树形不唯一，因为在合并森林的过程中没有限定必须使用左子树构造还是使用右子树来构造，当权值小的在左边和权值小的在右边时得到的哈夫曼树的树形是不一样的。

6.5.2 哈夫曼树的应用

1. 编码树

计算机对信息的管理是建立在对字符编码的基础上的，如何在计算机中表示字符的编码，直接关系到计算机是否能有效管理信息的重要问题，因此讨论如何对字符进行编码是有意义的。

在计算机领域，对字符的编码分为定长和不定长编码两类方法。

在定长编码中，最常见的是用字符的 ASCII 码对其进行编码，如果是英文字符，每个字符占 8 比特的内存。如果是汉字，每个字符可能占至少 16 个比特。所以定长编码对内存的需求量较大。

对于非定长编码，可以使用树来编码，这种方案叫树编码，用于编码的树叫编码树。

非叶结点都有两个孩子的二叉树叫正则二叉树，一棵正则二叉树可以用于进行编码。给二叉树的左分支和右分支分别赋予“0”、“1”两个标记，从根到某叶子的路径上的由“0”或“1”组成的序列叫该叶子相应字符的编码。

以“engineer”单词为例的不重复字符的一种编码树如图 6.33。此时 e 的编码是“000”，n 的是“001”，g 的是“01”，i 的是“10”，r 的是“11”，由此得到表示单词“engineer”的编码序列为“0000010110000000011”，共 21 个“0”或“1”。

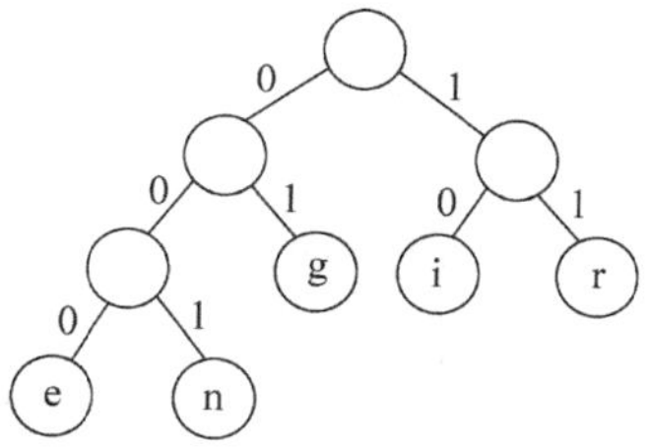

图 6.33 “engineer”的编码树

2. 哈夫曼编码

上面讨论的编码树得到的编码不一定是最优编码，如果使用哈夫曼树对“engineer”进行编码，形成的编码方案叫哈夫曼编码，哈夫曼编码一定是最优的编码方案。哈夫曼编码通常用于数据通信的编码中。

以英文单词“engineer”为例来讨论哈夫曼编码的问题。这个单词中 e 出现了 3 次，n 出现了 2 次，g、i、r 各出现 1 次，现在以出现的次数作为单词结点的权值，则可以得到图 6.34(a) 的森林，根据这个森林可以得到图 6.34(b)的哈夫曼树。根据图 6.34(b)可以看到 e 的编码为“0”、n 的编码为“10”、g 的编码为“110”、r 的编码为“1110”、i 的编码为“1111”。如果使用 ASCII 码作为编码传送“engineer”，需要 64 个比特。如果使用哈夫曼编码仅需要 14 个编码就可以传输这个单词“11111110110100”，此编码长度比一般编码树的还要短。同样的道理，可以对一串字符用类似的方法进行编码，可以大大压缩需要传输的编码数量。

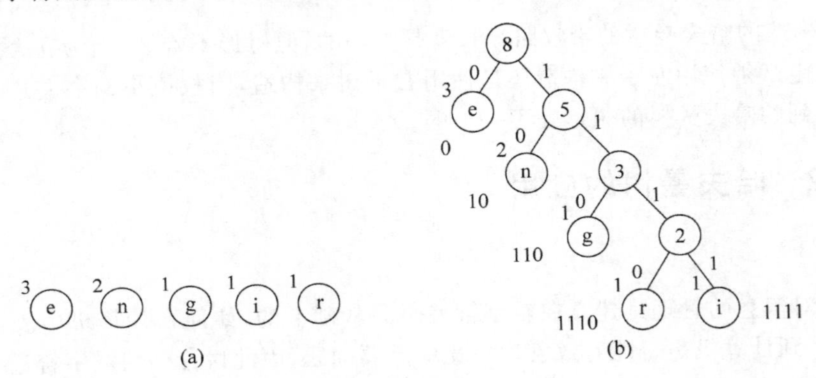

图 6.34 “engineer”哈夫曼编码树

对于哈夫曼编码，有一个衡量其编码优劣的指标，叫平均长度，即 $\sum w_i l_i$，它就是哈夫曼树的带权路径长度。计算 w_i 的方法是对出现的字符进行统计，得到不同字符出现的频度 f_i，如果总字符数为 n，则 $w_i = f_i/n$，因此，$\sum w_i = 1$，即所有字符出现的概率为 100%；而 l_i 就是根到 i 结点的路径长度。

例 6.14 请为“this is a best way for counting a tree”构建哈夫曼编码，其平均长度为多少？

解：对这句话进行统计，可以得到下面的字母及其出现频度表

表 6.1

字母		a	b	c	e	f	g	h	i	n	o	r	s	t	u	w	y
频度 f_i	8	3	1	1	3	1	1	1	3	2	2	2	3	4	1	1	1
w_i	0.21	0.08	0.026	0.026	0.08	0.026	0.026	0.026	0.08	0.05	0.05	0.05	0.08	0.11	0.026	0.026	0.026

由表 6.1 可以得到图 6.35 的哈夫曼树。

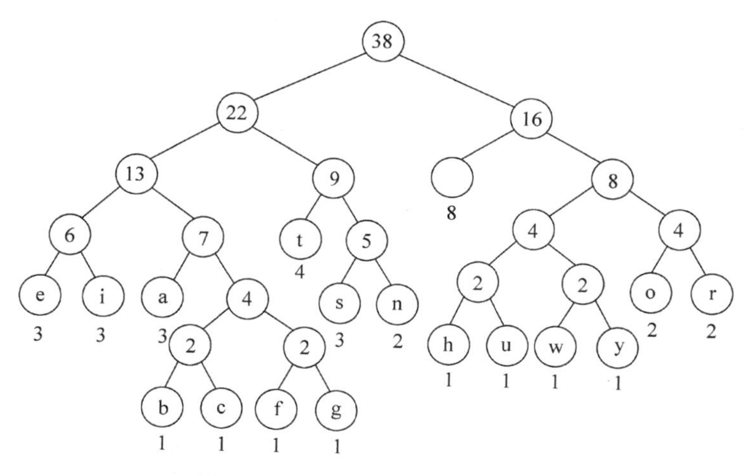

图 6.35　例 6.12 的哈夫曼编码树

从图 6.35 的哈夫曼树得到的字符编码为：

字母		a	b	c	e	f	g	h	i	n	o	r	s	t	u	w	y
编码	10	0010	001100	001101	0000	001110	001111	11000	0001	0111	1110	1111	0110	010	11001	11010	11011
l_i	2	4	6	6	4	6	6	5	4	4	4	4	4	3	5	5	5

编码的平均长度为 $\sum w_i l_i = 3.774$。

用哈夫曼编码对这句话出现的字符串进行编码，编码的长度为 77 比特，而使用 ASCII 码对这句话的 38 个字符进行编码，则需要 304 比特。可见，哈夫曼编码极大地缩短了字符的编码长度，在数据通信中将显著地提高效率。

6.6 其他树

6.6.1 二叉排序树

每个结点的值均大于其左子树上的所有结点值，且小于或等于其右子树上所有的结点的值，这种二叉树叫二叉排序树，或二叉检索树，或二叉有序树。

构造方法是：

① 取集合中的第 1 个结点作为根结点。

② 取集合中的第 2 个结点作为根结点的孩子，若其值小于根的值，则作为根的左孩子，否则作为根的右孩子。

③ 重复②，直到集合中的数全部构成了二叉树。这就是二叉排序树，见图 6.36。

例 6.15　给出 $K=\{10,18,3,8,19,2,7,8\}$ 的二叉排序树

解：构造过程为：

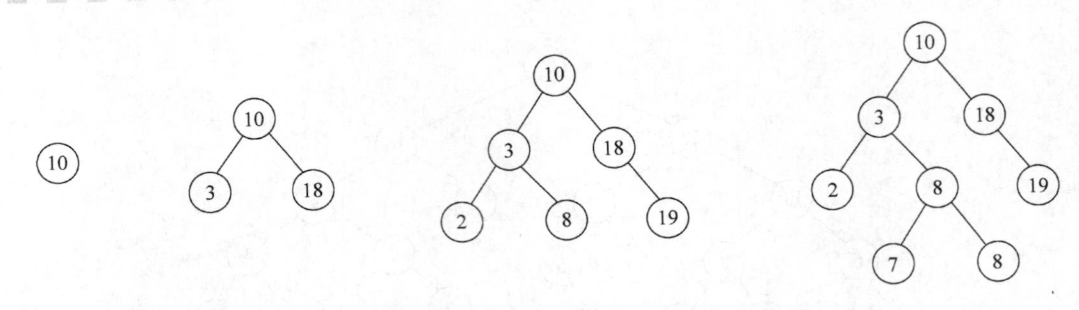

图 6.36　二叉排序树的构造过程

此排序树在中序遍历时得到：2,3,7,8,8,10,18,19。所以二叉排序树在中序遍历下得到一个递增的有序线性表。

一般情况下，由 n 个任意值的序列构造的二叉排序树，其查找一个结点的时间复杂度为 $O(\log_2 n)$。但是，由于所给的序列的不同，有可能产生左右子树的深度严重不匹配的二叉排序树，以序列(2,4,7,10,18)和(10,8,6,3,1)可以构造图 6.37(a)，图 6.37(b)的排序树。对于这两棵排序树，查找结点需要 $O(n)$次，是最坏的情况。所以不加约束的二叉排序树不是理想的树。

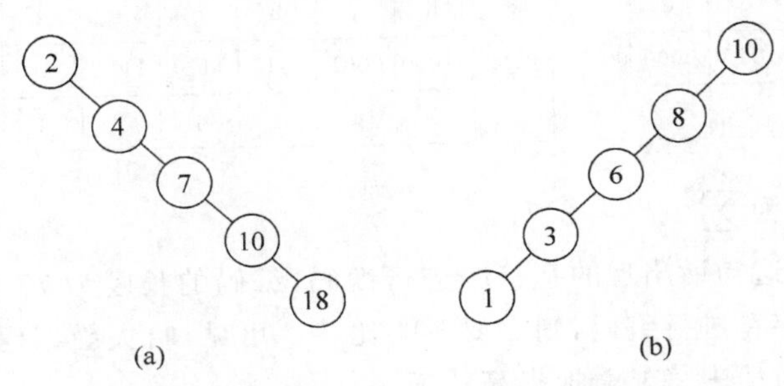

图 6.37　只有左、右子树的二叉排序树

6.6.2　平衡树

通过上段的讨论知道，对于任意的二叉排序树，可能会出现左右子树严重不对称的情况，此时，进行查找删除操作时，所需的时间复杂度达到 $O(n)$，这是最不理想的情况。如果在构造排序树的过程中加上适当的约束，可以使对排序树操作的时间复杂度维持在 $O(\log_2 n)$ 的水平上。平衡二叉树就是在此基础上引入的。

所谓的平衡二叉树是指树中以任何一个结点 p 为根的左子树的高度 hl 和右子树的高度 hr 之间的差值 $|\text{hl}-\text{hr}|\leqslant 1$，即 p 的左子树的高度与右子树的高度相差可以是 1,0,−1。不满足这个要求时，需要对二叉树进行调整。Adel'son−Vel'skii 和 Landis 在 1962 年提出了此树，所以平衡二叉树又叫 AVL 树。

根据平衡二叉树的要求，序列(2,4,7,10,18)和(10,8,6,3,1)可以构造成与图 6.37(a)，图 6.37(b)对应的图 6.38(a)，图 6.38(b)的平衡二叉树。

构造平衡二叉树的问题，将在 8.3.2 节详细讨论。

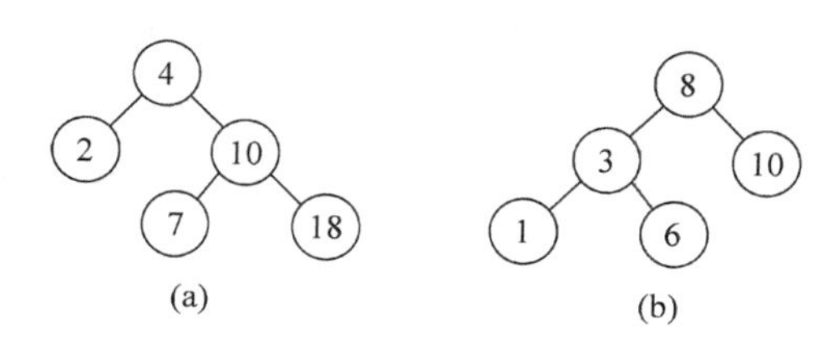

图 6.38 平衡二叉树

6.6.3 2-3 树

2-3 树是一种平衡二叉树，它与平衡二叉树不同的是允许结点可以包含两个键字，单键字的结点有两个孩子，双键字的结点有三个孩子，所以 2-3 树具有图 6.39 的形态。

2-3 树的所有叶子处于同一层次。

实际应用中，2-3 树的每个叶结点存储一个元素，非叶结点只存储某种索引信息，n 个元素的值存储在 2-3 树的叶结点中。

2-3 树分为叶有序和叶无序两种。叶有序 2-3 树是叶元素的值从左到右依次递增，叶无序 2-3 树的叶元素的值随机分布，没有规律。图 6.39 表示的是叶有序的 2-3 树。

对于叶有序的 2-3 树，2-结点的 2-3 树的左子树的键值小于根结点的值，右子树的键值大于根结点的值。3-结点的 2-3 树，其左孩子的键值小于根的最小键值，右子树的键值大于根的最大键值，中间的孩子的键值介于根的两个键值之间。

图 6.39 2-3 树的形态

图 6.40 是一棵 2-3 树的示例。

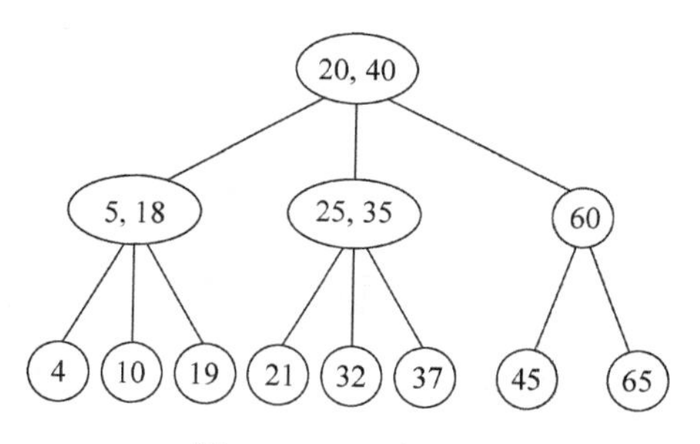

图 6.40 2-3 树示例

因为 2-3 树的叶子处于相同的层次，从根到每一个叶子结点的路径长度相同，所以说这是一棵平衡二叉树。对于 n 个结点的 2-3 树的树高 h，可以证明它的范围是

$$\log_3(n+1)-1 \leqslant n \leqslant \log_2(n+1)-1$$

所以对于 2-3 树的搜索、插入和删除操作的算法的时间复杂度为 $O(\log_2 n)$。

2-3 树可以扩展成 2-3-4 树。所谓的 2-3-4 树是在 2-3 树的基础上增加三键值结点生成的。从 2-3 树还可以进一步扩展出 B+ 和 B− 树，这是一种文件系统中很有用的树，将在 8.3.4 节详细讨论。

6.6.4 红黑树

红黑树(Red-Black Tree)是 2-3 树的一种二叉树表示法，是另一种应用比较广泛的平衡二叉树。一棵 2-3 树的 3-结点结构，可以转换成红黑树结点，如图 6.41 所示。

显然，2-3 树转换成红黑树后，一定是一棵二叉排序树。

红黑树是一棵二叉树，原来的结点叫"内部"结点，对于一个没有孩子的"内部"结点，就给它一个空结点作为它的孩子，这个空结点叫"外部"结点。外部结点形成了叶子结点。经过这样的处理，可以定义红黑树：

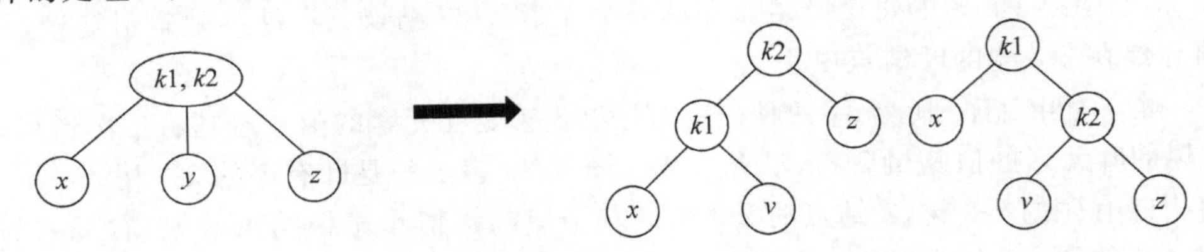

图 6.41　3-结点转换成红黑树结点

(1) 每个结点都带有颜色标记，或标记为红色，或标记为黑色；

(2) 根结点为黑色；

(3) 外结点一定为黑色；

(4) 每个红结点的孩子必定是黑色，但黑结点的孩子不一定是红结点，也可以为黑结点；

(5) 根(包括子树的根)到叶子的每条路径上，标记为黑色的结点数相同。

图 6.42(a)是一棵红黑树。经过处理后的图 6.42(b)是红黑树。但图 6.42(c)不是红黑树，因为它不满足上面定义的(4)(5)两条。

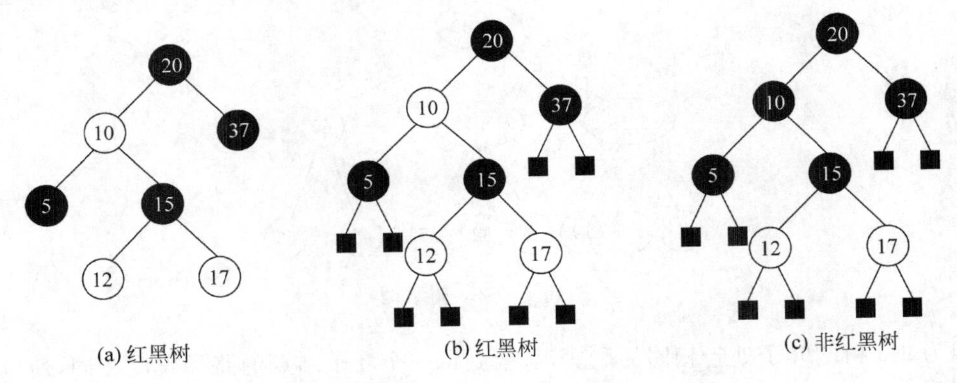

图 6.42　红黑树示例

对于 n 个结点的红黑树，树的高度 h 满足下面的条件

$$h \leqslant 2\log_2(n+1)$$

所以在红黑树进行查找、插入和删除的时间复杂度为$O(\log_2(n))$。

6.6.5 二叉表示树

用二叉树来表示算术运算表达式称为二叉表示树。构造二叉表示树的做法是根据运算的先后次序,把运算式括起来,然后构成二叉表示树。

将算术运算式转换成二叉表示树的规则为:

① 将操作数和操作符按照(左操作数,操作符,右操作数)的形式加上括号,考虑运算的优先次序。如把 $a+b*(c-d)-e/f$ 写成$(a+(b*(c-d)))-(e/f)$。

② 由内层括号开始,操作符是树根,左操作数是左孩子,右操作数是右孩子。

图 6.43 是此表达式的表示树。二叉表示树的特点为

① 树叶一定是操作数。

② 内部结点一定是操作符。

先序遍历此树的结果是:$-+a*b-cd/ef$,这正好是表达式的前序式。

中序遍历此树的结果是:$a+b*(c-d)-e/f$,这正好是表达式的中序式。

后序遍历此树的结果是:$abcd-*+ef/-$,这正好是表达式的后序式。

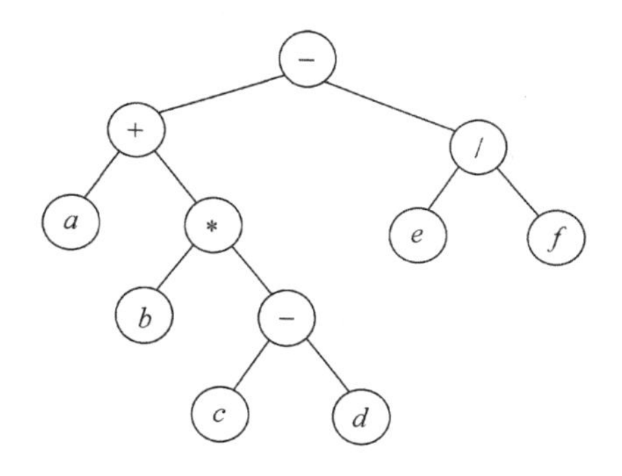

图 6.43 二叉表示树示例

对于二叉表示树,其遍历得到的序列与编译系统中解析算术表达式有密切关系。先序遍历二叉表示树得到的是表达式的前序式,又叫前缀式(Prefix Notation),又叫波兰式(Polish Notation)。中序遍历二叉表示树得到的是中序式。后序遍历二叉表示树得到的是后序式,又叫后缀式(Postfix Notation),又叫逆波兰式(Reverse Polish Notation)。

6.6.6 判定树

程序设计中条件判断语句形成的分支类似于二叉树的分支,因此可以用二叉树表示判断过程,用二叉树表示判定过程形成的树叫判定树。图 6.2 中给出的就是一个三元素排序的判定树。判定树在计算机领域用途非常广泛。进行描述人-机对弈的博弈树,用于体育比赛场次安排的比赛树,用于专家决策支持系统的决策树等,都是判定树实例。

1. 成绩判定树

一个学校为了统计学生的期末考试成绩，已知分数的分布规律如表 6.2 所示，怎样的判断才使计算次数最少。

表 6.2

分数	0—59	60—69	70—79	80—89	90—100
比例数	0.05	0.15	0.40	0.30	0.10

如果根据一般的编程经验，许多编程人员都很容易设计图 6.44(a)的判定过程，这个判定树可以解决问题，但它不是最好的判定过程。最好的判定树的求解是一个求哈夫曼树的过程。图 6.44(b)给出的判定树比图 6.44(a)的好。

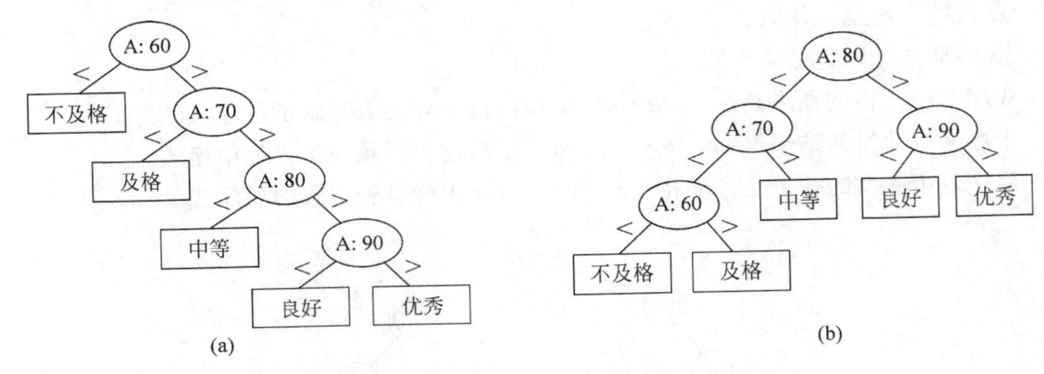

图 6.44 成绩判定树的比较

图 6.44(a)是从一般的判断逻辑构造的判断树，在这棵判断树中，带权路径长度 WPL＝3.15。而图 6.44(b)的 WPL＝2.2，如果学生人数很多，两个判定树的效率差别是非常明显的。这样，发现判定树的设计也是有讲究的，程序设计中应该考虑这个因素。

2. 轻球判定树

这是一个有趣的问题。有 8 个大小一样的彩色球，已经知道其中有 1 个轻球，其余的 7 个一样重，只能用天平称两次，要从中找出轻球。怎样称？类似的问题经常遇见。

解此问题的办法是，从 8 个球中任意选出 6 个，然后在天平的一边放 3 个球，另一边放 3 个球。如果天平是平衡的，说明剩下的 2 个球中有一个是轻球，把剩余的 2 个球放到天平的两边，从而找到轻球，这时称了 2 次。如果天平不平衡，说明轻球在较轻的 3 个球中，从 3 个较轻的球中任意选 2 个，在天平一边放一个，如果平衡，则剩下的一个是轻球，如果不平衡，则已经知道哪个是轻球。

为解决此问题，分别给 8 个球编号 1,2,3,4,5,6,7,8，不失一般性，选 1,2,3 为一组，4,5,6 为另一组，剩下的 7,8 为一组。判定过程描述如图 6.45。

从图 6.45 的分支数来看，从根开始到每个结论的分支数都是 2，所以只需要称两次。

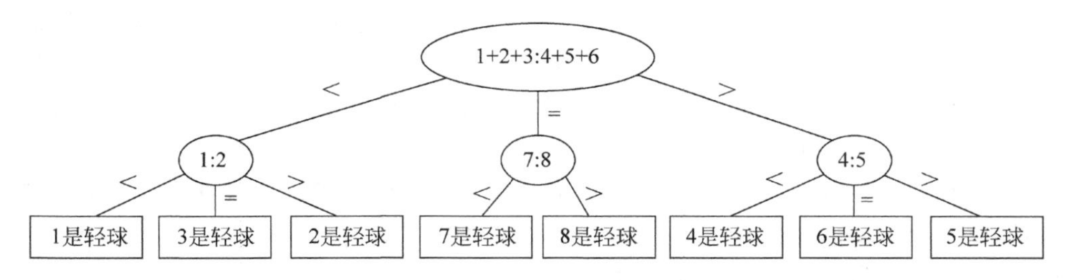

图 6.45　8 球中选 1 轻球的判定树

3. 四皇后问题

四皇后问题是 n-皇后(n-queens)问题的一个简单例子,用树可以表示解决四皇后问题的过程。

在一个 4×4 的棋盘上,安排 4 个皇后,要满足每安排一个皇后,都不能使两个皇后出现在同一行、同一列、同一条对角线上。图 6.46 显示了四皇后问题的一组解。

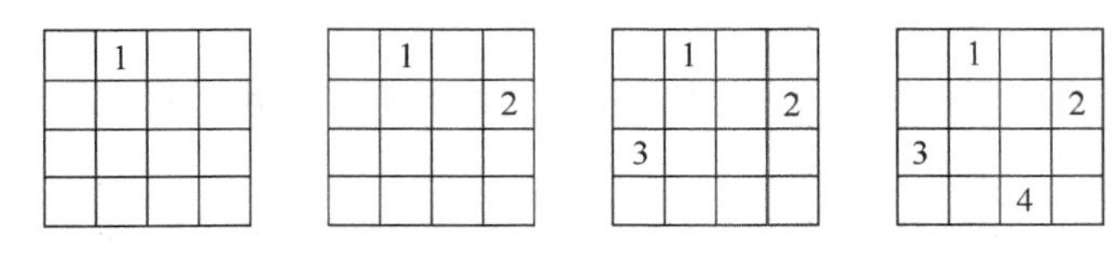

图 6.46　四皇后的一组解

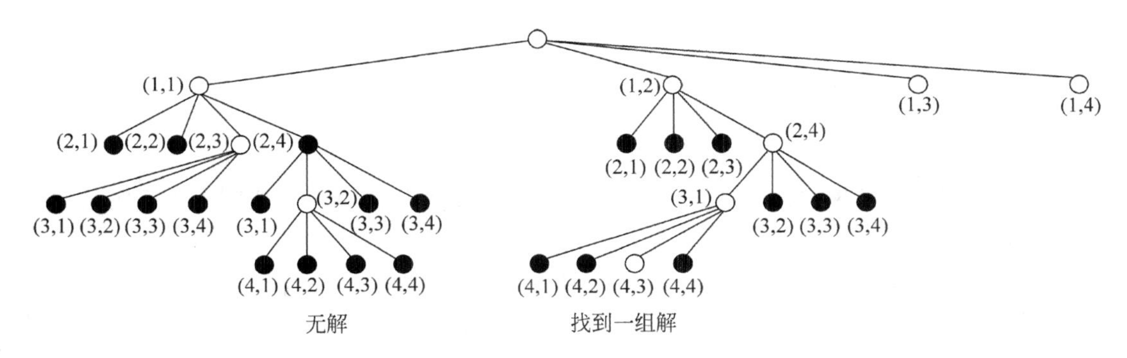

图 6.47　四皇后求解判定树

根据四皇后问题的解题规则,可以画出图 6.47 的判定树。

图 6.47 中给出了图 6.46 中找到四皇后位置解的判定过程。可以完善图 6.47,找到其他的解。请读者自己尝试一下,补充此图,寻找其他的解。

本章小结

本章讨论了树,二叉树,二叉线索树,二叉树、树、森林的转换,哈夫曼树,其他树共 6 节内容。

树是一种非线性结构的数据结构,结点之间存在一对多的关系。树的存储结构有多重链结构、二重链结构、双亲存储结构等几种形式，其中的二重链表示法与二叉树的存储结构相似。树的遍历有先序和后序遍历，遍历的目的是访问结点信息。

二叉树是一种重要的数据结构，具有十分广泛的应用，许多关于树的问题都可以转化为二叉树来处理。二叉树的存储结构是二叉链表示法。二叉树的遍历可以使用递归和非递归两种方法进行，分为先序、中序和后序三种方式。二叉树可以用数组来构造，也可以用先序序列和中序序列来构造。还讨论了二叉树的形态问题。

为了查找二叉树结点的前驱和后继，引入了二叉线索树，讨论了在中序遍历下二叉树线索化的问题。

二叉树不仅可以和树进行转换，还可以转换成森林。

在二叉树的应用中，讨论了哈夫曼树、排序树、平衡树等常用的二叉树的应用。

习题 6

一、简答题

1. 高为 h 的二叉树只有度为 0 和 2 的结点，则此类二叉树的结点数至少是多少？至多是多少？

2. 前序序列和中序序列相同的二叉树是什么样形状？前序序列与后序序列相同的又是什么样的二叉树？

3. 一棵完全二叉树用数组来存储，已知数组如图 6.48 所示，请画出此二叉树。

1	2	3	4	5	6	7	8	9	10	11	12	13
T	A	C	B	D	K	L	G	H	E	P	S	F

图 6.48

4. 对一棵满二叉树，共有 n 个结点，m 片叶子，深度为 h，那么三者之间有关系吗？如果有，请找出它们的关系。

5. 证明非空二叉树中，叶子结点数是度为 2 的结点数加 1。

6. 一棵二叉树的第 $i(i\geqslant 1)$ 层最多有多少个结点？一棵有 $n(n\geqslant 1)$ 个结点的满二叉树共有多少个叶子结点和多少个非叶子结点？

7. 结点数为 m 的二叉树的高度 h 处于什么范围？

8. 一棵有 124 个结点的完全二叉树，最多有多少个结点？

9. 具有 7 个结点的互不相似的树共有多少棵？

10. 具有 7 个结点的互不相似的二叉树共有多少棵？

11. 画出 4 个结点的所有互不相似的二叉树的形态。

12. 假设先序遍历二叉树得到的序列是 $ABCDEFHG$，中序遍历的序列为 $DCBAEGHF$，请画出此二叉树。

13. 假设中序遍历二叉树得到的序列是 $ABCDEFGH$，后序遍历的序列为 $ABFHGEDC$，请画出此二叉树。

14. 已知一棵度为 m 的树中有 n_1 个度为 1 的结点，n_2 个度为 2 的结点，……，n_m 个度

为 m 的结点，问该树中有多少个叶子结点？

15. 给定二叉树的中序和后序遍历序列，能否重构出该二叉树？若能，试证明之，否则给出反例。

16. 任意一个有 n 个结点的二叉树，已知它有 m 个叶子结点，试证明非叶子结点中度数为 2 的结点有 $(m-1)$ 个。

17. 假设二叉树中所有非叶子结点都有左、右子树，则这种二叉树中有 n 个叶子结点的树中共有多少个结点。

18. 画出图 6.27(a)的二叉链表示图，然后画出其转换后的图 6.27(d)的存储结构图，对两者进行比较。

19. 在图 6.49 所示的二叉树中，回答以下问题：

(1) 其中序遍历序列为________；

(2) 其先序遍历序列为________；

(3) 其后序遍历序列为________；

(4) 该树的中序线索二叉树为________；

(5) 在中序线索化中，结点 E 的前驱结点________；

(6) 在中序线索化中，结点 A 的后继结点为________；

(7) 该树的后序线索二叉树为________；

(8) 该二叉树对应的森林________；

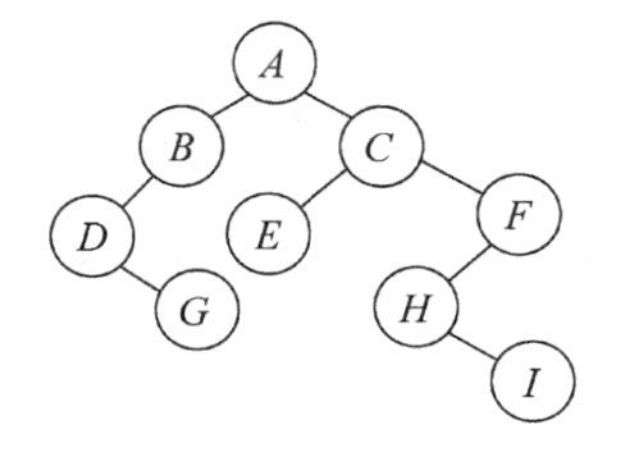

图 6.49

20. 表 6.3 所示的数据给出了在一篇有 19710 个单词的英文中出现的频度最高的 15 个词的出现频度。

表 6.3

词	the	of	a	to	and	in	that	he	is	at	on	for	his	are	be
频度	1192	677	541	518	462	450	242	195	190	181	174	157	138	124	123

(1) 假设一个英文字符等价于 $\log_2 26=4.7010$ 比特，那么这些词以比特计的平均长度是多少？

(2) 假定一篇正文仅由上述数据表中的词组成，那么它们的最佳编码是什么？平均长度 $\sum_{i=1}^{n} w_i l_i$ 是多少？

提示：平均长度 $L=(\log_2 26\sum_{i=1}^{n} f_i l_i)\Big/\sum_{i=1}^{n} f_i$

21. 有一个森林{12,4,7,18,9,13,6,2,5}，请构造一棵哈夫曼树，其带权路径长度是多少？

22. 有一组数为{12,4,7,18,9,13,6,2,5}，请构造一个二叉排序树，并给出此树的先序、中序、后序遍历的序列。

23. 请构造 22 题所给出的数组的平衡二叉树。

24. 画出具有 5 个结点的平衡二叉树的所有互不相似的形状。

25. 有表达式 $A-(B+C/D)*E$，请画出该表达式的二叉表示树，并给出此树的先序、中序、后序遍历的序列。比较这些序列与此表达式的前缀式、中缀式、后缀式的差别。

二、算法分析

1. 编写一个算法，计算二叉树 T 的高度。

2. 假设二叉树采用链式存储方式存储，编写一个前序遍历二叉树的非递归算法。

3. 假设二叉树采用链式存储方式存储，编写一个后序遍历二叉树的非递归算法。

4. 假设二叉树采用链表存储结构，设计一个算法求二叉树中给定结点的层数。

5. 假设二叉树采用链表存储结构，设计一个算法按层次顺序遍历二叉树。

6. 设计一个算法判断两棵二叉树 $t1$ 和 $t2$ 是否相似。所谓相似是指或者 $t1$ 和 $t2$ 均为空二叉树，或者 $t1$ 和 $t2$ 的根结点相似，$t1$ 的左子树与 $t2$ 的左子树相似且 $t1$ 的右子树和 $t2$ 的右子树相似。

7. 设计一个算法判断一棵二叉树是否为完全二叉树。

8. 二叉排序树采用链表存储结构，根指针为 root，设计一个算法输出一棵给定二叉排序树中最大值。

9. 二叉树采用链表存储结构，设计一个算法计算一棵给定二叉树的叶子结点数。

10. 二叉树采用链表存储结构，设计一个算法计算一棵给定二叉树的单孩子结点数。

11. 写出中序遍历二叉树中求结点后继的算法，并以此写出中序遍历线索二叉树的非递归算法。

12. 已知中序线索二叉树采用链表存储结构，链结点的构造为

lbit	lchild	data	rchild	rbit

其中 lbit＝0，则 lchild 指向结点的前驱，否则 lchild 指向左孩子结点；rbit 为 0，则 rchild 指向结点的后继，否则 rchild 为指向右孩子结点，下面的算法返回 x 所指结点的直接后继结点的位置。若该算法有错，则请改正；若无错，则不作任何修改。

```
Insucc (x)
{
  s = x -> rchild;
  if(s -> rbit!= 0)
    while (s -> lbit!= 0)
        s = s -> rchild;
  return s;
}
```

13. 完成图 6.47，找出四皇后问题的其他解。

第7章 图

图(Graph)是一种比线性表和树更为复杂的非线性结构。线性表中结点之间的关系是一对一的，即每个结点仅有一个前驱和一个后继(若存在前驱或后继时)；树是按分层关系组织的结构，树结构中结点之间关系是一对多，即一个双亲可以有多个孩子，每个孩子结点仅有一个双亲；对于图结构，图中结点之间的关系可以是多对多，即一结点和其他结点关系是任意的。由此看出，图、树、表三者之间的关系是：图⊃树⊃表。图结构用于描述各种复杂的数据对象，如绪论中图1.3是我国几个城市之间的直线距离图，从这个图可以演变出很多含义不同的关于该图的应用，如从一个旅行者的角度看，可以把此图作为旅游路线参考，从某个城市到另一个城市可以走最短的路线，也可以绕道走；如从计算机网络的路由器的角度看，可以把该图看成是数据存储转发的路由选择，这是数据在计算机网络传播时必须面对的问题；如果把该图的数据作一些改动，把地名全部抹去，把点到点之间的直线改成有向弧线，圆圈内的数字表示一个工程的若干个子事件的某一个，一个圆圈到另一个圆圈之间的数字表示工程所需的时间或工程费用等，则图1.3就变成了普遍用于工程进度管理的AOE网，如图7.1所示。

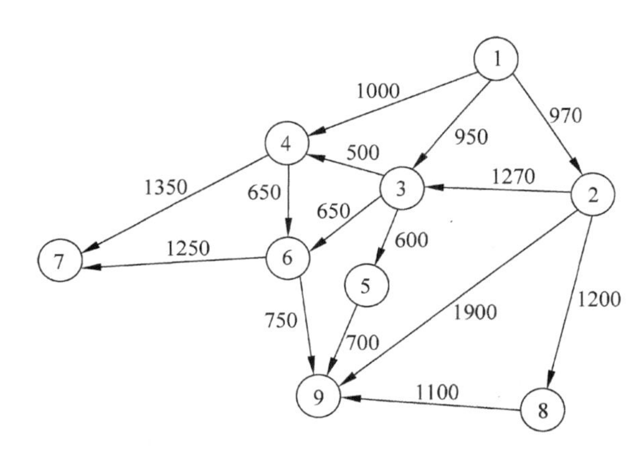

图7.1　描述工程进度的AOE网

图中点与点之间的通路是任意的，即它们任意两个点之间都可以建立联系，如图7.1所示，从①到⑨，可以有如下的序列：①②⑧⑨、①③⑤⑨、①③⑥⑨等多种通路。因此，在系统工程、化学分析、统计力学、遗传学、控制论、计算机的人工智能、编译系统等多个技术领域，均把图结构作为解决问题的数学手段之一。

在本章中，主要是应用图论的理论知识来讨论如何在计算机上表示和处理图，以及如何利用图来解决一些实际问题。

7.1 图的定义与基本术语

7.1.1 图的定义

图(Graph)是由非空的顶点集合V(Vertex)和连接V中两个不同顶点(顶点对)的边的有限集合E(Edge)组成，记为

$$G=(V,E)$$

图7.2给出了一个无向图$G1$的示例，在该图中：

集合$V1=\{v_1,v_2,v_3,v_4\}$；

集合$E1=\{(v_1,v_2),(v_1,v_3),(v_1,v_4),(v_2,v_3),(v_2,v_4),(v_3,v_4)\}$。

7.1.2 图的基本术语

(1) 无向图。在一个图中，如果任意两个顶点无序，即顶点之间的连线是没有方向的，则称该图为无向图。如图7.2所示是一个无向图$G1$。

(2) 有向图。在一个图中，如果任意两个顶点有序，即顶点之间的连线是有方向的，则称该图为有向图。如图7.3所示是一个有向图$G2$：

$$G2=(V2,E2)$$
$$V2=\{v_1,v_2,v_3,v_4\}$$
$$E2=\{<v_1,v_2>,<v_1,v_3>,<v_2,v_4>,<v_3,v_2>,<v_3,v_4>\}$$

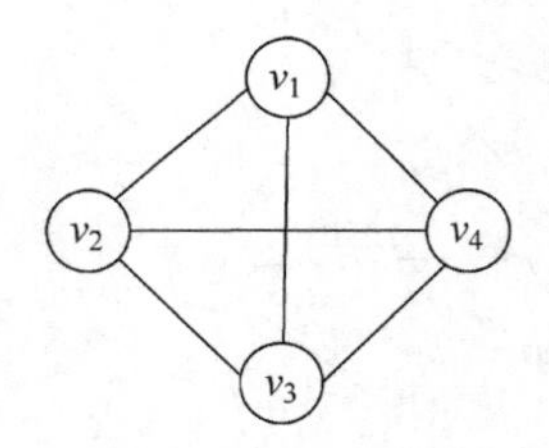

图7.2 无向图$G1$

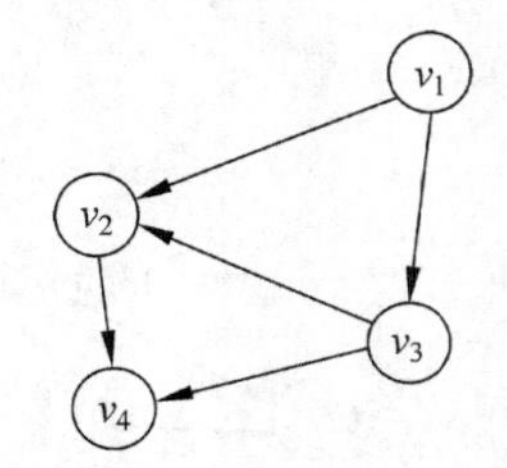

图7.3 有向图$G2$

(3) 顶点、边、弧、弧头、弧尾。图中，数据元素v_i称为顶点(*Vertex*)；$P(v_i, v_j)$表示在顶点v_i和顶点v_j之间有一条直接连线。如果是在无向图中，则称这条连线为边；如果是在有向图中，称这条连线为弧。边用顶点的无序偶对(v_i, v_j)来表示，称顶点v_i和顶点v_j互为邻接点，边(v_i, v_j)依附于顶点v_i与顶点v_j；弧用顶点的有序偶对$<v_i, v_j>$来表示，有序偶对的第一个结点v_i为始点(或弧尾)，在图中就是不带箭头的一端；有序偶对的第二个结点v_j称为终点(或弧头)，在图中就是带箭头的一端。

(4) 无向完全图。在一个无向图中，如果任意两顶点都有一条直接边相连接，则称该图为无向完全图。可以证明，在一个含有n个顶点的无向完全图中，有$n(n-1)/2$条边。

(5) 有向完全图。在一个有向图中，如果任意两顶点之间都有方向互为相反的两条弧相连接，则称该图为有向完全图。在一个含有 n 个顶点的有向完全图中，有 $n(n-1)$ 条弧。

(6) 稠密图、稀疏图。若一个图接近完全图称为稠密图；称边数很少的图为稀疏图。

(7) 顶点的度、入度、出度。一个顶点的度(Degree)是指与某顶点 v 相关联的边的数目，记为 TD (v)。在有向图中，要区别顶点的入度与出度的概念。顶点 v 的入度是指以顶点为终点的弧的数目。记为 ID (v)；顶点 v 的出度是指以顶点 v 为始点的弧的数目，记为 OD(v)。在有向图中，顶点的度等于该顶点的入度与出度之和。TD(v)＝ID (v)＋OD (v)。

在 $G2$ 中有：

$\mathrm{ID}(v_1)=0 \quad \mathrm{OD}(v_1)=2 \quad \mathrm{TD}(v_1)=2$

$\mathrm{ID}(v_2)=2 \quad \mathrm{OD}(v_2)=1 \quad \mathrm{TD}(v_2)=3$

$\mathrm{ID}(v_3)=1 \quad \mathrm{OD}(v_3)=2 \quad \mathrm{TD}(v_3)=3$

$\mathrm{ID}(v_4)=2 \quad \mathrm{OD}(v_4)=0 \quad \mathrm{TD}(v_4)=2$

可以证明，对于具有 n 个顶点、e 条边的图，顶点 v_i 的度 TD (v_i) 与顶点的个数以及边的数目满足关系：

$$e=\frac{1}{2}\sum_{i=1}^{n}\mathrm{TD}(v_i)$$

(8) 边的权、网图。与边有关的数据信息称为权(Weight)。在实际应用中，权值可以有某种含义。例如城市交通线路图中，边上的权值可以表示该条线路的长度或者等级；对于电子线路图，边上的权值可以表示两个端点之间的电阻、电流或电压值；对于反映工程进度的图，边上的权值可以表示从前一个工程到后一个工程所需要的时间等。边上带权的图称为网图或网络(Network)。如图 7.4 所示，就是一个无向网图。如果边是有方向的带权图，它就是一个有向网图。

(9) 路径、路径长度。顶点 v_p 到顶点 v_q 之间的路径(Path)是指顶点序列 $v_p, v_{i_1}, v_{i_2}, \cdots, v_{i_m}, v_q$。其中，$(v_p, v_{i_1}), (v_{i_1}, v_{i_2}), \cdots, (v_{i_m}, v_q)$ 分别为图中的边。路径上边的数目的和称为路径长度。图 7.2 所示的无向图 $G1$ 中，$v_1 \to v_2 \to v_3 \to v_4$ 与 $v_1 \to v_4$ 是从顶点 v_1 到顶点 v_4 的两条路径，路径长度分别为 3 和 1。

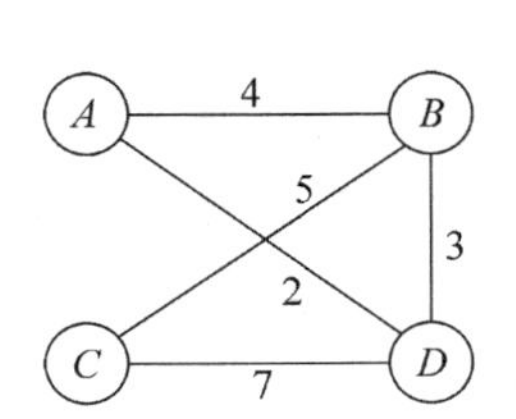

图 7.4　一个无向网图示意

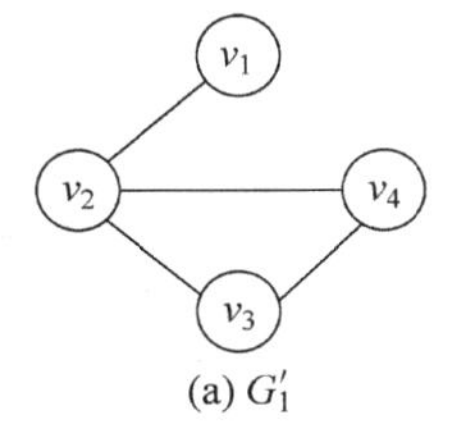

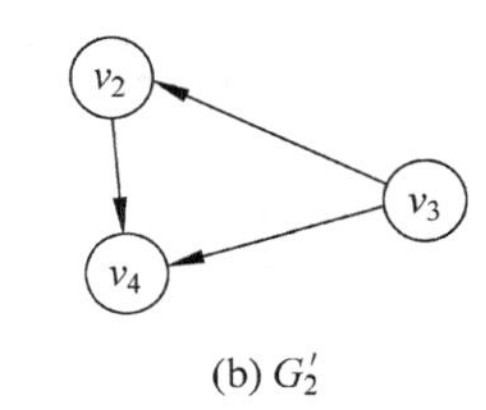

图 7.5　图 $G1$ 和 $G2$ 的两个子图示意

(10) 回路、简单路径、简单回路。第一个顶点和最后一个顶点相同的路径称为回路或者环(Cycle)。序列中顶点不重复出现的路径称为简单路径。起点和终点相同的简单路径称为简单回路。

(11) 子图。对于图 $G=(V,E)$，$G'=(V',E')$，若存在 V' 是 V 的子集，E' 是 E 的子集，则称图 G' 是 G 的一个子图。图 7.5 所示是 $G1$ 和 $G2$ 的两个子图 G_1' 和 G_2'。

(12) 连通的、连通图、连通分量。在无向图中，如果从一个顶点 v_i 到另一个顶点 v_j $(i\neq$

j)有路径，则称顶点 v_i 和 v_j 是连通的。如果图中任意两顶点都是连通的，则称该图是连通图。无向图的极大连通子图称为连通分量。图 7.6 (a) 中的 $G3$ 有两个连通分量，如图 7.6 (b)所示。

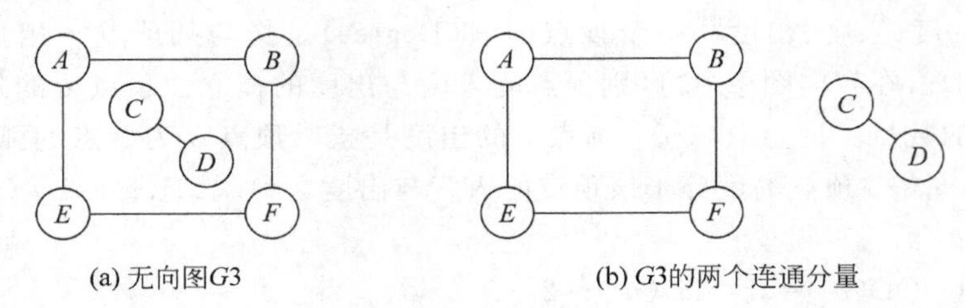

图 7.6　无向图 $G3$ 及其连通分量示意

(13) 强连通图、强连通分量。对于有向图来说，若图中任意一对顶点 v_i 和 v_j $(i \neq j)$ 既有从一个顶点 v_i 到另一个顶点 v_j 的路径，也有从 v_j 到 v_i 的路径，则称该有向图是强连通图。有向图的极大强连通子图称为强连通分量。

(14) 生成树。所谓连通图 G 的生成树，是 G 的包含其全部 n 个顶点的一个极小连通子图。它必定包含且仅包含 G 的 $n-1$ 条边。

(15) 生成森林。在非连通图中，由每个连通分量都可得到一个极小连通子图，即一棵生成树。这些连通分量的生成树就组成了一个非连通图的生成森林。

7.2　图的存储结构

在计算机处理图的问题时，首先要把图的各顶点间的连接关系输给计算机，以便计算机进行运算，那么就需要采用计算机容易接受和处理的数据结构来表示图。

从图的定义可知，一个图的信息包括两部分，即图中顶点的信息以及描述顶点之间的关系——边或者弧的信息。因此无论采用什么方法建立图的存储结构，都要完整、准确地反映这两方面的信息。图的存储方法有很多，下面介绍几种常用的图存储结构。

7.2.1　邻接矩阵

所谓邻接矩阵(Adjacency Matrix)的存储结构，就是用一维数组存储图中顶点的信息，用矩阵表示图中各顶点之间的邻接关系。假设图 $G=(V,E)$ 有 n 个确定的顶点，即 $V=\{v_0,v_1,\cdots,v_{n-1}\}$，则表示 G 中各顶点相邻关系为一个 $n\times n$ 的矩阵，矩阵的元素为

$$A[i][j]=\begin{cases}1 & \text{若}(v_i,v_j)\text{ 或 }<v_i,v_j>\text{ 是 }E(G)\text{ 中的边}\\ 0 & \text{若}(v_i,v_j)\text{ 或 }<v_i,v_j>\text{ 不是 }E(G)\text{ 中的边}\end{cases}$$

若 G 是网图，则邻接矩阵可定义为

$$A[i][j]=\begin{cases}w_{ij} & \text{若}(v_i,v_j)\text{ 或 }<v_i,v_j>\text{ 是 }E(G)\text{ 中的边}\\ \infty & \text{若}(v_i,v_j)\text{ 或 }<v_i,v_j>\text{ 不是 }E(G)\text{ 中的边}\end{cases}$$

式中，w_{ij} 表示边 (v_i,v_j) 或 $<v_i,v_j>$ 上的权值；∞ 表示一个计算机允许的、大于所有边上权值的数。

用邻接矩阵表示无向图 $G4$ 如图 7.7 所示，用邻接矩阵表示网图 $G5$ 如图 7.8 所示。

图 7.7　无向图 $G4$ 及其邻接矩阵

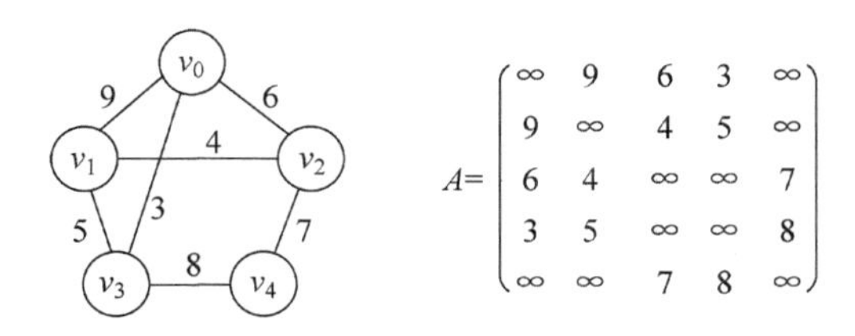

图 7.8　网图 $G5$ 及其邻接矩阵

邻接矩阵法的特点：

(1) 无向图的邻接矩阵一定是对称矩阵。可采用特殊矩阵的压缩存储法，即只存储其上三角(或下三角)矩阵的元素即可，这样，一个具有 n 个顶点的无向图 G，它的邻接矩阵需要 $n(n-1)/2$ 个存储空间。而有向图中的弧是有方向的，其邻接矩阵不一定是对称矩阵，对于有向图的邻接矩阵的存储则需要 $n\times n$ 个存储空间。

(2) 无向图邻接矩阵的第 i 行(或第 i 列)非零元素(或非∞元素)的个数正好是第 i 个顶点的度 $\mathrm{TD}(v_i)$。

(3) 有向图邻接矩阵的第 i 行(或第 i 列)非零元素(或非∞元素)的个数正好是第 i 个顶点的出度 $\mathrm{OD}(v_i)$(或入度 $\mathrm{ID}(v_i)$)。

(4) 用邻接矩阵方法存储图，很容易确定图中任意两个顶点之间是否有边相连。但是，要确定图中有多少条边，则必须按行、按列对每个元素进行检测，所花费的时间代价很大。这是用邻接矩阵存储图的局限性。

在用邻接矩阵存储图时，用一个二维数组存储用于表示顶点间相邻关系的邻接矩阵，再用一维数组来存储顶点信息，另外还有图的顶点数和边数。其形式描述如下。

定义 7.1

```
#define INFINITY    INT_MAX                       /* 用整型最大值代替∞ */
#define MAX_VERTEX_NUM 100                        /* 最大顶点个数 */
typedef int VRType;                               /* 顶点关系的数据类型 */
typedef char VertexType[MAX_NAME];                /* 顶点数据类型及长度 */
/* 邻接矩阵的数据结构 */
typedef struct
{  VRType adj;
        /* 顶点关系类型.对无权图,用1(是)或0(否)表示相邻否; 对带权图,则为权值类型 */
  }AdjMatrix[MAX_VERTEX_NUM][MAX_VERTEX_NUM];
/* 图的数据结构 */
typedef struct
{  VertexType vexs[MAX_VERTEX_NUM];               /* 顶点向量 */
```

```
    AdjMatrix arcs;                                 /* 邻接矩阵 */
    int vexnum,                                     /* 图的当前顶点数 */
        arcnum;                                     /* 图的当前边数 */
    GraphKind kind;                                 /* 图的种类标志 */
}MGraph;                                            /* MGraph 是以邻接矩阵存储的图类型 */
```

建立一个图的邻接矩阵存储是将该图的顶点数据，两个顶点的边值输入到邻接矩阵中。对于无向图，边值赋为 1；对于有向图，边值赋实际值。当两个顶点无边时，对于无向图，则赋给边值为 0；对于有向图，则赋给边值为一个较大的数。建立有向图的算法描述如下：

算法 7.1 图的邻接矩阵存储算法

```
/* 若 G 中存在顶点 u,则返回该顶点在图中位置;否则返回 - 1. */
int LocateVex(MGraph G,VertexType u)
{  int i;
   for(i = 0; i < G.vexnum; ++i)
   if( strcmp(u, G.vexs[i]) == 0) return i;
   return -1;
}
int CreateDN(MGraph *G)                                  /* 建立有向图 G 的邻接矩阵存储 */
{   int i,j,k,w;
    VertexType va,vb;
    scanf("%d%d",&(*G).vexnum, &(*G).arcnum);            /* 输入有向网 G 的顶点数、弧数 */
    for(i = 0;i<(*G).vexnum;++i)                         /* 构造顶点向量 */
      scanf("%s",(*G).vexs[i]);
    for(i = 0;i<(*G).vexnum;++i)                         /* 初始化邻接矩阵 */
    for(j = 0;j<(*G).vexnum;++j)
      { (*G).arcs[i][j].adj = INFINITY;}                 /* 网,边的权值初始化为无穷大 */
    for(k = 0;k<(*G).arcnum;++k)
    {       scanf("%s%s%d",va,vb,&w);                    /* 输入弧尾、弧头、权值 */
            i = LocateVex(*G,va);
            j = LocateVex(*G,vb);
            (*G).arcs[i][j].adj = w;                     /* 有向网,弧的权值为 w */
    }
  return 1;
}
```

该算法的时间复杂度是 $O(n^2)$。

7.2.2 邻接表

邻接表(Adjacency List)是图的一种链式存储结构。邻接表只存储相邻接的信息，而对不相邻接的顶点则不保留信息，克服了邻接矩阵对于稀疏图会造成存储空间浪费的缺点。对于图 G 中的每个顶点 v_i，将所有邻接于 v_i 的顶点 v_j 链成一个单链表，这个单链表就称为顶点 v_i 的邻接表，再将所有点的邻接表表头放到数组中，就构成了图的邻接表。在邻接表中有两种结点结构，如图 7.9 所示。

一种是顶点表的结点结构，它由顶点域(vertex)和指向第一条邻接边的指针域(firstedge)构成，另一种是邻接表结点结构，它由邻接点域(adjvex)和指向下一条邻接边的指针域(next)构成。对于网图的边表需再增设一个存储边上信息(如权值等)的域(info),网图的边表结构如图 7.10 所示。

顶点域	边表头指针
vertex	firstedge

顶点表结点

邻接点域	指针域
adjvex	next

邻接表结点

图 7.9 邻接表结构

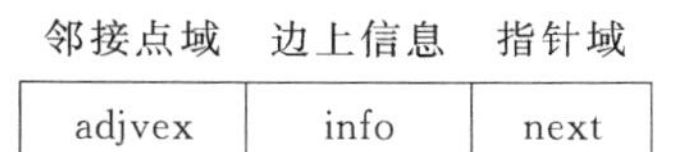

图 7.10 网图的边表结构

图 7.11 给出无向图 $G4$(见图 7.7)对应的邻接表。

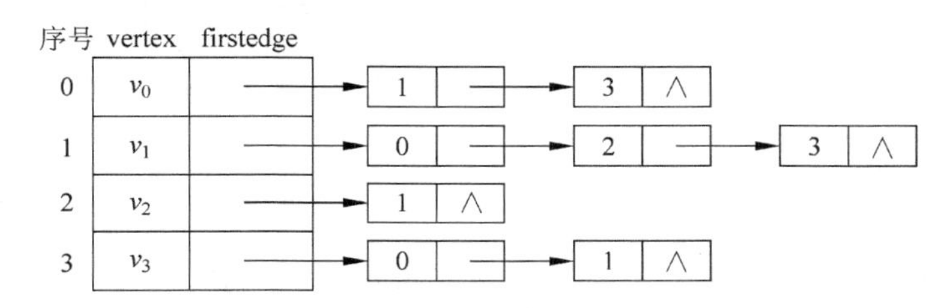

图 7.11 无向图 $G4$ 的邻接表

邻接表的形式描述如下:

定义 7.2

```
#define MaxVerNum 1000                        /* 最大顶点数为 1000 */
typedef int VRType;                            /* 顶点关系的数据类型 */
typedef char VertexType[MAX_NUM];              /* 顶点数据类型及长度 */
 typedef struct node{                          /* 邻接表结点 */
      int adjvex;                              /* 邻接点域 */
      struct node  * nextarc;                  /* 指向下一个邻接点的指针域 */
                                               /* 若要表示边上信息,则应增加一个数据域 info */
     }ArcNode, * ArcLink;
 typedef struct vnode{                         /* 顶点表结点 */
      VertexType vertexdata;                   /* 顶点域 */
      EdgeNode  * firstarc;                    /* 边表头指针 */
     }VertexNode;
 typedef VertexNode AdjList[MaxVertexNum];/* AdjList 是邻接表类型 */
 typedef struct{
     AdjList adjlist;                          /* 邻接表 */
     int vexnum,                               /* 图的当前顶点数 */
         arcnum;                               /* 图的当前边数 */
    }ALGraph;                                  /* ALGraph 是以邻接表方式存储的图类型 */
```

建立一个有向图的邻接表存储,首先建立邻接表的顶点表结构,输入顶点域值 vertex,指针 firstedge 赋值为空 NULL,然后建立边表结点 s,其值为顶点号,指向顶点表指针

firstedge 指向的结点。算法为：

算法 7.2 图的邻接链表存储算法

```
void CreateALGraph(ALGraph *G)                          /* 建立有向图的邻接表存储 */
 {    int i,j,k;
      ArcNode * s;
      printf("请输入顶点数和边数：\n");
      scanf(" %d, %d",&(G->vexnum),&(G->arcnum));     /* 读入顶点数和边数 */
      printf("请输入顶点信息：\n");
      for (i=0;i<G->vexnum;i++)                        /* 建立有 n 个顶点的顶点表 */
      {   scanf("\n%c",&(G->adjlist[i].vertexdata)); /* 读入顶点信息 */
         G->adjlist[i].firstarc=NULL;                  /* 顶点的边表头指针设为空 */
      }
      printf("请输入边的信息：\n");
      for (k=0;k<G->arcnum;k++)                        /* 建立边表 */
      { scanf("\n%d, %d",&i,&j);                       /* 读入边<Vi,Vj>的顶点对应序号 */
       s=(ArcNode*)malloc(sizeof(ArcNode));            /* 生成新边表结点 s */
       s->adjvex=j;                                    /* 邻接点序号为 j */
       s->nextarc=G->adjlist[i].firstarc; /* 将新边表结点 s 插入到顶点 Vi 的边表头部 */
       G->adjlist[i].firstarc=s;
      }
 }/* CreateALGraph */
```

若无向图中有 n 个顶点、e 条边，则它的邻接表需 n 个头结点和 $2e$ 个表结点。显然，在边稀疏（$e<<n(n-1)/2$）的情况下，用邻接表表示图比邻接矩阵所需的 $n(n-1)/2$ 节省存储空间，当和边相关的信息较多时更是如此。

在无向图的邻接表中，顶点 v_i 的度恰为第 i 个链表中的结点数；而在有向图中，第 i 个链表中的结点个数只是顶点 v_i 的出度，要想求得该顶点的入度，必须遍历整个邻接表。在所有链表中其邻接点域的值为 i 的结点的个数是顶点 v_i 的入度。可见，对于用邻接表方式存储的有向图，求顶点的入度并不方便，它需要扫描整个邻接表才能得到结果。对此，可建立一个有向图的逆邻接表，对每一顶点 v_i 建立一个逆邻接表，即对每个顶点 v_i 建立一个以该顶点为弧头的链接表，逆邻接表表示一个顶点的入度，如图 7.12 所示为有向图 $G2$（图 7.3）的邻接表和逆邻接表。

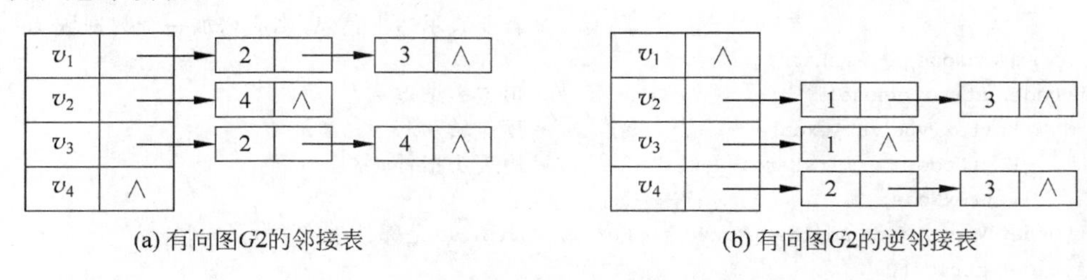

(a) 有向图G2的邻接表　　(b) 有向图G2的逆邻接表

图 7.12　有向图 $G2$ 的邻接表和逆邻接表

在建立邻接表或逆邻接表时，若输入的顶点信息为顶点的编号，则建立邻接表的复杂度为 $O(n+e)$，否则，需要通过查找才能得到顶点在图中位置，则时间复杂度为 $O(n*e)$。

在邻接表上容易找到任一顶点的第一个邻接点和下一个邻接点，但要判定任意两个顶点（v_i 和 v_j）之间是否有边或弧相连，则需搜索第 i 个或第 j 个链表，因此没有邻接矩阵方便。

7.3 图的遍历和图的连通分量

图的遍历是指从图中的任一顶点出发,对图中的所有顶点访问一次且只访问一次。图的遍历操作和树的遍历操作功能相似。图的遍历是图的一种基本操作,它是求解图的连通性问题、拓扑排序和关键路径等算法的基础。

图的遍历比起树的遍历要复杂得多,这是因为图中的任一顶点都可能和其余顶点相邻接,故在访问了某个顶点之后,可能顺着某条回路又回到了该顶点。为了避免重复访问同一个顶点,必须记住每个顶点是否被访问过。为此,标志数组 visited[n],其初值为"False",一旦某个顶点被访问,则置相应的分量为"True"。如果顶点 v_i 的 visited[v_i]为 false,则进行图的遍历。

对于图的遍历,通常有两种方法,即深度优先搜索遍历和广度优先搜索遍历。两种遍历方法对无向图和有向图均适用。

7.3.1 深度优先搜索遍历

所谓的深度优先搜索遍历 DFS(Depth-First Search)是指按照深度方向搜索,它类似于树的先序遍历,是树的先序遍历的推广。

深度优先搜索遍历的基本思想是：从图中某个顶点 v_i 出发,首先访问此顶点 v_i,并将其标记为已访问过；然后依次从 v_i 出发搜索 v_i 的每个邻接点 v_j,若 v_j 未曾访问过,则以 v_j 为新的出发点继续进行深度优先遍历,直至图中所有和顶点 v_i 有路径相通的顶点均已被访问为止；若此时图中仍有未访问的顶点,则另选一个尚未访问的顶点作为新的源点重复上述过程,直至图中所有顶点均被访问为止。显然,这是一个递归的搜索过程。

图 7.13 给出了无向图 $G6$ 的深度优先搜索遍历的过程,其中实箭头代表访问方向,虚箭头代表回溯方向,箭头旁边的数字代表搜索顺序,首先访问起始结点 v_0,然后按图中序号对应的顺序进行深度优先搜索遍历。

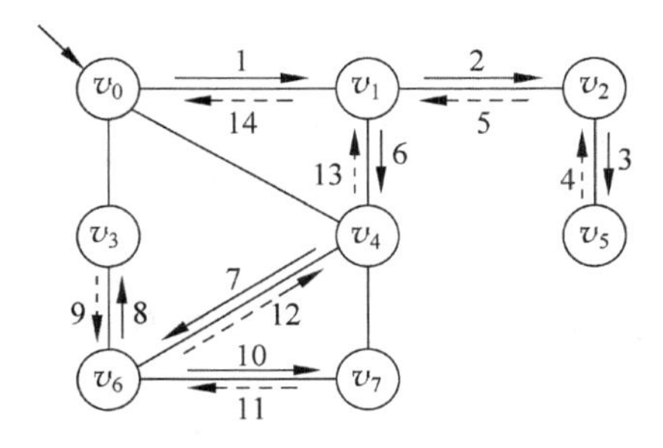

图 7.13 无向图 $G6$ 的深度优先搜索遍历过程

(1) 结点 v_0 的未访邻接点有 v_1、v_3、v_4,首先访问 v_0 的第一个未访邻接点 v_1；

(2) 结点 v_1 的未访邻接点有 v_2、v_4,首先访问 v_1 的第一个未访邻接点 v_2；

(3) 结点 v_2 的未访邻接点只有 v_5,访问 v_5；

(4) 结点 v_5 没有未访邻接点,回溯到 v_2；

(5) 结点 v_2 已没有未访邻接点，回溯到 v_1；

(6) 结点 v_1 的未访邻接点只剩下 v_4，访问 v_4；

(7) 结点 v_4 的未访邻接点只剩下 v_6，访问 v_6；

(8) 结点 v_6 的未访邻接点有 v_3、v_7，首先访问 v_6 的第一个未访邻接点 v_3；

(9) 结点 v_3 已没有未访邻接点，回溯到 v_6；

(10) 结点 v_6 的未访邻接点只剩下 v_7，访问 v_7；

(11) 结点 v_7 已没有未访邻接点，回溯到 v_6；

(12) 结点 v_6 已没有未访邻接点，回溯到 v_4；

(13) 结点 v_4 已没有未访邻接点，回溯到 v_1；

(14) 结点 v_1 已没有未访邻接点，回溯到 v_0；

至此，深度优先搜索过程结束，相应的访问序列为 v_0、v_1、v_2、v_5、v_4、v_6、v_3、v_7。

图 7.13 中所有结点，加上标有实箭头的边，构成一棵以 v_0 为根的树，称为深度优先搜索树，如图 7.14(a)所示，它有助于理解搜索、访问和回溯的过程。

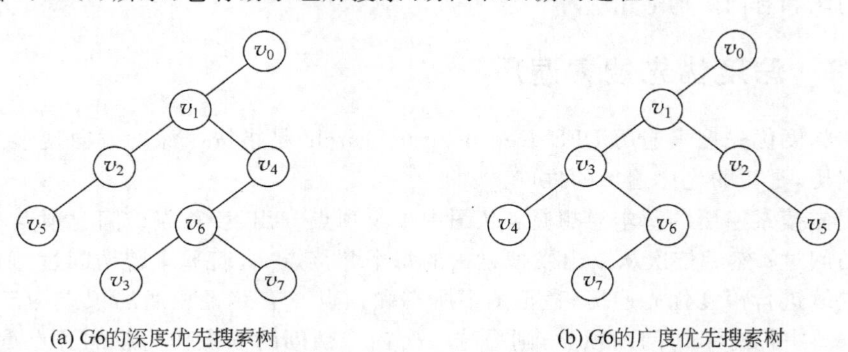

(a) G6的深度优先搜索树　　(b) G6的广度优先搜索树

图 7.14　无向图 G6 的深度优先搜索树和广度优先搜索树

图的深度优先搜索遍历算法描述如下：

算法 7.3　图的深度优先搜索遍历算法

```
#define True  1
#define False  0
int visited[MAX_VERTEX_NUM];              /* 标志数组 */
void TraverseGraph (Graph g)              /* 深度优先搜索,Graph 表示图的任一种存储结构 */
{for (vi = 0;vi < g.vexnum;vi++)
    visited[vi] = False ;                 /* 标志数组初始化 */
for( vi = 0;vi < g.vexnum;vi++)           /* 调用深度遍历连通子图的操作 */
   if (!visited[vi] )
      DepthFirstSearch(g,vi);
}                                         /* TraverseGraph */
```

算法 7.4　邻接矩阵方式实现深度优先搜索遍历

```
void DepthFirstSearch(MGraph g, int v0)   /* 图 g 为邻接矩阵类型 MGraph */
{    visit(v0);                           /* 访问 v0 */
     visited[v0] = True;
     for ( vj = 0;vj < vexnum;vj++)       /* 依次搜索 vi 的邻接点 */
```

```
        if (!visited[vj] && g.arcs[v0][vj].adj == 1)
            DepthFirstSearch(g,vj);          /* 顶点 vj 作为新出发点 */
}/* DepthFirstSearch */
```

算法 7.5 邻接表方式实现深度优先搜索遍历

```
void  DepthFirstSearch(ALGraph g, int v0) /* 图 g 为邻接表类型 ALGraph */
{   visit(v0);
    visited[v0] = True;
    p = g.AdjList[v0].firstarc;
    while( p!= NULL )
    {   if(!visited[p->adjvex])
        DepthFirstSearch(g,p->adjvex);
        p = p->nextarc;
    }
}/* DepthFirstSearch */
```

以邻接表作为存储结构，查找每个顶点的邻接点的时间复杂度为 $O(e)$，其中 e 是无向图中的边数或有向图中的弧数，则深度优先搜索图的时间复杂度为 $O(n+e)$。

7.3.2 广度优先搜索遍历

所谓广度优先搜索遍历 BFS(Breadth-First Search)是指按照广度方向搜索，它类似于树的按层次遍历，是树的按层次遍历的推广。

广度优先搜索遍历的基本思想：从图中某个顶点 v 出发，在访问了 v 之后依次访问 v 的各个未曾访问过的邻接点，然后分别从这些邻接点出发依次访问它们的邻接点，并使“先被访问的顶点的邻接点”先于“后被访问的顶点的邻接点”被访问，直至图中所有已被访问的顶点的邻接点都被访问到。若图中尚有顶点未被访问，则另选图中一个未被访问的顶点作起始点，重复上述过程，直至图中所有顶点都被访问到为止。

图 7.15 给出了图 $G6$ 的广度优先搜索遍历过程。其中箭头代表搜索方向，箭头旁的数字代表搜索顺序，v_0 为起始结点。首先访问 v_0，然后按图中序号对应的顺序进行广度优先搜索遍历。

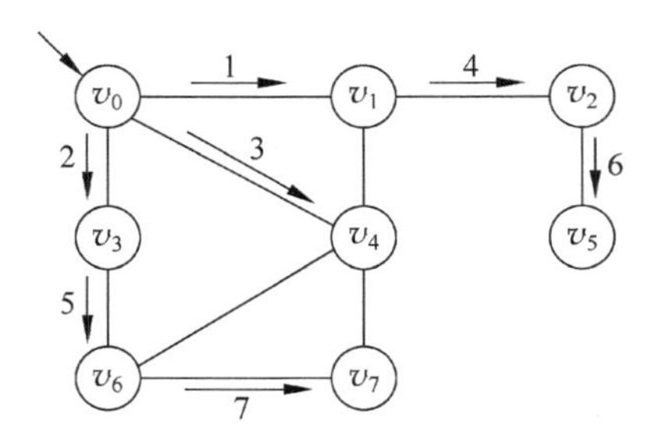

图 7.15 无向图 $G6$ 的广度优先搜索遍历过程

(1) 结点 v_0 的未访邻接点有 v_1、v_3、v_4，首先访问 v_0 的第一个未访邻接点 v_1。

(2) 访问 v_0 的第二个未访邻接点 v_3。

(3) 访问 v_0 的第三个未访邻接点 v_4。

(4) 由于 v_1 在 v_3、v_4 之前被访问，故接下来应访问 v_1 的未访邻接点。v_1 的未访邻接点只

有 v_2，所以访问 v_2。

(5) 由于 v_3 在 v_4、v_2 之前被访问，故接下来应访问 v_3 的未访邻接点。v_3 的未访邻接点只有 v_6，所以访问 v_6。

(6) 由于 v_4 在 v_2、v_6 之前被访问，故接下来应访问 v_4 的未访邻接点。v_4 没有未访邻接点，所以直接考虑在 v_4 之后被访问的结点 v_2，即接下来应访问 v_2 的未访邻接点。v_2 的未访邻接点只有 v_5，所以访问 v_5。

(7) 由于 v_6 在 v_5、v_7 之前被访问，故接下来应访问 v_6 的未访邻接点。v_6 的未访邻接点只有 v_7，所以访问 v_7。

至此，广度优先搜索过程结束，相应的访问序列为：v_0、v_1、v_3、v_4、v_2、v_6、v_5、v_7。

沿图 7.15 中实线箭头遍历所有顶点，可以构成一棵以 v_0 为根的树，称为广度优先搜索树，参考图 7.14(b)。

在遍历过程中需设辅助队列 QUEUE，以实现要求：如果 V_i 和 V_k 为当前端结点，且 V_i 在 V_k 之前被访问，则 V_i 的所有未被访问的邻接点应在 V_k 的所有未被访问的邻接点之前访问。

算法 7.6 广度优先搜索算法

```
int visited[MAX_VEXTEX_NUM] = {0,0,0,0,0,0,0,0,0};
/*在遍历过程中设立访问标志数组 visited[],一旦某个顶点被访问,则置相应元素为 1 */
typedef struct{
 int queuemem[MAX_QUEUEMEM];
 int header,rear;}QUEUE;
void InitQueue(QUEUE *queue)
{    queue->header = 0;   queue->rear = 0;}
void EnQueue(QUEUE *queue,int v)
{    queue->queuemem[queue->rear] = v;   queue->rear++;}
int DelQueue(QUEUE *queue)
{   return queue->queuemem[queue->header++];   }
int EmptyQueue(QUEUE *queue)
{   if(queue->header == queue->rear)    return 1;
    return 0;
  }
void BFSTraverse(ALGraph * G)                                 /*广度优先搜索*/
{  int i,w;   ArcNode * p;   QUEUE queue;
   InitQueue(&queue);                                         /*初始化空队列*/
   for(i = 0;i < MAX_VEXTEX_NUM;i++){ visited[i] = 0;}        /*访问标志数组初始化*/

   for(i = 0;i < MAX_VEXTEX_NUM;i++)
   {   if(visited[i] == 0)
       {  visited[i] = 1;
          EnQueue(&queue,i);
          while(!EmptyQueue(&queue))
          {   w = DelQueue(&queue);
              p = G->adjlist[w].firstarc;
              while(p != NULL)
              {  w = p->adjvex;
                 if(visited[w] == 0)
                  {   visited[w] = 1;printf("[ %d] -> ",w);
                      EnQueue(&queue,w);  }
```

```
        p = p->nextarc;                         /*求下一个邻接点*/
}}}}}
```

分析算法7.8，图中每个顶点至多入队一次，因此外循环次数为n。当图G采用邻接表方式存储，则当结点v出队后，内循环次数等于结点v的度。对访问所有顶点的邻接点的总的时间复杂度为$O(d_0+d_1+d_2+\cdots+d_{n-1})=O(e)$，因此图采用邻接表方式存储，广度优先搜索算法的时间复杂度为$O(n+e)$；当图G采用邻接矩阵方式存储，由于找每个顶点的邻接点时，内循环次数等于for循环次数$(n-1)$，因此邻接矩阵存储图时，广度优先搜索遍历算法的时间复杂度为$O(n^2)$。

7.3.3 非连通图的遍历

在对无向图进行遍历时，对于连通图，无论是广度优先搜索还是深度优先搜索，仅需要调用一次搜索过程，即从任一个顶点出发，便可以遍历图中的所有顶点。对于非连通图，则需从多个顶点出发进行搜索，而每一次从一个新的起始点出发进行搜索过程中得到的顶点访问序列恰为其各个连通分量中的顶点集。

例如，图7.16(a)是一个非连通无向图$G7$，按照它的邻接表进行深度优先搜索遍历，3次调用Depth-First-Search过程得到的访问顶点序列为：

1,2,4,3,9

5,6,7

8,10

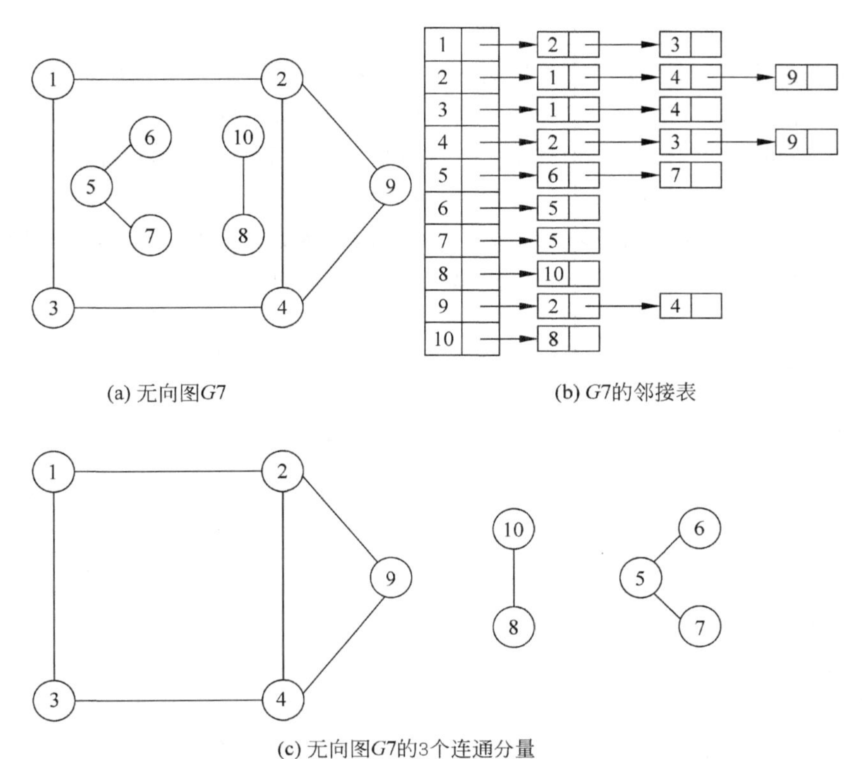

图7.16 图$G7$及其连通分量

我们可利用图的遍历过程来判断一个图是否连通。如果在遍历的过程中，不止一次调用搜索过程，则说明该图就是一个非连通图。几次调用搜索过程，该图就有几个连通分量。

7.4 最小生成树

生成树设 $G=(V,E)$，$E(G)$为连通图 G 中所有边的集合，当从图中任一顶点出发遍历图 G 时，必定将 $E(G)$分成两个集合 $A(G)$和 $B(G)$，其中 $A(G)$是遍历图过程中历经的边的集合；$B(G)$是剩余的边的集合。显然，$G_1=(V,A)$是图 G 的子图。称子图 G_1 是连通图 G 的生成树。

最小生成树(Minimum Cost Spanning Tree，MCST)由生成树的定义可知，无向连通图的生成树不是唯一的。连通图的一次遍历所经过的边的集合及图中所有顶点的集合就构成了该图的一棵生成树，对连通图的不同遍历，就可能得到不同的生成树。在一般情况下，图中的每条边若给定了权，这时，所关心的不是生成树，而是生成树中边上权值之和。若生成树中每条边上权值之和达到最小，则称为最小生成树。

最小生成树 MCST 性质：

设 $G=(V, E)$ 是一个连通网，U 是顶点集 V 的一个非空子集。若(u,v)是一条具有最小权值的边，其中 $u \in U$，$v \in V-U$，则必存在一棵包含边(u,v)的最小生成树。

用反证法来证明这个性质：

假设不存在这样一棵包含边(u,v)的最小生成树。任取一棵最小生成树 T，将(u,v)加入 T 中。根据树的性质，此时 T 中必形成一个包含(u,v)的回路，且回路中必有一条边(u',v')的权值大于或等于(u,v)的权值。删除(u,v)，则得到一棵代价小于等于 T 的生成树 T'，且 T'为一棵包含边(u,v)的最小生成树。这与假设矛盾，从而得证。

最小生成树的概念可以应用到许多实际问题中。例如以尽可能低的总造价建造城市间的通信网络，通信线路的造价依据城市间的距离不同而有不同的，可以构造一个通讯线路造价网络，在网络中，每个顶点表示城市，顶点之间的边表示城市之间可构造通信线路，每条边的权值表示该条通信线路的造价，要想使总的造价最低，实际上就是寻找该网络的最小生成树。

下面介绍两种常用的构造最小生成树的方法：普里姆算法和克鲁斯卡尔算法。

7.4.1 普里姆算法

设 $G=(V,E)$是连通网，其中 $V=\{v_1,v_2,\cdots,v_n\}$，E 是 G 的所有带权边的集合，则普里姆(Prim)算法描述如下：

(1) 设 T 是连通图 G 的最小生成树，$T=(U,TE)$，U 是 T 顶点集合，TE 是 T 的边集合，开始时 U 和 TE 为空。

(2) 在连通图中任选一个顶点 u 加入 T 中。

(3) 将下列步骤重复 $n-1$ 遍，直到 $U=V$ 为止：

① 在所有 $u \in U$，$v \in V-U$ 的所有边中选择权值最小的一条边(u,v)；

② 将顶点 v 加到 U 中；

③ 将(u,v)加到 TE 中。

这时产生的 TE 中具有 $n-1$ 条边，则上述过程求得的 $T=(U,TE)$就是 G 的一棵最小生成树。取图中任意一个顶点 v 作为生成树的根，之后往生成树上添加新的顶点 w。在添加的顶点 w 和已经在生成树上的顶点 v 之间必定存在一条边，并且该边的权值在所有连通顶点 v 和 w 之间的边中取值最小。之后继续往生成树上添加顶点，直至生成树上含有 n 个顶点为止。

为了实现这个算法需设置一个辅助数组 closedge[]，记录从 U 到 $V-U$ 具有最小代价的边。对每个顶点 $v\in V-U$，在辅助数组中存在一个分量 closedge[v]，它包括两个域 adjvex 和 lowcost，其中 lowcost 存储该边上的权，显然有

$$closedge[v].lowcost=Min(\{cost(u,v) \mid u\in U\})$$

算法 7.7 普里姆算法

```
typedef struct {
{   VertexType  adjvex;
    int         lowcost;
} minside[MAX_VERTEX_NUM];                          /* 辅助数组 */
void Prim(MGraph G, VertexType u)
/* 从顶点 u 出发,构造连通网 G 的最小生成树 T,,并输出 T 的每条边 */
{   int i, j, k;
    minside closedge;
    k = LocateVex(G, u);
    for(j = 0; j < G.vexnum; ++j)                   /* 辅助数组初始化 */
    {   if(j!= k)
        {   strcpy(closedge[j].adjvex, u);
            closedge[j].lowcost = G.arcs[k][j].adj;
        }
    }
    closedge[k].lowcost = 0;                        /* 初始化,U = {u} */
    for(i = 1; i < G.vexnum; ++i)                   /* 选择其余 G.vexnum - 1 个顶点 */
    {    k = minimum(closedge, G);                  /* 求出 T 的下一个结点: 第 k 顶点 */
        printf("( %s - %s)\n", closedge[k].adjvex, G.vexs[k]);  /* 输出生成树的边 */
         closedge[k].lowcost = 0;                   /* 第 k 顶点并入 U 集   */
        for(j = 0; j < G.vexnum; ++j)
         if(G.arcs[k][j].adj < closedge[j].lowcost)
         /* 新顶点并入 U 集后重新选择最小边   */
         { strcpy(closedge[j].adjvex, G.vexs[k]);
           closedge[j].lowcost = G.arcs[k][j].adj;
         }
    }
}
int minimum(minside SZ, MGraph G)                   /* 求 closedge.lowcost 的最小正值 */
{   int i = 0, j, k, min;
    while(!SZ[i].lowcost) i++;
    min = SZ[i].lowcost;                            /*  第一个不为 0 的值   */
    k = i;
    for(j = i + 1; j < G.vexnum; j++)
     if(SZ[j].lowcost > 0)
     if(min > SZ[j].lowcost){  min = SZ[j].lowcost;  k = j;  }
```

```
    return k;
}
```

由于算法中有两个 for 循环嵌套，故它的时间复杂度为 $O(n^2)$。

这样生成的 T 一定是 G 的最小生成树。

利用该算法，对图 7.17(a)所示的连通网从顶点 a 开始构造最小生成树。图 7.17(b)～图 7.17(g)中给出了从顶点 a 开始，用普里姆算法构造最小生成树的过程。

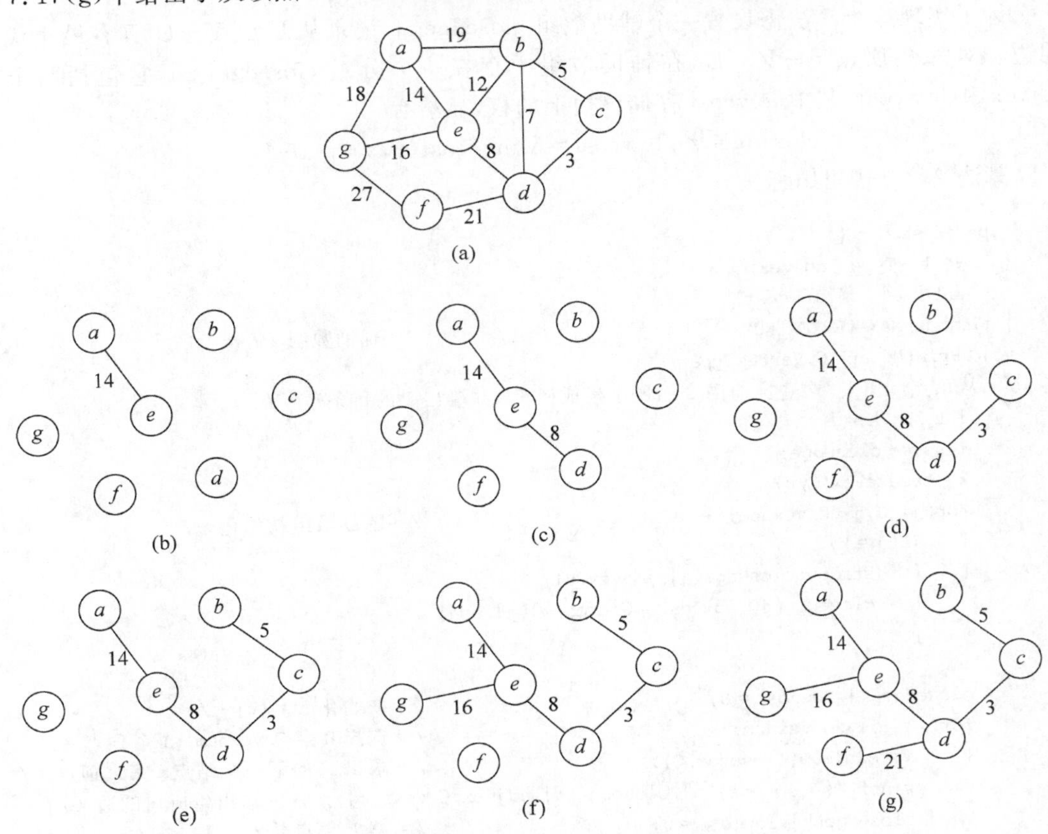

图 7.17 普里姆算法构造最小生成树的过程

7.4.2 克鲁斯卡尔算法

设 $G=(V,E)$ 是连通网，其中 $V=\{v_1,v_2,\cdots,v_n\}$，E 是 G 的所有带权边的集合。克鲁斯卡尔(Kruskal)算法是一种按照网中边的权值递增的顺序构造最小生成树的方法。其基本思想描述为：

(1) 设 T 是具有 n 个顶点的连通图 G 的最小生成树，$V(T)$ 是 T 的顶点集合，$E(T)$ 是 T 的边集合，开始时 $V(T)=V$，$E(T)$ 为空；

(2) 在连通图中选权值最小的边加入 $E(T)$ 中；

(3) 若一条边不与 T 中已有的边构成回路，且权值又最小，则将这条边放入 T，若构成回路则不选取此边；

(4) 重复(2)、(3)，选择 $n-1$ 条边进入 T 中。

下面以图 7.17(a)中的连通网为例，详细说明克鲁斯卡尔算法的执行过程。

图 7.18(g)是图 7.17(a)的图的最小生成树，它的边的集合是{(cd)，(bc)，(de)，(ae)，(ge)，(fd)}。至此，所有的顶点都在同一个顶点集合{a，b，c，d，e，f，g}里，算法结束。

从图 7.17(g)和图 7.18(g)看出，普里姆算法和克鲁斯卡尔算法生成的最小生成树是一样的。

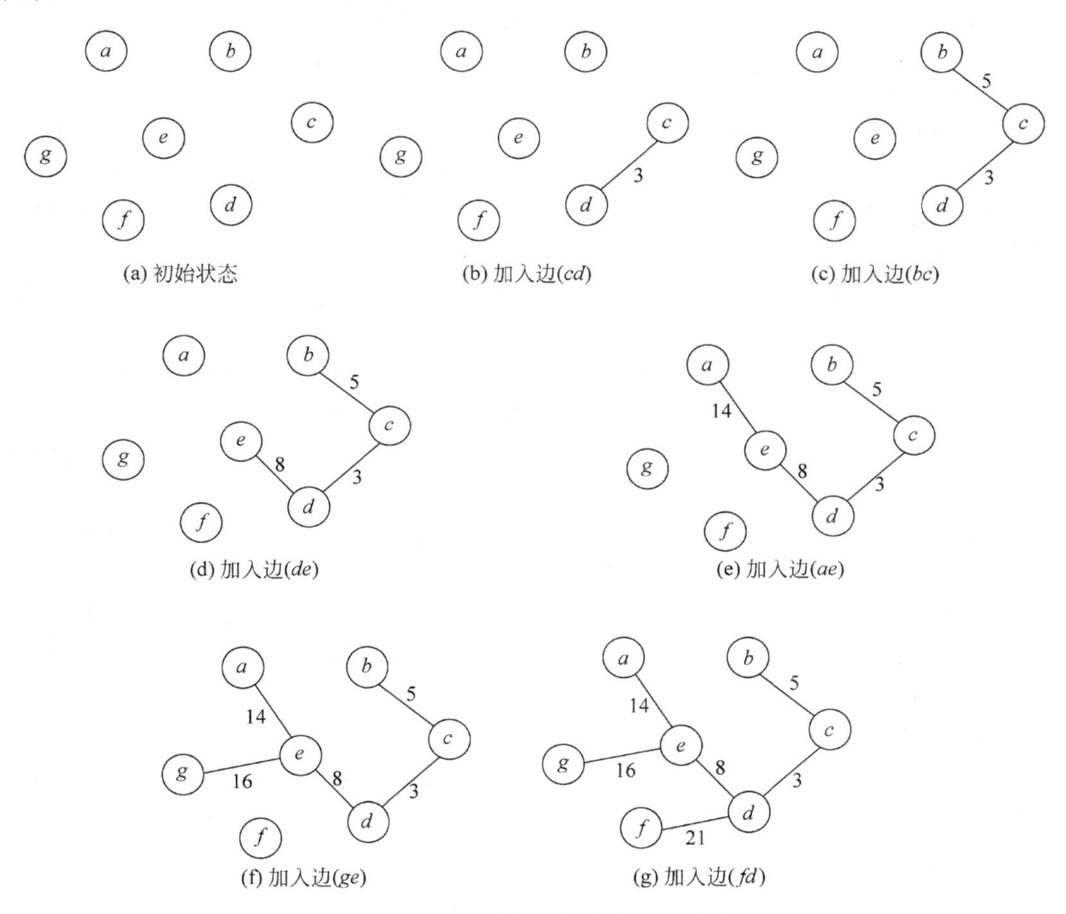

图 7.18 克鲁斯卡尔算法执行示意图

7.5 最短路径

最短路径问题是图的典型应用问题。两给定地点间是否有通路？如果有多条通路，哪条路最短？

最短路径问题是图的典型应用问题。如果将交通网络画成带权图，结点代表地点，边代表城镇间的路，边权表示路的长度，则经常会遇到如下问题：从甲地到乙地之间是否有公路连通？在有多条通路的情况下，哪一条路最短？我们还可根据实际情况给各个边赋予不同含义的值。例如，图 7.1 中，从顶点①到顶点⑨有多条路径，对司机来说，里程和速度是他们最感兴趣的信息；而对于旅客来说，可能更关心交通费用。有时，还需要考虑交通图的有向性，如航行时，顺水和逆水的情况。带权图的最短路径是指两点间的路径中边权和最小的路径。交通网络可用带权图来表示。顶点表示城市名称，边表示两个城市有路连通，边上权值可表示两城市之间的距离、交通费或途中所花费的时间等。求两个顶点之间的最短路径，不是指路径上边数之和最少，而是指路径上各边的权值之和最小。

7.5.1 从一个源点到其他各点的最短路径

本节先讨论单源点的最短路径问题。

单源点最短路径是指：给定一个出发点（单源点）和一个有向网 G=(V,E)，求出源点到 G 中其余各顶点之间的最短路径。怎样求出单源点的最短路径呢？可以将源点到终点的所有路径都列出来，然后在里面选最短的一条。但是这样做，用手工方式可以，当路径特别多时，特别麻烦，并且没有什么规律，不能用计算机算法实现。

迪杰斯特拉（Dijkstra）1959 年提出了一个按路径长度递增顺序产生各顶点的最短路径算法，称为迪杰斯特拉算法。

对于图 $G=(V,E)$，把图中所有的顶点分成两个集合 S 和 T，初始时，S 中只包含源点 v_0，T 包含除 v_0 外图中所有顶点，v_0 对应的距离值为 0，然后不断从 T 中选取到顶点 v_0 路径长度最短的顶点 u 加入到 S 中，S 每加入一个新的顶点 u，都要修改顶点 v_0 到 T 中剩余顶点的最短路径长度值，T 中各顶点新的最短路径长度值为原来的最短路径长度值与顶点 u 的最短路径长度值加上 u 到该顶点的路径长度值中的较小值。此过程不断重复，直到集合 T 的顶点全部加入到 S 中为止。至此 S 中包含全部顶点，而 T 为空。

Dijkstra 算法的实现：首先，引进一个辅助数组 D，$D[i]$ 表示当前已找到的，从始点 v_0 到每个终点 v_i 的最短路径的长度。它的初值为：若从 v 到 v_i 有弧，则 $D[i]$ 为弧上的权值；否则置 $D[i]$ 为 ∞。

长度最短的一条最短路径必为 $(v\ ,v_j)$。v_j 满足 $D[j]=\mathrm{Min}\{D[i] \mid v_i \in V-S\}$。

假设终点是 v_k，下一条长度次短的路径，或者是 $(v,\ v_k)$，或者是 $(v,\ v_j,\ v_k)$。它的长度或者是从 v 到 v_k 的弧上的权值，或者是 $D[j]$ 和从 v_j 到 v_k 的弧上的权值之和。

算法 7.8 Dijkstra 算法

```
typedef int PathMatrix[MAX_VERTEX_NUM][MAX_VERTEX_NUM];
typedef int ShortPathTable[MAX_VERTEX_NUM];
/* 用 Dijkstra 算法求有向网 G 的 v0 顶点到其余顶点 v 的最短路径 P[v]及其路径长度 D[v] */
/* 若 P[v][w]为 TRUE,则 w 是从 v0 到 v 当前求得最短路径上的顶点 final[v] 为 TRUE,
  当且仅当 v∈S,即已经求得从 v0 到 v 的最短路径. */
void Dijkstra(MGraph G, int v0, PathMatrix *p, ShortPathTable *D)
    {  int v,w,i,j,min;
       int final[MAX_VERTEX_NUM];

   for(v = 0;v < G.vexnum;v++)
   {   final[v] = 0;
       (*D)[v] = G.arcs[v0][v].adj;
       for(w = 0;w < G.vexnum;w++)  (*P)[v][w] = 0;  /* 设空路径 */
       if((*D)[v]< INFINITY)  { (*P)[v][v0] = 1;  (*P)[v][v] = 1; }
```

```
    }
  ( * D)[v0] = 0;   final[v0] = 1;                  /* 初始化,v0 顶点属于 S 集   */

  /* 开始主循环,每次求得 v0 到某个 v 顶点的最短路径,并加 v 到 S 集    */
  for(i = 1;i < G.vexnum;i++)                        /* 其余 G.vexnum - 1 个顶点 */
  {   min = INFINITY;                                /* min 为当前所知离 v0 顶点的最近距离 */
      for(w = 0;w < G.vexnum;w++)
        if(!final[w])                                /*  w 顶点在 V - S 中    */
          if(( * D)[w]< min) { v = w;   min = ( * D)[w];}   /* w 顶点离 v0 顶点更近 */
      final[v] = 1;                                  /*  离 v0 顶点最近的 v 加入 S 集   */
      for(w = 0;w < G.vexnum;w++)                    /*  更新当前最短路径及距离   */
       {   if(!final[w] && (min + G.arcs[v][w].adj <( * D)[w]))
           {   ( * D)[w] = min + G.arcs[v][w].adj;   /* 修改 D[w]和 P[w],w∈V - S */
               for(j = 0;j < G.vexnum;j++)( * P)[w][j] = ( * P)[v][j];
               ( * P)[w][w] = 1;
           }
       }
   }
}
```

例如,图 7.19 所示有向网图 $G8$ 的带权邻接矩阵为:

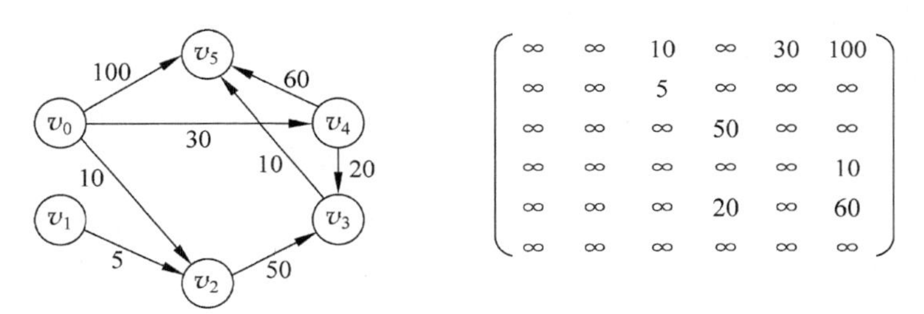

图 7.19 有向网图 $G8$ 及其邻接矩阵

若对 $G8$ 施行 Dijkstra 算法,则所得从 v_0 到其余各顶点的最短路径,以及运算过程中 D 向量的变化状况,如图 7.20 所示:

终点	从 v_0 到各终点的 D 值和最短路径的求解过程				
	$i=1$	$i=2$	$i=3$	$i=4$	$i=5$
v_1	∞	∞	∞	∞	∞ 无
v_2	10(v_0,v_2)				
v_3	∞	60(v_0,v_2,v_3)	50(v_0,v_4,v_3)		
v_4	30(v_0,v_4)	30(v_0,v_4)			
v_5	100(v_0,v_5)	100(v_0,v_5)	90(v_0,v_4,v_5)	60(v_0,v_4,v_3,v_5)	
min	10	30	50	60	
v_j	v_2	v_4	v_3	v_5	
S	{v_0,v_2}	{v_0,v_2,v_4}	{v_0,v_2,v_3,v_4}	{v_0,v_2,v_3,v_4,v_5}	

图 7.20 用 Dijkstra 算法构造单源点最短路径过程中各参数的变化示意

分析算法的运行时间。第一个 for 循环的时间复杂度是 $O(n)$,第二个 for 循环共进行

$n-1$ 次，每次执行的时间是 $O(n)$，所以总的时间复杂度是 $O(n^2)$。如果用带权的邻接表作为有向图的存储结构，则虽然修改 D 的时间可以减少，但由于在 D 向量中选择最小的分量的时间不变，所以总的时间仍为 $O(n^2)$。

如果只希望找到从源点到某一个特定的终点的最短路径，从上面求最短路径的原理来看，这个问题和求源点到其他所有顶点的最短路径一样复杂，其时间复杂度也是 $O(n^2)$。

7.5.2 任意一对顶点之间的最短路径

任意一对顶点之间的最短路径是指：对于给定的有向网 $G=(V,E)$，要对 G 中任意一对顶点有序对 V、$W(V\neq W)$，找出 V 到 W 的最短距离和 W 到 V 的最短距离。

解决此问题的一个有效方法是：可以将每一个顶点作为源点，重复调用迪杰斯特拉算法 n 次，即可求得每一对顶点之间的最短路径，其时间复杂度为 $O(n^3)$。另一种办法是弗洛伊德(Floyd)算法。其时间复杂度仍为 $O(n^3)$，但该方法比调用 n 次迪杰斯特拉方法更简单些。

弗洛伊德算法的基本思想是：假设求从顶点 v_i 到 v_j 的最短路径。

(－1) 将 v_i 到 v_j 的最短路径长度初始化，进行如下 n 次比较和修正：

如果从 v_i 到 v_j 有弧，则从 v_i 到 v_j 存在一条长度为 arcs[i][j]的路径，该路径不一定是最短路径，尚需进行 n 次试探。

(－0) 在 v_i 到 v_j 间加入顶点 v_0，比较(v_i, v_0, v_j)和(v_i, v_j)的路径长度，取其中长度较短的路径作为从 v_i 到 v_j 的且中间顶点的序号不大于 0 的最短路径。

(1) 在 v_i 到 v_j 间加入顶点 v_1，得到(v_i, …, v_1)和(v_1, …, v_j)，其中(v_i, …, v_1)是从 v_i 到 v_1 的且中间顶点的序号不大于 0 的最短路径。(v_1, …, v_j)是从 v_1 到 v_j 的且中间顶点的序号不大于 0 的最短路径。将(v_i, …, v_1, …, v_j)与上一步已求出的且 v_i 到 v_j 的中间顶点的序号不大于 0 的最短路径比较，取其中长度较短的路径作为从 v_i 到 v_j 的且中间顶点的序号不大于 1 的最短路径。

(2) 在 v_i 到 v_j 间加入顶点 v_2，得到(v_i, …, v_2)和(v_2, …, v_j)，其中(v_i, …, v_2)是从 v_i 到 v_2 的且中间顶点的序号不大于 1 的最短路径。(v_2, …, v_j)是从 v_2 到 v_j 的且中间顶点的序号不大于 1 的最短路径。将(v_i, …, v_2, …, v_j)与上一步已求出的且 v_i 到 v_j 的中间顶点的序号不大于 1 的最短路径比较，取其中长度较短的路径作为从 v_i 到 v_j 的且中间顶点的序号不大于 2 的最短路径。

以次类推，经过 n 次比较和修正，最后求得的必是从 v_i 到 v_j 的最短路径。

按此方法，可以同时求得各对顶点间的最短路径。

图 G 中所有顶点偶对 v_i 与 v_j 间的最短路径对应一个 n 阶方阵序列。

定义：n 阶方阵序列 $D^{(-1)}, D^{(0)}, D^{(1)}, \cdots, D^{(k)}, D^{(n-1)}$

其中 $D^{(-1)}[i][j]=$g.arcs$[i][j]$.adj

$$D^{(k)}[i][j]=\mathrm{Min}\{D^{(k-1)}[i][j],\ D^{(k-1)}[i][k]+D^{(k-1)}[k][j]\} \quad 0\leqslant k\leqslant n-1$$

从上述计算公式可见，$D^{(1)}[i][j]$是从 v_i 到 v_j 的中间顶点的序号不大于 1 的最短路径的长度；$D^{(k)}[i][j]$ 是从 v_i 到 v_j 的中间顶点的序号不大于 k 的最短路径的长度，显然 $D^{(n-1)}$

$[i][j]$ 就是从 v_i 到 v_j 的最短路径的长度。

弗洛伊德算法描述如下。

算法 7.9 弗洛伊德算法(求任意两顶点间的最短路径)

```
typedef int PathMatrix[MAX_VERTEX_NUM][MAX_VERTEX_NUM][MAX_VERTEX_NUM];
  //存放路径,P[0][1][]表示顶点 0 到顶点 1 的路径,经过哪个点 P[0][1][i]就是 TRUE
typedef int DistancMatrix[MAX_VERTEX_NUM][MAX_VERTEX_NUM]; //存放路径长度
/* Floyd 算法求有向网 G 中各对顶点 v 和 w 之间的最短路径 P[v][w]及其带权长度 D[v][w] */
/* 若 P[v][w][u]为 1,则 u 是从 v 到 w 当前求得最短路径上的顶点 */
void  FLOYD(MGraph G,PathMatrix *P,DistancMatrix *D)
{   int u,v,w,i;
    for(v = 0;v < G.vexnum;v++)                          /* 各对结点之间初始已知路径及距
离 */
    for(w = 0;w < G.vexnum;w++)
    {   ( *D)[v][w] = G.arcs[v][w].adj;
        for(u = 0;u < G.vexnum;u++) ( *P)[v][w][u] = 0;
        if(( *D)[v][w]< INFINITY)                        /* 从 v 到 w 有直接路径 */
         { ( *P)[v][w][v] = 1;   ( *P)[v][w][w] = 1;   }
     }
    for(u = 0;u < G.vexnum;u++)
      for(v = 0;v < G.vexnum;v++)
        for(w = 0;w < G.vexnum;w++)
          if(( *D)[v][u] + ( *D)[u][w]<( *D)[v][w])      /* 从 v 经 u 到 w 的一条路径更短 */
            { ( *D)[v][w] = ( *D)[v][u] + ( *D)[u][w];
          for(i = 0;i < G.vexnum;i++)
            ( *P)[v][w][i] = ( *P)[v][u][i]||( *P)[u][w][i];
  }
```

图 7.21 给出了一个简单的有向网 $G9$ 及其邻接矩阵。图 7.22 给出了用 Floyd 算法求该有向网中每对顶点之间的最短路径过程中,数组 D 和数组 P 的变化情况。

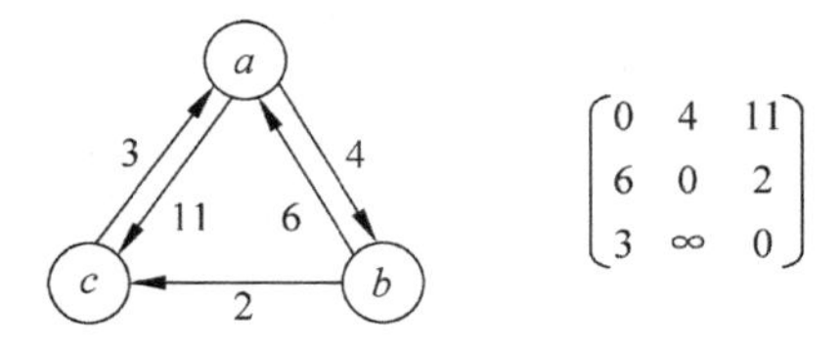

图 7.21 有向网图 $G9$ 及其邻接矩阵

$$D^{(1)} = \begin{pmatrix} 0 & 4 & 11 \\ 6 & 0 & 2 \\ 3 & \infty & 0 \end{pmatrix} \quad D^{(0)} = \begin{pmatrix} 0 & 4 & 11 \\ 6 & 0 & 2 \\ 3 & 7 & 0 \end{pmatrix} \quad D^{(1)} = \begin{pmatrix} 0 & 4 & 6 \\ 6 & 0 & 2 \\ 3 & 7 & 0 \end{pmatrix} \quad D^{(2)} = \begin{pmatrix} 0 & 4 & 6 \\ 5 & 0 & 2 \\ 3 & 7 & 0 \end{pmatrix}$$

$$P^{(-1)} \begin{pmatrix} & ab & ac \\ ba & & bc \\ ca & & \end{pmatrix} \quad P^{(0)} \begin{pmatrix} & ab & ac \\ ba & & bc \\ ca & cab & \end{pmatrix} \quad P^{(1)} \begin{pmatrix} & ab & abc \\ ba & & bc \\ ca & cab & \end{pmatrix} \quad P^{(2)} \begin{pmatrix} & ab & abc \\ bca & & bc \\ ca & cab & \end{pmatrix}$$

图 7.22 Floyd 算法计算有向图 $G9$ 每一对顶点之间的最短路径示例

7.6 有向无环图的应用

有向无环图(Directed Acyclic Graph,DAG)是指一个无环的有向图,简称图。常用来描述工程或系统的进行过程,如一个工程的施工图、学生课程间的制约关系图等。

7.6.1 拓扑排序

若以图中的顶点表示活动,用弧表示活动之间的优先关系的有向无环图,称为顶点表示活动的网(Activity On Vertex Network),简称为 AOV 网。AOV 网中的弧表示活动之间存在的制约关系。

表 7.1 计算机专业的课程设置及其关系

课程代号	课程名	先行课程代号	课程代号	课程名	先行课程代号
C1	高等数学	无	C6	数据库技术	C4、C5
C2	计算机导论	无	C7	计算机网络	C3
C3	计算机电路基础	C1	C8	操作系统	C2、C7、C9
C4	C 语言	C1、C2	C9	计算机组成原理	C3
C5	数据结构	C2、C4	C10	编译原理	C8、C9

例如,学生按照怎样的顺序来学习这些课程呢？这个问题可以看成是一个大的工程,其活动就是学习每一门课程。这些课程的名称与相应代号如表 7.1 所示。

表中,C1、C2 是独立于其他课程的基础课,而有的课却需要有先行课程,比如,学完计算机导论和程序设计后才能学数据结构……先行条件规定了课程之间的优先关系。这种优先关系可以用图 7.23 所示的有向图来表示。其中,顶点表示课程,有向边表示前提条件。若课程 i 为课程 j 的先行课,则必然存在有向边 $\langle i,j\rangle$。在安排学习顺序时,必须保证在学习某门课之前,已经学习了其先行课程。

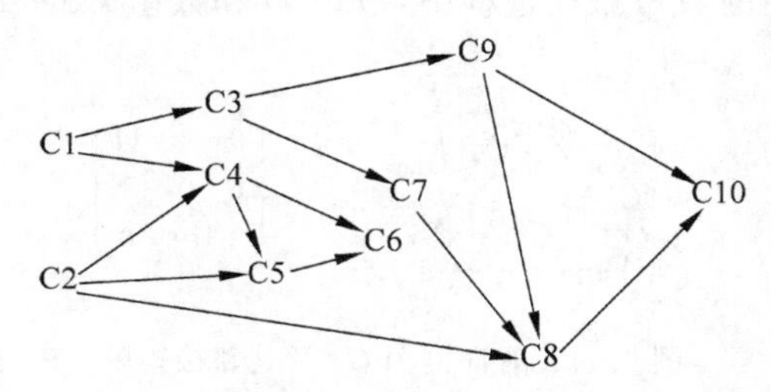

图 7.23 表示课程之间优先关系的有向无环图

在有向图 $G=(V,E)$ 中,V 中顶点的线性序列($v_{i1},v_{i2},,v_{i3},\cdots,v_{in}$)称为拓扑序列(Topological Sort)。如果此序列满足条件：对序列中任意两个顶点 v_i、v_j,在 G 中有一条从 v_i 到 v_j 的路径,则在序列中 v_i 必排在 v_j 之前。

例如,图 7.23 的一个拓扑序列为 C1,C2,C3,C4,C5,C6,C7,C9,C8,C10。

AOV 网的特性如下：

- 若 v_i 为 v_j 的先行活动,v_j 为 v_k 的先行活动,则 v_i 必为 v_k 的先行活动,即先行关系具有可传递性。

- AOV 网的拓扑序列不是唯一的。

例如图 7.23 的另一个拓扑序列为 C1,C2,C3,C9,C4,C5,C6,C7,C8,C10。

一个有向无环图的拓扑排序的基本思想为：

(1) 从图中选择一个入度为 0 的顶点且输出；

(2) 从图中删掉该顶点及其所有以该顶点为弧尾(即以该顶点为出发点)的弧。

反复执行这两个步骤，直到所有的顶点都被输出，拓扑排序完成。输出的序列就是这个无环有向图的拓扑序列。如果当前的有向图中不存在无前驱(入度为 0)的顶点，说明该有向图中存在有向环，拓扑排序不能继续进行下去。

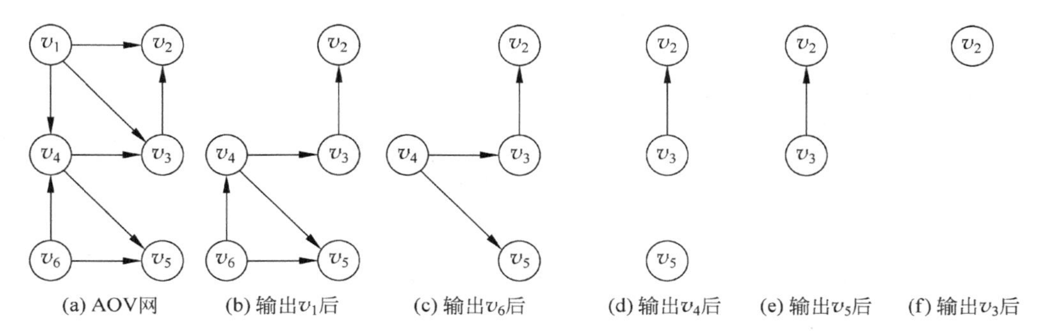

图 7.24 AOV 网及其拓扑序列产生过程

对于图 7.24 (a) 中的 AOV 网，执行上述拓扑排序过程可以得到如下拓扑序列：v_1，v_6，v_4，v_5，v_3，v_2。

下面给出拓扑排序算法实现的基本过程：如图 7.25 所示，假设有向图以邻接表的形式存储。

```
{ 将所有入度为 0 的顶点入栈;
  当栈非空时重复执行下列操作:
  从栈中退出顶点 k;
    (1) 将 k 顶点的信息输出;
    (2) 将与 k 邻接的所有顶点的入度减 1.
}
```

算法 7.10 拓扑排序算法

```
int TopologicalSort1(ALGraph G)
/* 有向图 G 采用邻接表存储结构,G 无回路,则输出 G 的顶点的一个拓扑序列 */
{  int i,k,count = 0;                          /* 已输出顶点数,初值为 0 */
   ArcNode *p;
   int indegree[MaxVerNum];                    /* 入度数组,存放各顶点当前入度数 */
   int top,Stack[MaxVerNum];
   FindInDegree(G,indegree);                   /* 对各顶点求入度 indegree[] */
   top = 0;                                    /* 初始化零入度顶点栈 S */
   for(i = 0;i < G.vexnum;++i)                 /* 对所有顶点 i */
     if(!indegree[i])                          /* 若其入度为 0 */
       { Stack[top] = i; top++;}               /* 将 i 入零入度顶点栈 S */
     while(top > 0)                            /* 当零入度顶点栈 S 不空 */
```

```
    {  i = Stack[top - 1];   top -- ;
       printf(" %s ",G.adjlist[i].vertexdata); /* 输出 i 号顶点 */
        ++count;                              /* 已输出顶点数 + 1 */
        for(p = G.adjlist[i].firstarc;p;p = p -> nextarc)
        {/* 对 i 号顶点的每个邻接顶点 */
            k = p -> adjvex;                  /* 其序号为 k */
            indegree[k] -- ;
            if(indegree[k] == 0)              /* k 的入度减 1,若减为 0,则将k 入栈S */
              {  Stack[top] = k; top++;  }
        }
     }
    if(count < G.vexnum)   return 0;
      else   return 1;
  }
void FindInDegree(ALGraph G,int indegree[])
{   /* 求顶点的入度 */
    int i;     ArcNode *p;
   for(i = 1;i <= G.vexnum;i++) indegree[i] = 0;
    for(i = 1;i <= G.vexnum;i++)
    {  p = G.adjlist[i].firstarc;
       while(p)  { indegree[p -> adjvex]++;     p = p -> nextarc;  }
    }
  }
```

若有向无环图有 n 个顶点和 e 条弧，则在拓扑排序的算法中，for 循环需要执行 n 次，时间复杂度为 $O(n)$；对于 while 循环，由于每一顶点必定进一次栈，出一次栈，其时间复杂度为 $O(e)$。故该算法的时间复杂度为 $O(n+e)$。

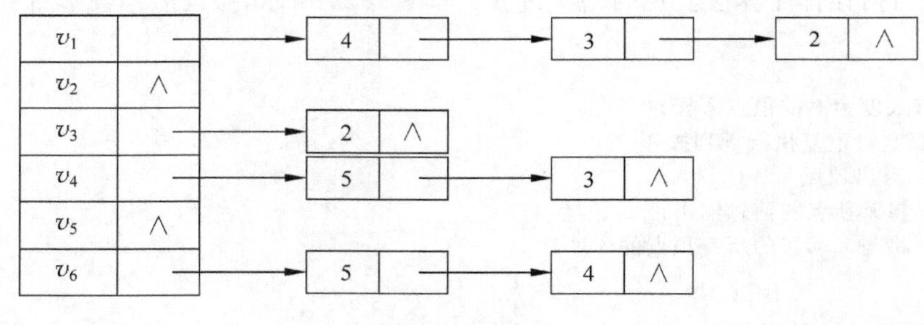

图 7.25　邻接表

7.6.2 关键路径

如果在带权的有向无环图中，用有向边表示一个工程中的活动(Activity)，用边上权值表示活动持续时间(Duration)，用顶点表示事件 (Event)，则这样的有向图叫做用边表示活动，(Activity On Edges，AOE)的网络。AOE 网通常表示一个工程的计划或进度。

对于 AOE 网，需研究的问题是：

(1) 哪些活动是影响工程进度的关键活动？

(2) 至少需要多长时间能完成整个工程？

在 AOE 网中存在唯一的、入度为零的顶点，叫做源点；存在唯一的、出度为零的顶点，叫做汇点。完成整个工程所需的时间取决于从源点到汇点的最长路径长度，即在这条路径上所有活动的持续时间之和。这条长度最长的路径就叫做关键路径（Critical Path）。关键路径上的活动叫做关键活动。要找出关键路径，必须找出关键活动，不按期完成就会影响整个工程完成的活动。关键路径上的所有活动都是关键活动。因此，只要找到了关键活动，就可以找到关键路径。

AOE 网具有以下两个性质：

（1）只有在某顶点所代表的事件发生后，从该顶点出发的各活动才能开始；

（2）只有在进入某顶点的各活动都已经结束，该顶点所代表的事件才能发生。

例如，在图 7.26 所示的 AOE 网中，共有 10 事件，分别对应顶点 v_0，v_1，v_2，…，v_9，v_{10}。其中 v_0 为源点，表示整个工程开始。v_{10} 为汇点，表示整个工程结束。事件 v_4 表示 a_4，a_5 已完成，v_6，v_7 可以开始。关键活动为 a_2、a_5、a_9、a_{13}、a_{14}、a_{15}。

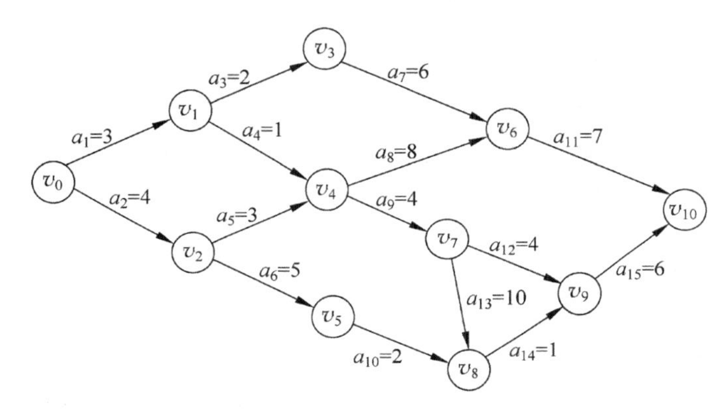

图 7.26　一个 AOE 网实例

定义

（1）事件的最早发生时间 $ve[k]$：指从源点到顶点 v_k 的最大路径长度代表的时间。$ve[k]$决定了所有从顶点出发的有向边所代表的活动能够开工的最早时间。

$$\begin{cases} ve[l]=0 \\ ve[k]=\mathrm{Max}\{ve[j]+\mathrm{dut}(<v_j,\ v_k>)\} \quad <v_j,\ v_k>\in p[k] \end{cases}$$

其中，$p[k]$表示所有到达 v_k 的有向边的集合；$\mathrm{dut}(<v_j,\ v_k>)$为有向边$<v_j, v_k>$上的权值。

（2）事件的最迟发生时间 $vl[k]$：指在不推迟整个工期的前提下，事件 v_k 允许的最晚发生时间。

$$\begin{cases} vl[n]=ve[n] \\ vl[k]=\mathrm{Min}\{vl[j]-\mathrm{dut}(<v_k-\ v_j>)\} \quad <v_k,\ v_j>\in \mathrm{s}[k] \end{cases}$$

其中，$\mathrm{s}[k]$为所有从 v_k 发出的有向边的集合。

（3）活动 a_i 的最早开始时间 $e[i]$：等于事件 v_k 的最早发生时间。

$$e[i]=ve[k]$$

（4）活动 a_i 的最晚开始时间 $l[i]$：指在不推迟整个工程完成日期的前提下，必须开始的最晚时间。若由弧$<v_k,\ v_j>$表示，则 a_i 的最晚开始时间要保证事件 v_j 的最迟发生时间不拖后。

$$l[i] = vl[j] - \mathrm{dut}(< v_k, v_j)$$

根据每个活动的最早开始时间 $e[i]$ 和最晚开始时间 $l[i]$ 就可判定该活动是否为关键活动，也就是那些 $l[i]=e[i]$ 的活动就是关键活动，而那些 $l[i]>e[i]$ 的活动则不是关键活动，$l[i]-e[i]$ 的值为活动的时间余量。关键活动确定之后，关键活动所在的路径就是关键路径。

由上述方法得到求关键路径的算法步骤为：

(1) 从源点 v_0 出发，令 $ve[0]=0$，按拓扑排序求其余各顶点的最早发生时间 $ve[i]$。如果得到的拓扑有序序列中顶点个数小于网中顶点数 n，则说明网中存在环，不能求关键路径，算法终止；否则执行步骤(3)。

(2) 从汇点 v_n 出发，令 $vl[n-1]=ve[n-1]$，按逆拓扑有序求其余各顶点的最迟发生时间 $vl[i]$。

(3) 根据各顶点的 ve 和 vl 值，求每条弧 s 的最早开始时间 $e(s)$ 和最晚发生时间 l(s)。

(4) 找出 $e(s)=l(s)$ 的活动 a_i，即为关键活动。

例 7.1 已知图 7.26 所示的 AOE 网，给出计算关键路径的过程。

(1) 计算各顶点的最早发生时间 ve[k]

ve[0]=0

ve[1]=Max{ve[0]+dut(<0,1>)}=Max{0+3}=3

ve[2]=Max{ve[0]+dut(<0,2>)}=Max{0+4}=4

ve[3]=Max{ve[1]+dut(<1,3>)}=Max{3+2}=5

ve[4]=Max{ve[1]+dut(<1,4>),ve[2]+dut(<2,4>)}=Max{4,7}=7

ve[5]=Max{ve[3]+dut(<2,5>)}=Max{4+5}=9

ve[6]=Max{ve[3]+dut(<3,6>),ve[4]+dut(<4,6>)}=Max{13,15}=15

ve[7]=Max{ve[4]+dut(<4,7>)}=Max{7+4}=11

ve[8]=Max{ve[5]+dut(<5,8>),ve[7]+dut(<7,8>)}=Max{11,21}=21

ve[9]=Max{ve[7]+dut(<7,9>),ve[8]+dut(<8,9>)}=Max{15,22}=22

ve[10]=Max{ve[6]+dut(<6,10>),ve[9]+dut(<9,10>)}=Max{22,28}=28

(2) 计算各顶点的最迟发生时间 vl[k]

vl[10]=ve[10]=28

vl[9] =Min{vl[10]-dut(<9,10>)}=22

vl[8] =Min{vl[9]-dut(<8,9>)}=21

vl[7] =Min{vl[9]-dut(<7,9>),vl[8]-dut(<7,8>)}=Min{18,11}=11

vl[6] =Min{vl[10]-dut(<6,10>)}=21

vl[5] =Min{vl[8]-dut(<5,8>)}=19

vl[4] =Min{vl[6]-dut(<4,6>),vl[7]-dut(<4,7>)}=Min{13,7}=7

vl[3] =Min{vl[6]-dut(<3,6>)}=15

vl[2] =Min{vl[4]-dut(<2,4>),vl[5]-dut(<2,5>)}=Min{4,14}=4

vl[1] =Min{vl[3]-dut(<1,3>),vl[4]-dut(<1,4>)}=Min{13,6}=6

vl[0] =Min{vl[1]-dut(<0,1>),vl[2]-dut(<0,2>)}=Min{3,0}=0

(3) 计算各顶点的最早开始时间 $e[i]$、最迟开始时间 $l[i]$以及时间余量 $l[i]-e[i]$。

a_i	a_1	a_2	a_3	a_4	a_5	a_6	a_7	a_8	a_9	a_{10}	a_{11}	a_{12}	a_{13}	a_{14}	a_{15}
$e[i]$	0	0	3	3	4	4	5	7	7	9	15	11	11	21	22
$l[i]$	3	0	13	6	4	14	15	13	7	19	21	18	11	21	22
$l[i]-e[i]$	3	0	10	3	0	10	10	6	0	10	6	7	0	0	0

对图 7.26 所示网的计算结果,如下所示。

顶点	v_e	v_l	活动	e	l	$l-e$
0	0	0	a_1	0	3	3
1	3	6	$\boldsymbol{a_2}$	0	0	**0**
2	4	4	a_3	3	13	10
3	5	15	a_4	3	6	3
4	7	7	$\boldsymbol{a_5}$	4	4	**0**
5	9	19	a_6	4	14	10
6	15	21	a_7	5	15	10
7	11	11	a_8	7	13	6
8	21	21	$\boldsymbol{a_9}$	7	7	**0**
9	22	22	a_{10}	9	19	10
10	28	28	a_{11}	15	21	6
			a_{12}	11	18	7
			$\boldsymbol{a_{13}}$	11	11	**0**
			$\boldsymbol{a_{14}}$	21	21	**0**
			$\boldsymbol{a_{15}}$	22	22	**0**

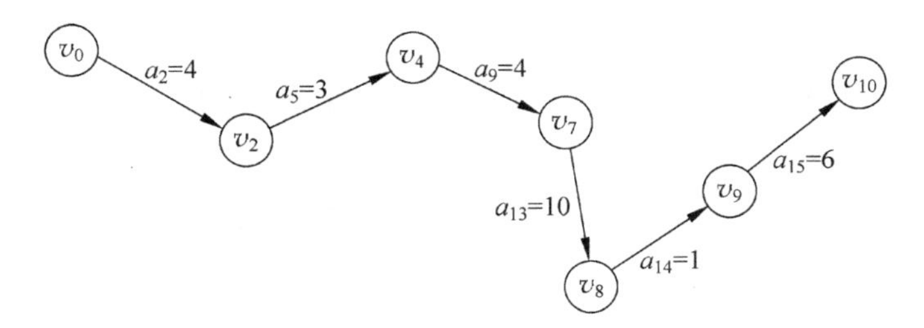

图 7.27 关键路径

最后,比较 $e[i]$和 $l[i]$的值可判断出 a_2、a_5、a_9、a_{13}、a_{14}、a_{15}是关键活动,图 7.26 中 AOE 网的关键路径如图 7.27 所示。算法的时间复杂度为 $O(n+e)$。

关键路径实际上就是从源点到汇点具有最长路径长度的那些路径,即最长路径。可通过加快关键活动(即缩短它的持续时间)来实现缩短整个工程的工期。但并不是加快任何一个关键活动都可以缩短整个工程的工期,只有加快那些包括在所有关键路径上的关键活动才能达到这个目的。

本章小结

本章介绍图及其应用，主要讨论了图的定义、术语、图的存储结构、图的遍历、最小生成树、最短路径、拓扑排序和关键路径等内容。

图是一种重要的非线性结构，结点之间存在多对多的关系。图的存储结构有邻接矩阵、邻接表等几种形式。图的遍历有深度优先搜索和广度优先搜索法，遍历的目的是访问结点信息。图的应用介绍了最小生成树概念、普里姆算法和克鲁斯卡尔算法，求最短路径算法，拓扑排序、关键路径等。

习题 7

一、单项选择题

1. 在一个图中，所有顶点的度数之和等于图的边数的________倍。

A. 1/2　　B. 1　　C. 2　　D. 4

2. 在一个有向图中，所有顶点的入度之和等于所有顶点的出度之和的________倍。

A. 1/2　　B. 1　　C. 2　　D. 4

3. 有 8 个结点的无向图最多有________条边。

A. 14　　B. 28　　C. 56　　D. 112

4. 有 8 个结点的无向连通图最少有________条边。

A. 5　　B. 6　　C. 7　　D. 8

5. 有 8 个结点的有向完全图有________条边。

A. 14　　B. 28　　C. 56　　D. 112

6. 用邻接表表示图进行广度优先遍历时，通常是采用________来实现算法的。

A. 栈　　B. 队列　　C. 树　　D. 图

7. 用邻接表表示图进行深度优先遍历时，通常是采用________来实现算法的。

A. 栈　　B. 队列　　C. 树　　D. 图

8. 已知图的邻接矩阵如图 7.28 所示，根据算法，则从顶点 0 出发按深度优先遍历的结点序列是________。

A. 0 1 3 4 2 5 6　　B. 0 1 3 6 5 4 2　　C. 0 4 2 3 1 6 5　　D. 0 3 6 1 5 4 2

$$\begin{bmatrix} 0 & 1 & 1 & 1 & 1 & 0 & 1 \\ 1 & 0 & 0 & 1 & 0 & 0 & 1 \\ 1 & 0 & 0 & 0 & 1 & 0 & 0 \\ 1 & 1 & 0 & 0 & 1 & 1 & 0 \\ 1 & 0 & 1 & 1 & 0 & 1 & 0 \\ 0 & 0 & 0 & 1 & 1 & 0 & 1 \\ 1 & 1 & 0 & 0 & 0 & 1 & 0 \end{bmatrix}$$

图 7.28

9. 已知图的邻接矩阵同第 8 题，根据算法，则从顶点 0 出发，按广度优先遍历的结点序列是________。

A. 0 2 4 3 1 6 5　　B. 0 1 3 5 6 4 2　　C. 0 1 2 3 4 6 5　　D. 0 1 2 3 4 5 6

10. 已知一个图 G 如图 7.29 所示，若从顶点 a 出发按深度搜索法进行遍历，则可能得到的一种顶点序列为 ① ；按宽度搜索法进行遍历，则可能得到的一种顶点序列为 ② 。

① A. a,b,e,c,d,f　B. e,c,f,e,b,d　C. a,e,b,c,f,d　D. a,e,d,f,c,b

② A. a,b,c,e,d,f　B. a,b,c,e,f,d　C. a,e,b,c,f,d　D. a,c,f,d,e,b

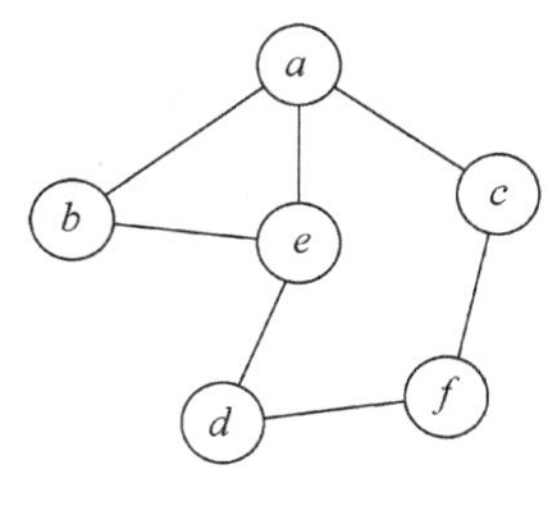

图 7.29

11. 已知图的邻接表如图 7.30 所示，根据算法，则从顶点 0 出发按深度优先遍历的结点序列是________。

A. $V_0\ V_1\ V_3\ V_2$　　B. $V_0\ V_2\ V_3\ V_1$　　C. $V_0\ V_3\ V_2\ V_1$　　D. $V_0\ V_1\ V_2\ V_3$

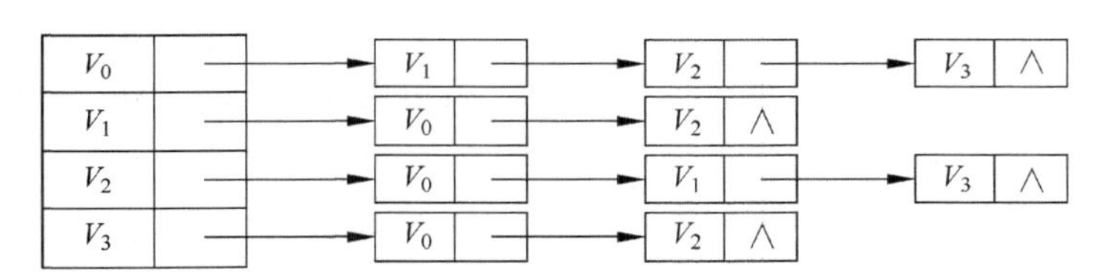

图 7.30

12. 已知图的邻接表如图 7.31 所示，根据算法，则从顶点 0 出发按广度优先遍历的结点序列是________。

A. $V_0\ V_3\ V_2\ V_1$　　B. $V_0\ V_1\ V_2\ V_3$　　C. $V_0\ V_1 V_3\ V_2$　　D. $V_0\ V_3 V_1\ V_2$

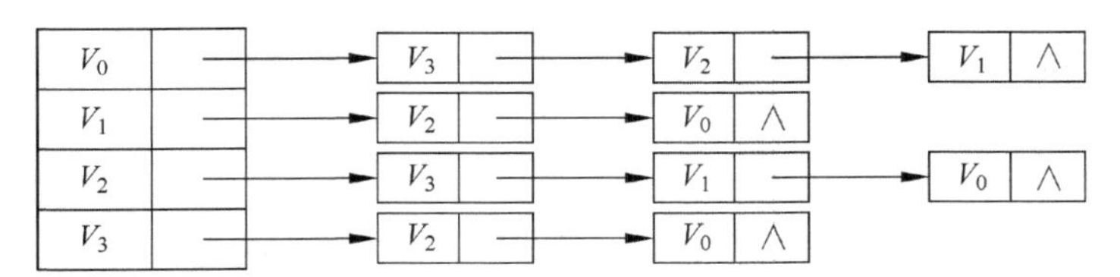

图 7.31

13. 深度优先遍历类似于二叉树的________。

A. 先序遍历　　B. 中序遍历　　C. 后序遍历　　D. 层次遍历

14. 广度优先遍历类似于二叉树的________。

A. 先序遍历　　B. 中序遍历　　C. 后序遍历　　D. 层次遍历

15. 任何一个无向连通图的最小生成树________。

A. 只有一棵　　B. 一棵或多棵　　C. 一定有多棵　　D. 可能不存在

（注：生成树不唯一，但最小生成树唯一，即边权之和或树权最小的情况唯一）

二、填空题

1. 图有________、________等存储结构，遍历图有________、________等方法。

2. 有向图 G 用邻接表矩阵存储，其第 i 行的所有元素之和等于顶点 i 的________。

3. 如果 n 个顶点的图是一个环，则它有________棵生成树。

4. n 个顶点 e 条边的图，若采用邻接矩阵存储，则空间复杂度为________。

5. n 个顶点 e 条边的图，若采用邻接表存储，则空间复杂度为________。

6. 设有一个稀疏图 G，则 G 采用________存储较省空间。

7. 设有一个稠密图 G，则 G 采用________存储较省空间。

8. 图的逆邻接表存储结构只适用于________图。

9. 已知一个图的邻接矩阵表示，删除所有从第 i 个顶点出发的方法是________。

10. 图的深度优先遍历序列________唯一的。

11. n 个顶点 e 条边的图采用邻接矩阵存储，深度优先遍历算法的时间复杂度为________；若采用邻接表存储时，该算法的时间复杂度为________。

12. n 个顶点 e 条边的图采用邻接矩阵存储，广度优先遍历算法的时间复杂度为________；若采用邻接表存储，该算法的时间复杂度为________。

13. 图的 BFS 生成树的树高比 DFS 生成树的树高________。

14. 用普里姆(Prim)算法求具有 n 个顶点 e 条边的图的最小生成树的时间复杂度为________；用克鲁斯卡尔(Kruskal)算法的时间复杂度是________。

15. 若要求一个稀疏图 G 的最小生成树，最好用________算法来求解。

16. 若要求一个稠密图 G 的最小生成树，最好用________算法来求解。

17. 用 Dijkstra 算法求某一顶点到其余各顶点间的最短路径是按路径长度________的次序来得到最短路径的。

18. 写出图 7.32 所示的所有拓扑序列________。

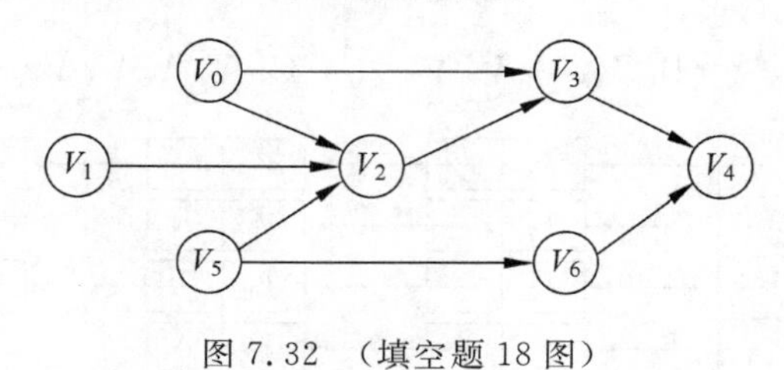

图 7.32 （填空题 18 图）

19. 在如图 7.33 所示的网络计划图中关键路径是________，全部计划完成的时间是________。

20. 对于含有 n 个顶点 e 条边的无向连通图，利用 Prim 算法生成最小代价生成树其时间复杂度为________。

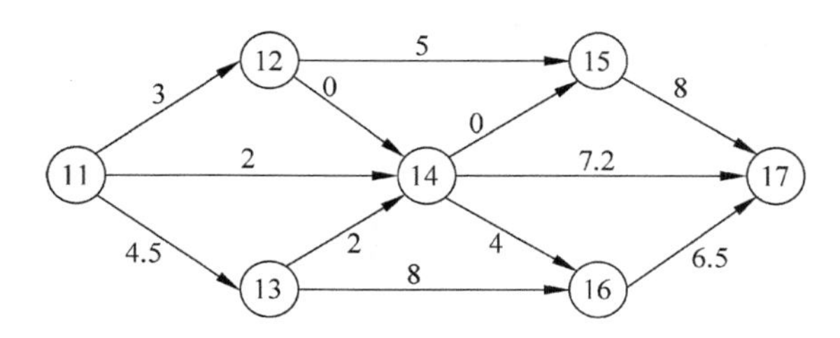

图 7.33 （填空题 19 图）

三、简答题

1. 已知如图 7.26 所示的有向图，请给出该图的：

(1) 每个顶点的入/出度；

(2) 邻接距阵；

(3) 邻接表；

(4) 逆邻接表。

2. 请对图 7.34 中的无向带权图：

(1) 写出它的邻接矩阵，并按普里姆算法求其最小生成树；

(2) 写出它的邻接表，并按克鲁斯卡尔算法求其最小生成树。

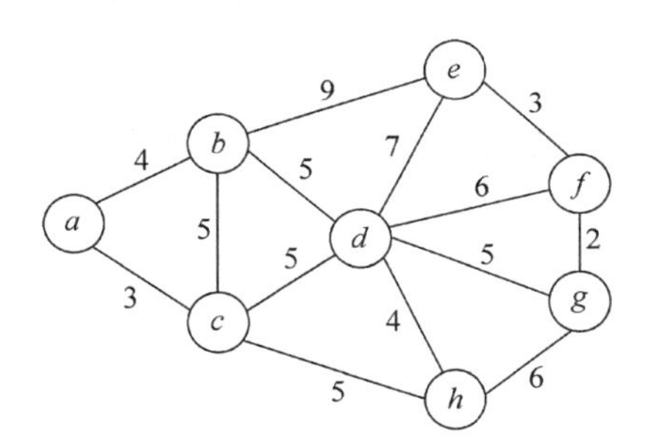

图 7.34 简答题 2 图

3. 已知二维数组表示的(本题)图的邻接矩阵如图 7.35 所示。试分别画出自顶点 1 出发进行遍历所得的深度优先生成树和广度优先生成树。

	1	2	3	4	5	6	7	8	9	10
1	0	0	0	0	0	0	1	0	1	0
2	0	0	1	0	0	0	1	0	0	0
3	0	0	0	1	0	0	0	1	0	0
4	0	0	0	0	1	0	0	0	1	0
5	0	0	0	0	0	1	0	0	0	1
6	1	1	0	0	0	0	0	0	0	0
7	0	0	1	0	0	0	0	0	0	1
8	1	0	0	1	0	0	0	0	1	0
9	0	0	0	0	1	0	1	0	0	1
10	1	0	0	0	0	1	0	0	0	0

图 7.35 简答题 3 图

4. 试利用 Dijkstra 算法求图 7.36 中从顶点 a 到其他各顶点间的最短路径，写出执行算法过程中各步的状态。

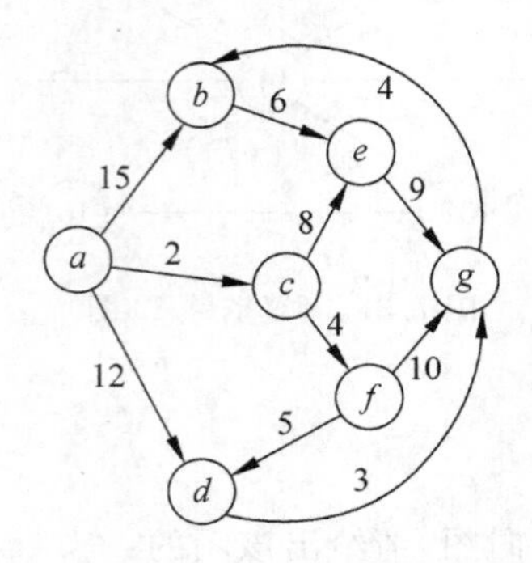

图 7.36 简答题 4 图

5. 试利用弗洛伊德(Floyed)算法，求图 7.36 所示有向图的各对顶点之间的最短路径，并写出在执行算法过程中，所得的最短路径长度矩阵序列和最短路径矩阵序列。

6. 表 7.2 列出了某工序之间的优先关系和各工序所需时间，求：

(1) 画出 AOE 网；

(2) 列出各事件中的最早、最迟发生时间；

(3) 找出该 AOE 网中的关键路径，并回答完成该工程需要的最短时间。

表 7.2

工序代号	所需时间	前序工序	工序代号	所需时间	前序工序
A	15	无			
B	10	无	H	15	G,I
C	50	A	I	120	E
D	8	B	J	60	I
E	15	C,D	K	15	F,I
F	40	B	L	30	H,J,K
G	300	E	M	20	L

四、算法分析

1. 编写算法，由依次输入的顶点数目、弧的数目、各顶点的信息和各条弧的信息建立有向图的邻接表。

2. 试在邻接矩阵存储结构上实现图的基本操作：DeleteArc(G,v,w)。

(提示：删除所有从第 i 个顶点出发的边的方法是将邻接矩阵的第 i 行全部置 0)

3. 试基于图的深度优先搜索策略写一个算法，判别以邻接表方式存储的有向图中是否存在由顶点 v_i 到顶点 v_j 的路径($i \neq j$)。注意：算法中涉及的图的基本操作必须在此存储结构上实现。

第8章 查找

查找是计算机替人类执行的最常见任务之一。由于查找运算的使用频率很高，几乎任何一个计算机软件中都会涉及，所以当问题所涉及的数据量相当大时，查找方法的效率就显得格外重要，在一些实时查询系统中尤其如此。

查找(Searching)：就是在按某种数据结构形式存储的数据集合中，找出满足指定条件的结点(或记录)。

本章将系统地讨论各种查找方法，并通过对它们的效率分析来比较各种查找方法的优劣。

8.1 查找的基本概念

1. 查找表和查找

一般，假定被查找的对象是由一组结点组成的表(Table)或文件，而每个结点则由若干个数据项组成，并假设每个结点都有一个能唯一标识该结点的关键字。

查找的定义是：给定一个值 K，在含有 n 个结点的表中找出关键字等于给定值 K 的结点。若找到，则查找成功，返回该结点的信息或该结点在表中的位置；否则查找失败，返回相关的提示信息。

2. 查找的分类

按查找的条件分类，可划分为按主关键字查找和按次关键字查找。

按查找数据存放的存储器分类，可划分为内查找和外查找。内查找：整个查找过程都在内存中进行。外查找：查找过程中需要访问外存。

按查找的目的分类，可划分为静态查找和动态查找。若在查找的同时对表做修改操作，则相应的表称为动态查找表(Dynamic Search Table)，否则称为静态查找表(Static Search Table)。

3. 如何进行查找

由于查找表中的数据元素之间不存在明显的组织规律，因此不便于查找。为了提高查找的效率，需要在查找表中的元素之间人为地加入某种确定关系，即用另外一种结构来表示查找表，而查找的方法则取决于查找表的结构。

4. 查找方法的评价

评价一个查找方法的好坏，可从以下几方面进行：

(1) 查找速度；

(2) 查找过程中占用存储空间的多少；

(3) 查找算法的复杂程度；

(4) 平均查找长度 ASL。

5. 平均查找长度 ASL

为确定记录在表中的位置，需和给定值进行比较。通常把查找过程中对关键字需要执行的平均比较次数称为平均查找长度，并将其作为衡量查找算法效率优劣的标准之一。

平均查找长度 ASL(Average Search Length)定义为：

$$\mathrm{ASL} = \sum_{i=1}^{n} p_i c_i$$

式中：

(1) n 是结点的个数；

(2) p_i是查找第 i 个结点的概率。若不特别声明，认为每个结点的查找概率相等，即

$$p_1 = p_2 = \cdots = p_n = 1/n$$

(3) c_i是找到第 i 个结点所需进行的比较次数。

注意：为了简单起见，假定表中关键字的类型为整数。

定义 8.1

```
typedef int KeyType;                    /* KeyType 应由用户定义 */
```

8.2 静态查找表

线性表上进行查找的方法主要有 3 种：顺序查找、二分查找和分块查找。

8.2.1 顺序查找

在线性表的查找算法中，顺序查找(Sequential Search)是最简单的查找方法。

1. 存储结构要求

顺序查找方法既适用于线性表的顺序存储结构，也适用于线性表的链式存储结构(使用单链表作存储结构时，扫描必须从第一个结点开始)。

2. 基本思想

基本思想是：从表的一端开始，顺序扫描线性表，依次将扫描到的结点关键字和给定值 K 相比较。若当前扫描到的结点关键字与 K 相等，则查找成功；若扫描结束后，仍未找到关键字等于 K 的结点，则查找失败。扫描线性表可以从表尾开始，也可以从表头开始。

3. 查找实例

例如在顺序表 $L=(3,9,14,21,33,47,55,73,80,97)$ 中查找关键字 55 的过程图如图 8.1 所示。

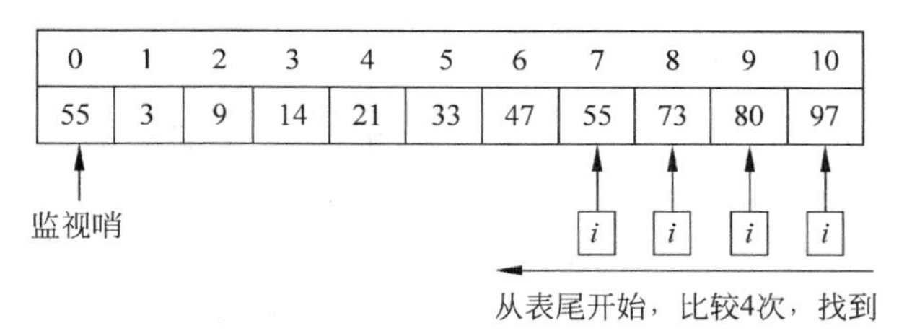

图 8.1 从表尾顺序查找的过程

4. 基于顺序结构的顺序查找算法

(1) 类型说明

定义 8.2

```
typedef struct{
    KeyType key;
    InfoType otherinfo;                  /* 此类型依赖于应用 */
}NodeType;
typedef NodeType SeqList[n+1];           /* 0 号单元用作哨兵 */
```

(2) 查找算法

算法 8.1 顺序查找算法一

```
int SeqSearch(Seqlist R,KeyType K)
{/* 在顺序表 R[1…n]中顺序查找关键字为 K 的结点,成功时返回结点位置,失败时返回 0 */
  int i;
  R[0].key = K;                          /* 设置哨兵于表头 */
     for(i = n; R[i].key!= K;i--);       /* 从表后往前找 */
     if(i>0) return i;                   /* 若 i 为 0,表示查找失败,否则 R[i]是要找的结点 */
     else return 0;
}
```

注意：这是一个监视哨设在 $R[0]$的从后往前的顺序查找，也可以按照自然顺序从头到尾进行查找。算法 8.2 就是按照从头到尾的顺序进行查找的算法，监视哨设在 $R[n]$。

算法 8.2 顺序查找算法二

```
int SeqSearch(Seqlist R,KeyType K)
{/* 在顺序表 R[0…n-1]中顺序查找关键字为 K 的结点,成功返回结点位置,失败返回 0 */
  int i;
  R[n].key = K;                          /* 设置哨兵于表尾 */
  for(i = 0; R[i].key!= K;i++);          /* 从表头往后找 */
  if(i<n) return i;                      /* 若 i 在 0～n-1 之间,则 R[i]是要找的结点,返回 i */
  else return 0;                         /* 否则查找失败,返回 0 */
} /* SeqSearch */
```

(3) 算法分析

算法中监视哨$R[0]$和$R[n]$的作用，是为了在for循环中省去判定防止下标越界的条件$i\geqslant 1$和$i<n$，从而节省比较的时间。

成功时的顺序查找的平均查找长度：

$$\mathrm{ASL}_{\mathrm{sq}}=\sum_{i=1}^{n}p_i c_i=\sum_{i=1}^{n}p_i(n-i+1)$$

在等概率情况下，$p_i=1/n(1\leqslant i\leqslant n)$，故成功的平均查找长度为

$$(n+\cdots+2+1)/n=(n+1)/2$$

即查找成功时的平均比较次数约为表长的一半。

若K值不在表中，则必须进行$n+1$次比较之后才能确定查找失败。

表中各结点的查找概率并不相等时，$\mathrm{ASL}_{\mathrm{sq}}$在逆序排列(由大到小)

$$p_n\geqslant p_{n-1}\geqslant\cdots\geqslant p_2\geqslant p_1$$

时取极小值。

若查找概率无法事先测定，则查找过程采取的改进办法是，在每次查找之后，将刚刚查找到的记录直接移至表尾的位置上。

例如，在由全校学生的病历档案组成的线性表中，体弱多病同学的病历的查找概率必然高于健康同学的病历，由于上式的$\mathrm{ASL}_{\mathrm{sq}}$在$p_n\geqslant p_{n-1}\geqslant\cdots\geqslant p_2\geqslant p_1$时达到最小值。若事先知道表中各结点的查找概率不相等，以及它们的分布情况，则应将表中结点按查找概率由小到大地存放，以便提高顺序查找的效率。

为了提高查找效率，对算法SeqSearch做如下修改：每当查找成功，就将找到的结点和其后继(若存在)结点交换。这样，使得查找概率大的结点在查找过程中不断往后移，便于在以后的查找中减少比较次数。

顺序查找的优点：算法简单，且对表的结构无任何要求，无论是用向量还是用链表来存放结点，无论结点之间是否按关键字有序，它都同样适用。

顺序查找的缺点：查找效率低，因此，当n较大时不宜采用顺序查找。

8.2.2 二分查找

1. 存储要求

二分查找(Binary Search)又称折半查找，它是一种效率较高的查找方法。

二分查找要求：线性表是有序表，并且使用向量作为表的存储结构。不失一般性，不妨假设该有序表是递增有序的。

2. 二分查找的基本思想

二分查找的基本思想是：(设$R[\mathrm{low}\cdots\mathrm{high}]$是当前的查找区间)。

首先确定该区间的中点位置：

$$\mathrm{mid}=\lfloor(\mathrm{low}+\mathrm{high})/2\rfloor$$

然后将待查的K值与$R[\mathrm{mid}].\mathrm{key}$比较：若相等，则查找成功并返回此位置，否则需确定新的查找区间，继续二分查找，具体方法如下：

① 若 R[mid].key>K，则由表的有序性可知 R[mid…n].key 均大于 K，因此若表中存在关键字等于 K 的结点，则该结点必定是在位置 mid 左边的子表 R[1…mid−1]中，故新的查找区间是左子表 R[1…mid−1]。

② 若 R[mid].key<K，则要查找的 K 必在 mid 的右子表 R[mid+1…n]中，即新的查找区间是右子表 R[mid+1…n]，下一次查找是针对新的查找区间进行的。

因此，从初始的查找区间 R[1…n]开始，每经过一次与当前查找区间的 mid 位置上的结点关键字比较，就可确定查找是否找到，没找到则当前的查找区间就缩小一半。重复这一过程直至找到关键字为 K 的结点，或者直至当前的查找区间为空(即查找失败)时为止。

3. 二分查找算法

算法 8.3 二分查找算法

```
int BinSearch(SeqList R,KeyType K)
{ /* 在有序表 R[1…n]中进行二分查找,成功时返回结点的位置,失败时返回零 */
   int low=1,high=n,mid;                /* 置当前查找区间上、下界的初值 */
   while(low<=high)                     /* 当前查找区间 R[low…high]非空 */
     { mid=(low+high)/2;
       if(R[mid].key==K) return mid;    /* 查找成功返回 */
       if(R[mid].key>K) high=mid-1;     /* 继续在 R[low…mid-1]中查找 */
       else low=mid+1;                  /* 继续在 R[mid+1…high]中查找 */
     }
   return 0;                            /* 当 low>high 时表示查找区间为空,查找失败 */
}
```

4. 二分查找算法的执行过程

根据以上二分查找的算法，看其执行过程，假设算法的输入实例中有序的关键字序列为

(3,9,14,21,33,47,55,73,80,97)

要查找的关键字 key 分别是 21 和 70。其查找过程如图 8.2 所示。

在进行 key=21 的查找过程中，经过 4 次比较查到。在查找 key=70 的过程中，当第 5 次比较时，发现 high 比 low 的值还小，没找到。

5. 二分查找的性能分析

分析查找 21 的过程，找到⑤号元素需要比较 1 次，找到②和⑧元素需要比较 2 次，找到①、③、⑥、⑨需要比较 3 次，找到④、⑦、⑩需要比较 4 次。

对于成功的查找，如查找 21，二分查找可以用图 8.3(a)的判定树来描述其查找过程。比较的次数与判定叉树的层次对应，如查找 21 共比较了 4 次，才找到④号元素，而④元素在判定树上的位置正好位于第 4 层，因此，二分查找的过程与判定树查找一致。n 个结点的判定树的高度至多为$\lceil(\log_2 n)\rceil+1$，因此二分查找的成功查找次数至多为$\lceil(\log_2 n)\rceil+1$。

对于不成功的查找，如查找 70，可以用图 8.3(b)的判定树来描述其查找过程。比较的次数超出判定叉树的层次时，查找失败，如查找 70 共比较了 5 次，从而超过了判定树的深度，因此，二分查找的过程与判定树查找一致，可以证明查找失败时查找次数至多为$\lceil(\log_2 n)\rceil+1$。

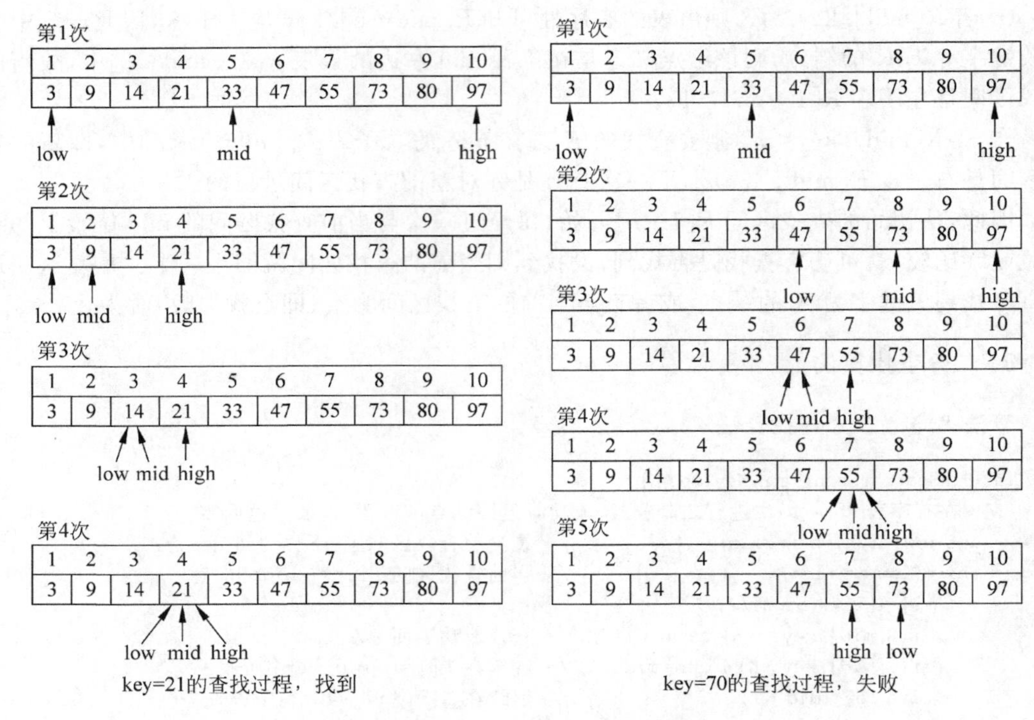

图 8.2　二分查找过程图

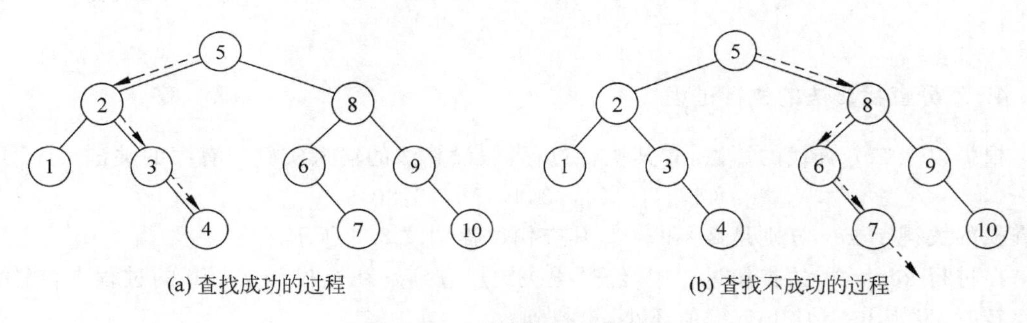

图 8.3　二分查找及其判定树

对于二分查找，平均查找长度是多少？

因为可以用判定树来描述二分查找的过程，查找第 i 层元素需要做 i 次比较，而第 i 层上至多有 2^{i-1} 个元素，对于 n 个元素的判定树，其高度 $h=\lfloor \log_2 n \rfloor+1$ 假设查找每个元素的概率相等，即 $p_i=1/n$，则平均查找长度为

$$\mathrm{ASL}_{\mathrm{bs}}=\sum_{i=1}^{n} p_i c = \frac{1}{n}\sum_{i=1}^{n} i \cdot 2^{i-1}$$

$$=\frac{n+1}{n}\log_2(n+1)-1$$

因此，二分查找的时间复杂度为 $O(\log_2 n)$。

6. 二分查找的优点和缺点

虽然二分查找的效率高，但是要将表按关键字排序。而排序本身是一种很费时的运算。即使采用高效率的排序方法也要花费 $O(n\log_2 n)$的时间。

二分查找只适用顺序存储结构。为保持表的有序性，在顺序结构里插入和删除都必须移动大量的结点。因此，二分查找特别适用于那种一经建立就很少改动，而又经常需要查找的线性表。

对那些查找少而又经常需要改动的线性表，可采用链表作存储结构，进行顺序查找。链表上无法实现二分查找。

8.2.3 索引查找

索引顺序查找又称分块查找(Blocking Search)。它是性能介于顺序查找和二分查找之间的查找方法。在建立顺序表的同时，建立一个索引项，包括两项：关键字项和指针项。索引表按关键字有序，顺序表则为分块有序。

1. 索引查找表存储结构

索引查找表由“分块有序”的线性表和索引表组成，如图 8.4 所示。

(1) “分块有序”的线性表

表 $R[1\cdots n]$均分为 b 块，前 $b-1$ 块中，每块结点个数为 $s=\lceil n/b \rceil$，第 b 块的结点数小于等于 s；每一块中的关键字不一定有序，但前一块中的最大关键字必须小于后一块中的最小关键字，即表是“分块有序”的。换句话说，第二个子表中的所有关键字均大于第一个子表的最大关键字，第三个子表的所有关键字均大于第二个子表的最大关键字，依此类推。

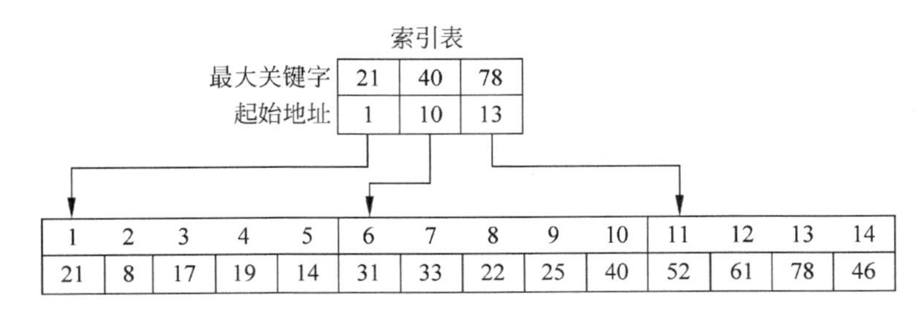

图 8.4 表及其索引表

(2) 索引表

抽取各块中的最大关键字和起始位置构成一个索引表 $ID[l\cdots b]$，即 $ID[i]$($1\leqslant i\leqslant b$)中存放第 i 块的最大关键字及该块在表 R 中的起始位置。由于表 R 是分块有序的，所以索引表是一个递增有序表。

2. 查找的基本思想

分块查找的基本思想是：

(1) 查找索引表，确定待查的块。因为是分块有序，所以查找索引表时采用二分查找，以确定待查的结点在哪一块；

(2) 在已确定的块中进行顺序查找，由于块内无序，只能用顺序查找。

3. 算法实现

用数组存放待查记录，每个数据元素至少含有关键字域，建立索引表，每个索引表结点含有最大关键字域和指向本块第一个结点的指针。

4. 索引顺序查找示例

在线性表 $L=(21,8,17,19,14,31,33,22,25,40,52,61,78,46)$ 中查找 25 的过程，如图 8.5 所示。

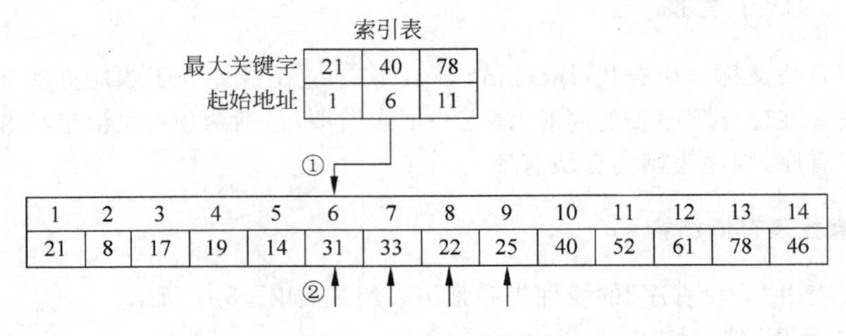

图 8.5　索引表查找示例

首先，通过索引表查找 25，用二分查找发现关键字在第二块中（如图 8.5 中的①）；然后在第二块中按照顺序查找，找到 25（如图 8.5 中的②）。

如果查找关键字 28，则发现重复上面的①、②后，未能找到指定的元素，所以查找失败。

5. 算法分析

(1) 平均查找长度 ASL

分块查找是两次查找过程。整个查找过程的平均查找长度是两次查找的平均查找长度之和。

① 若以二分查找来确定块，分块查找成功时的平均查找长度

$$ASL_{blk}=ASL_{bs}+ASL_{sq}\approx\log_2(b+1)-1+(s+1)/2\approx\log_2(n/s+1)+s/2$$

② 若以顺序查找确定块，分块查找成功时的平均查找长度

$$ASL'_{blk}=(b+1)/2+(s+1)/2=(s^2+2s+n)/(2s)$$

注意：当采用顺序查找确定块，且 $s=\sqrt{n}$ 时 ASL'_{blk} 取极小值 $s=\sqrt{n}+1$，所以应将各块中的结点数选定为$\sqrt{n}$。

例如，若表中有 10 000 个结点，则应把它分成 100 个块，每块中含 100 个结点。若采用分块机制，用顺序查找确定块，分块查找平均需要做 100 次比较。若不采用分块机制，则顺序查找平均需做 5000 次比较，二分查找最多需 14 次比较。

这样，说明索引顺序查找算法的效率介于顺序查找和二分查找之间。

(2) 块的大小

在实际应用中,分块查找不一定要将线性表分成大小相等的若干块,可根据表的特征进行分块。例如一个学校的学生登记表,可按系号或班号分块。

(3) 结点的存储结构

各块可放在不同的线性表中,也可将每一块存放在一个单链表中。

(4) 索引顺序查找的优点

索引顺序查找的优点是:

① 在表中插入或删除一个记录时,只要找到该记录所属的块,就在该块内进行插入和删除运算。

② 因块内记录的存放是任意的,所以插入或删除比较容易,无需移动大量记录。

分块查找的主要代价是增加一个辅助数组的存储空间和将初始表分块排序的运算。

8.2.4 线性表查找方法的比较

下面对线性表查找方法做一个比较。

1. 顺序查找

顺序存储和链表存储皆可。优点是算法简单且对表的结构无任何要求;缺点是查找效率低。适用于 n 较小的表的查找和查找较少但改动较多的表。

2. 二分查找

只用于顺序存储结构。优点是查找效率高;缺点是要求线性表按键值有序排列,且只适用顺序存储结构。特别适用于一经建立就很少改动又经常需要查找的线性表。

3. 分块查找

顺序存储和链表存储皆可。优点是在表中插入和删除记录时,只要找到该元素所属的块,就在该块内进行插入和删除运算。因块内记录的存放是任意的,所以插入和删除比较容易,不需要移动大量元素;缺点是要增加一个辅助数组的存储空间和将初始表分块排序的运算。适用于有分块特点的记录。

8.3 动态查找表

当用线性表作为表的组织形式时,可以有3种查找法。其中以二分查找效率最高。但由于二分查找要求表中结点按关键字有序,且不能用链表作存储结构,因此,当表的插入或删除操作频繁时,为维护表的有序性,势必要移动表中很多结点。这种由移动结点引起的额外时间开销,就会抵消二分查找的优点。也就是说,二分查找只适用于静态表查找。若要对表进行高效率的查找,可采用下面介绍的几种特殊的二叉树或树作为表的组织形式,称为树表,又叫做动态查找表。下面将分别讨论在动态查找表上进行查找和修改操作的方法。

8.3.1 二叉排序树

1. 二叉排序树的定义

二叉排序树(Binary Sort Tree)又称二叉查找(搜索)树(Binary Search Tree)。其定义为：二叉排序树或者是空树，或者是满足如下性质的二叉树。

(1) 若它的左子树非空，则左子树上所有结点的值均小于根结点的值；

(2) 若它的右子树非空，则右子树上所有结点的值均大于根结点的值；

(3) 左、右子树本身又各是一棵二叉排序树。

上述性质简称二叉排序树性质(BST 性质)，故二叉排序树实际上是满足 BST 性质的二叉树。

2. 二叉排序树的特点

由 BST 性质可得：

(1) 二叉排序树中任一结点 x，其左(右)子树中任一结点 y(若存在)的关键字必小(大)于 x 的关键字。

(2) 二叉排序树中，各结点关键字是唯一的。如图 8.6 不是二叉排序树，图 8.7 是二叉排序树。

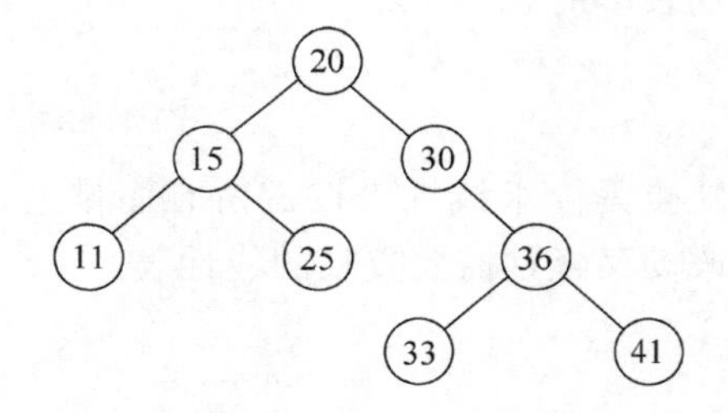

图 8.6 非二叉排序树

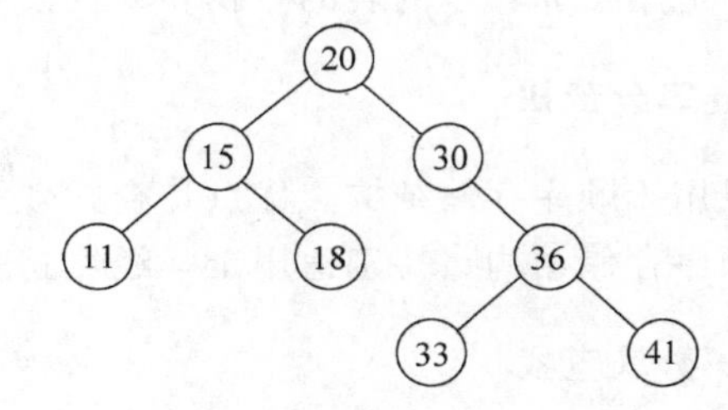

图 8.7 二叉排序树

注意：实际应用中，不能保证被查找的数据集中各元素的关键字互不相同，所以可将二叉排序树定义中 BST 性质(1)里的“小于”改为“小于等于”，或将 BST 性质(2)里的“大于”改为“大于等于”，甚至可同时修改这两个性质。

(3) 按中序遍历该树所得到的中序序列是一个递增有序序列。

例如，图 8.7 所示的是二叉排序树，它的中序序列为有序序列：11，15，18，20，30，33，36，41。

3. 二叉排序树的存储结构

定义 8.3

```
typedef int KeyType;                    /*假定关键字类型为整数*/
typedef struct node
{ /*结点类型*/
  KeyType key;                          /*关键字项*/
  InfoType data;                        /*data为记录中其他数据项总称*/
```

```
  struct node *lchild, *rchild;          /* 左右孩子指针 */
} BSTNode;
typedef BSTNode *BSTree;                 /* BSTree是二叉排序树的类型 */
```

4. 二叉排序树上的运算

(1) 二叉排序树的插入和生成

① 二叉排序树插入新结点的过程

在二叉排序树中插入新结点，要保证插入后仍满足BST性质。其插入过程是：

(a)若二叉排序树 T 为空，则为待插入的关键字key申请一个新结点，并令其为根。

(b)若二叉排序树 T 不为空，则将key和根的关键字比较：

(i) 若二者相等，则说明树中已有此关键字key，无需插入。

(ii) 若 key<T->key，则将key插入根的左子树中。

(iii) 若 key>T->key，则将它插入根的右子树中。

子树中的插入过程与上述的树中插入过程相同。如此进行下去，直到将key作为一个新的结点的关键字插入到二叉排序树中，或者直到发现树中已有此关键字为止。

② 二叉排序树插入新结点的递归算法

根据上面介绍的算法思想，对应的递归算法Insert_BST()如下。

算法8.4 二叉排序树插入新结点的递归算法

```
int Insert_BST( BSTree *p, KeyType k,BSTree *f)
{/* 在以p为根结点的BST中插入一个关键字为k的结点.插入成功返回1,否则返回0 */
   if( p == NULL)                             /* 原树为空,新插入的记录为根结点 */
   { p = (BSTree * )malloc(sizeof(BSTree));
     p -> key = k;
     p -> lchild = p -> rchild = NULL;
     return 1;
    }
    else if( k == p -> key)                   /* 树中存在相同关键字的结点,返回0 */
       return 0;
    else if( k < p -> key)
       return Insert_BST(p -> lchild, k,p);   /* 插入到p的左子树中 */
    else
       return Insert_BST(p -> rchild, k,p);   /* 插入到p的右子树中 */
}
```

③ 二叉排序树插入新结点的非递归算法

算法8.5 二叉排序树插入新结点的非递归算法

```
void InsertBST(BSTree *Tptr,KeyType key)
  { /* 若二叉排序树 *Tptr中没有关键字为key,则插入,否则直接返回 */
    BSTNode *f, *p = *Tptr;                   /* p的初值指向根结点 */
    while(p)
     {                                        /* 查找插入位置 */
       if(p -> key == key) return;            /* 树中已有key,无需插入 */
       f = p; /* f保存当前查找的结点 */
       if (key < p -> key)p = p -> lchild     /* 若key<p->key,则在左子树中查找 */
```

```
    else p = p -> rchild;                       /* 否则在右子树中查找 */
  }
  p = (BSTNode * )malloc(sizeof(BSTNode));
  p -> key = key; p -> lchild = p -> rchild = NULL;/* 生成新结点 */
  if( *TPtr == NULL)                            /* 原树为空 */
      * Tptr = p;                               /* 新插入的结点为新的根 */
  else                                          /* 原树非空,将 p 作为 f 的 */
     if(key < f -> key) f -> lchild = p;        /* 左孩子插入 */
     else f -> rchild = p;                      /* 或右孩子插入 */
  }
```

④ 二叉排序树的生成

二叉排序树的生成，是从空的二叉排序树开始，每输入一个结点数据，就调用一次插入算法将它插入到当前已生成的二叉排序树中。生成二叉排序树的算法如下：

算法 8.6 二叉排序树的生成算法

```
BSTree CreateBST(void)
 { /* 输入一个结点序列,建立一棵二叉排序树,将根结点指针返回 */
   BSTree T = NULL;                             /* 初始时 T 为空树 */
   KeyType key;
   scanf(" % d",&key);                          /* 读入一个关键字 */
   while(key)                                   /* 假设 key = 0 是输入结束标志 */
    { InsertBST(&T,key);                        /* 将 key 插入二叉排序树 T */
      scanf(" % d",&key);                       /* 读入下一关键字 */
    }
   return T;                                    /* 返回建立的二叉排序树的根指针 */
  }
```

⑤ 二叉排序树的生成过程

输入实例(5,2,7,3,1,14,9)，根据生成二叉排序树算法生成二叉排序树的过程如图 8.8 所示。

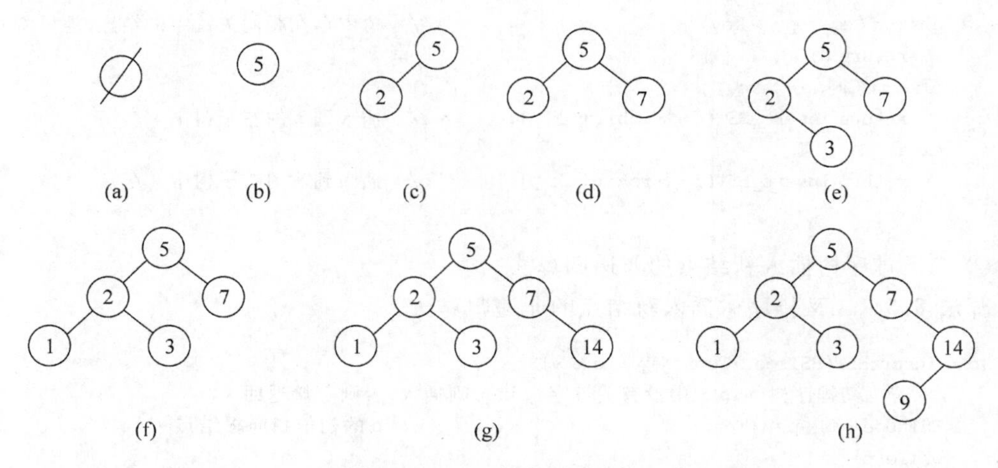

图 8.8 二叉排序树的构造

注意：输入序列决定了二叉排序树的形态。

二叉排序树的中序序列是有序序列，所以对于一个任意的关键字序列构造一棵二叉排序树，其实质是对此关键字序列进行排序，使其变为有序序列。“排序树”的名称也由此而来。通常将这种排序称为树排序(Tree Sort)，可以证明这种排序的平均执行时间亦为$O(n\log_2 n)$。

对相同的输入实例，树排序的执行时间约为堆排序的2～3倍。因此在一般情况下，构造二叉排序树的目的并非为了排序，而是用它来加速查找，这是因为在一个有序的集合上查找通常比在无序集合上查找更快。因此，人们又常常将二叉排序树称为二叉查找树。

(2) 二叉排序树的查找

二叉排序树的查找十分方便，其平均查找长度明显小于一般的二叉树。对于一般的二叉树，按给定关键字值查找树中结点时，我们可以从根结点出发，按先序遍历、中序遍历或后序遍历的方法查找树中结点，直到找到该结点为止。显然，当树中不存在具有所给关键字值的结点时，必须遍历完树中所有结点后，才能得出查找失败的结论。

对于二叉排序树情况就不同了，从根结点出发，当访问到树中某个结点时，如果该结点的关键字值等于给定的关键字值，就宣布查找成功。反之，如果该结点的关键字值大(小)于已给的关键字值，下一步就只需考虑查找左(右)子树了。换言之，每次只需查找左或右子树的一支便够了，效率明显提高。

① 递归查找算法

因为二叉排序树可看作是一个有序表，所以在二叉排序树上进行查找，和二分查找类似，也是一个逐步缩小查找范围的过程。递归的查找算法如下。

算法 8.7 二叉排序树查找递归算法

```
BSTNode *SearchBST(BSTree T,KeyType key)
{/* 在二叉排序树 T 上查找关键字为 key 的结点,成功时返回该结点位置,否则返回 NUll */
    if(T == NULL||key == T -> key)              /* 递归的终结条件 */
      return T;                        /* T 为空,查找失败,否则成功,返回找到的结点位置 */
    if(key < T -> key)
        return SearchBST(T -> lchild,key);      /* 继续在左子树中查找 */
    else
        return SearchBST(T -> rchild,key);      /* 继续在右子树中查找 */
  }
```

② 算法分析

在二叉排序树上进行查找时，若查找成功，则是从根结点出发走了一条从根到待查结点的路径。若查找不成功，则是从根结点出发走了一条从根到某个叶子的路径。

对于每一棵特定的二叉排序树，均可按照平均查找长度的定义来求它的ASL值，显然，同样的n个关键字，其排列顺序不同，构造所得的二叉排序树的形态也不同，其平均查找长度的值也就不同，甚至可能差别很大。

例如，由关键字序列1,2,3,4,5构造而得的二叉排序树，如图8.9(a)所示。其所对应的平均查找长度的值：

$$ASL = (1+2+3+4+5)/5 = 3$$

由关键字序列3,1,2,5,4构造而得的二叉排序树，如图8.9(b)所示。其所对应的平均查找长度的值：

$$ASL = (1+2+3+2+3)/5 = 2.2$$

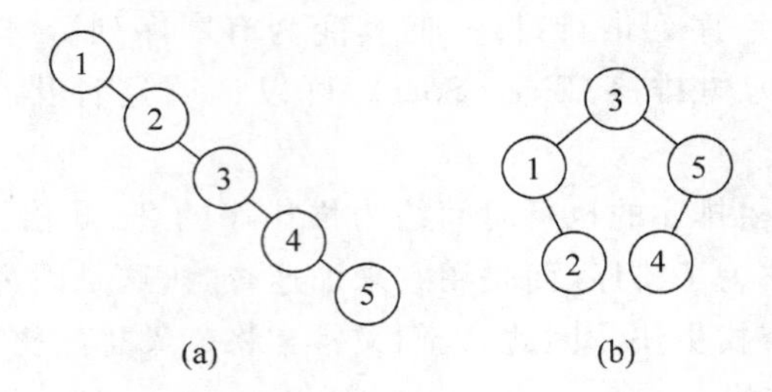

图 8.9　二叉排序树的性能分析

由此可知，在二叉排序树上进行查找时的平均查找长度和二叉树的形态有关。

(a) 在最坏情况下，二叉排序树是通过把一个有序表的 n 个结点依次插入而生成的，此时所得的二叉排序树蜕化为一棵深度为 n 的单支树，它的平均查找长度和线性表的顺序查找相同，亦是 $(n+1)/2$。

(b) 在最好情况下，二叉排序树在生成的过程中，树的形态比较匀称，最终得到的是一棵形态与二分查找的判定树相似的二叉排序树，此时它的平均查找长度大约是 $\log_2 n$。

(c) 插入、删除和查找算法的时间复杂度均为 $O(\log_2 n)$。

(3) 二叉排序树的删除

从二叉排序树中删除一个结点，不能把以该结点为根的子树都删去，并且还要保证删除后所得的二叉树仍然满足 BST 性质。

删除操作的一般步骤为：

① 进行查找。查找时，令 p 指向当前访问到的结点，parent 指向其双亲(其初值为 NULL)。若树中找不到被删结点则返回 0，否则被删结点是 $*p$。

② 删去 $*p$。删 $*p$ 时，应将 $*p$ 的子树(若有)仍连接在树上且保持 BST 性质不变。按 $*p$ 的孩子数目分 3 种情况进行处理。

(a) $*p$ 是叶子(即它的孩子数为 0)。无需连接 $*p$ 的子树，只需将 $*p$ 的双亲 *parent 中指向 $*p$ 的指针域置空即可，如图 8.10 所示。

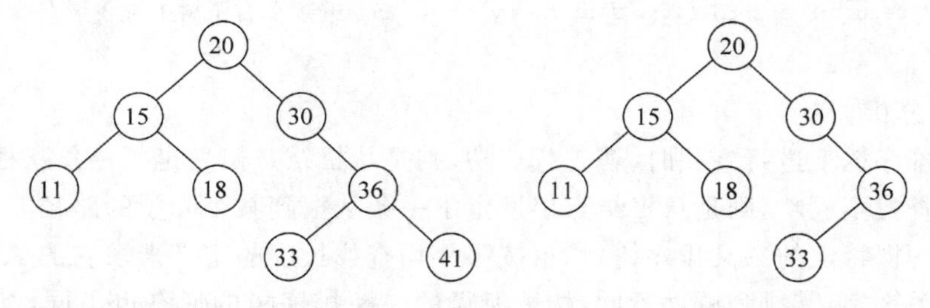

图 8.10　删除叶子结点

(b) $*p$ 只有一个孩子 *child。只需将 *child 和 $*p$ 的双亲直接连接后，即可删去 $*p$。

注意：*$*p$ 既可能是 *parent 的左孩子也可能是其右孩子，而 *child 可能是 $*p$ 的左孩子或右孩子，故共有 4 种状态。*

(c) $*p$ 有两个孩子。先令 $q=p$，将被删结点的地址保存在 q 中，然后找 $*q$ 的中序后继 $*p$，并在查找过程中仍用 parent 记住 $*p$ 的双亲位置。$*q$ 的中序后继 $*p$ 一定是 $*q$ 的右子

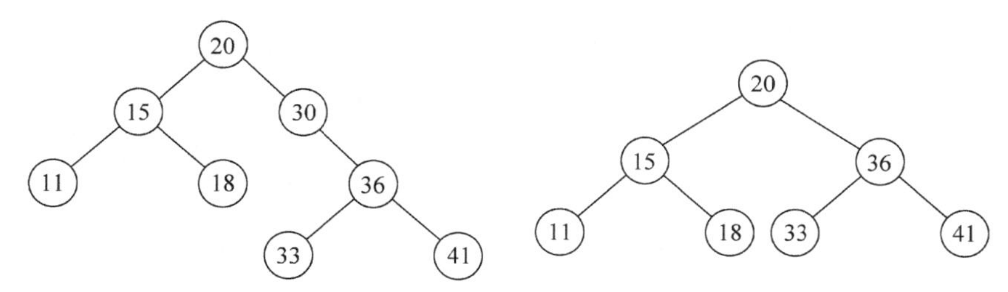

假设被删除的结点只有左子树或者只有右子树，如key=30，结果，其双亲结点的相应指针域的值改为"指向被删除结点的左子树或右子树"。

图 8.11 删除只有一个孩子的结点

树中最左下的结点，它无左子树。因此，可以将删去 $*q$ 的操作转换为删去 $*p$ 的操作，即在释放结点 $*p$ 之前将其数据复制到 $*q$ 中，就相当于删去了 $*q$。如图 8.12 所示。

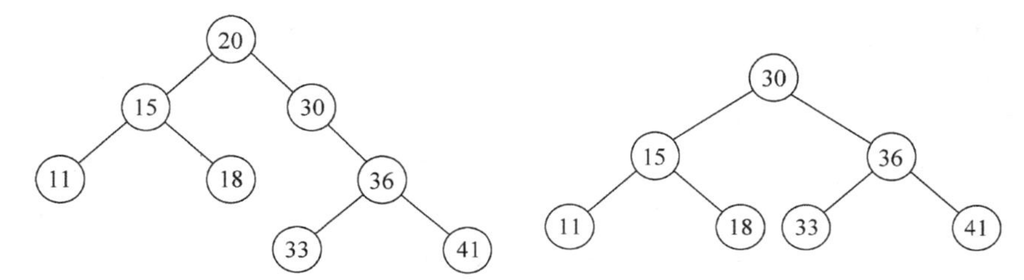

假设被删除的结点既有左子树，也有右子树，如被删关键字key=20，结果，以其后继替代之，然后再删除该后继结点。

图 8.12 删除含有两个孩子的结点

就平均时间性能而言，二叉排序树上的查找和二分查找差不多。就维护表的有序性而言，二叉排序树无需移动结点，只需修改指针即可完成插入和删除操作，且其平均的执行时间均为 $O(\log_2 n)$，因此很有效。对于图 8.9(a)所示的最坏情况，二叉排序树蜕化为深度为 n 的有序表，此时若有插入和删除结点的操作，则维护表的有序性所花的代价是 $O(n)$，从而影响了二叉排序树的查找效率，因此需要在二叉排序树构造的过程中进行"平衡化"处理，这就是平衡二叉树。

8.3.2 平衡二叉树

1. 平衡二叉树的定义

从上节的讨论可知，二叉排序树的查找效率取决于树的形态，而构造一棵形态匀称的二叉排序树，与结点插入的次序有关。但是，结点插入的先后次序往往不是随人的意志而定的，这就要求我们找到一种动态平衡的方法，对于任意给定的关键字序列都能构造一棵形态匀称的二叉排序树。

形态匀称的二叉排序树称为平衡二叉树(Balanced Binary Tree)，其严格定义是：一棵空树是平衡二叉树；若 T 是一棵非空二叉树，其左、右子树为 TL 和 TR，令 hl 和 hr 分别为左、右子树的深度，相应地定义 hl−hr 为二叉平衡树的平衡因子(Balance Factor)。当且仅当①$|hl-hr|\leqslant 1$ 时，即任一结点的平衡因子的绝对值都不大于 1，则 T 是平衡二叉树，②TL、TR 都是平衡二叉树，如图 8.13(a)所示。因此，平衡二叉树上所有结点的平衡因子可能是−1、0、1。

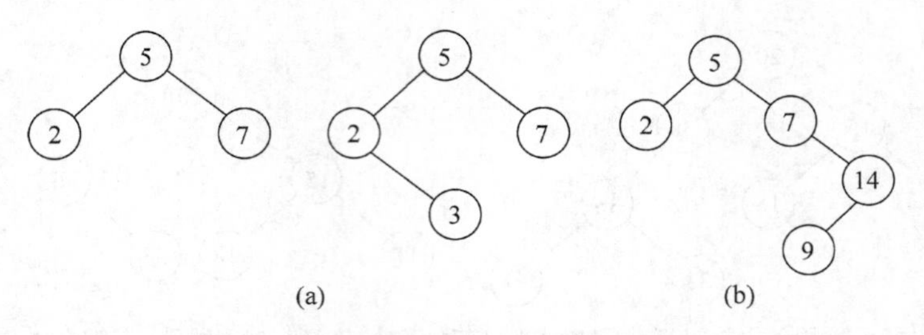

图 8.13 平衡二叉树(a)与非平衡二叉树(b)

2. 动态平衡技术

如何构造出一棵平衡二叉树呢？Adelson'Velskii 和 Landis 提出了一个动态地保持二叉排序树平衡的方法，其基本思想是：在构造二叉排序树的过程中，每当插入一个结点时，首先检查是否因插入而破坏了树的平衡性，如果是，则找出其中最小不平衡子树，在保持排序树特性的前提下，调整最小不平衡子树中各结点之间的连接关系，以达到新的平衡。通常将这样得到的平衡二叉树简称为 AVL 树。

平衡二叉树中每一层上各个结点的子树高度相差不超过 1，因此，可以将一棵不平衡的二叉树，重新排列它的结点以得到平衡二叉树，这就是 AVL 树，即在不平衡时重新排列结点的二叉排序树。二叉排序树的平衡只有在插入或删除结点时才会被破坏，因此，在这些操作过程中，AVL 树需要重新排列结点以维持平衡。

所谓最小不平衡子树是指：以离插入结点最近且平衡因子绝对值大于 1 的结点作根结点的子树。为了简化讨论，不妨假设二叉排序树在插入新结点 X 后的最小不平衡子树的根结点为 A，则调整该子树的规律可归纳为下列 4 种情况：

① LL 型：新结点 X 插在 A 的左孩子的左子树里。调整方法见图 8.14(a)(右旋转)。图中以 B 为轴心，将 A 结点从 B 的右上方转到 B 的右下侧，使 A 成为 B 的右孩子。

② RR 型：新结点 X 插在 A 的右孩子的右子树里。调整方法见图 8.14(b)(左旋转)。图中以 B 为轴心，将 A 结点从 B 的左上方转到 B 的左下侧，使 A 成为 B 的左孩子。

③ LR 型：新结点 X 插在 A 的左孩子的右子树里。调整方法见图 8.14(c)(左-右旋转)。分为两步进行：

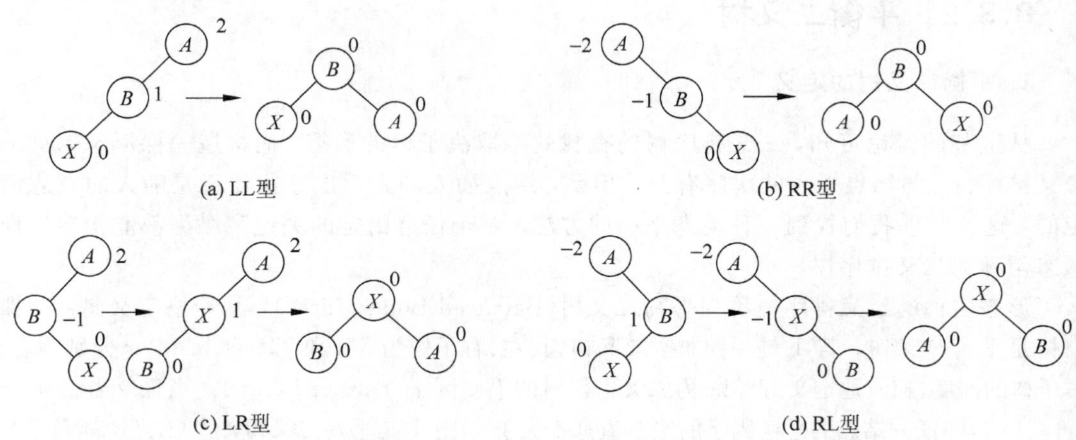

图 8.14 平衡调整的 4 种基本类型，结点旁的数字是平衡因子

第一步以 X 为轴心，将 B 从 X 的左上方转到 X 的左下侧，使 B 成为 X 的左孩子，X 成为 A 的左孩子。

第二步跟 LL 型一样处理(应以 X 为轴心)。

④ RL 型：新结点 X 插在 A 的右孩子的左子树里。调整方法见图 8.14(d)(右-左旋转)。分为两步进行：

第一步以 X 为轴心，将 B 从 X 的右上方转到 X 的右下侧，使 B 成为 X 的右孩子，X 成为 A 的右孩子。

第二步跟 RR 型一样处理(应以 X 为轴心)。

实际的插入情况，可能比图 8.14 要复杂。因为 A、B 结点可能还会有子树。举例说明，设一组记录的关键字按次序 4,2,1,7,3,6,5 插入，其生成及调整成二叉平衡树的过程示于图 8.15。

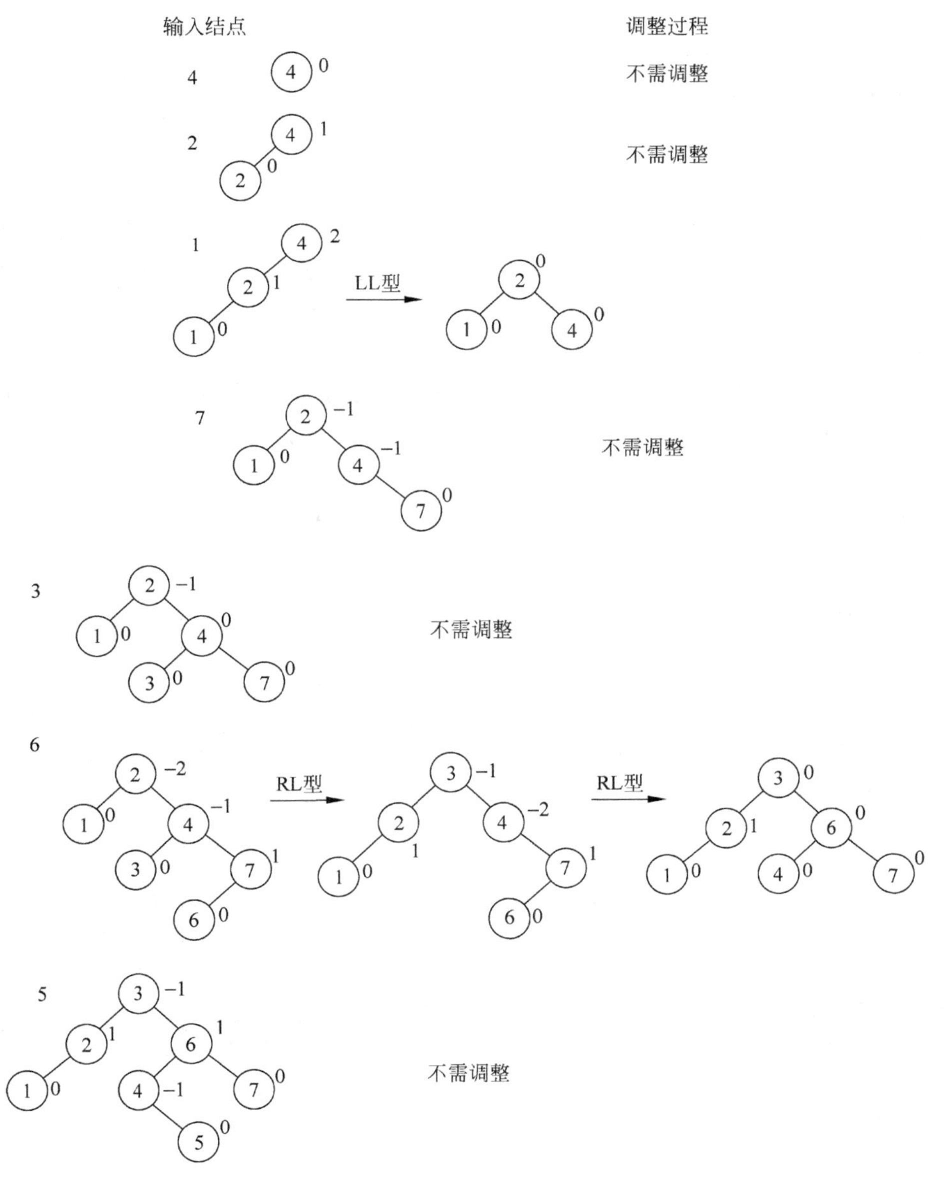

图 8.15 4,2,1,7,3,6,5 的平衡二叉树的构造过程

在图 8.15 中，当插入关键字为 6 的结点后，由于离结点 6 最近的平衡因子为 2 的祖先是根结点 2，所以需要进行较大的调整。先将 2,4,3 作 RL 型调整，再对 4,7,6 作 RL 型调整。

注意：

① 平衡二叉树是指树中任一结点的左、右子树的高度大致相同。

② 任一结点的左、右子树的高度均相同（如满二叉树），则二叉树是完全平衡的。通常，只要二叉树的高度为 $O(\log_2 n)$，就可看作是平衡的。

③ 平衡的二叉排序树指满足 BST 性质的平衡二叉树。

④ AVL 树中任一结点的左、右子树的高度之差的绝对值不超过 1。在最坏情况下，n 个结点的 AVL 树的高度约为 $1.44\log_2 n$，而完全平衡的二叉树高度约为 $\log_2 n$，AVL 树是接近最优的。

8.3.3 2-3 树

1. 2-3 树的概念

2-3 树是其内结点必须有两三个孩子的一般查找树。2-结点含有一个数据元素 s 并有两个孩子，类似于二叉查找树中的结点。这个数据 s 大于该结点左子树中的任何数据，并小于该结点右子树中的任何数据。也就是说，结点的左子树中的数据都小于 s，右子树中的数据都大于 s，如图 8.16(a)所示。

3-结点含有两个数据元素 s 与 t，并有 3 个孩子，小于其中较小的数据元素 s 的数据位于结点的左子树，大于其中较大的数据元素 t 的数据位于结点的右子树中，在 s 与 t 之间的数据位于结点的中子树中，如图 8.16(b)所示为一个典型的 3-结点。

因为可以含有 3-结点，因此 2-3 树的高度比二叉查找树小。为了使 2-3 树平衡，要求所有的叶子都位于同一层，因此，2-3 树是完全平衡的。

2. 2-3 树的查找

假设有一棵 2-3 树，如图 8.17 所示，如何进行查找？每个 2-结点类似于二叉查找树的结点，3-结点叶子＜35,40＞含有的值介于其双亲的两个值之间。例如，若想查找 40，首先将 40 与根中的值 60 比较，然后继续到 60 的左子树，将 40 与该子树根中的值比较，因为 40 介于 20 与 50 之间，则如果它确实在树中的话，就应该位于中子树，继续查找中子树，先将 40 与 35 比较，再与 40 比较。

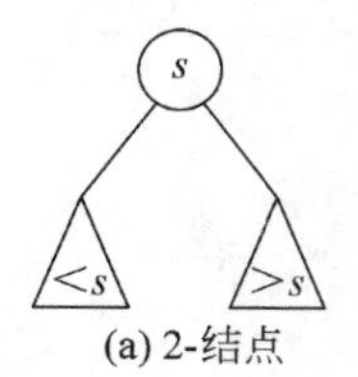

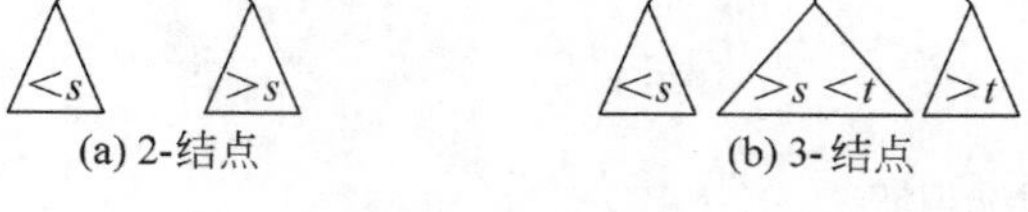

(a) 2-结点

(b) 3-结点

图 8.16

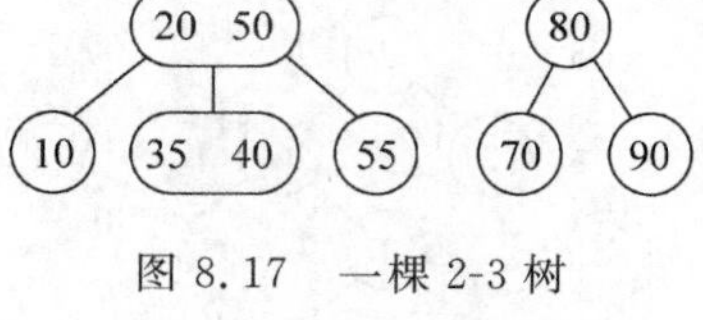

图 8.17 一棵 2-3 树

8.3.4　B－树和 B＋树

前面讨论的查找算法适用于保存在计算机的内存中的较小数据，叫内查找。当查找的数据所在文件较大，且存放在磁盘等直接存取设备中时，这些方法不再适合。为了减少查找过程中对磁盘的读写次数，提高查找效率，基于直接存取设备的读写操作以“页”为单位，称为外查找。例如，当用平衡二叉树作为磁盘文件的索引组织时，若以结点作为内、外存交换的单位，则查找到需要的关键字之前，平均要对磁盘进行 $\log_2 n$ 次访问，这样浪费了很多的时间。为此，1970 年 R. Bayer 和 E. Mc. Crerght 提出了一种适用于外查找的树。它是一种平衡的多叉树，其特点是插入、删除时易于平衡，外部查找效率高，适合组织磁盘文件的动态索引结构。这就是我们将要讨论的 B－树和 B＋树。

1. B－树的定义

一棵 $m(m\geqslant 3)$ 阶的 B－树是满足如下性质的 m 叉树：

① 每个结点最多包含 m 个孩子；

② 除去根和叶子结点外，每个结点至少有 $m/2$ 个孩子；

③ 根结点至少有 2 个孩子；

④ 所有的叶子结点出现在同一层，且不包含关键字信息；

⑤ 具有 K 个孩子的非叶子结点刚好包含 $K-1$ 个关键字。

根据上述性质①、②，每个非根结点中所包含的关键字个数 j 满足：

$$\lceil m/2\rceil-1\leqslant j\leqslant m-1$$

即每个非根结点至少应有 $\lceil m/2\rceil-1$ 个关键字，至多有 $m-1$ 个关键字。

2. B－树的结点与结构

一个包含 n 个关键字的 B－树的结点，其结构为

$$(P_0, K_1, P_1, K_2, \cdots, K_n, P_n)$$

其中：

$K_i(1\leqslant i\leqslant n)$ 是关键字，关键字序列递增有序：$K_1<K_2<\cdots<K_n$。

$P_i(0\leqslant i\leqslant n)$ 是孩子指针，有 $n+1$ 个指针。对于叶结点，每个 P_i 为空指针。

B－树的结点结构分为内部结点、叶子结点、指向孩子结点的指针。

每个内部结点至少有 $\lceil m/2\rceil$ 棵子树，至多有 m 棵子树。如果用 $\text{keys}(P_i)$ 来表示子树 P_i 中的所有关键字，则有

$$\text{keys}(P_0)<K_1<\text{keys}(P_1)<K_2<\cdots<K_n<\text{keys}(P_n)$$

即关键字是分界点，任一关键字 K_i 左边子树中的所有关键字均小于 K_i，右边子树中的所有关键字均大于 K_i。

叶子是不带孩子的终端结点，不包含关键字，因此可以把它们当作外部结点（所谓外部结点是树中不存在的结点，它们的指针域为空 NULL），实际情况下，有一个 leaf 域来表示叶结点。所有叶子是在同一层上，叶子的层数为树的高度 h。

图 8.18 是一棵 5 阶的 B－树，叶结点用点表示，不含任何信息，都在第四层，其他结点用矩形表示，矩形里的数字为关键字。根结点有两个孩子，包含一个关键字，其他每个非叶

结点的孩子个数在⌈5/2⌉−1 到 5−1 之间，可为 2、3 或 4。

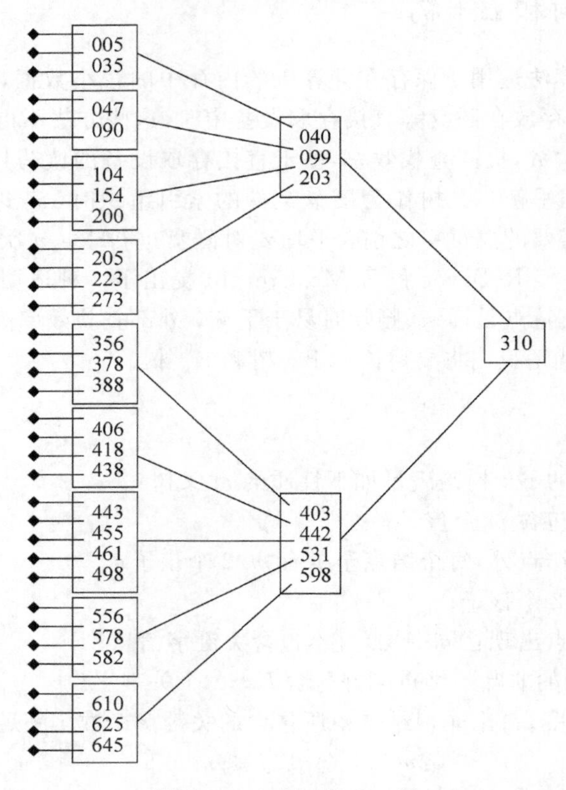

图 8.18　一棵 5 阶 B−树

在每个非叶结点中，关键字是按递增序列排列的，且指针的数目（即孩子的数目）比该结点的关键字个数多 1 个。

B−树是为适应磁盘文件的存储结构而提出的多叉平衡树，B−树中结点的规模一般是一个磁盘页，所包含的关键字及其孩子的数目取决于磁盘页的大小。因此，B−树的根结点可存在主存中，B−树的主体存储在磁盘上，因此在 B−树中查找关键字时，需要访问磁盘。

在大多数系统中，B−树上的算法执行时间主要由读、写磁盘的次数来决定，每次读写尽可能多的信息可提高算法的执行速度。

3. B−树上的基本运算

(1) B−树的查找

在 B−树中查找给定关键字 K 的方法是，首先把根结点取来，在根结点所包含的关键字 K_1，…，K_n 中查找给定的关键字（当结点包含的关键字个数不多时，可用顺序查找；当结点包含的关键字个数较多时，可用折半查找），若找到等于给定值的关键字，则查找成功。否则，一定可以确定要查找的关键字是在某个 K_i 和 K_{i+1} 之间（因为在结点内部的关键字是排序的），于是，取 p_i 所指向的结点继续查找。如此重复下去，直到找到；或指针 p_i 为空时，查找失败。

在 B−树中查找给定关键字的方法类似于二叉排序树上的查找。不同的是在每个结点上确定向下查找的路径不一定是两路而是关键字数+1路的。可按以下步骤进行：

将 K 与根结点中的 key[i]进行比较

(a) 若 $K=$ key[i],则查找成功；

(b) 若 $K<$ key[i],则沿着指针 child[0]所指的子树继续查找；

(c) 若 key[i] $<k<$ key[$i+1$],则沿着指针 child[i]所指的子树继续查找；

(d) 若 $K>$ key[n],则沿着指针 child[n]所指的子树继续查找。

(2) B—树的插入

B—树的生成是从空树起,逐个插入关键字 K 而得到的。

首先在树中查找 K,若找到则直接返回(假设不处理相同关键字的插入)；否则查找操作必失败于某个叶子上,然后将 K 插入该叶子的上层结点中。对于叶结点处于第 L 层的B—树，插入的关键字总是进入第 $L-1$ 层的结点。

若在一个包含 $j<m-1$ 个关键字的结点中插入一个新的关键字，则插入过程将限于该结点，插入新关键字即可。例如，在图 8.18 的 B—树中插入关键字 235,插入前后的情况如图 8.19 所示。

图 8.19　在 5 阶 B—树中插入结点

若该结点原为满,则 K 插入后违反 B—树性质,故需要调整使其维持 B—树性质不变。

调整操作：

将结点中间位置上的关键字$\text{key}_{\lceil m/2\rceil}$为划分点,将该结点(不妨设是 $*q$)：

$$(P_0,K_1,P_1,\cdots,K_m,P_m)$$

“分裂”为两个结点：

$$(P_0,K_1,P_1,\cdots,K_{\lceil m/2\rceil-1},P_{\lceil m/2\rceil-1})\text{ 和 }(P_{\lceil m/2\rceil+1},K_{\lceil m/2\rceil+1},\cdots,K_m,P_m)$$

前者为 $*q$ 结点,后者为 $*s$ 结点。并将中间关键字 $P_{\lceil m/2\rceil}$ 和新结点 $*s$ 指针一起插入到 $*q$的双亲 $*r$ 中。

当 m 为奇数时,分裂后的两结点中的关键字数目相同,均是半满；若 m 为偶数,则 $*s$ 中关键字数比 $*q$ 中关键字数多 1。当$\text{key}_{\lceil m/2\rceil}$和新结点的地址一起插入已满的双亲后,双亲也要做分裂操作。最坏情况是,从被插入的叶子到根的路径上各结点均是满结点,此时,插入过程中的分裂操作一直向上传播到根。当根分裂时,因根没有双亲,故需建立一个新的根,此时树长高一层。

例如，在图 8.18 的 B—树中插入关键字 472 的分裂操作过程如图 8.20 所示。

因为要插入的结点已满,不能再往里插。此时结点将分裂为两个，并把插入 $*s$ 后的 $P_{\lceil m/2\rceil}=461$ 关键字拿出来，插到该结点的双亲结点 $*r$ 里。分裂后的结点分别为 443,455 和 472,498。461 向双亲结点插入时,遇到同样的情况,双亲需要再分裂,而 461 正好是插入双亲结点后的 $P_{\lceil m/2\rceil}$,这时 461 继续插入此结点的双亲结点,正好是根,修改根结点,从而得到图 8.20 所示的结点变化情况。如果双亲结点不能插入根,需要分裂根,则需要新建根结

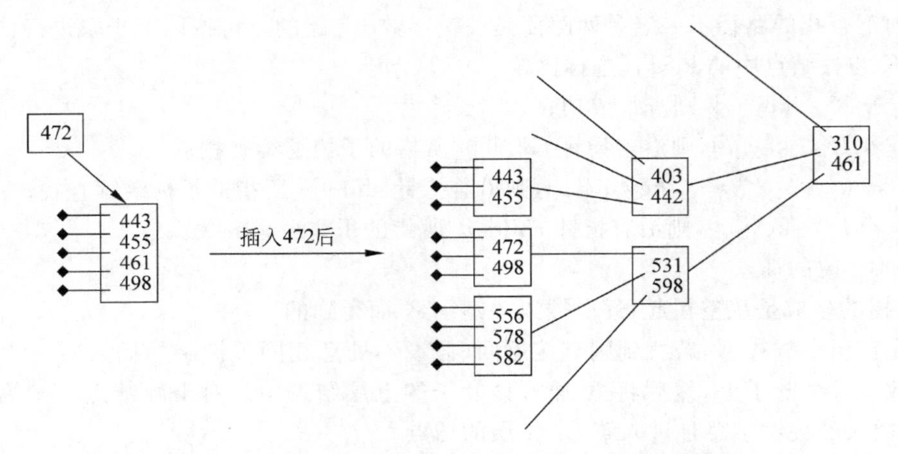

图 8.20　在 5 阶 B—树插入 472,使结点分裂的情况

点,然后进行分裂根结点的操作。

(3) B—树的生成

由空树开始,逐个插入关键字,即可生成 B—树。

例 8.1　以关键字序列(1,2,6,7,11,4,8,13,10,5,17,9,16,20,3,12,14,18,19,15)建立一棵 5 阶 B—树的生长过程如图 8.21 所示。

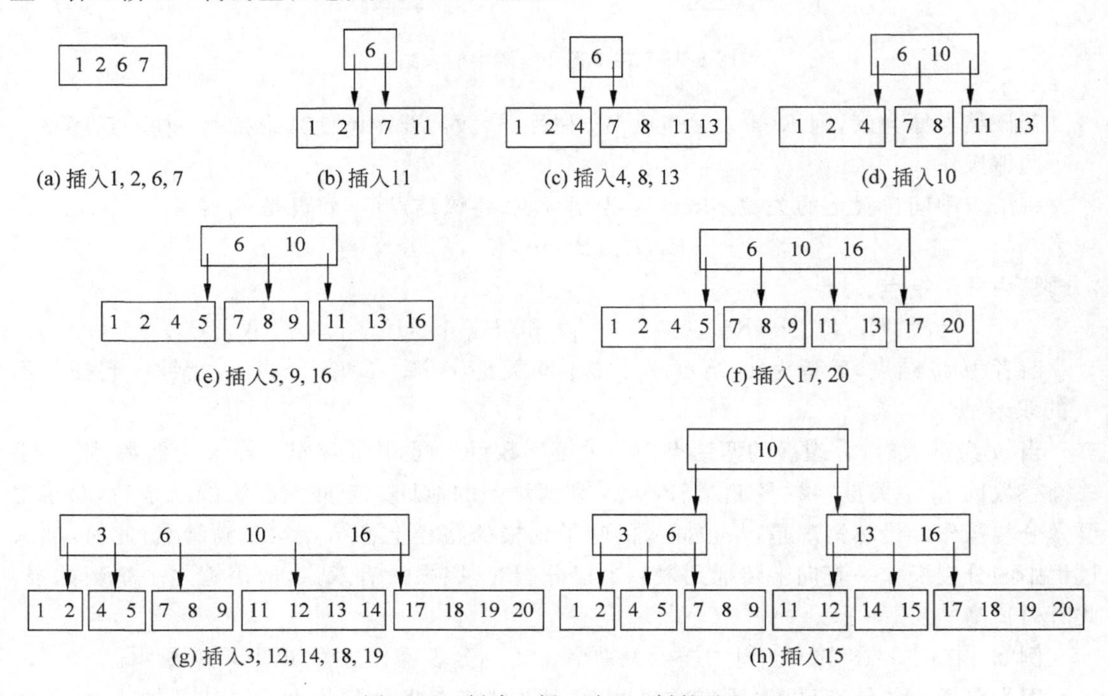

图 8.21　创建一棵 5 阶 B—树的过程

由于 $m=5$,所以每个结点的关键字个数在 2～4 之间。从图 8.21 可知,要插入关键字 20 时,查找其位置应在最右边的结点中,即该结点变成 11,13,16,17,20,关键字个数达到了阶数 5,不符合要求,需进行分裂,即由该结点变成两个结点,分别包含关键字 11,13 和 17,

20,并将中间位置关键字16移至双亲结点中。双亲结点变为6,10,16。

注意:

① 当一个结点分裂时所产生的两个结点大约是半满的,这就为后续的插入腾出了较多的空间,尤其是当 m 较大时,向这些半满的空间中插入新的关键字不会很快引起新的分裂。

② 向上插入的关键字总是分裂结点的中间位置上的关键字,它未必正是待插入该分裂结点的关键字。因此,无论按何次序插入关键字序列,树都是平衡的。

(4) B—树的删除

删除一个关键字的过程与插入过程是类似的,但操作要稍微复杂些。

若被删关键字 K 所在的结点非树叶,则用 K 的中序前驱(或后继)K' 取代 K,然后从叶子中删去 K'。为叙述方便,假设 $\mathrm{Min}=\lceil m/2\rceil-1$,从叶子 $*x$ 开始删去某关键字 K 的三种情形为:

① 若 x 的关键字数大于 Min 则只需删去 K 及其右指针($*x$ 是叶子,K 的右指针为空)即可使删除操作结束。

② 若 x 的关键字数等于 Min,该叶子中的关键字个数已是最小值,删 K 及其右指针后会破坏 B—树的性质。若 $*x$ 的左(或右)邻兄弟结点 $*y$ 中的关键字数目大于 Min,则将 $*y$ 中的最大(或最小)关键字上移至双亲结点 $*r$ 中,而将 $*r$ 中相应的关键字下移至 x 中。显然这种移动使得双亲中关键字数目不变;$*y$ 被移出一个关键字,故其关键字数减1,因它原大于 Min,故减1后其关键字数仍大于等于 Min;而 $*x$ 中已移入一个关键字,故删 K 后 $*x$ 中仍有 Min 个关键字。涉及移动关键字的三个结点均满足 B—树的性质(3)。移动完成后,删除过程亦结束。

③ 若 $*x$ 及其相邻的左右兄弟(也可能只有一个兄弟)中的关键字数目均为最小值 Min,则上述的移动操作就不奏效,此时需 $*x$ 和左或右兄弟合并。不妨设 $*x$ 有右邻兄弟 $*y$(对左邻兄弟的讨论与此类似),在 $*x$ 中删去 K 及其右子树后,将双亲结点 $*r$ 中介于 $*x$ 和 $*y$ 之间的关键字 K,作为中间关键字,与 $*x$ 和 $*y$ 中的关键字一起"合并"为一个新结点取代 $*x$ 和 $*y$。因为 $*x$ 和 $*y$ 原各有 Min 个关键字,从双亲中移入的 K' 抵消了从 $*x$ 中删除的 K,故新结点中恰有 2Min 个关键字,没有破坏 B—树的性质。但由于 K' 从双亲中移到新结点后,相当于从 $*r$ 中删去了 K',若 $*r$ 的关键字数原大于 Min,则删除操作到此结束;否则,同样要通过移动 $*r$ 的左右兄弟中的关键字或将 $*r$ 与其左右兄弟合并的方法来维护 B—树性质。最坏情况下,合并操作会向上传播至根,当根中只有一个关键字时,合并操作将会使根结点及其两个孩子合并成一个新的根,从而使整棵树的高度减少一层。

如果删除的关键字不在第 L 层,则先把此关键字与它在 B—树中的后继关键字的位置对换,然后再删除该关键字。例如,在图8.18的 B—树中要删除关键字040,则先找到040的后继关键字047,把040和047的位置对换,然后再删除040,删除040后,原来的结点只有一个关键字,小于2(=⌈m−2⌉−1=2−1=1),需要从右兄弟结点中移一个关键字104过来,但是104大于双亲中的099,所以需要从双亲中把099移入当前结点,把右兄弟中的104移入双亲结点,从而实现删除关键字040的操作如图8.22(a)、图8.22(b)所示。

如果从图8.22(b)继续删除154后,原包含154的结点只有关键字200,此时考察其左兄弟只有两个关键字,将左兄弟与其合并成一个结点,考虑其双亲结点原来有四个孩子,现在只有三个孩子,所以需要修改双亲结点为只有两个关键字,把要删除的关键字154的前驱

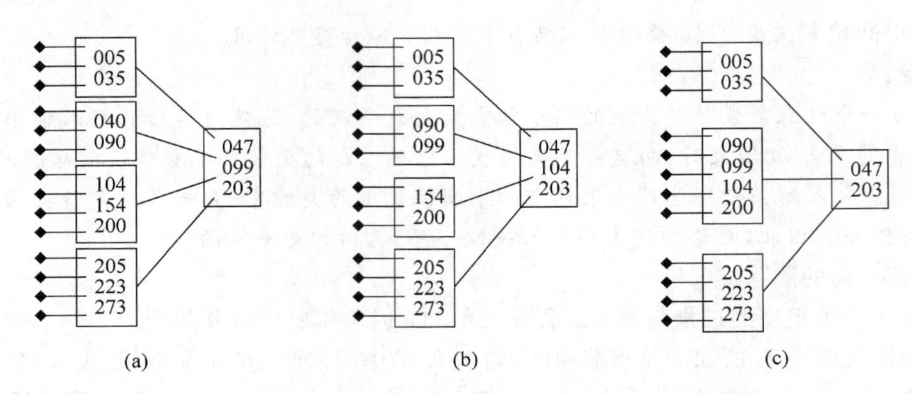

图 8.22 在 5 阶 B－树上删除关键字的操作

104 移入新合并的结点，保持结点符合 B－树的性质，如图 8.22(c)所示。这样从双亲结点中拿出一个关键字，可能导致进一步的合并，甚至这种合并一直传到根结点。在根结点只包含一个关键字的情况下，此时发生直到根结点的合并，将使根结点和它的两个孩子进行合并，形成新的根结点，从而使整个树减少了一层。

(5) B－树的高度及性能分析

B－树上操作的时间通常由存取磁盘的时间和 CPU 计算时间这两部分构成。B－树上大部分基本操作所需访问盘的次数均取决于树高 h。关键字总数相同的情况下 B－树的高度越小，磁盘 I/O 所花的时间越少。

与高速的 CPU 计算相比，磁盘 I/O 要慢得多，所以有时忽略 CPU 的计算时间，只分析算法所需的磁盘访问次数(磁盘访问次数乘以一次读写盘的平均时间就是磁盘 I/O 的总时间)。

① B－树的高度

定理 8.1 若 $n \geqslant 1, m \geqslant 3$，则对任意一棵具有 n 个关键字的 m 阶 B－树，其树高 h 至多为：

$$\log_{\lceil m/2 \rceil}\left(\frac{n+1}{2}\right)+1$$

由上述定理可知：B－树的高度为 $O(\log_{\lceil m/2 \rceil} n)$。于是在 B－树上查找、插入和删除的读写盘的次数为 $O(\log_{\lceil m/2 \rceil} n)$，CPU 计算时间为 $O(m \log_{\lceil m/2 \rceil} n)$。

② 性能分析

(a) n 个结点的平衡二叉树的高度 H(即 $\log_2 n$)比 B－树的高度 h 约大 $\log_2 \lceil m/2 \rceil$ 倍。例如，若 $m=1024$，则 $\log_2 \lceil m/2 \rceil = 9$，此时若 B－树高度为 4，则平衡二叉树的高度约为 36。显然，若 m 越大，则 B－树高度越小。

(b) 若要作为内存中的查找表，B－树却不一定比平衡二叉树好，尤其当 m 较大时更是如此。

因为查找等操作的 CPU 计算时间在 B－树上是

$$O(m \log_{\lceil m/2 \rceil} n) = O(m \log_2 n / \log_2 \lceil m/2 \rceil))$$

而 $m/\log_2 \lceil m/2 \rceil > 1$，所以 m 较大时，$O(m \log_{\lceil m/2 \rceil} n)$ 比平衡二叉树上相应操作的时间 $O(\log_2 n)$ 大得多。因此，仅在内存中使用的 B－树必须取较小的 m。

通常取最小值 $m=3$,此时 B—树中每个内部结点可以有 2 或 3 个孩子,这种 3 阶的 B—树就是前面讨论过的 2-3 树。

4. B+树

B+树是应文件系统所需而提出的一种 B—树的变形树。一棵 m 阶的 B+树和 m 阶的 B—树的差异在于:

① 有 n 棵子树的结点中含有 n 个关键字;

② 所有的叶子结点中包含了全部关键字的信息,及指向含这些关键字记录的指针,且叶子结点本身依关键字的大小自小而大顺序链接;

③ 所有的非终端结点可以看成是索引部分,结点中仅含有其子树(根结点)中的最大(小)关键字。

例如图 8.23 所示为一棵 3 阶 B+树,通常在 B+树上有两个头指针,一个指向根结点,另一个指向关键字最小的叶子结点。因此,可以对 B+树进行两种查找运算:一种是从最小关键字起顺序查找;另一种是从根结点开始,进行随机查找。

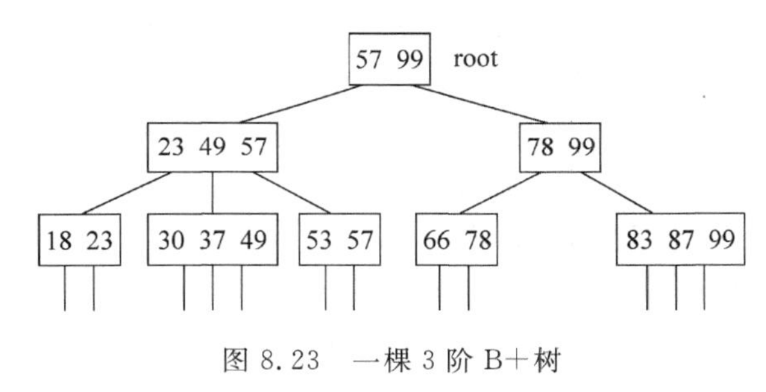

图 8.23 一棵 3 阶 B+树

(1) B+树查找

在 B+树中可以采用两种查找方式,一种是直接从最小关键字开始进行顺序查找;另一种是从 B+树的根结点开始进行随机查找。这种查找方式与 B—树的查找方法相似,只是在分支结点上的关键字与查找值相等时,查找并不结束,要继续查到叶子结点为止,此时若查找成功,则按所给指针取出对应记录即可。因此,在 B+树中,不管查找成功与否,每次查找都是经过了一条从树根结点到叶子结点的路径。

(2) B+树插入

与 B—树的插入操作相似,B+树的插入也从叶子结点开始,当插入后结点中的关键字个数大于 m 时要分裂成两个结点,它们所含键值个数分别为 $\lceil (m+1)/2 \rceil$ 和 $\lfloor (m+1)/2 \rfloor$,同时要使得它们的双亲结点中包含这两个结点的最大关键字和指向它们的指针。若双亲结点的关键字个数大于 m,应继续分裂,依此类推。

(3) B+树删除

B+树的删除也是从叶子结点开始,当叶子结点中最大关键字被删除时,分支结点中的值可以作为"分界关键字"存在。若因删除操作而使结点中关键字个数少于 $\lceil m/2 \rceil$ 时,则从兄弟结点中调剂关键字或和兄弟结点合并,其过程和 B—树相似。

8.3.5 键树

在我们前面用来表示集合的数据结构中，元素是由主关键字唯一标识的，关键字值总是作为一个整体存于结点中。相应的搜索操作都是建立在关键字值之间比较的基础上，因而被称为比较关键字的搜索。

如果一个关键字可以表示成字符的序列，即字符串，那么我们可以用键树（又称数字搜索树或字符树）表示这样的字符串的集合。键树是一棵多叉树，树中每个结点并不代表一个关键字或元素，而只代表字符串中的一个字符。例如它可以表示数字串中的一个数位，或单词中的一个字母，或C语言标识符的一个字符等。第一层的结点对应于字符串的第一个字符，第二层的结点对应于字符串的第二个字符……。每个字符串可由一个特殊的字符如"("或"$"等作为字符串的结束符，用一个叶子结点表示该特殊字符。

把从根到叶子的路径上，所有结点（除根以外）对应的字符连接起来，就得到一个字符串。因此，每个叶子结点对应一个关键字。在叶子结点还可以包含一个指针，指向该关键字所对应的元素。整个字符串集合中的字符串的数目等于叶子结点的数目。如果一个集合中的关键字都具有这样的字符串特性，那么该关键字集合便可采用一棵键树来表示。

为了搜索和插入方便，我们假定键树是有序树，即同一层中兄弟结点的序号自左向右有序，并约定结束符小于任何字符，它在最左边。

设有一个由 14 个关键字组成的集合：{a, act, add, air, all, baby, bad, be, bee, beer, get, go, god, good}，这组关键字可以组成图 8.24 的键树。

如果除去键树的根结点，键树便成为森林。键树本质上是森林结构。在键树中，每一棵子树代表具有相同前缀的关键字值的子集合，如图 8.25 所示的子树代表具有相同前缀"go—"的关键字值的子集合{go, god, good}。

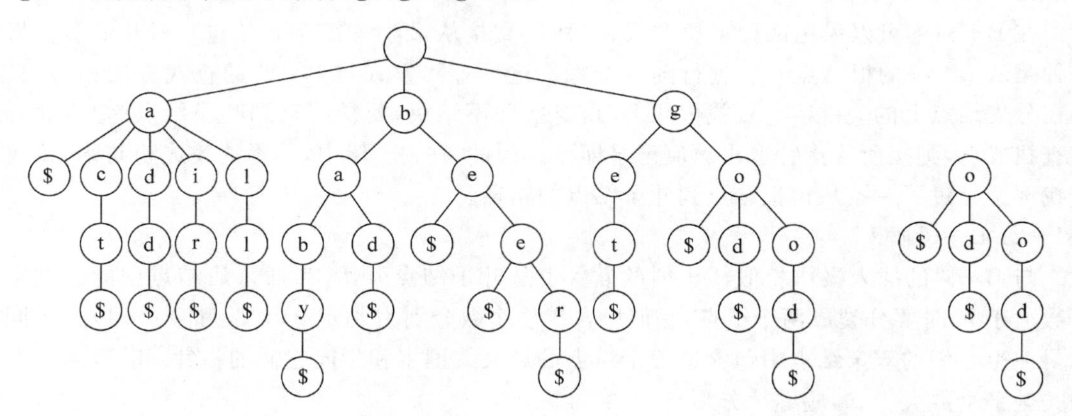

图 8.24 键树示例　　图 8.25 键树的子树

通常键树有两种存储结构：双链树和 Trie 树。下面两小节，我们将介绍这两种树结构。

1. 双链树

可以采用 6.4 节讨论的将森林和树转换成二叉树的方法，将图 8.24 的键树转换成二叉树，然后采用二叉链表进行存储，这时向下是第一个孩子，向右是下一个兄弟。图 8.26 给出图 8.24 所示键树的双链树的部分树形。

双链树的搜索可以这样进行：从双链树的根结点开始，将关键字（字符串）的第一个字符与该结点的字符比较，若相同，则沿孩子结点往下再比较下一个字符，否则沿兄弟结点顺序搜索，直到某个结点的值等于待比较的字符，或者某个结点的字符大于待查字符，或者不再有兄弟为止，则搜索失败。若比较在叶子结点处终止，则搜索成功，叶子结点包含指向该关键字值所标识的元素的指针。

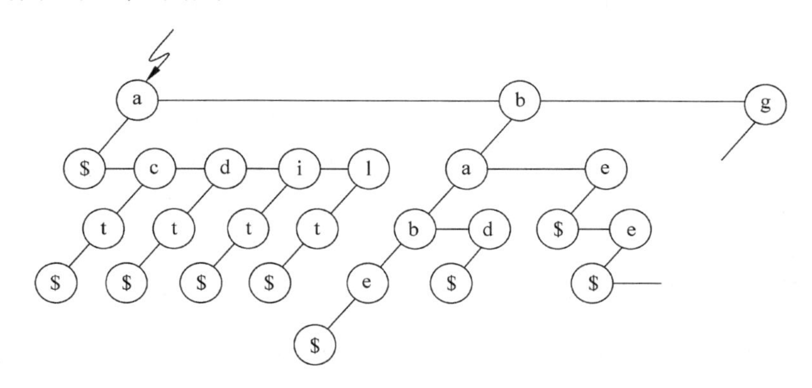

图 8.26　图 8.24 键树的双链树局部示意

2. Trie 树

若键树以多重链表表示，则树中每个结点含有 d 个指针域，d 是键树的度，它与关键字值的“基”有关。基就是每一位字符所有可取的值的数目，包括结束符。若关键字为英文单词，则 d=27。此时的键树又称 Trie(retrieval 的中间四个字母)树。当关键码是可变长时，Trie 树是一种特别有用的索引结构。

若从键树的某个结点开始到叶子结点的路径上的每个结点中都只有一个孩子，则可将该路径上的所有结点压缩成一个“叶子”，且在该叶子结点中存储关键字值及指向该元素的指针等信息，图 8.27 中的 act，add，air，all，baby，beer，good 均为压缩成叶子的结点。Trie 树上有两类结点：分支结点和叶子结点。每个分支结点包含 d 个指针域和一个指示该结点非空指针域个数的整数。分支结点不包括实际字符，它所代表的字符由其双亲结点中指向它的指针在该双亲结点中的位置隐含确定。叶子结点包括关键字域和指向元素的指针域。

在 Trie 树上进行搜索的过程为：从根结点开始，沿着待查关键字值相应的指针逐层往下比较，直到叶子结点。若该结点的关键字值等于待查值，则搜索成功，否则搜索失败。

在 Trie 树上容易实现插入和删除操作。插入时，只需相应地增加一些分支结点和叶子结点。删除时，当分支结点中的非空指针数为 1 时便可删除。

双链树和 Trie 树是键树的两种不同的表示法，它们各有特点。从其存储结构看，若键树中结点的度较大，则采用 Trie 树为宜。

综上所述，搜索树的搜索都是从根结点开始的，其搜索时间依赖于树的高度。

6.5 节的哈夫曼编码树是一个二叉 Trie 树的例子。在哈夫曼树中，编码的完整值在叶子结点中。哈夫曼编码取决于 Trie 树结构中字母的位置。

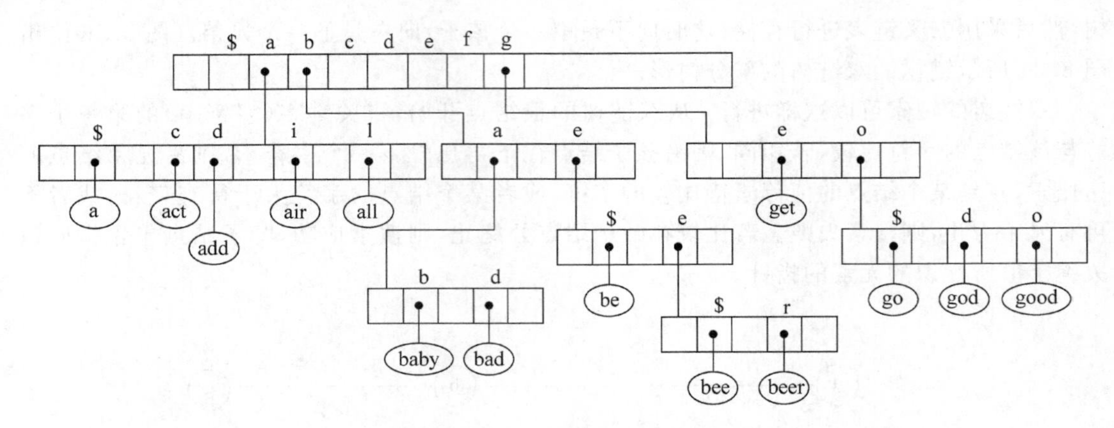

图 8.27 图 8.24 键树的 Trie 树示例

8.4 哈希表及其查找

在某些情况下，需要更快地进行查找。例如，应急反应系统需要快速从数据库中提取信息，而这个数据库可能非常大。编译器构造的符号表保存着标识符及有关信息，构造和查找这个符号表的速度对编译速度来说是非常关键的。本节中，我们将考察一种称为哈希的查找方法，又称为散列算法。这是专门为那些快速数据存储和提取至关重要的系统而设计的。

目前我们所考虑的查找方法的问题在于，在查找一个元素时，会花费时间在一系列不重要并且错误的比较上。哈希查找采用不同的查找方法。一个函数，称为哈希函数，被应用到一个元素（更通用地说，应用到元素中某个关键域）并计算元素在一张表中的位置，这张表称为哈希表，如图 8.28 所示。

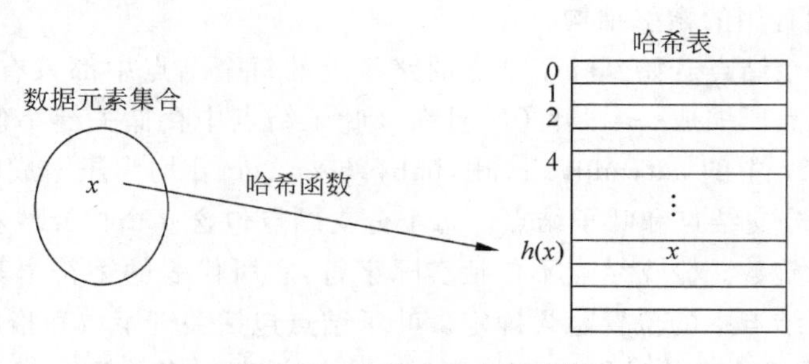

图 8.28 哈希地址映射示例

在最佳情况下，在哈希表中定位一个元素所需的时间为 $O(1)$。也就是说，这个时间是恒定的，与元素的个数无关。

哈希查找利用哈希函数进行，其基本思想：在记录的存储地址和它的关键字之间建立一个确定的对应关系；这样，不经过比较，一次存取就能得到所查元素。

哈希查找因使用英文单词“Hash”而得名，哈希函数又叫散列函数，它是一种能把关键字映射成记录存储地址的函数。假定数组 HT[$0 \sim n-1$]为存储记录的地址空间，n 为表长，哈希函数 H 以记录的关键字 k 为自变量，计算出对应的函数值 $H(k)$，并以它作为关

键字 k 所标识的记录在表 HT 中的(相对)地址或索引号，这样产生的记录表 HT 叫做对应于哈希函数 H 的哈希表。简言之，在哈希表中，关键字为 k 的记录，存储在 HT[$H(k)$]位置。习惯上，把哈希函数值 $H(k)$称为 k 的哈希地址或散列地址。

8.4.1　哈希表与哈希函数

1. 哈希表

根据设定的哈希函数 H(key) 和所选中的处理冲突的方法，将一组关键字映射到一个有限的、地址连续的地址集（区间）上，并以关键字在地址集中的“映射”作为相应记录在表中的存储位置，如此构造所得的查找表称为“哈希表”。

2. 哈希函数

哈希函数是在记录的关键字与记录的存储地址之间建立的一种对应关系，是从关键字空间到存储地址空间的一种映射。可写成：

$$\mathrm{addr}(a_i) = H(k_i)$$

其中：a_i是表中的一个元素，addr(a_i)是 a_i的存储地址，k_i是 a_i的关键字。

设所有可能出现的关键字集合记为 U(简称全集)。实际存储的关键字集合记为 K($|K| << |U|$)。

哈希方法是使用函数 H 将 U 映射到表 T[$0\cdots n-1$]的下标上($n=O(|U|)$)。这样以 U 中关键字为自变量，以 H 为函数的运算结果就是相应结点的存储地址。从而达到在 $O(1)$时间内就可完成查找。

其中：

① H：U→{$0,1,2,\cdots,n-1$}，通常称 H 为哈希函数(Hash Function)。哈希函数 H 的作用是压缩待处理的下标范围，使待处理的$|U|$个值减少到 n 个值，从而降低空间开销。

② T 为哈希表(Hash Table)。

③ $H(k_i)$($k_i \in U$)是关键字为 k_i结点存储地址(亦称哈希值或哈希地址)。

④ 将结点按其关键字的哈希地址存储到哈希表中的过程称为哈希(Hashing)。

3. 哈希表的冲突现象

(1) 冲突

两个不同的关键字，由于哈希函数值相同，因而被映射到同一表位置上，该现象称为冲突(Collision)或碰撞。发生冲突的两个关键字称为该哈希函数的同义词(Synonym)。即冲突的表示形式为：key1≠key2，但 H(key1)=H(key2)的现象。

(2) 安全避免冲突的条件

最理想的解决冲突的方法是安全避免冲突。要做到这一点必须满足两个条件：

① 其一是$|U| \leqslant n$。

② 其二是选择合适的哈希函数。

这只适用于$|U|$较小，且关键字均事先已知的情况，此时经过精心设计哈希函数 H 有可能完全避免冲突。

(3) 冲突不可能完全避免

通常情况下，H 是一个压缩映像。虽然 $|K| \leqslant n$，但 $|U| > n$，故无论怎样设计 H，也不可能完全避免冲突。因此，只能在设计 H 时尽可能使冲突最少。同时还需要确定解决冲突的方法，使发生冲突的同义词能够存储到表中。例如，存储 100 个学生记录，尽管安排 120 个地址空间，但由于学生名（假设不超过 10 个英文字母）的理论个数超过 2610，要找到一个哈希函数把 100 个任意的学生名映射成[0，119]内的不同整数，实际上是不可能的。冲突很难避免，问题在于一旦发生了冲突应如何处理。

(4) 影响冲突的因素

冲突的频繁程度除了与 H 相关外，还与表的填满程度相关。设 n 和 t 分别表示表长和表中填入的结点数，则将 $\alpha = t/n$ 定义为哈希表的装填因子(Load Factor)。α 越大，表越满，冲突的机会也越大。通常取 $\alpha \leqslant 1$。

8.4.2 构造哈希函数的常用方法

1. 哈希函数的选择标准

哈希函数的选择有两个标准：简单和均匀。

简单指哈希函数的计算简单快速。

均匀指对于关键字集合中的任一关键字，哈希函数能以等概率将其映射到表空间的任何一个位置上。也就是说，哈希函数能将子集 K 随机均匀地分布在表的地址集 $\{0,1,\cdots,n-1\}$ 上，以使冲突最小化。

2. 常用哈希函数

为简单起见，假定关键字是定义在自然数集合上。

(1) 平方取中法

具体方法：先通过求关键字的平方值扩大相近数的差别，然后根据表长度取中间的几位数作为哈希函数值。又因为一个乘积的中间几位数和乘数的每一位都相关，所以由此产生的哈希地址较为均匀。此方法适合：关键字中的每一位都有某些数字重复出现频度很高的现象。

例如，将一组关键字(0100，0110，1010，1001，0111)平方后得

(0010000，0012100，1020100，1002001，0012321)

如果表的存储地址是 0～9999999，则上述哈希函数值就是存储地址。如果计算出的哈希函数值超过或不到存储区的地址范围，则需要乘一个比例因子，把哈希函数值（散列地址）缩小或放大，使其落在表的存储区地址范围内。这里，可取中间的三位数作为哈希地址集：

(100，121，201，020，123)。

相应的哈希函数用 C 实现很简单：

算法 8.8 平方取中法

```
int Hash(int key)
{ /* 假设 key 是 4 位整数 */
```

```
  key * = key; key/ = 100;                    /* 先求平方值,后去掉末尾的两位数 */
  return key % 1000;                          /* 取中间三位数作为哈希地址返回 */
}
```

(2) 除留余数法

该方法是最为简单常用的一种方法。它是以表长 n 来除关键字,取其余数作为哈希地址,即 $H(\text{key})=\text{key}\%p$。

该方法的关键是选取 p。选取的 p 应使得哈希函数值尽可能与关键字的各位相关。p 最好为素数。

设定哈希函数为:

$$H(\text{key}) = \text{key MOD } p \ (\ p \leqslant n\ )$$

其中,n 为表长,p 为不大于 n 的素数。

给定一组关键字为:12, 39, 18, 24, 33, 21,如何用除留余数法构造哈希函数?

选取 $p=13$,则相应的哈希函数取值为:12,13,5,11,7,8,此时,可以得到不同的 $H(\text{key})$函数值,这是最理想的。

选取不同的 p 值,可以使哈希函数有巨大的差异。若取 $p=9$,则他们对应的哈希函数值将为:3, 3, 0, 6, 6, 3。此时,若 p 中含质因子 3,则所有含质因子 3 的关键字均映射到“3 的倍数”的地址上,从而增加了“冲突”的可能。

若选 p 是关键字的基数的幂次,则就等于是选择关键字的最后若干位数字作为地址,而与高位无关。于是高位不同而低位相同的关键字均互为同义词。如以十进制整数作为关键字,其基为 10,则当 $p=100$ 时,159、259、359 等均互为同义词。这些互为同义词的关键字,均映射到相同的地址中,这是构造哈希函数必须避免的。

(3) 相乘取整法

该方法包括两个步骤:首先用关键字 key 乘上某个常数 $A(0<A<1)$,并抽取出 $\text{key}\times A$ 的小数部分;然后用 n 乘以该小数后取整。即:

$$H(\text{key}) = \lfloor n(\text{key} \times A - \lfloor \text{key} \times A \rfloor) \rfloor$$

该方法最大的优点是选取 n 不再像除余法那样关键。比如,完全可选择它是 2 的整数次幂。虽然该方法对任何 A 的值都适用,但对某些值效果会更好。Knuth 建议选取

$$A = (\sqrt{5} - 1)/2 = 0.6180339887\cdots$$

该函数的 C 程序代码为:

算法 8.9 相乘取整法

```
int Hash(int key)
  {double d = key * A;                    /* 不妨设 A 和 m 已有定义 */
   return (int)(m * (d - (int)d));        /* (int)表示强制转换后面的表达式为整数 */
  }
```

(4) 随机数法

选择一个随机函数,取关键字的随机函数值为它的哈希地址,即

$$H(\text{key}) = \text{random}(\text{key})$$

其中 random 为伪随机函数,但要保证函数值是在 0 到 $n-1$ 之间。可以用随机函数来产生这 n 个随机数。

此法用于对长度不等的关键字构造哈希函数。

（5）数字分析法

假设关键字集合中的每个关键字都是由 s 位数字组成（d_1，d_2，…，d_s），分析关键字集中的全体，并从中提取分布均匀的若干位或它们的组合作为地址。此法适于能预先估计出全体关键字的每一位上各种数字出现的频度。

例：设有若干个记录，如表 8.1 所示。关键字为 8 位十进制数，哈希地址为 2 位十进制数。

表 8.1

①	②	③	④	⑤	⑥	⑦	⑧
…	…	…	…	…	…	…	…
3	1	9	4	3	6	5	6
3	1	9	7	2	8	1	6
3	1	9	8	6	9	7	6
3	1	9	0	5	4	8	6
3	1	9	2	1	3	3	4
	1	5	3	2	1	2	6

这种方法就是对各个关键字内部代码的各个码位进行分析。假设有 n 个 d 位的关键字，使用 s 个不同的符号（如，对于十进制数，每一位可能出现的符号有 10 个，即 0，1，2，…，9），这 s 个不同的符号在各位上出现的频率不一定相同，它们可能在某些位上分布比较均匀，即每一个符号出现的次数都接近 n/s 次；而在另一些位上分布不均匀。这时，选取其中分布比较均匀的某些位作为哈希函数值（散列地址），所选取的位数应视存储区地址范围而定，这就是数字分析法。这种方法适合关键字值中各位字符分布为已知的情况。如从表 8.1 的若干组数中可以看出：第①列只取 3，第②列只取 1，第③列只取 9、5，第⑧列只取 6、4，第④⑤⑥⑦列的数字分布近乎随机，因而，可取④⑤⑥⑦列任意两位或两位与另两位的叠加作哈希地址。

（6）折叠法

即把关键字的机内代码分成几段，再进行叠加（可以是算术加，也可以是按位加）得到哈希函数值。

将关键字分割成若干部分，然后取它们的叠加和为哈希地址。两种叠加处理的方法：移位叠加，将分割后的几部分低位对齐相加；间界叠加，从一端沿分割界来回折叠，然后对齐相加，此法适于关键字的数字位数特别多。

例：设有关键字位 0336609434，哈希地址位数为 4，则采用移位叠加，得 $H(\text{key})=0097$；采用间界叠加，得 $H(\text{key})=0100$，如图 8.29 所示。

```
 9434         9434
 3660         0663
   03           03
-----        -----
10097        10100
移位叠加      间界叠加
```

图 8.29

8.4.3 解决冲突的主要方法

在上面的除留余数法中，对于 12，39，18，24，33，21，若取 $p=9$，则哈希函数值为 3，3，0，6，6，3，此时有多个函数值相同，从而产生冲突。当产生冲突时，需要为产生冲突的地址寻找下一个哈希地址。

通常有两类方法处理冲突：开放定址(Open Addressing)法和拉链(Chaining)法。前者是将所有结点均存放在哈希表 T[0…$n-1$]中；后者通常是将互为同义词的结点链成一个单链表，而将此链表的头指针放在哈希表 T[0…$n-1$]中。

1. 开放定址法

(1) 开放定址法解决冲突的方法

用开放定址法解决冲突的做法是：当冲突发生时，使用某种探查(亦称探测)技术在哈希表中形成一个探查序列。沿此序列逐个单元地查找，直到找到给定的关键字，或者碰到一个开放的地址(即该地址为空单元)为止，若要插入，在探查到开放的地址，则可将待插入的新结点存入该地址单元。查找时探查到开放的地址但该单元无该关键字时，则表明表中无待查的关键字，查找失败。注意：

① 用开放定址法建立哈希表时，建表前必须将表中所有单元置空。

② 空单元的表示与具体的应用相关。

例如，关键字均为非负数时，可用“－1”来表示空单元，而关键字为字符串时，空单元应是空串。

总之，应该用一个不会出现的关键字来表示空单元。

(2) 开放定址法的一般形式

开放定址法的一般形式为：

$$h_i = (H(\text{key}) + d_i)\%n \quad 1 \leqslant i \leqslant n-1$$

其中：

① $H(\text{key})$为哈希函数，d_i为增量序列，n 为表长。

② 若令开放地址一般形式的 i 从 0 开始，并令 $d_0=0$，则 $h_0=H(\text{key})$，则有：

$$h_i = (H(\text{key}) + d_i)\%n \quad 0 \leqslant i \leqslant n-1$$

即 $h_0=H(\text{key})$是初始的探查位置，后续的探查位置依次是 $h_l,h_2,\cdots,h_{m-1}$，即 $h_0,h_l,h_2,\cdots,h_{n-1}$形成了一个探查序列。

基于 d_i的增量序列，有下列三种取法：

① 线性探测再散列

$$d_i = 1,2,3,\cdots,n-1$$

② 二次探测再散列

$$d_i = 1^2, -1^2, 2^2, -2^2, \cdots, \pm k^2(k \leqslant n/2)$$

③ 随机探测再散列

d_i是一组伪随机数列。

例如，表长为 11 的哈希表中已填有关键字为 28,49,40 的记录，$H(\text{key})=\text{key MOD } 11$，现有第 4 个记录，其关键字为 16，按三种处理冲突的方法，填入表 8.2 中，有：

表 8.2

0	1	2	3	4	5	6	7	8	9	10
					49	28	40			

用线性探测法：

$h_0=H(16)=16\ \mathrm{MOD}\ 11=5$ 冲突；

$h_1=(5+1)\ \mathrm{MOD}\ 11=6$ 冲突；

$h_2=(5+2)\ \mathrm{MOD}\ 11=7$ 冲突；

$h_3=(5+3)\ \mathrm{MOD}\ 11=8$ 不冲突，可以在 8 对应的位置填入 16。

线性探测法进行地址散列简单便捷，但是容易产生关键字连成一片的现象，称为堆聚现象。插入 16 的操作如表 8.3 所示。

表 8.3

0	1	2	3	4	5	6	7	8	9	10
					49	28	40	**16**		

如果使用二次探测：

$h_0=H(16)=16\ \mathrm{MOD}\ 11=5$ 冲突；

$h_1=(5+1^2)\ \mathrm{MOD}\ 11=6$ 冲突；

$h_2=(5-1^2)\ \mathrm{MOD}\ 11=4$ 不冲突，把 16 填入 4 对应的位置上，如表 8.4 所示。

表 8.4

0	1	2	3	4	5	6	7	8	9	10
				16	49	28	40			

使用随机探测：

$h_0=H(16)=16\ \mathrm{MOD}\ 11=5$ 冲突；

设随机序列为 9，则 $h_1=(5+9)\ \mathrm{MOD}\ 11=3$ 不冲突。把 16 填入 3 对应的位置，如表 8.5 所示。

表 8.5

0	1	2	3	4	5	6	7	8	9	10
			16		49	28	40			

又例如，给定关键字集合构造哈希表｛23，07，15，31，56，69，11，83，36｝设定哈希函数 $H(\mathrm{key})=\mathrm{key}\ \mathrm{MOD}\ 11$（表长＝11），采用线性探测来处理冲突，则有：

	0	1	2	3	4	5	6	7	8	9	10
关键字	11	23	56	69	15	36	83	07		31	
探测次数	1	1	2	1	1	3	1	1		1	

如果采用二次探测处理冲突，则有：

	0	1	2	3	4	5	6	7	8	9	10
关键字	11	23	56	69	15		83	07		31	36
探测次数	1	1	2	1	1		1	1		1	6

当处理36时，$h_0=H(36)$ MOD 11=3，冲突；……。作了6次探测，$h_5=(h_0+3^2)$ MOD 11=10，不冲突，36填入第10单元。

开放定址法要求哈希表的装填因子$\alpha \leqslant l$，实用中取α为0.5到0.9之间的某个值为宜。

（3）线性探测算法

根据上述讨论，线性探测法(Linear Probing)的基本思想是：如果在位置t上发生冲突，则从位置$t+1$开始，顺序查找哈希表HT，找一个最靠近的空位，把待插入的新记录装入这个空位上。顺序查找时，我们把哈希表HT[0～$n-1$]看成是一个循环表，即，如果到达HT[$n-1$]还没有发现一个空位，则从HT[0]开始继续顺序查找，直至到达HT[t]。此时，如果仍未发现有空位，则说明哈希表已满，需要进行溢出处理。算法描述如下：

假设给定关键字值为k，为了查找k，首先计算出$j=H(k)$(H是用除留余数法构造的哈希函数)，如果HT[j]非空，且HT[j]$\neq k$，则从第$j+1$个位置开始对HT进行循环探测，直到当前位置上的关键字值等于k，表明查找成功；或者找到一个空位置，表明查找不成功，将k插入到该位置；或者既未查到又没有空位置，应转向对溢出的处理。算法中设立一个查找的边界位置i，当顺序探测已超过表长，则要翻转到表首继续查找，直到查到i位置才是真正的查完全表。为了具体编制程序的方便，令$i=j-1$。

算法8.10 线性探测算法

```
#define  n  100;                    /*  哈希表的长度  */
struct  hash
 {int   key;
 }HT[n];
void linehash(struct hash HT[], int k, int p)
{j=k % p;  i=j-1;
  while((HT[j].key!=NULL)&&(HT[j].key!=k)&&(j!=i))
    j=(j+1) % m;                    /*解决冲突*/
  if(HT[j].key==k)
    printf("succ! %5d, %5d\n", k, j);
  else if (j==i)
    printf("overflow!");            /*溢出  */
  else
    HT[j].key=k;                    /*插入k*/
}
```

线性探测算法的特点：用线性探测法处理冲突，思路清晰，算法简单，但存在下列缺点：

① 处理溢出需另编程序。

一般可另外设立一个溢出表，专门用来存放上述哈希表中放不下的记录。此溢出表最简单的结构是顺序表，查找方法可用顺序查找。

② 按上述算法建立起来的哈希表，删除工作非常困难。

假如要从哈希表 HT 中删除一个记录，按理应将这个记录所在位置置为空，但我们不能这样做，而只能标上已被删除的标记；否则，将会影响以后的查找。

例如，给定一组关键字(bat、cat、bee)，并取第一个字母在字母表中的序号作为散列地址，即有 H(bat)＝2、H(cat)＝3、H(bee)＝2，用线性探测法处理冲突时，将它们装入哈希表 HT 后，分别占住 HT[2]、HT[3]、HT[4]位置。现在假若删除 bat，如果是简单地置 HT[2]为 NULL，那么，当下一个操作是插入 bee 时，由于 H(bee)＝2，且 HT[2]＝NULL，则将这个新来的 bee 存入 HT[2]中。于是，在 HT 表中同时存在两个 bee!

由此可见，删除一个记录之后，不能简单地把该记录所在位置置为空。为了避免两个相同关键字值的记录同时装入表中，一种简单的处理方法是将被删记录所在位置上作删除标记。若下次接收的新记录，刚好散列在有删除标记的位置上，则不要立即把它装入到这个位置，而必须先顺序查找下一个空位。在找这个空位的过程中，若没有发现有相匹配的关键字，则将这个新记录装入到这个有删除标记的位置。否则，这个新记录不装入 HT 表中。

③ 线性探测法很容易产生堆聚现象。

所谓堆聚现象，就是存入哈希表的记录在表中连成一片。按照线性探测法处理冲突，如果生成哈希地址的连续序列愈长(即不同关键字值的哈希地址相邻在一起愈长)，则当新的记录加入该表时，与这个序列发生冲突的可能性愈大。因此，哈希地址的较长连续序列比较短连续序列生长得快，这就意味着，一旦出现堆聚(伴随着冲突)，就将引起进一步的堆聚。所以，线性探测法处理冲突，并未达到真正散列存储的目的。改进的办法有多种，下面简单介绍两种较为有效的方法。

(a) 线性补偿探测法

线性补偿探测法的基本思想是：将线性探测的步长从 1 改为 Q，即将上述算法中的 $j=(j+1)\ \%\ n$ 改为 $j=(j+Q)\ \%\ n$，而且要求 Q 与 m 是互素的，以便能探测到哈希表中的所有单元。

例如，PDP－11 小型计算机中的汇编程序所用的符合表，就采用此方法来解决冲突，所用表长 $n=1321$，选用 $Q=25$。

(b) 随机探测

随机探测的基本思想是：将线性探测的步长从常数改为随机数，即令 $j=(j+\mathrm{RN})\%m$，其中 RN 是一个随机数。在实际程序中应预先用随机数发生器产生一个随机序列，将此序列作为依次探测的步长。这样就能使不同的关键字具有不同的探测次序，从而可以避免或减少堆聚。基于与线性探测法相同的理由，在线性补偿探测法和随机探测法中，删除一个记录后也要打上删除标记。

(4) 双重哈希法(Double Hashing)

该方法是开放定址法中最好的方法之一，它的探查序列是：

$$h_i = (H(\mathrm{key}) + i * h_1(\mathrm{key}))\%n \quad 0 \leqslant i \leqslant n-1$$

即探查序列为：

$$d = H(\mathrm{key}),\quad (d + h_1(\mathrm{key}))\%n,\quad (d + 2h_1(\mathrm{key}))\%n,\cdots$$

该方法使用了两个哈希函数 H(key)和 h_1(key)，故也称为双哈希函数探查法。若与线性散列比较，则 $d_i=i*h_1(\text{key})$。

注意：定义 $h_1(\text{key})$ 的方法较多，但无论采用什么方法定义，都必须使 $h_1(\text{key})$ 的值和 n 互素，才能使发生冲突的同义词地址均匀地分布在整个表中，否则可能造成同义词地址的循环计算。

例如，若 n 为素数，则 $h_1(\text{key})$ 取 1 到 $n-1$ 之间的任何数均与 n 互素，因此，我们可以简单地将它定义为：

$$h_1(\text{key}) = \text{key}\%(n-2)+1$$

若 n 是 2 的方幂，则 $h_1(\text{key})$ 可取 1 到 $n-1$ 之间的任何奇数。

2. 拉链法

将所有哈希地址相同的记录都链接在同一链表中。哈希地址相同的记录又称为同义词。

(1) 拉链法解决冲突的方法

拉链法解决冲突的做法是：将所有关键字为同义词的结点链接在同一个单链表中。若选定的哈希表长度为 n，则可将哈希表定义为一个由 n 个头指针组成的指针数组 $T[0\cdots n-1]$。凡是哈希地址为 i 的结点，均插入到以 $T[i]$ 为头指针的单链表中。T 中各分量的初值均应为空指针。在拉链法中，装填因子 α 可以大于 1，但一般均取 $\alpha\leqslant 1$。

对于给定关键字{23, 07, 15 , 31, 56, 69, 11, 83, 13}，哈希函数为 $H(\text{key})=\text{key}$ MOD 7，则拉链法得到的链表如图 8.30 所示。

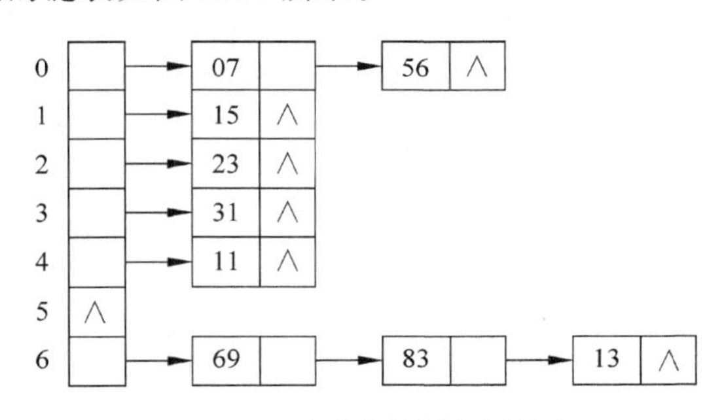

图 8.30 哈希表的同义词链表

(2) 拉链法的特点

与开放定址法相比，拉链法有如下几个优点：

① 拉链法处理冲突简单，且无堆积现象，即非同义词绝不会发生冲突，因此平均查找长度较短；

② 由于拉链法中各链表上的结点空间是动态申请的，故它更适合造表前无法确定表长的情况；

③ 开放定址法要求 α 较小，当结点规模较大时会浪费很多空间，而拉链法中可取 $\alpha\geqslant 1$，且结点较大时，拉链法中增加的指针域可忽略不计，因此节省空间；

④ 在用拉链法构造的哈希表中，删除结点的操作易于实现，只要简单地删除链表上相应的结点即可。

拉链法的缺点是：指针需要额外的空间。故当结点规模较小时，适合开放定址法，当结点规模较大时，可以使用拉链法。

8.4.4 哈希表上的运算

哈希表上的运算有查找、插入和删除。其中主要是查找，这是因为哈希表的目的主要是用于快速查找，且插入和删除均要用到查找操作。

1. 哈希表定义

定义 8.4

```
#define NIL -1                   /* 空结点标记依赖于关键字类型,本节假定关键字均为非负整
                                    数 */
#defineN 997                     /* 表长度依赖于应用,但一般应根据问题规模,确定m为一素数 */
typedef struct{                  /* 哈希表结点类型 */
    KeyType key;
    InfoType otherinfo;          /* 此类依赖于应用 */
}NodeType;
typedef NodeType HashTable[N];   /* 哈希表类型 */
```

2. 基于开放地址法的查找算法

哈希表的查找过程和建表过程相似。假设给定的值为 K，根据建表时设定的哈希函数 h，计算出哈希地址 $h(K)$，若表中该地址单元为空，则查找失败；否则将该地址中的结点与给定值 K 比较。若相等则查找成功，否则按建表时设定的处理冲突的方法找下一个地址。如此反复下去，直到某个地址单元为空（查找失败）或者关键字比较相等（查找成功）为止。算法描述如下：

对于给定值 K，计算哈希地址 $i = H(K)$：

① 若 $r[i] = \text{NULL}$ 则查找不成功；

② 若 $r[i].\text{key} = K$ 则查找成功，否则"求下一地址 Hi"，直至 $r[\text{Hi}] = \text{NULL}$（查找不成功）或 $r[\text{Hi}].key = K$（查找成功）为止。

算法 8.11 开放地址法

```
int Hash(KeyType k,int i)
 {/* 求在哈希表 T[0…m-1]中第 i 次探查的哈希地址 hi,0≤i≤m-1,下面的 h 是哈希函数。
Increment 是求增量序列的函数,它依赖于解决冲突的方法 */
 return(h(K) + Increment(i)) % m; /* Increment(i)相当于是 di */
}
```

若哈希函数用除余法构造，并假设使用线性探查的开放定址法处理冲突，则上述函数中的 $h(K)$和 Increment(i)可定义为：

```
int h(KeyType K)
{   return K % m;                /* 用除余法求 K 的哈希地址 */
}
int Increment(int i)
{   return i;                    /* 用线性探查法求第 i 个增量 di */
}                                /* 若用二次探查法,则返回 i * i */
```

通用的开放定址法的哈希表查找算法如下：

算法 8.12 查找算法

```
int HashSearch(HashTable T,KeyType K,int pos)
{/* 在哈希表 T[0…m-1]中查找 K,成功时返回 1.失败有两种情况：找到一个开放地址时返回 0,表
满未找到时返回 -1。*pos 记录找到 K 或找到空结点时表中的位置 */
   int i = 0;                          /* 记录探查次数 */
   do
   {  *pos = Hash(K,i);                /* 求探查地址 hi */
      if(T[ *pos].key == K) return1;   /* 查找成功返回 */
      if(T[ *pos].key == NIL) return 0; /* 查找到空结点返回 */
   }while(++i < m);                    /* 最多做 m 次探查 */
   return  -1;                         /* 表满且未找到时,查找失败 */
  }
```

注意：上述算法适用于任何开放定址法，只要给出函数 Hash 中的哈希函数 $h(K)$和增量函数 Increment(i)即可。

3. 基于开放地址法的插入及建表

建表时首先要将表中各结点的关键字清空，使其地址为开放的；然后调用插入算法将给定的关键字序列依次插入表中。

插入算法首先调用查找算法，若在表中找到待插入的关键字或表已满，则插入失败；若在表中找到一个开放地址，则将待插入的结点插入其中，即插入成功。

算法 8.13 插入算法

```
void HashInsert(HashTable T,NodeType new)
  {/* 将新结点 new 插入哈希表 T[0…m-1]中 */
    int pos,sign;
    sign = HashSearch(T,new.key,&pos);   /* 在表 T 中查找 new 的插入位置 */
    if(!sign)                            /* 找到一个开放的地址 pos */
       T[pos] = new;                     /* 插入新结点 new,插入成功 */
    else                                 /* 插入失败 */
     if(sign > 0)
       printf("duplicate key!");         /* 重复的关键字 */
     else                                /* sign < 0 */
       Error("hashtable over flow!");    /* 表满错误,终止程序执行 */
  }
```

下面的哈希表的创建算法调用插入算法。

算法 8.14 哈希表创建算法

```
void CreateHashTable(HashTable T,NodeType A[],int n)
   {/* 根据 A[0…n-1]中结点建立哈希表 T[0…m-1] */
    int i;
    if(n > m)                  /* 用开放定址法处理冲突时,装填因子 α 须不大于 1 */
      Error("Load factor > 1");
    for(i = 0;i < m; i++)
      T[i].key = NIL;          /* 将各关键字清空,使地址 i 为开放地址 */
    for(i = 0;i < n; i++)      /* 依次将 A[0…n-1]插入到哈希表 T[0…m-1]中 */
```

```
        HashInsert(T,A[i]);
    }
```

4. 删除

基于开放定址法的哈希表不宜执行哈希表的删除操作。若必须在哈希表中删除结点，则不能将被删结点的关键字置为NULL，而应该将其置为特定的标记DELETED。

因此需对查找操作做相应的修改，使之探查到此标记时继续探查下去。同时也要修改插入操作，使其探查到DELETED标记时，将相应的表单元视为一个空单元，将新结点插入其中。这样做无疑增加了时间开销，并且查找时间不再依赖于装填因子。

因此，当必须对哈希表做删除结点的操作时，一般是用拉链法来解决冲突。

8.4.5 哈希表的性能分析

从查找过程得知，哈希表查找的平均查找长度实际上并不等于零。决定哈希表查找的ASL的因素：

① 选用的哈希函数；

② 选用的处理冲突的方法；

③ 哈希表的饱和程度，装载因子 $\alpha=m/n$ 值的大小（m：表中填入的记录数，n：表的长度）。

一般情况下，可以认为选用的哈希函数是"均匀"的，则在讨论ASL时，可以不考虑它的因素。因此，哈希表的ASL是处理冲突方法和装载因子的函数。

插入和删除的时间均取决于查找，故下面只分析查找操作的时间性能。

虽然哈希表在关键字和存储位置之间建立了对应关系，理想情况是无需关键字的比较就可找到待查关键字。但是由于冲突的存在，哈希表的查找过程仍是一个和关键字比较的过程，不过哈希表的平均查找长度比顺序查找、二分查找等完全依赖于关键字比较的查找要小得多。

1. 查找成功的ASL

哈希表上的查找优于顺序查找和二分查找。D. E. Kunth 在《程序设计技巧》第三卷中指出：为了查找一个记录或插入一个新的记录，所需要的探测次数仅依赖于装填因子 α。查找成功时有下列结果。

线性探测再散列：$s_{nl}\approx\frac{1}{2}\left(1+\frac{1}{1-\alpha}\right)$

链地址法：$s_{nc}\approx1+\frac{\alpha}{2}$

2. 查找不成功的ASL

对于不成功的查找，顺序查找和二分查找所需进行的关键字比较次数仅取决于表长，而哈希查找所需进行的关键字比较次数和待查结点有关。因此，在等概率情况下，也可将哈希表在查找不成功时的平均查找长度，定义为查找不成功时对关键字需要执行的平均比较次数。所以，查找不成功时有下列结果：

线性探测再散列：$\frac{1}{2}\left(1+\frac{1}{(1-\alpha)^2}\right)$

链地址法：$\alpha+e^{-\alpha}$

从以上结果可见，哈希表的平均查找长度是 α 的函数，而不是 n 的函数，即平均查找次数不是哈希表中记录个数的函数，这是和顺序查找，折半查找等方法不同的。这说明，用哈希表构造查找表时，可以选择一个适当的装填因子 α，使得平均查找长度限定在某个范围内。这是哈希表所具有的特点。

注意：

① 由同一个哈希函数、不同的解决冲突方法构造的哈希表，其平均查找长度是不相同的。

② 哈希表的平均查找长度不是结点个数 n 的函数，而是装填因子 α 的函数。因此在设计哈希表时可选择 α 以控制哈希表的平均查找长度。

③ α 的取值。

α 越小，产生冲突的机会就小，但 α 过小，空间的浪费就过多。只要 α 选择合适，哈希表上的平均查找长度就是一个常数，即哈希表上查找的平均时间为 $O(1)$。

④ 哈希法与其他查找方法的区别。

除哈希法外，其他查找方法有共同特征为：均是建立在比较关键字的基础上。其中顺序查找是对无序集合的查找，每次关键字的比较结果为“＝”或“！＝”两种可能，其平均时间为 $O(n)$；其余的查找均是对有序集合的查找，每次关键字的比较有“＝”、“＜”和“＞”三种可能，且每次比较后均能缩小下次的查找范围，故查找速度更快，其平均时间为 $O(\log_2 n)$。而哈希法是根据关键字直接求出地址的查找方法，其查找的期望时间为 $O(1)$。

本章小结

我们主要学习了以下知识点：

(1) 查找的基本概念，包括静态查找表和动态查找表，内查找和外查找之间的差异。

(2) 线性表上各种查找算法，包括顺序查找、二分查找和分块索引查找的基本思想、算法实现和查找效率等。为衡量效率讨论了平均查找长度(ASL)。

(3) 掌握各种树表的查找算法，包括二叉排序树、AVL 树、B－树和键树的基本思想、算法实现和查找效率等。

(4) 哈希表查找技术以及哈希表与其他表的本质区别。哈希查找是通过构造哈希函数来计算关键字存储地址的一种查找方法，时间复杂度为 $O(1)$。两个不同的关键字，其哈希函数值相同，因而得到同一个表的相同地址的现象称为冲突。常用的解决冲突的方法有：线性探测法、平方探测法、链地址法等。

(5) 灵活运用各种查找算法解决一些综合应用问题。

习题 8

一、单项选择题

1. 若查找每个记录的概率均等，则在具有 n 个记录的连续顺序文件中采用顺序查找法查找一个记录，其平均查找长度 ASL 为________。

A. $(n-1)/2$　　B. $n/2$　　C. $(n+1)/2$　　D. n

2. 对 N 个元素的表做顺序查找时，若查找每个元素的概率相同，则平均查找长度为________。

A. $(N+1)/2$　　B. $N/2$

C. N　　D. $[(1+N)*N]/2$

3. 顺序查找法适用于查找顺序存储或链式存储的线性表，平均比较次数为________，二分法查找只适用于查找顺序存储的有序表，平均比较次数为________。在此假定 N 为线性表中结点数，且每次查找都是成功的。

A. $N+1$　　B. $2\log_2 N$　　C. $\log N$　　D. $N/2$

E. $N\log_2 N$　　F. N^2

4. 下面关于二分查找的叙述正确的是________。

A. 表必须有序，表可以顺序方式存储，也可以链表方式存储

B. 表必须有序，而且只能从小到大排列

C. 表必须有序且表中数据必须是整型，实型或字符型

D. 表必须有序，且表只能以顺序方式存储

5. 对线性表进行二分查找时，要求线性表必须________。

A. 以顺序方式存储　　B. 以顺序方式存储，且数据元素有序

C. 以链接方式存储　　D. 以链接方式存储，且数据元素有序

6. 适用于折半查找的表的存储方式及元素排列要求为________。

A. 链接方式存储，元素无序　　B. 链接方式存储，元素有序

C. 顺序方式存储，元素无序　　D. 顺序方式存储，元素有序

7. 用二分(折半)查找表的元素的速度比用顺序法________。

A. 必然快　　B. 必然慢　　C. 相等　　D. 不能确定

8. 当在一个有序的顺序存储表上查找一个数据时，既可用折半查找，也可用顺序查找，但前者比后者的查找速度________。

A. 必定快　　B. 不一定

C. 在大部分情况下要快　　D. 取决于表递增还是递减

9. 具有 12 个关键字的有序表，折半查找的平均查找长度________。

A. 3.1　　B. 4　　C. 2.5　　D. 5

10. 当采用分块查找时，数据的组织方式为________。

A. 数据分成若干块，每块内数据有序

B. 数据分成若干块，每块内数据不必有序，但块间必须有序，每块内最大(或最小)的数据组成索引块

C. 数据分成若干块，每块内数据有序，每块内最大(或最小)的数据组成索引块

D. 数据分成若干块，每块(除最后一块外)中数据个数需相同

11. 如果要求一个线性表既能较快地查找，又能适应动态变化的要求，则可采用的查找法为________。

A. 分块查找　　B. 顺序查找　　C. 折半查找　　D. 基于属性

12. 既希望较快的查找又便于线性表动态变化的查找方法是________。

A. 顺序查找　　B. 折半查找　　C. 索引顺序查找　　D. 哈希法查找

13. 分别以下列序列构造二叉排序树，与用其他三个序列所构造的结果不同的是________。

A. (100,80,90,60,120,110,130)

B. (100,120,110,130,80,60,90)

C. (100,60,80,90,120,110,130)

D. (100,80,60,90,120,130,110)

14. 在平衡二叉树中插入一个结点后造成了不平衡，设最低的不平衡结点为 A，并已知 A 的左孩子的平衡因子为 0，右孩子的平衡因子为 1，则应作________型调整以使其平衡。

A. LL　　B. LR　　C. RL　　D. RR

15. 下列关于 m 阶 B—树的说法错误的是________。

A. 根结点至多有 m 棵子树

B. 所有叶子都在同一层次上

C. 非叶结点至少有 $m/2$ (m 为偶数)或 $m/2+1$(m 为奇数)棵子树

D. 根结点中的数据是有序的

16. 下面关于 B—和 B+树的叙述中，不正确的是________。

A. B—树和 B+树都是平衡的多叉树

B. B—树和 B+树都可用于文件的索引结构

C. B—树和 B+树都能有效地支持顺序检索

D. B—树和 B+树都能有效地支持随机检索

17. 若采用链地址法构造散列表，散列函数为 $H(\text{key})=\text{key MOD } 17$，则需__(1)__个链表。这些链的链首指针构成一个指针数组，数组的下标范围为__(2)__。

(1) A. 17　　B. 13　　C. 16　　D. 任意

(2) A. 0 至 17　　B. 1 至 17　　C. 0 至 16　　D. 1 至 16

18. 散列表的地址区间为 0—17，散列函数为 $H(K)=K \text{ mod } 17$。采用线性探测法处理冲突，并将关键字序列 26,25,72,38,8,18,59 依次存储到散列表中。

(1) 元素 59 存放在散列表中的地址是________。

A. 8　　B. 9　　C. 10　　D. 11

(2) 存放元素 59 需要搜索的次数是________。

A. 2　　B. 3　　C. 4　　D. 5

19. 将 10 个元素散列到 100000 个单元的哈希表中，则________产生冲突。

A. 一定会　　B. 一定不会　　C. 仍可能会

二、判断题(判断正确与错误，正确的打√，错误的打×)

1. 采用线性探测法处理散列时的冲突，当从哈希表删除一个记录时，不应将这个记录的所在位置置空，因为这会影响以后的查找。　(　　)

2. 在散列检索中，“比较”操作一般也是不可避免的。　(　　)

3. 散列函数越复杂越好，因为这样随机性好，冲突概率小。　(　　)

4. 哈希函数的选取方法中平方取中法最好。 （ ）

5. Hash表的平均查找长度与处理冲突的方法无关。 （ ）

6. 负载因子（装填因子）是散列表的一个重要参数，它反映散列表的装满程度。 （ ）

7. 散列法的平均检索长度不随表中结点数目的增加而增加，而是随负载因子的增大而增大。 （ ）

8. 哈希表的结点中只包含数据元素自身的信息，不包含任何指针。 （ ）

9. 若散列表的负载因子 $\alpha<1$，则可避免碰撞的产生。 （ ）

10. 查找相同结点的效率折半查找总比顺序查找高。 （ ）

11. 完全二叉树肯定是平衡二叉树。 （ ）

12. 对一棵二叉排序树按前序方法遍历得出的结点序列是从小到大的序列。 （ ）

13. 二叉树中除叶结点外，任一结点 X，其左子树根结点的值小于该结点(X)的值；其右子树根结点的值不小于该结点(X)的值，则此二叉树一定是二叉排序树。 （ ）

14. 有 n 个数存放在一维数组 $A[1\cdots n]$ 中，在进行顺序查找时，这 n 个数的排列有序或无序其平均查找长度不同。 （ ）

15. N 个结点的二叉排序树有多种，其中树高最小的二叉排序树是最佳的。 （ ）

三、填空题

1. 顺序查找 n 个元素的顺序表，若查找成功，则比较关键字的次数最多为________次；当使用监视哨时，若查找失败，则比较关键字的次数为________。

2. 在顺序表(8,11,15,19,25,26,30,33,42,48,50)中，用二分（折半）法查找关键码值20，需做的关键码比较次数为________。

3. 在有序表 $A[1\cdots 12]$ 中，采用二分查找算法查等于 $A[12]$ 的元素，所比较的元素下标依次为________。

4. 在有序表 $A[1\cdots 20]$ 中，按二分查找方法进行查找，查找长度为5的元素个数是________。

5. 高度为4的3阶B－树中，最多有________个关键字。

6. 在有序表 $A[1\cdots 20]$ 中，按二分查找方法进行查找，查找长度为4的元素的下标从小到大依次是________。

7. 高度为8的平衡二叉树的结点数至少有________个。

8. 高度为5(除叶子层之外)的三阶B－树至少有________个结点。

9. 假定查找有序表 $A[1\cdots 12]$ 中每个元素的概率相等，则进行二分查找时的平均查找长度为________。

四、简答题

1. 名词解释

哈希表

B－树

B＋树

平衡二叉树(AVL 树)

平衡因子

Trie 树

2. 回答问题并填空

(1) 散列表存储的基本思想是什么?

(2) 散列表存储中解决碰撞的基本方法有哪些?其基本思想是什么?

(3) 用分离的同义词子表解决碰撞和用结合的同义词表解决碰撞属于哪种基本方法?它们各有何特点?

(4) 用线性探查法解决碰撞时,如何处理被删除的结点?为什么?

(5) 散列法的平均检索长度不随(　　)的增加而增加,而是随(　　)的增大而增加。

3. 如何衡量 HASH 函数的优劣?简要叙述 HASH 表技术中的冲突概念,并指出三种解决冲突的方法。

4. 对下面的 3 阶 B—树,依次执行下列操作,画出各步操作的结果。

(1) 插入 90　　(2) 插入 25　　(3) 插入 45　　(4) 删除 60　　(5) 删除 80

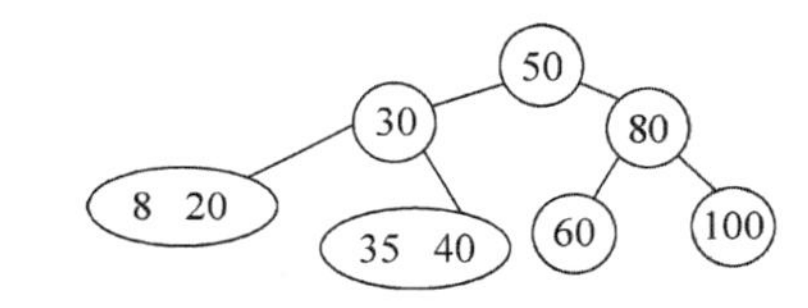

五、算法分析

1. 请编写一个判别给定二叉树是否为二叉排序树的算法,设二叉树用 llink-rlink 法存储。

2. 给出折半查找的递归算法,并给出算法时间复杂度性能分析。

第9章 排 序

排序是计算机的一项基本应用。许多最终通过计算生成的输出是以某种方式排序的，通过内部调用排序过程，使许多计算变得很有效率。因此，在计算机科学中，排序也许是研究得最多的一种运算。本章中，我们将讨论不同的排序算法。

回顾上一章，我们知道，在排过序的数组中查找指定数据要比在未排过序的数组中查找效率高得多。在日常生活中，也经常遇到排序的事情，如在根据姓名排序的电话簿中找出一个人的姓名是容易的，但是如果电话号码未根据姓名排序，在查找某个人的电话号码时就不那么容易了。下面是生活中常见的排序例子：

- 计算机文件目录中的文件通常以排序顺序列出。
- 字典中的单词是经过排序的(并且不区分大小写)。
- 图书馆中的卡片目录既按照书名排序，也按作者名排序，还按分类号排序。
- 银行提供按支票编号增序列出的支票账目。
- 唱片店里的音乐光盘通常按录音艺术家排序。

数据的排序可以大大增强算法的性能。本章，我们讨论如何排序，如何进行内排序，外排序等，这些问题大多与计算机中数据的组织形式有关。大多数的重大程序设计项目都在某个地方用到了排序，并且在许多情况下，排序的开销决定运行时间。因此我们的目标是设计能够实现快速而可靠的排序算法。

9.1 排序的基本概念

1. 关键字项及关键字

记录由若干个数据项(或域)组成，其中有一项可用来标识一个记录，称为关键字(Key)项，该数据项的值称为关键字。

2. 排序

排序(Sorting)又称分类，是指将一个数据元素的任意序列，重新排列成一个按关键字有序的序列。

假设含 n 个记录的序列为$\{R_1,R_2,\cdots,R_n\}$，其相应的关键字序列为$\{K_1,K_2,\cdots,K_n\}$需确定$R_i(i=1,2,\cdots,n)$的一种排列 $p_1,p_2,\cdots,p_n$，使其相应的关键字满足如下的非递减(或

非递增)关系 $K_{p1} \leqslant K_{p2} \leqslant \cdots \leqslant K_{pn}$。即：使初始的序列成为一个按关键字有序的序列$\{R_{p1}, R_{p2}, \cdots, R_{pn}\}$这样一种操作称为排序。

3. 排序方法的稳定性

如果在对象序列中有两个对象 r[i]和 r[j]，它们的关键字 k[i] == k[j] ，且在排序之前，对象 r[i]排在 r[j]前面。如果在排序之后，对象 r[i]仍在对象 r[j]的前面，则称这个排序方法是稳定的，否则称这个排序方法是不稳定的。

同理，如果待排序的文件中，存在有多个关键字相同的记录，经过排序后这些具有相同关键字的记录之间的相对次序保持不变，则称这种排序方法是稳定的；反之，则称这种排序方法是不稳定的。

排序算法的稳定性是针对所有输入实例而言的，即在所有可能的输入实例中，只要有一个实例使得算法不满足稳定性要求，则该排序算法就是不稳定的。

4. 排序过程的基本操作

大多数排序算法都有两个基本的操作：

(1) 比较两个关键字的大小；

(2) 改变指向记录的指针或移动记录本身的位置。

5. 排序方法的分类

(1) 按是否涉及数据的内、外存交换分。

在排序过程中，若整个文件都是放在内存中处理，排序时不涉及数据的内、外存交换，则称为内部排序(Internal Sorting)(简称内排序)；反之，若排序过程中要进行数据的内、外存交换，则称为外部排序(External Sorting)(简称外排序)。

① 内排序适用于记录个数不是很多的小文件；

② 外排序则适用于记录个数太多，不能一次将其全部记录放入内存的大文件。

(2) 按策略划分内部排序方法。

可以分为五类：插入排序、交换排序、选择排序、归并排序和分配排序，如表 9.1 所示。

表 9.1

插入排序	交换排序	选择排序	归并排序	分配排序
直接插入	冒泡排序	直接选择	归并排序	箱排序
二分插入				
希尔排序	快速排序	堆排序		基数排序

6. 待排文件的常用存储方式

(1) 顺序表结构

通过关键字之间的比较判定，将记录移到合适的位置，对记录本身进行物理重排。

(2) 链表结构

通过修改指针，移动记录。通常将这类排序称为链表排序。

(3) 索引表结构

用顺序的方式存储待排序的记录，但同时建立一个包括关键字和指向记录位置的指针组成的索引表。排序时，只需对索引表的表目进行物理重排，不需移动记录本身。适用于在链表上难以实现的，但仍需避免排序时移动记录的排序方法。

7. 排序算法性能评价

(1) 评价排序算法好坏的标准

评价排序算法好坏的标准主要有两条：

① 执行时间和所需的辅助空间。

② 算法的复杂程度。

(2) 排序算法的空间复杂度

若排序算法所需的辅助空间并不依赖于问题的规模 n，即辅助空间是 $O(1)$，则称为就地排序。非就地排序一般要求的辅助空间为 $O(n)$。

(3) 排序算法的时间开销

大多数排序算法的时间开销主要是关键字之间的比较和记录的移动。有的排序算法其执行时间不仅依赖于问题的规模，还取决于输入实例中数据的状态。

8. 文件的顺序存储结构表示

定义 9.1

```
#define n 100                            /* 假设的文件长度，即待排序的记录数目 */
typedef int KeyType;                     /* 假设的关键字类型 */
typedef struct{                          /* 记录类型 */
    KeyType key;                         /* 关键字项 */
    InfoType otherinfo;                  /* 其他数据项，类型 InfoType 依赖于具体应用而定义 */
}RecType;
typedef RecType SeqList[n+1];            /* SeqList 为顺序表类型，表中第 0 单元用作哨兵 */
```

9.2 插入排序

插入排序(Insertion Sort)的基本思想是：每次将一个待排序的记录，按其关键字大小插入到前面已经排好序的子序列中的适当位置，直到全部记录插入完成为止。

本节介绍三种插入排序方法：直接插入排序、折半插入排序和希尔排序。

9.2.1 直接插入排序

1. 基本思想

假设待排序的记录存放在数组 $R[1,\cdots,n]$ 中。初始时，$R[1]$ 自成 1 个有序区，无序区为 $R[2,\cdots,n]$。从 $i=2$ 起直至 $i=n$ 为止，依次将 $R[i]$ 插入当前的有序区 $R[1,\cdots,i-1]$ 中，生成含 n 个记录的有序区。当插入第 i ($i\geqslant 1$) 个对象时，前面的 $R[0]$，$R[1]$，…，$R[i-1]$

已经排好序。这时，用 $R[i]$ 的排序码与 $R[i-1]$，$R[i-2]$，…的排序码顺序进行比较，找到插入位置即将 $R[i]$ 插入，原来位置及其后的对象依次向后顺移。

2. 第 $i-1$ 趟直接插入排序

通常将一个记录 $R[i]$($i=2,3,\cdots,n$)插入到当前的有序区，使得插入后仍保证该区间里的记录是按关键字有序的操作称第 $i-1$ 趟直接插入排序。

排序过程的某一中间时刻，R 被划分成两个子区间 $R[1,\cdots,i-1]$(已排好序的有序区)和 $R[i,\cdots,n]$(当前未排序的部分，可称无序区)。

直接插入排序的基本操作是将当前无序区的第 i 个记录 $R[i]$ 插入到有序区 $R[1,\cdots,i-1]$ 中适当的位置上，使 $R[1,\cdots,i]$ 变为新的有序区。因为这种方法每次使有序区增加 1 个记录，通常称增量法。

插入排序与打扑克时整理手上的牌非常类似。摸来的第 1 张牌无需整理，此后每次从桌上的牌(无序区)中摸最上面的 1 张并插入左手的牌(有序区)中正确的位置上。为了找到这个正确的位置，必须自左向右(或自右向左)将摸来的牌与左手中已有的牌逐一比较。

3. 直接插入排序过程示例

设有一组关键字{19,09,13,27,16,08}，其直接插入排序过程如表 9.2 所示。

表 9.2 直接插入排序过程示例

直接插入排序过程							
	0	1	2	3	4	5	Temp
	19	09	13	27	16	08	
$i=1$	**19**	09	13	27	16	08	Temp=09
	09	19	13	27	16	08	
$i=2$	**09**	**19**	13	27	16	08	Temp=13
	09	**13**	**19**	27	16	08	
$i=3$	**09**	**13**	**19**	27	16	08	Temp=27
	09	**13**	**19**	**27**	16	08	
$i=4$	**09**	**13**	**19**	**27**	16	08	Temp=16
	09	**13**	**16**	**19**	**27**	08	
$i=5$	**09**	**13**	**16**	**19**	**27**	08	Temp=08
	08	**09**	**13**	**16**	**19**	**27**	

4. 直接插入排序方法

(1) 简单方法

首先在当前有序区 $R[1,\cdots,i-1]$ 中查找 $R[i]$ 的正确插入位置 $k(1\leqslant k\leqslant i-1)$；然后将 $R[k,\cdots,i-1]$ 中的记录均后移一个位置，腾出 k 位置上的空间插入 $R[i]$。

若 $R[i]$ 的关键字大于等于 $R[1,\cdots,i-1]$ 中所有记录的关键字，则 $R[i]$ 就插入原位置。

(2) 改进的方法

有一种查找比较操作和记录移动操作交替地进行的方法。具体做法如下。

将待插入记录 $R[i]$的关键字从右向左依次与有序区中记录 $R[j]$（$j=i-1,i-2,\cdots,1$）的关键字进行比较：

① 若 $R[j]$的关键字大于 $R[i]$的关键字，则将 $R[j]$后移一个位置；

② 若 $R[j]$的关键字小于或等于 $R[i]$的关键字，则查找过程结束，$j+1$ 即为 $R[i]$的插入位置。

关键字比 $R[i]$的关键字大的记录均已后移，所以 $j+1$ 的位置已经腾空，只要将 $R[i]$直接插入此位置即可完成一趟直接插入排序。

这是一种反序的方法。

(3) 直接插入排序算法

① 算法描述

算法 9.1 直接插入排序

```
void InsertSort(RecType R[],int n)
  { /* 对顺序表 R 中的记录 R[1,…,n]按递增序进行插入排序 */
    int i,j;
    for(i = 2;i <= n; i++)                    /* 依次插入 R[2],…,R[n] */
      if(R[i].key < R[i-1].key)
       {/* 若 R[i].key 大于等于有序区中所有的 keys,则 R[i]应在原有位置上 */
        R[0] = R[i];j = i-1;                  /* R[0]是哨兵,且是 R[i]的副本 */
       do
       {//从右向左在有序区 R[1,…,i-1]中查找 R[i]的插入位置
          R[j+1] = R[j];                      /* 将关键字大于 R[i].key 的记录后移 */
          j--;
        }while(R[0].key < R[j].key);          /* 当 R[i].key≥R[j].key 时终止 */
        R[j+1] = R[0];                        /* R[i]插入到正确的位置上 */
       }                                      /* endif */
  }
```

② 哨兵的作用

算法中引进的附加记录 $R[0]$称监视哨或哨兵(Sentinel)。哨兵有两个作用：

其一，进入查找插入位置循环之前，它保存了 $R[i]$的副本，使不至于因记录后移而丢失 $R[i]$的内容；

其二，它的主要作用是在查找循环中"监视"下标变量 j 是否越界。一旦越界(即 $j=0$)，因为 $R[0]$.key 和自己比较，循环判定条件不成立使得查找循环结束，从而避免了在该循环内每一次均要检测 j 是否越界。

注意：

(a) 实际上，一切为简化边界条件而引入的附加结点(元素)均可称为哨兵。例如，单链表中的头结点实际上是一个哨兵。

(b) 引入哨兵后使得测试查找循环条件的时间大约减少了一半，所以对于记录数较大的文件节约的时间就相当可观。对于类似于排序这样使用频率非常高的算法，要尽可能地减少其运行时间。所以不能把上述算法中的哨兵视为雕虫小技，而应该深刻理解并掌握这种技巧。

(4) 算法分析

① 算法的时间性能分析

对于具有 n 个记录的文件,要进行 $n-1$ 趟排序。各种状态下的时间复杂度如表 9.3 所示。

表 9.3

初始文件状态	正　　序	反　　序	无序(平均)
第 i 趟的关键字比较次数	1	$i+1$	$(i-2)/2$
总关键字比较次数	$n-1$	$(n+2)(n-1)/2$	$\approx n^2/4$
第 i 趟记录移动次数	0	$i+2$	$(i-2)/2$
总的记录移动次数	0	$(n-1)(n+4)/2$	$\approx n^2/4$
时间复杂度	$O(n)$	$O(n^2)$	$O(n^2)$

注意:初始文件按关键字递增有序,简称"正序"。初始文件按关键字递减有序,简称"反序"。

② 算法的空间复杂度分析

算法所需的辅助空间是一个监视哨,辅助空间复杂度 $S(n)=O(1)$,是一个就地排序。

③ 直接插入排序的稳定性

直接插入排序是稳定的排序方法。

9.2.2 折半插入排序

1. 基本思想

设在顺序表中有一个对象序列 $R[0]$, $R[1]$, …, $R[n-1]$。其中, $R[0]$, $R[1]$, …, $R[i-1]$ 是已经排好序的对象。在插入 $R[i]$ 时,利用折半搜索法寻找 $R[i]$的插入位置。找到 $R[i]$的插入位置后,直接插入即可。

2. 折半插入排序过程举例

设初始序列为空,用折半插入排序的方法,依次插入关键字序列{21,5,3,4,8,16},其折半插入排序过程如表 9.4 所示。

表 9.4 折半插入排序示例

折半插入排序过程							
$i=1$	0	1	2	3	4	5	Temp
	21	5					5
$i=2$	**5**	**21**	3				3
$i=3$	**3**	**5**	**21**	4			4
$\boldsymbol{i=4}$	**3**	**4**	**5**	**21**	8		8
$i=5$	**3**	**4**	**5**	**8**	**21**	16	16
排序结果	**3**	**4**	**5**	**8**	**16**	**21**	

3. 折半插入排序算法

利用折半查找算法,可以很轻松地实现折半插入排序。折半查找算法参考 8.2.2 节。

算法 9.2 折半插入排序

```
typedef int SortData;
void BinInsSort( SortData R[], int n )
{ SortData temp;
  int Low, High, Mid;
  for(i = 1; i < n; i++)
  {Low = 0;
   High = i-1;
   temp = R[i];
   while (Low <= High )
     { Mid = ( Low + High )/2;
       if( temp.data < R[Mid].data )
          High = Mid - 1;
       else
          Low = Mid + 1;
     }
   for(k = i-1; k >= Low; k-- )
     R[k+1] = R[k];                          /* 记录后移 */
    R[Low] = temp;                           /* 插入 */
  }
}
```

4. 折半插入排序算法分析

折半搜索比顺序搜索查找快，所以折半插入排序就平均性能来说比直接插入排序要快。

它所需的排序码比较次数与待排序对象序列的初始排列无关，仅依赖于对象个数。在插入第 i 个对象时，需要经过$\lfloor \log_2 i \rfloor+1$ 次排序码比较，才能确定它应插入的位置。因此，将 n 个对象(为推导方便，设为 $n=2k$)用折半插入排序所进行的排序码比较次数为：

$$\sum_{i=1}^{n-1}(\lfloor \log_2 i \rfloor) \approx n \cdot \log_2 n$$

当 n 较大时，总排序码比较次数比直接插入排序的最坏情况要好得多，但比其最好情况要差。

在对象的初始排列已经按排序码排好序或接近有序时，直接插入排序比折半插入排序执行的排序码比较次数要少。折半插入排序的对象移动次数与直接插入排序相同，依赖于对象的初始排列。

折半插入排序是一个稳定的排序方法。

折半插入排序的时间复杂度为 $O(n^2)$。

9.2.3 希尔排序

希尔排序(Shell Sort)是插入排序的一种。因 D. L. Shell 于 1959 年提出而得名。

1. 基本思想

设待排序对象序列有 n 个对象，首先取一个整数 gap<n 作为间隔，将全部对象分为

gap 个子序列，所有距离为 gap 的对象放在同一个子序列中，在每一个子序列中分别施行直接插入排序。然后缩小间隔 gap，例如取 gap =⌈gap/2⌉，重复上述的子序列划分和排序工作。直到最后取 gap = 1，将所有对象放在同一个序列中排序为止。

希尔排序方法又称为缩小增量排序。该方法实质上是一种分组插入方法。

2. 给定实例的 Shell 排序的排序过程

假设待排序文件有 6 个记录，其关键字分别是：21,25,49,25,16,08。增量序列的取值依次为：3,2,1，排序过程如表 9.5 所示。

表 9.5　希尔排序过程示例

希尔排序过程						
	0	1	2	3	4	5
i=3	21	25	49	25 *	**16**	08
Gap=3	21	**16**	08	25 *	**25**	49
i=2	21	**16**	08	**25 ***	25	**49**
Gap=2	08	**16**	21	**25 ***	25	**49**
i=1	**08**	**16**	**21**	**25 ***	**25**	**49**
Gap=1	08	16	21	25 *	25	49

从表 9.5 可知，当 i=3 时，比较 21 和 25 * 、25 和 16、49 和 08(如表 9.5 中的不同字型)；当 i=2 时，比较 16、25 * 、49 和 08、21、25；如此下去，直到完成排序。

由此 Shell 排序的过程可知，Shell 排序是不稳定的。

3. Shell 排序的算法实现

该算法分两步来实现：第一部分是一趟的增量希尔排序(算法 9.3a)；第二部分是总的希尔排序(算法 9.3b)。

算法 9.3a　希尔排序算法

```
SeqList ShellPass(SeqList R,int d)
 {/* 希尔排序中的一趟排序,d 为当前增量 */
   for(i = d + 1;i <= n; i++)              /* 将 R[d + 1, …,n]分别插入各组当前的有序区 */
     if(R[i].key < R[i - d].key)
     {R[0] = R[i];                         /* R[0]只是暂存单元,不是哨兵 */
      j = i - d;
     do                                    /* 查找 R[i]的插入位置 */
     { R[j + d] = R[j];                    /* 后移记录 */
         j = j - d;                        /* 查找前一记录 */
     }while(j > 0&&R[0].key < R[j].key);
     R[j + d] = R[0];                      /* 插入 R[i]到正确的位置上 */
     }
   Return R;
}
```

算法 9.3b　希尔排序算法

```
SeqList   ShellSort(SeqList R)
```

```
{int increment = n;                        /* 增量初值,不妨设 n>0 */
 do {increment = increment/3 + 1;          /* 求下一增量 */
      ShellPass(R,increment);              /* 一趟增量为 increment 的 Shell 插入排序 */
    }while(increment > 1)
  Return R;
 }
```

注意：当增量 $d=1$ 时，ShellPass 和 InsertSort 基本一致，只是由于没有哨兵而在内循环中增加了一个循环判定条件“$j>0$”，以防下标越界。

4. 算法分析

（1）增量序列的选择

Shell 排序的执行时间依赖于增量序列。好的增量序列的共同特征是：

① 最后一个增量必须为 1；

② 应该尽量避免序列中的值(尤其是相邻的值)互为倍数的情况。

有人通过大量的实验，给出了目前较好的结果：当 n 较大时，比较和移动的次数约在 $n^{1.25}$ 到 $1.6n^{1.25}$ 之间。

（2）Shell 排序的时间性能

希尔排序的时间性能优于直接插入排序，原因是：

① 当文件初态基本有序时直接插入排序所需的比较和移动次数均较少。

② 当 n 值较小时，n 和 n^2 的差别也较小，即直接插入排序的最好时间复杂度 $O(n)$ 和最坏时间复杂度 $O(n^2)$ 差别不大。

③ 在希尔排序开始时增量较大，分组较多，每组的记录数目少，故各组内直接插入较快，后来增量 d_i 逐渐缩小，分组数逐渐减少，而各组的记录数目逐渐增多，但由于已经按 d_{i-1} 作为距离排过序，使文件较接近于有序状态，所以新的一趟排序过程也较快。

因此，希尔排序在效率上较直接插入排序有较大的改进。

（3）稳定性

希尔排序是不稳定的。参见上述实例，该例中两个相同关键字 25 在排序前后的相对次序发生了变化。

9.3 交换排序

交换排序的基本思想是：两两比较待排序记录的关键字，发现两个记录的次序相反时即进行交换，直到没有反序的记录为止。

应用交换排序基本思想的主要排序方法有：冒泡排序和快速排序。

9.3.1 冒泡排序

冒泡排序(Bubble Sort)是一种人们熟知的、最简单的交换排序方法。在排序过程中，关键字较小的记录经过与其他记录的对比交换，像水中的气泡向上冒出一样，移到序列的首部，故称此方法为冒泡排序法。

1. 冒泡排序的算法思路

让 j 取 n 至 2，将 $r[j]$.key 与 $r[j-1]$.key 比较，如果 $r[j]$.key<$r[j-1]$.key，则把记录 $r[j]$与 $r[j-1]$交换位置，否则不进行交换。

2. 排序方法

将被排序的记录数组 $R[1,\cdots,n]$垂直排列，每个记录 $R[i]$看作是重量为 $R[i]$.key 的气泡。根据轻气泡不能在重气泡之下的原则，从下往上扫描数组 R：凡扫描到违反本原则的轻气泡，就使其向上“飘浮”。如此反复进行，直到最后任何两个气泡都是轻者在上，重者在下为止。基本过程为：

初始，$R[1,\cdots,n]$为无序区。

第一趟扫描。从无序区底部向上依次比较相邻的两个气泡的重量，若发现轻者在下、重者在上，则交换二者的位置。即依次比较($R[n]$,$R[n-1]$)，($R[n-1]$,$R[n-2]$)，…，($R[2]$,$R[1]$)；对于每对气泡($R[j+1]$,$R[j]$)，若 $R[j+1]$.key<$R[j]$.key，则交换 $R[j+1]$和 $R[j]$的内容。第一趟扫描完毕时，“最轻”的气泡就飘浮到该区间的顶部，即关键字最小的记录被放在最高位置 $R[1]$上。

第二趟扫描。扫描 $R[2,\cdots,n]$。扫描完毕时，“次轻”的气泡飘浮到 $R[2]$的位置上……

最后，经过 $n-1$ 趟扫描可得到有序区 $R[1,\cdots,n]$。

注意：第 i 趟扫描时，$R[1,\cdots,i-1]$和 $R[i,\cdots,n]$分别为当前的有序区和无序区。扫描仍是从无序区底部向上直至该区顶部。扫描完毕时，该区中最轻气泡飘浮到顶部位置 $R[i]$上，结果是 $R[1,\cdots,i]$变为新的有序区。

3. 排序算法

(1) 分析

因为每一趟排序都使有序区增加了一个气泡，在经过 $n-1$ 趟排序之后，有序区中就有 $n-1$ 个气泡，而无序区中气泡的重量总是大于等于有序区中气泡的重量，所以整个冒泡排序过程至多需要进行 $n-1$ 趟排序。

若在某一趟排序中未发现气泡位置的交换，则说明待排序的无序区中所有气泡均满足轻者在上，重者在下的原则，因此，冒泡排序过程可在此趟排序后终止。为此，在下面给出的算法中，引入一个布尔量 exchange，在每趟排序开始前，先将其置为 FALSE。若排序过程中发生了交换，则将其置为 TRUE。各趟排序结束时检查 exchange，若未曾发生过交换则终止算法，不再进行下一趟排序。

(2) 具体算法

算法 9.4 冒泡排序算法

```
void BubbleSort(SeqList R)
 {/* R(1,…,n)是待排序的文件,采用自下向上扫描,对 R 做冒泡排序 */
   bool exchange;                          /* 交换标志 */
   for(i = 1;i < n;i++)                    /* 最多做 n - 1 趟排序 */
   { exchange =  false;                    /* 本趟排序开始前,交换标志应为假 */
     for(j = n - 1;j >= i; j -- )          /* 对当前无序区 R[i,…,n]自后向前扫描 */
```

```
        if(R[j+1].key<R[j].key)                  /*交换记录,R[0]做暂存单元*/
        {R[0]=R[j+1];R[j+1]=R[j];R[j]=R[0];
         exchange=true;                          /*发生了交换,故将交换标志置为真*/
        }
      if(!exchange)                              /*本趟排序未发生交换,提前终止算法*/
        return;
    }
  }
```

例 9.1 设有一组关键字[41,52,23,34,15,66,87,78]，这里 $n=8$，对它们进行冒泡排序。排序过程如表 9.6 所示。第 4 趟处理中，关键字进行两两比较，并未发生记录交换，这表明关键字已经有序，因此不必要进行第 5 趟至第 7 趟处理。

表 9.6 冒泡排序过程示例

原序列	41	52	23	34	15	66	87	78
第一趟	[**15**]	41	52	23	34	66	78	87
第二趟	[**15**	**23**]	41	52	34	66	78	87
第三趟	[**15**	**23**	**34**]	41	52	66	78	87
第四趟	[**15**	**23**	**34**]	41	52	66	78	87

4. 算法分析

算法的最好时间复杂度。若文件的初始状态是正序的，一趟扫描即可完成排序。所需的关键字比较次数 C 和记录移动次数 M 均达到最小值：

$$C_{\min}=n-1,\quad M_{\min}=0$$

冒泡排序最好的时间复杂度为 $O(n)$。

在最坏情况下，即初始文件是反序的，需要进行 $n-1$ 趟排序。每趟排序要进行 $n-i$ 次关键字的比较($1\leqslant i\leqslant n-1$)，且每次比较都必须移动记录三次来达到交换记录位置。在这种情况下，比较和移动次数均达到最大值：

$$C_{\max}=n(n-1)/2=O(n^2),\quad M_{\max}=3n(n-1)/2=O(n^2)$$

冒泡排序的最坏时间复杂度为 $O(n^2)$。

平均而言，虽然冒泡排序不一定要进行 $n-1$ 趟，但由于它的记录移动次数较多，故平均时间性能比直接插入排序要差得多。算法的平均时间复杂度为 $O(n^2)$。

冒泡排序是就地排序，它是稳定的。

5. 算法改进

上述的冒泡排序还可做如下的改进：

(1) 记住最后一次交换发生位置 lastExchange 的冒泡排序

在每趟扫描中，记住最后一次交换发生的位置 lastExchange，(该位置之前的相邻记录均已有序)。下一趟排序开始时，R[1,…,lastExchange−1]是有序区，R[lastExchange,…,n]是无序区。这样，一趟排序可能使当前有序区扩充多个记录，从而减少排序的趟数。

(2) 改变扫描方向的冒泡排序

① 冒泡排序的不对称性

只有最轻的气泡位于 $R[n]$的位置，其余的气泡均已排好序，那么也只需一趟扫描就可以完成排序。例 9.2 对初始关键字序列 12,18,42,44,45,67,94,10 就仅需一趟扫描。

当只有最重的气泡位于 $R[1]$的位置，其余的气泡均已排好序时，则仍需做 $n-1$ 趟扫描才能完成排序。例如，对初始关键字序列：94,10,12,18,42,44,45,67 就需 7 趟扫描。

② 造成不对称性的原因

每趟扫描仅能使最重气泡"下沉"一个位置，因此使位于顶端的最重气泡下沉到底部时，需做 $n-1$ 趟扫描。

③ 改进不对称性的方法

在排序过程中交替改变扫描方向，可改进不对称性。

9.3.2 快速排序

就排序时间而言，快速排序被认为是一种最好的内部排序方法。快速排序是 C. R. A. Hoare 于 1962 年提出的一种划分交换排序。它采用了一种分治的策略，通常称其为分治法(Divide-and-Conquer Method)。

1. 算法思想

(1) 分治法的基本思想

分治法的基本思想是：将原问题分解为若干个规模更小但结构与原问题相似的子问题。递归地解这些子问题，然后将这些子问题的解组合为原问题的解。

(2) 快速排序的基本思想

设当前待排序的无序区为 R[low,…,high]，利用分治法可将快速排序的基本思想描述为：

① 分解

在 R[low,…,high]中任选一个记录作为基准(Pivot)，以此基准将当前无序区划分为左、右两个较小的子区间 R[low,…,pivotpos－1)和 R[pivotpos＋1,…,high]，并使左边子区间中所有记录的关键字均小于等于基准记录(不妨记为 pivot)的关键字 pivot.key，右边的子区间中所有记录的关键字均大于等于 pivot.key，而基准记录 pivot 则位于正确的位置(pivotpos)上(即 pivot＝R[pivotpos])，它无需参加后续的排序。

注意：划分的关键是要求出基准记录所在的位置 pivotpos。划分的结果可以简单地表示为：

R[low..pivotpos－1].keys≤R[pivotpos].key≤R[pivotpos＋1,…,high].keys

其中 low≤pivotpos≤high。

② 求解

通过递归调用快速排序对左、右子区间 R[low,…,pivotpos－1]和 R[pivotpos＋1,…,high]快速排序。

③ 组合

因为当"求解"步骤中的两个递归调用结束时，其左、右两个子区间已有序。对快速排序而言，"组合"步骤无需做什么，可看作是空操作。

2. 快速排序示例

例 9.2 设有一组关键字{49,38,65,97,76,13,27,$\underline{49}$}，这里 $n=8$。试用快速排序方法由小到大进行排序。

(1) 分解操作函数 hoare

一趟快速排序的具体过程如下。

第一步：先用两个指针 i、j 分别指向首、尾两个关键字，$i=1$，$j=8$。第一个关键字 49 作为基准(pivot)，该关键字所属的记录另存储在一个 pivot 变量中。

第二步：从文件右端元素 $r[j]$.key 开始与控制字 pivot.key 相比较，当 $r[j]$.key 大于等于 pivot.key 时，$r[j]$不移动，修改 j 指针，j－－，直到 $r[j]$.key＜pivot.key，把记录 $r[j]$ 移到左边 i 所指向的位置。

第三步：修改 i 指针，i＋＋，从 $i+1$ 所指的记录起，自左向右逐一将 $r[i]$.key 与 pivot.key 相比较，当 $r[i]$.key 小于等于 pivot.key 时，$r[i]$不移动，修改 i 指针，i＋＋，直到 $r[i]$.key＞pivot.key，把记录 $r[i]$移到 j 所指向的位置；再修改 j 指针，j－－。

第四步：接着从 $j-1$ 所指的记录重复上面的第二、第三步，直到 $i=j$，此时将 pivot 中的记录放回到 i(或 j)的位置上。

至此将文件分成了左、右两个子区，其具体操作如表 9.7 所示。

表 9.7 快速排序算法示例

49	**38**	**65**	**97**	**76**	**13**	**27**	**$\underline{49}$**	**pivot.key = r[1].key=49**
							↑j	pivot.key=$r[j]$.key，不操作
						↑j		j－－，$r[j]$.key＜pivot.key
27	38	65	97	76	13		$\underline{49}$	将 $r[j]$移到 $r[i]$的位置
	↑i							i＋＋，$r[i]$.key＜pivot.key，不操作
		↑i						i＋＋，此时 $r[i]$.key＞pivot.key
27	38		97	76	13	**65**	$\underline{49}$	将 $r[i]$移到 $r[j]$的位置
					↑j			j－－，$r[j]$.key＜pivot.key
27	38	**13**	97	76		65	$\underline{49}$	将 $r[j]$移到 $r[i]$的位置
			↑i					i＋＋，此时 $r[i]$.key＞pivot.key
27	38	13		76	**97**	65	$\underline{49}$	将 $r[i]$移到 $r[j]$的位置
				↑j				j－－，$r[j]$.key＞pivot.key，不操作
			↑j					j－－，$i=j$，一趟排序结束
[27	38	13]	49	[76	97	65	$\underline{49}$]	一趟排序结果，将 pivot 存入 $r[i]$

这样通过一趟快速排序，基准关键字 49 将原序列分解成了两部分[27 38 13]和[76 97 65 $\underline{49}$]。下面采用递归求解的方法就可完成相应的排序。

表 9.8 快速排序结果图

pivot=27	**[27**	**38**	**13]**	**49**	**[76**	**97**	**65**	**$\underline{49}$]**	**pivot=76**	**第一趟排序的结果**
$r[j]$＜pivot	↑i		↑j		↑i			↑j	$r[j]$＜pivot	
$r[j]$移到 $r[i]$	13	38			**$\underline{49}$**	97	65		$r[j]$移到 $r[i]$	
$r[i]$＞pivot		↑i				↑i			$r[i]$＞pivot	i＋＋

续表

pivot=27	[27	38	13]	49	[76	97	65	49]	pivot=76	第一趟排序的结果
$r[i]$移到$r[j]$	13		**38**		49		65	**97**	$r[i]$移到$r[j]$	
$j--,i=j$		↑j					↑j		$r[j]$<pivot	
	[13	27	38]	49	49	**65**		97	$r[j]$移到$r[i]$	当 $i=j$ 时，把 pivot 的值放到 $r[i]$处
							↑i		$i++,i=j$	
	[13	27	38]	49	[49	65	76	97]		

(2) 递归求解

对(1)中分解得的两个序列[27 38 13]和[76　97　65 49]分别利用(1)的方法递归求解即可，如表 9.8 所示。

排序的中间结果为：

```
[49 38 65 97 76 13 27 49]            //初始关键字
[27 38 13] 49 [76 97 65 49]          //第 1 次划分完成之后，对应递归树第 2 层
[13] 27 [38] 49 [49 65] 76 [97]      //对上一层各无序区划分完成后，对应递归树第 3 层
13 27 38 49 49 [65] 76 97            //对上一层各无序区划分完成后，对应递归树第 4 层
13 27 38 49 49 65 76 97              //最后的排序结果
```

3. 快速排序算法

假设某区段文件，指向第一个记录的指针为 f，指向最后一个记录的指针为 h。则由上述算法思想和过程先得出 hoare(霍尔)算法，后用递归和非递归的方式给出快速排序算法如下：

(1) 分解操作算法

算法 9.5　霍尔排序

```
int hoare(struct node r[MAXSIZE],int f,int h)
{ int i,j,pivot;
  i = f;
  j = h;
  pivot = r[i];
  do
   { while((i<j) && (r[j].key>= pivot.key))   j-- ;
     if (i<j)
       {r[i] = r[j];   i++; }
     while((i<j) && (r[i].key<= pivot.key)) i++;
     if (i = j)
       {r[j] = r[i];j-- ; }
 }while(i<j);
 r[i] = pivot;
 return(i);
}
```

(2) 快速排序的递归算法和非递归算法

算法 9.6 快速排序的非递归算法

```
void quicksort1(struct node r[MAXSIZE], int n)
 {/* int s[n][2];辅助栈 s*/
    int f = 1;h = n;tag = 1;top = 0;
    do {
      if(f < h)
        { i = hoare(r,f,h);
          top++;
          s[top][0] = i + 1;
          s[top][1] = h;
          h= i - 1;
        }
      else
        {  l = s[top][0];
          h = s[top][1];
          top -- ;
        }
    }while(tag == 1);
}
```

算法 9.7 快速排序的递归算法

```
void quicksort2(struct node r, intf, int h)
{   if(f < h)
    {i = hoare(r,f,h);                     /* 划分两个区 */
     quicksort2(r,f,i - 1);                /* 对左分区快速排序 */
     quicksort2(r,i + 1,h);                /* 对右分区快速排序 */
    }
}
```

4. 算法分析

快速排序的时间主要耗费在划分操作上，对长度为 k 的区间进行划分，共需 $k-1$ 次关键字的比较。

(1) 算法的时间复杂度

最坏情况是每次划分选取的基准都是当前无序区中关键字最小(或最大)的记录，划分的结果是基准左边的子区间为空(或右边的子区间为空)，而划分所得的另一个非空的子区间中记录数目，仅仅比划分前的无序区中记录个数减少一个。

因此，快速排序必须做 $n-1$ 次划分，第 i 次划分开始时区间长度为 $n-i+1$，所需的比较次数为 $n-i(1 \leqslant i \leqslant n-1)$，故总的比较次数达到最大值：

$$C_{\max} = n(n-1)/2 = O(n^2)$$

如果按上面给出的划分算法，每次取当前无序区的第 1 个记录为基准，那么当文件的记录已按递增序(或递减序)排列时，每次划分所取的基准就是当前无序区中关键字最小(或最大)的记录，则快速排序所需的比较次数反而最多。

在最好情况下，每次划分所取的基准都是当前无序区的“中值”记录，划分的结果是基准的左、右两个无序子区间的长度大致相等。总的关键字比较次数：$O(n\log_2 n)$。

注意：用递归树来分析最好情况下的比较次数更简单。因为每次划分后左、右子区间长度大致相等，故递归树的高度为 $O(\log_2 n)$，而递归树每一层上各结点所对应的划分过程中所需要的关键字比较次数总和不超过 n，故整个排序过程所需要的关键字比较总次数 $C(n)=O(n\log_2 n)$。

因为快速排序的记录移动次数不大于比较的次数，所以快速排序的最坏时间复杂度应为 $O(n^2)$，最好时间复杂度为 $O(n\log_2 n)$。

尽管快速排序的最坏时间为 $O(n^2)$，但就平均性能而言，它是基于关键字比较的内部排序算法中速度最快者，快速排序亦因此而得名。它的平均时间复杂度为 $O(n\log_2 n)$。

(2) 空间复杂度

快速排序在系统内部需要一个栈来实现递归。若每次划分较为均匀，则其递归树的高度为 $O(\log_2 n)$，故递归后需栈空间为 $O(\log_2 n)$。最坏情况下，递归树的高度为 $O(n)$，所需的栈空间为 $O(n)$。

(3) 基准关键字的选取

在当前无序区中选取划分的基准关键字是决定算法性能的关键。

① "三者取中"的规则

"三者取中"规则，即在当前区间里，将该区间首、尾和中间位置上的关键字比较，取三者之中值所对应的记录作为基准，在划分开始前将该基准记录和该区间的第 1 个记录进行交换，此后的划分过程与上面所给的 Partition 算法完全相同。

② 取位于 low 和 high 之间的随机数 $k(\text{low}\leqslant k\leqslant\text{high})$，用 $R[k]$ 作为基准

选取基准最好的方法是用一个随机函数产生一个位于 low 和 high 之间的随机数 $k(\text{low}\leqslant k\leqslant\text{high})$，用 $R[k]$ 作为基准，这相当于强迫 $R[\text{low},\cdots,\text{high}]$ 中的记录是随机分布的。用此方法所得到的快速排序一般称为随机的快速排序。

注意：随机化的快速排序与一般的快速排序算法差别很小。但随机化后，算法的性能大大地提高了，尤其是对初始有序的文件，一般不可能导致最坏情况的发生。算法的随机化不仅仅适用于快速排序，也适用于其他需要数据随机分布的算法。

快速排序是不稳定的。

9.4 选择排序

选择排序(Selection Sort)的基本思想是：每一趟从待排序的记录中选出关键字最小的记录，顺序放在已排好序的子文件的最后，直到全部记录排序完毕。即每一趟（例如第 i 趟，$i=0,1,\cdots,n-2$）在后面 $n-i$ 个待排序记录中选出排序码最小的记录，作为有序序列中的第 i 个记录。待到第 $n-2$ 趟做完，待排序记录只剩下 1 个，就不用再选了。

常用的选择排序方法有直接选择排序和堆排序。

9.4.1 直接选择排序

直接选择排序(Straight Selection Sort)是一种简单直观的排序方法，它的做法是：首先从待排序的所有记录中，选取关键字最小的记录，把它与第一个记录交换，然后在其余的记

录中再选出关键字最小的记录与第二个记录交换，如此重复下去，直到所有记录排序完成。

1. 直接选择排序的基本思想

n 个记录的文件的直接选择排序可经过 $n-1$ 趟直接选择排序得到有序结果。

① 初始状态：无序区为 $R[1,\cdots,n]$，有序区为空。

② 第 1 趟排序

在无序区 $R[1,\cdots,n]$中选出关键字最小的记录 $R[k]$，将它与无序区的第 1 个记录$R[1]$交换，使 $R[1,\cdots,1]$和 $R[2,\cdots,n]$分别变为记录个数增加 1 个的新有序区和记录个数减少 1 个的新无序区。

③ 第 i 趟排序

第 i 趟排序开始时，当前有序区和无序区分别为 $R[1,\cdots,i-1]$和 $R[i,\cdots,n]$($1\leqslant i\leqslant n-1$)。该趟排序从当前无序区中选出关键字最小的记录 $R[k]$，将它与无序区的第 1 个记录 $R[i]$交换，使 $R[1,\cdots,i]$和 $R[i+1,\cdots,n]$分别变为记录个数增加 1 个的新有序区和记录个数减少 1 个的新无序区。

这样，n 个记录的文件的直接选择排序可经过 $n-1$ 趟直接选择排序得到有序结果。

2. 直接选择排序的过程

对初始关键字为{19、23、37、23、16、08}的文件进行直接选择排序的过程见表 9.9。

表 9.9 直接选择排序示例

	0	**1**	**2**	**3**	**4**	**5**	
初始	19	23	37	23 *	16	08	
$i=0$	**08**	23	37	23 *	16	**19**	选出最小者 08，交换 19 和 08
$i=1$	08	**16**	37	23 *	23	19	选出剩下的最小者 16，交换 23 和 16
$i=2$	08	16	**19**	23 *	23	**37**	选出剩下的最小者 19，交换 37 和 19
$i=3$	08	16	19	**23 ***	23	37	23 * =23 *，不交换
$i=4$	08	16	19	23 *	**23**	37	23=23，不交换，无序区记录数为 1，排序结束
							23 和 23 * 交换了位置，所以直接选择排序算法不稳定

3. 算法描述

算法 9.8 直接选择排序算法

```
void SelectSort (RecType R[ ], int n)
{int i,j,k;
 for(i = 1;i < n;i++)                  /* 做第 i 趟排序(1≤i≤n-1) */
   {k = i;
     for(j = i + 1;j <= n;j++)         /* 在当前无序区 R[i, …,n]中选 key 最小的记录 R[k] */
       if(R[j].key < R[k].key)
         k = j;                        /* k 记下目前找到的最小关键字所在的位置 */
       if(k!= i)                       /* 交换 R[i]和 R[k] */
         { R[0] = R[i];
           R[i] = R[k];
           R[k] = R[0];                /* R[0]作暂存单元 */
         }/* endif */
     }
}
```

4. 算法分析

(1) 关键字比较次数

直接选择排序的排序码比较次数与对象的初始排列无关,设整个待排序对象序列有 n 个对象,则在第 i 趟排序中选出最小关键字的记录,需做 $n-i$ 次比较,因此,总的比较次数为:

$$(n-1)+(n-2)+\cdots+2+1+0=n(n-1)/2=O(n^2)$$

(2) 记录的移动次数

对象的移动次数与对象序列的初始排列有关。当这组对象的初始状态是按其关键字从小到大有序(正序)的时候,对象的移动次数 $R_{\min}=0$,达到最少。

文件初态为反序时,每趟排序均要执行交换操作,总的移动次数取最大值 $3(n-1)$。

直接选择排序的平均时间复杂度为 $O(n^2)$。

(3) 稳定性分析

根据上面直接选择排序的过程可知,直接选择排序是不稳定的。

9.4.2 堆排序

堆排序(Heap Sort)是利用堆树(Heap Tree)来进行排序的一种方法,1964 年由威洛姆斯(J. Willioms)提出。

1. 堆树和堆的定义

堆树是一种特殊的二叉树,其具备如下特征:

(1) 堆树是一棵完全二叉树;

(2) 每一个结点的值都小于或等于它的两个子结点的值,即:$k_i \leqslant k_{2i}$ 且 $k_i \leqslant k_{2i+1}$ $(1 \leqslant i \leqslant \lfloor n/2 \rfloor)$;

(3) 树根的值是堆树中最小的。

这是一个上小、底大的堆,也称为小根堆。若是一个上大、底小的堆,只需把"≤"改为"≥"即可。

堆是一种数据元素之间的逻辑关系,常用数组做存储结构。对于第 6 章中介绍的满二叉树,当对它的结点由上而下,自左至右编号之后,编号为 i 的结点是编号为 $2i$ 和 $2i+1$ 结点的双亲。反过来讲,结点 $2i$ 是结点 i 的左孩子,结点 $2i+1$ 是结点 i 的右孩子。图 9.1 表示完全二叉树和它在向量中的存储状态。结点编号对应向量中的下标号。

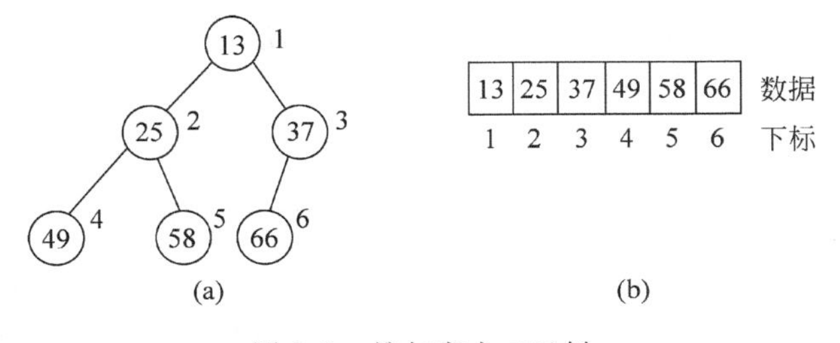

图 9.1　堆与完全二叉树

根据以上堆树的定义，如图 9.2 中图 9.2(a)、图 9.2(c)是堆，图 9.2(b)、图 9.2(d)不是堆。

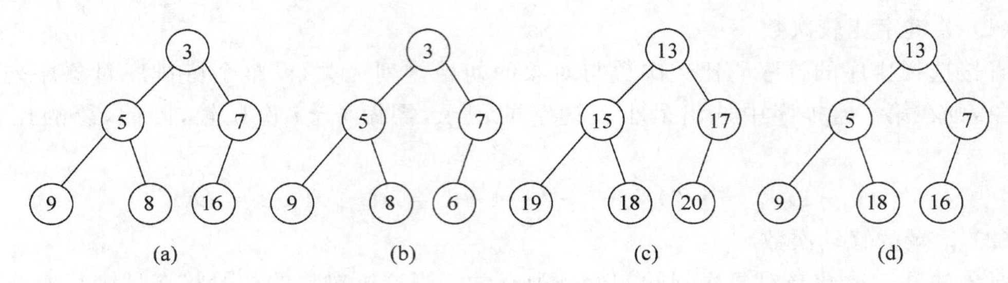

图 9.2 堆与非堆

2. 堆排序特点

堆排序(Heap Sort)是一树形选择排序。

堆排序的特点是：在排序过程中，将 $R[l,\cdots,n]$看成是一棵完全二叉树的顺序存储结构，利用完全二叉树中双亲结点和孩子结点之间的内在关系，在当前无序区中选择关键字最小的记录。

3. 堆排序的思路

由于堆树是一棵完全二叉树，所以可把用数组来存储的待排序数据，转换成一个完全二叉树，再将完全二叉树转换为堆树，通过堆树进行排序。其中主要用到了两个关键步骤：堆的建立和堆的排序。

(1) 堆的建立。从堆的定义出发，当 $i=1,2,\cdots,\lfloor n/2\rfloor$时应满足 $k_i\leqslant k_{2i}$ 和 $k_i\leqslant k_{2i+1}$。所以先取 $i=\lfloor n/2\rfloor$(它一定是第 n 个结点双亲的编号)，将以 i 结点为根的子树调整为堆；然后令 $i=i-1$，再将以 i 结点为根的子树调整为堆。此时可能会反复调整某些结点，直到 $i=1$ 为止，堆初步建成。

(2) 堆排序。首先输出堆顶元素(一般是最小值)，让堆中最后一个元素上移到原堆顶位置，然后再调整恢复堆。因为经过第一步输出堆顶元素的操作后，往往破坏了堆关系，所以要调整堆。重复执行输出堆顶元素、堆尾元素上移和调整堆的步骤，直到全部元素输出完为止。

4. 堆排序过程示例

例 9.3 设有 n 个记录($n=8$)的关键字是{76,15,8,92,23,71,39,60}，试对它们进行堆排序。

(1)

位置(i)	1	2	3	4	5	6	7	8
一维数组中的数据	76	15	8	92	23	71	39	60

对于任一位置，若父结点的位置为 i，则它的两个子结点分别位于 $2i$ 和 $2i+1$。所以，数组中的数据可画出如图 9.3(a)所示的完全二叉树。

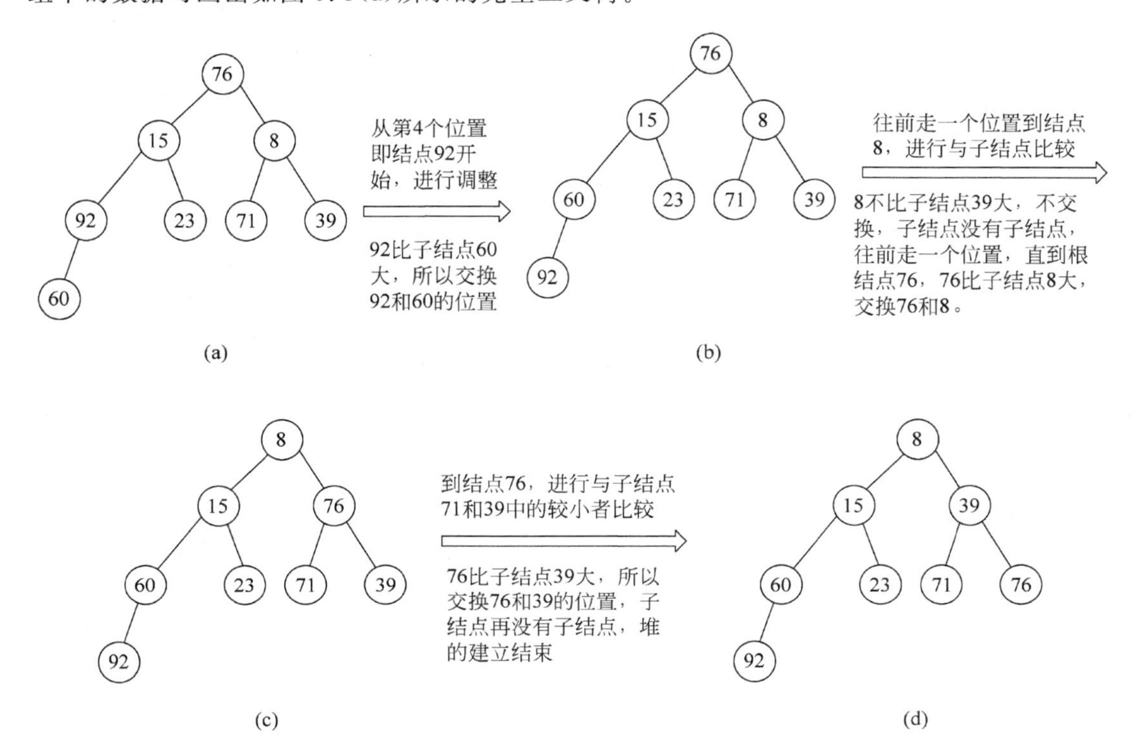

图 9.3 完全二叉树(a)与堆的建立(a)～(d)

(2) 堆的建立过程

第一步：从数组中间($\lfloor n/2 \rfloor$)(它一定是第 n 个结点双亲的编号)开始调整，因为 $n=8$，所以从 $i=4$ 开始调整，见图 9.3。

第二步：找出此父结点中的两个子结点的较小者，再与父结点比较，若父结点大，则交换。然后以交换后的子结点，作为新的父结点，重复此步骤，直到某一层结点没有子结点。

第三步：从第二步中原来的父结点的位置往前推一个位置，作为新的父结点。重复第二步，直到树根为止。

整个堆的建立过程如图 9.3(a)～图 9.3(d)。

(3) 堆的排序

堆排序要解决的一个问题是：输出堆的堆顶元素后，怎样调整剩余的 $n-1$ 个元素，使其按关键字成为一个新堆？

这是一个反复输出堆顶元素，将堆尾元素移至堆顶，再调整恢复堆的过程。恢复堆的过程与初建堆中 $i=1$ 时所进行的操作完全相同。请注意：每输出一次堆顶元素，堆尾的逻辑位置退 1，直到堆中剩下一个元素为止。

排序过程如图 9.4 所示。输出序列：8 15 23 39 60 71 76 92。

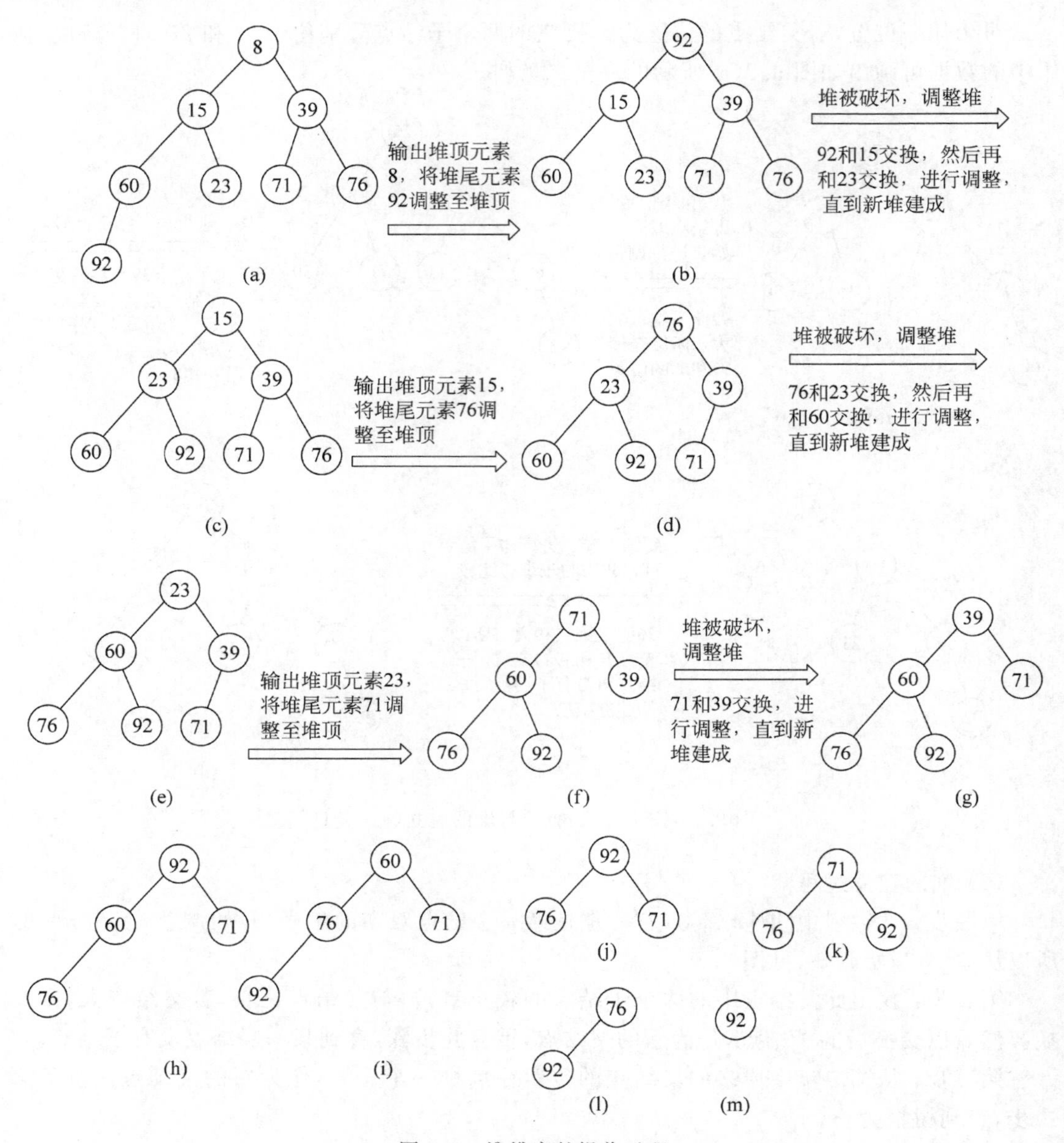

图 9.4　堆排序的操作过程

5．堆排序算法

由上述可知，有一种操作过程(即调整恢复堆)要被多次反复调用，那就是当 i 值确定之后，以 k_i 为比较参照值，与它的左、右孩子的关键字比较和调整，使得以结点 i 为根的子树成为堆，因此把这个堆的建立过程设计成一个函数 heap_create。另外，当然还需再设计一个堆排序算法，使在初建堆阶段，让 i 从 $\lfloor n/2 \rfloor$ 变化到 1，循环调用函数 heap_create。而在堆排序阶段，每输出一次堆顶元素同时将堆尾元素移至堆顶之后，就调用一次 heap_create 函数来调整恢复堆。堆排序算法由函数 heapsort 实现。以编号为 i 的结点为根，调整堆的算法如下：

算法 9.9　堆的建立算法

```
void heap_create(struct node r[MAXSIZE],int i, int m)
{  /* i 是根结点编号, m 是以 i 结点为根的子树的最后一个结点编号 */
   x = r[i];
   j = 2 * i;                /* x 保存根记录内容, j 为左孩子编号 */
   while (j <= m)
   { if (j < m)
       if (r[j].key > r[j + 1].key)
        j++;                 /* 当结点 i 有左、右两个孩子时, j 取关键字较小的孩子结点编号 */
        if (r[j].key < x.key)/* 向下一层探测 */
          { r[i] = r[j];
            i = j;j = 2 * i;
          }
       else j = m + 1;       /* x.key 小于左、右孩子的关键字, 强制使 j > m, 以便结束循环 */
   }
  R[i] = x;
}
```

算法 9.10　堆排序算法

```
void heapsort(struct node r[MAXSIZE],int n)
{ int v;                              /* n 为文件的实际记录数,r[0]没有使用 */
  for(i = n/2;i >= 1;i -- )           /* 循环建立初始堆 */
    heap_create(r,i,n);               /* 初建堆 */
  for (v = n;v >= 2;v -- )
  { printf(" %5d",r[1].key);          /* 输出堆顶元素 */
    x = r[1];
    r[1] = r[v];
    r[v] = x;                         /* 堆顶堆尾元素交换 */
    heap_create(r,1,v - 1);           /* 本次比上次少处理一个记录 */
  }
  printf(" %5d",r[1].key);
}
```

在堆排序图示中，堆越画越小，实际上在 r 数组中堆顶元素输出之后并未删除，而是与堆尾元素对换。由图 9.4 可知输出的是一个由小到大的升序序列，而最后 r 数组中记录的关键字从 $r[1]$.key 到 $r[n]$.key 是一个由大到小的降序序列。堆排序中 heap_create 算法的时间复杂度与堆所对应的完全二叉树的树深$\lfloor \log_2 n \rfloor+1$ 相关。而 heapsort 中对 heap_create 的调用数量级为 n，所以整个堆排序的时间复杂度为 $O(n\log_2 n)$。在内存空间占用方面，基本没有额外的辅助空间，仅有一个 x。

6. 算法分析

堆排序的时间，主要由建立初始堆和反复重建堆这两部分的时间开销构成，它们均是通过调用 heap_create 来实现的。

堆排序的最坏时间复杂度为 $O(n\log_2 n)$。堆排序的平均性能较接近于最坏性能。

由于建初始堆所需的比较次数较多，所以堆排序不适用于记录数较少的文件。

堆排序是就地排序，辅助空间为 $O(1)$。

堆排序方法是不稳定的排序方法，为什么？这留给大家去思考。

7. 堆排序与直接插入排序的区别

直接选择排序中，为了从 $R[1,\cdots,n]$ 中选出关键字最小的记录，必须进行 $n-1$ 次比较，然后在 $R[2,\cdots,n]$ 中选出关键字最小的记录，又需要做 $n-2$ 次比较。事实上，后面的 $n-2$ 次比较中，有许多比较可能在前面的 $n-1$ 次比较中已经做过，但由于前一趟排序时未保留这些比较结果，所以后一趟排序时又重复执行了这些比较操作。

堆排序可通过树形结构保存部分比较结果，可减少比较次数。

9.5 归并排序

归并排序(Merge Sort)是一类与插入排序、交换排序、选择排序不同的排序方法。归并的含义是将两个或两个以上的有序表合并成一个新的有序表。归并排序有多路归并排序和两路归并排序；可用于内排序，也可以用于外排序。这里仅对内排序的两路归并方法进行讨论。在 9.8 节的外排序中，我们再讨论多路归并排序的外部排序描述。

归并排序的问题可以看作是：将一个问题分解成两个或更多个规模更小但却截然不同的问题，分别解决每个新问题，再将它们的解法组合起来解决原问题，这样的策略称为是一种分治法(Divide and Conquer)的算法。也就是说，将问题分割成若干部分，分别对每一部分求解，从而得到整个解。

1. 两路归并排序

两路归并(2-way Merging)原始序列 initList[ ]中两个有序表 $R[l]\cdots R[m]$ 和 $R[m+1]\cdots R[n]$，它们存放在同一数组中相邻的位置上，它们可归并成一个有序表，存于另一对象序列 R1 中，待合并完成后将 R1 复制回 R 中。为了简便，称 $R[l]\cdots R[m]$ 为第一段，$R[m+1]\cdots R[n]$ 为第二段。每次从两个段中取出一个记录进行关键字的比较，将小者放入 R1 中，直到其中一段记录关键字被取完为止，最后将另一段中余下的部分直接复制到 R1 中，这样 R1 就是一个有序表，再将其复制回 R 中。对于任意一个无序的初始关键字序列来说，也可按照如下思路来完成：

(1) 把 n 个记录看成 n 个长度为 l 的有序子表；

(2) 进行两两归并使记录关键字有序，得到 $\lfloor n/2 \rfloor$ 个长度为 2 的有序子表；

(3) 重复第(2)步，直到所有记录归并成一个长度为 n 的有序表为止。

2. 两路归并操作过程

例 9.4 设有一组关键字{3,6,4,2,5,8,1,7}，$n=8$，将其按由小到大的顺序排序。两路归并排序操作过程如下所示，其中 l 为子表长度。

初始	[3]	[6]	[4]	[2]	[5]	[8]	[1]	[7]	$l=1$
第 1 趟	[3	6]	[2	4]	[5	8]	[1	7]	$l=2$
第 2 趟	[2	3	4	6]	[1	5	7	8]	$l=4$
第 3 趟	[1	2	3	4	5	6	7	8]	$l=n=8$

例 9.5 设有一初始关键字序列{16,20,44,20,88,57,75,13,40,19,51},将其按由小到大的顺序排序。两路归并排序操作过程如表 9.10 所示,其中 len 为子表长度。

表 9.10 两路归并算法操作过程示例

16	20	44	20 *	88	57	75	13	40	19	51	len=1
16	20	20 *	44	57	88	13	75	19	40	51	len=2
16	20	20 *	44	13	57	75	88	19	40	51	len=4
13	16	20	20 *	44	57	75	88	19	40	51	len=8
13	16	19	20	20 *	40	44	51	57	75	88	len=16

3. 两路归并算法

本算法的实现包括两个过程:合并和动态申请 $R1$ 存储空间的过程。

(1) 合并过程

合并过程中,设置 i,j 和 k 三个指针,其初值分别指向这三个记录区的起始位置,即 $R[i]$、$R[j]$和 $R1[k]$。合并时依次比较 $R[i]$和 $R[j]$的关键字,取关键字较小的记录复制到 $R1[k]$中,然后将被复制记录的指针 i 或 j 加 1,以及指向复制位置的指针 k 加 1。

重复这一过程直至两个输入的子文件有一个已全部复制完毕(不妨称其为空),此时将另一非空的子文件中剩余记录依次复制到 $R1$ 中即可,如图 9.5 所示。

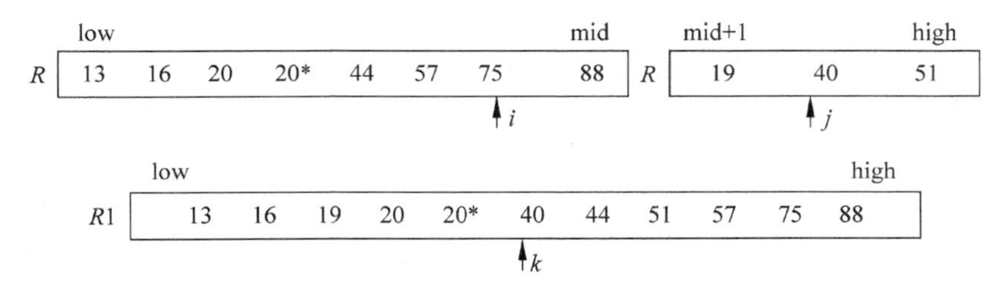

图 9.5 两路归并过程

(2) 动态申请 $R1$

实现时,$R1$ 是动态申请的,因为申请的空间可能很大,故需加入申请空间是否成功的处理。

(3) 归并算法的实现

根据以上的算法实现思想,我们可得出归并算法如下:

算法 9.11 归并算法

```
void Merge(SeqList R,int low,int m,int high)
  {/* 将两个有序的子文件 R[low, …,m)和 R[m+1, …,high]归并成一个有序的子文件 R[low…high] */
    int i=low,j=m+1,p=0;                /* 置初始值 */
    RecType *R1;                        /* R1 是局部向量,若 p 定义为此类型指针速度更快 */
    R1=(RecType *)malloc((high-low+1)*sizeof(RecType));
    if(! R1)                            /* 申请空间失败 */
        printf("Error:Insufficient memory available!");
    while(i<=m&&j<=high)                /* 两子文件非空时取其小者输出到 R1[p]上 */
```

```
        R1[p++] = (R[i].key <= R[j].key)?R[i++]: R[j++];
    while(i <= m)                       /* 若第 1 个子文件非空,则复制剩余记录到 R1 中 */
        R1[p++] = R[i++];
    while(j <= high)                    /* 若第 2 个子文件非空,则复制剩余记录到 R1 中 */
        R1[p++] = R[j++];
    for(p = 0, i = low; i <= high; p++, i++)
        R[i] = R1[p];                   /* 归并完成后将结果复制回 R[low, …, high] */
    }
```

4. 归并排序

归并排序有两种实现方法：自底向上和自顶向下。

(1) 自底向上的方法

① 自底向上的基本思想

自底向上的基本思想是：第 1 趟归并排序时，将待排序的文件 $R[1,\cdots,n]$ 看作是 n 个长度为 1 的有序子文件，将这些子文件两两归并，若 n 为偶数，则得到 $\lceil n/2 \rceil$ 个长度为 2 的有序子文件；若 n 为奇数，则最后一个子文件轮空（不参与归并）。故本趟归并完成后，前 $\lceil \lg n \rceil$ 个有序子文件长度为 2，但最后一个子文件长度仍为 1；第 2 趟归并则是将第 1 趟归并所得到的 $\lceil \lg n \rceil$ 个有序的子文件两两归并，如此反复，直到最后得到一个长度为 n 的有序文件为止。

上述的每次归并操作，均是将两个有序的子文件合并成一个有序的子文件，故称其为“二路归并排序”。类似地有 $k(k>2)$ 路归并排序。

② 一趟归并算法

分析：

在某趟归并中，设各子文件长度为 length（最后一个子文件的长度可能小于 length），则归并前 $R[1,\cdots,n]$ 中共有 $\lceil \lg n \rceil$ 个有序的子文件：$R[1,\cdots,\text{length}]$，$R[\text{length}+1,\cdots,2\text{length}]$，$\cdots$，$R[(\lceil n/\text{length} \rceil-1)*\text{length}+1,\cdots,n]$。

注意：调用归并操作将相邻的一对子文件进行归并时，必须对子文件的个数可能是奇数以及最后一个子文件的长度小于 length 这两种特殊情况进行特殊处理：

第一，若子文件个数为奇数，则最后一个子文件无需和其他子文件归并（即本趟轮空）；

第二，若子文件个数为偶数，则要注意最后一对子文件中后一子文件的区间上界是 n。

算法 9.12 一趟归并算法

```
void MergePass(SeqList R, int length)
{/* 对 R[1, …, n]做一趟归并排序 */
  int i;
  for(i = 1; i + 2 * length - 1 <= n; i = i + 2 * length)  /* 归并长度为 length 的两个相邻子文件 */
      Merge(R, i, i + length - 1, i + 2 * length - 1);
  if(i + length - 1 < n)                    /* 尚有两个子文件,其中后一个长度小于 length */
      Merge(R, i, i + length - 1, n);        /* 归并最后两个子文件 */
      /* 注意: 若 i≤n 且 i + length - 1≥n 时,则剩余一个子文件轮空,无需归并 */
}
```

③ 二路归并排序算法

算法 9.13 二路归并算法

```
void MergeSort(SeqList R)
{/*采用自底向上的方法,对 R[1,…,n]进行二路归并排序*/
int length;
  for(length=1; length<n; length*=2)/*做⌈lgn⌉趟归并*/
      MergePass(R,length);                /*有序段长度≥n时终止*/
}
```

注意：自底向上的归并排序算法虽然效率较高,但可读性较差。

(2) 自顶向下的方法

采用分治法进行自顶向下的算法设计,形式更为简洁。

① 分治法的三个步骤

设归并排序的当前区间是 $R[low,\cdots,high]$,分治法的三个步骤是：

第一步：分解。将当前区间一分为二,即求分裂点 mid：

```
mid=⌊(low+high)/2⌋
```

第二步：求解。递归地对两个子区间 $R[low,\cdots,mid]$和 $R[mid+1,\cdots,high]$进行归并排序；

第三步：组合。将已排序的两个子区间 $R[low,\cdots,mid]$和 $R[mid+1,\cdots,high]$归并为一个有序的区间 $R[low,\cdots,high]$。

递归的终结条件：子区间长度为 1(一个记录自然有序)。

② 具体算法

算法 9.14 归并排序算法

```
void MergeSortDC(SeqList R,int low,int high)
  {    /*用分治法对 R[low,…,high]进行二路归并排序*/
        int mid;
        if(low<high)
         {/*区间长度大于1*/
           mid=(low+high)/2;               /*分解*/
           MergeSortDC(R,low,mid);         /*递归地对 R[low,…,mid]排序*/
           MergeSortDC(R,mid+1,high);      /*递归地对 R[mid+1,…,high]排序*/
           Merge(R,low,mid,high);          /*组合,将两个有序区归并为一个有序区*/
         }
  }
```

5. 算法分析

可用顺序存储结构。也易于在链表上实现。

对长度为 n 的文件,需进行$\lfloor \lg n \rfloor$趟二路归并,每趟归并的时间为 $O(n)$,故其时间复杂度无论是在最好情况下还是在最坏情况下均是 $O(n\lg n)$。

需要一个辅助向量来暂存两有序子文件归并的结果,故其辅助空间复杂度为 $O(n)$,显然它不是就地排序。

由归并算法的示例过程可知，归并排序是一种稳定的排序。

9.6 基数排序

基数排序（Radix Sort）是与前面所介绍的各类排序方法完全不同的一种排序方法。前几节所介绍的排序方法主要是通过比较记录的关键字来实现的，基数排序法不必经过关键字的比较来实现排序，而是根据关键字每个位上的有效数字的值，借助于“分配”和“收集”两种操作来实现排序的，是一种借助于多关键字排序的思想对单关键字排序的方法。

9.6.1 基数排序的概念

1. 单关键字和多关键字

文件中任一记录 $R[i]$ 的关键字均由 d 个分量 $k_i^0k_i^1\cdots k_i^{d-1}$ 构成。

若这 d 个分量中每个分量都是一个独立的关键字，则文件是多关键字的（如扑克牌有两个关键字：点数和花色）；否则文件是单关键字的，$k_j^i(0\leqslant j<d)$ 只不过是关键字中的一位（如字符串、十进制整数等）。

多关键字中的每个关键字的取值范围一般不同。如扑克牌的花色取值只有 4 种，而点数则有 13 种。单关键字中的每位一般取值范围相同。

2. 基数

设单关键字的每个分量的取值范围均是：

$$C_0 \leqslant k_j \leqslant C_{rd-1}(0 \leqslant j < d)$$

可能的取值个数 rd 称为基数。

基数的选择和关键字的分解因关键字的类型而异：

(1) 若关键字是十进制整数，则按个、十等位进行分解，基数 $rd=10$，$C_0=0$，$C_9=9$，d 为最长整数的位数；

(2) 若关键字是小写的英文字符串，则 $rd=26$，$C_0='a'$，$C_{25}='z'$，d 为字符串的最大长度。

3. 分配和收集

在排序的过程中，使用 r 个队列 $Q_0,Q_1,Q_2,\cdots,Q_{r-1}$，对 $i=0,1,2,\cdots,d-1$，依次做一次“分配”和“收集”（其实就是一次稳定的排序过程）。分配和收集的概念如下。

开始时，把 $Q_0,Q_1,Q_2,\cdots,Q_{r-1}$ 各个队列置成空队列，然后依次考查线性表中的每个点 $a_j(j=0,1,2,\cdots,n-1)$，如果 a_j 的关键字 $k_j^i=k$，就把 a_j 放进 Q_k 队列中。这个过程称为分配。

把 $Q_0,Q_1,Q_2,\cdots,Q_{r-1}$ 各个队列中的结点依次首尾相接，得到新的结点序列，从而组成新的线性表。这个过程称为收集。

9.6.2 基数排序的方法

1. 多关键字排序

设一个文件记录中有多个关键字，对这个文件记录进行排序，就称为多关键字排序。

例 9.6 对 52 张扑克牌按以下次序排序：

♣2＜♣3＜…＜♣A＜♦2＜♦3＜…＜♦A＜♥2＜♥3＜…＜♥A＜♠2＜♠3＜…＜♠A

两个关键字：花色（♣＜♦＜♥＜♠）

面值（2＜3＜…＜A）

并且“花色”地位高于“面值”。

2. 基数排序方法

基数排序方法一般都是指多关键字排序方法，它有两类：最高位优先法和最低位优先法。

(1) 最高位优先法(MSD)

先对最高位关键字 k_1（如花色）排序，将序列分成若干子序列，每个子序列有相同的 k_1 值；然后让每个子序列对次关键字 k_2（如面值）排序，又分成若干更小的子序列；依次重复，直至就每个子序列对最低位关键字 k_d 排序；最后将所有子序列依次连接在一起成为一个有序序列。

(2) 最低位优先法(LSD)

从最低位关键字 k_d 起进行排序，然后再对高一位的关键字排序，……依次重复，直至对最高位关键字 k_1 排序后，便成为一个有序序列。

3. 链式基数排序方法

从上面所给的概念，我们知道，基数排序就是指借助“分配”和“收集”对单逻辑关键字进行排序的一种方法，而链式基数排序则是指用链表作存储结构的基数排序。

设置 10 个队列，$f[i]$和 $e[i]$分别为第 i 个队列的头指针和尾指针：

第一趟分配对最低位关键字（个位）进行，改变记录的指针值，将链表中记录分配至 10 个链队列中，每个队列记录的关键字的个位相同。

第一趟收集是改变所有非空队列的队尾记录的指针域，令其指向下一个非空队列的队头记录，重新将 10 个队列链成一个链表。

重复上述两步，进行第二趟、第三趟分配和收集，分别对十位、百位进行，最后得到一个有序序列。

例 9.7 设有一组关键字{378，206，053，910，586，284，305，356，080，083}进行基数排序的过程如下：

初始状态：378→206→053→910→586→284→305→356→080→183

第一趟：首先，将初始状态中记录按个位数分配到编号从 0 到 9 的 10 个子链表中。分配时，按照初始状态的顺序先选择个位数为 0 的数，若个位数为 0 的数有多个，则按先后顺序排列在下表中；再将个位数为 1 的数照此方法处理，直到个位数为 9 的数字全部处理完毕，见表 9.11(表 9.11 中的一列代表一个子链表)。

表 9.11

0	1	2	3	4	5	6	7	8	9
910			053	284	305	206		378	
080			183			586			
						356			

然后，将表 9.11 中 10 个数据收集起来，成为一个链表(所谓收集，就是将 10 个数据，按序从左到右(0 号列到 9 号列)，从上到下(同一列中)依次链接起来)。

第一趟收集结果：910→080→053→183→284→305→206→586→356→378。

第二趟：首先，根据第一趟收集结果，将其记录按十位数分配到编号从 0 到 9 的 10 个子链表中。分配结果见表 9.12。

表 9.12

0	1	2	3	4	5	6	7	8	9
305	910				053		378	080	
206					356			183	
								284	
								586	

然后，将表 9.12 中 10 个数据收集起来，成为一个链表。

第二趟收集结果：305→206→910→053→356→378→080→183→284→586。

第三趟：首先，根据第二趟收集结果，将其记录按百位数分配到编号从 0 到 9 的 10 个子链表中。分配结果见表 9.13。

表 9.13

0	1	2	3	4	5	6	7	8	9
053	183	206	305		586				910
080		284	356						
			378						

然后，将表 9.13 中 10 个数据收集起来，成为一个链表。

第三趟收集结果：053→080→183→206→284→305→356→378→586→910。

从而实现了对关键字的排序。

从上面的过程可知，一趟分配过程是按每个关键字的个位有效数字将它们分配到相应的队列中。例如，关键字 206、586、356 都分配到了 6 号队列中。一趟收集是将 6 个非空子链表(0 号，3 号，4 号，5 号，6 号，8 号)从左到右，从上到下的顺序收集在一起之后得到的一个新的序列。

二趟分配是按每个关键字十位上的有效数字重新将它们分配到相应的子链表队列中，注意，二趟分配时是在一趟收集的链表的基础上依次取出数据进行分配。例如，依次取出关键字 080、183、284、586 分配到 8 号队列中。然后再次收集，形成二趟收集所示的新的序列。

三趟分配则是按百位上的有效数字分配之后的各子链表队列状态。

三趟收集则是再次收集后的结果，这也是基数排序所得到的最终的有序序列。

上述排序过程是按照最低位优先法进行的，也可以用最高位优先法来进行排序，读者可以自己试试。

9.6.3 基数排序的算法实现

1. 基数排序的基本思想

(1) 第一趟“分配”，根据关键字个位有效数字，把所有记录分配到相应的10个队列中。用 $f[0]$，$e[0]$表示0号队列的头、尾指针，$f[9]$，$e[9]$表示9号队列的头、尾指针。例如，关键字为284的记录就分配到4号队列中。

(2) 第一趟“收集”把所有非空队列(10个队列中可能有空队)按队列号由小到大的顺序头、尾相接，收集成一个新的序列。此序列若观察其关键字的个位，则它是有序的；若观察其关键字的高位，则它尚处于无序状态。

(3) 以后各趟分别根据关键字的十位、百位有效数字重复第(1)、(2)步的“分配”与“收集”操作，最终得到一个按关键字由小到大的序列。

2. 基数排序的类型说明和算法描述

基数排序既要“分配”子链表队列，又要“收集”起来，故适用于链表形式存储。本节不采用动态链表而仍用向量 r 存储(即一维数组)，让每个存放记录的数组元素增加一个指针域，此域为整型，用来存放该记录的下一个相邻记录所在数组元素的下标。这种结构称为静态链表结构。所谓队列的头、尾指针也是整型，它们记下可做某号队列队头或队尾元素的记录在数组 r 中的下标值。记录结构为：

定义 9.2

```
typedef struct node
{ int key;                              /* 关键字域 */
  int oth;                              /* 其他信息域 */
  int point;                            /* 指针域,指向数组元素的下标 */
  }
```

基数排序算法：设 n 个待排序的记录存储在向量 r 中，限定关键字为整型并且有效数字位数 $d<5$；基数显然是10；10个队列的头指针、尾指针分别用向量 f 和 e 来表示，代表头指针的数组元素是 $f[0]$，$f[1]$，…，$f[9]$，代表尾指针的数组元素分别是 $e[0]$，$e[1]$，$e[2]$，…，$e[9]$，则算法描述如下：

算法 9.15 基数排序算法

```
int radixsort(struct node  r[MAXSIZE],int n)
{ int f[10],e[10];
  int i,j;
  for(i = 1;i < n;i++)
    r[i].point = i + 1;
```

```
  r[n].point = 0;p = 1;                    /* 建立静态链表，p 指向链表的第一个元素 */
  for(i = 1;i <= d;i++)                    /* 下面是分配队列 */
  { for(j = 0;j < 10;j++)
     {f[j] = 0;
      e[j] = 0;
     }
     while (p!= 0)
      {
      k = yx(r[p].key,i);                  /* 取关键字倒数第 i 位有效数字 */
     if(f[k] == 0)
     {f[k] = p;                            /* 让头指针指向同一元素 */
      e[k] = p;
     }
     else
      {l = e[k];                           /* 在 k 号队列尾部入队 */
       r[l].point = p;
       e[k] = p;}
     p = r[p].point;                       /* 在 r 向量中，p 指针向后移 */
     }
 /* 下面是收集 */
  j = 0;
  while(f[j] == 0) j++;                    /* 找第一个非空队列 */
  p = f[j];                                /* p 记下队头做收集后的静态链表头指针 */
  t = e[j];
  while (j < 10)
  { j++;
    while ((j < 10) && (f[j] == 0)) j++;
    if(f[j]!= 0)
      {r[t].point = f[j];t = e[j];}        /* 将前边一个非空队列的队尾指针指向现 */
                                           /* 在队头并记下现在队尾位置 */
    r[t].point = 0;                        /* 这是一趟分配与收集之后的链表最后一个元素 */
   }
 }/* for i */
return(p);          /* 基数排序结果 p 指向静态链表的第一个元素，即关键字最小的记录 */
}
```

分离关键字倒数第 i 位有效数字算法：

算法 9.16　基数排序辅助算法

```
int yx(int m,int i)
{ switch (i)
  { case 1:x = m % 10;break;             /* 个位 */
    case 2:x = (m % 100)/10;break;       /* 十位 */
    case 3:x = (m % 1000)/100;break;     /* 百位 */
    case 4:x = (m % 10000)/1000;break;   /* 千位 */
  }
 return(x);
}
```

3. 算法分析

若排序文件不是以数组 R 形式给出，而是以单链表形式给出（此时称为链式的基数排序)，则可通过修改出队和入队函数使表示箱子的链队列无需分配结点空间，而使用原链表的结点空间。入队出队操作亦无需移动记录而仅需修改指针。虽然这样一来节省了一定的时间和空间，但算法要复杂得多，且时空复杂度就其数量级而言并未得到改观。

基数排序的时间是线性的(即 $O(n)$)。

基数排序所需的辅助存储空间为 $O(n+rd)$。

基数排序是稳定的。

9.7 各种内排序算法的性能比较和选择

1. 各种内排序方法的比较

本章前面部分介绍了多种排序方法，现将这些排序方法总结如表 9.14 所示。(说明：$\lg n$ 就是 $\log_2 n$)

表 9.14

排序方法	最好时间	平均时间	最坏情况	辅助空间	稳定性
直接插入排序	$O(n)$	$O(n^2)$	$O(n^2)$	$O(1)$	√
折半插入排序	$O(n)$	$O(n^2)$	$O(n^2)$	$O(1)$	√
希尔排序		$O(n^{1.25})$	$O(n^2)$	$O(1)$	×
冒泡排序	$O(n)$	$O(n^2)$	$O(n^2)$	$O(1)$	√
快速排序	$O(n\log_2 n)$	$O(n\log_2 n)$	$O(n^2)$	$O(\log_2 n)$	×
直接选择排序	$O(n^2)$	$O(n^2)$	$O(n^2)$	$O(1)$	√
堆排序	$O(n\log_2 n)$	$O(n\log_2 n)$	$O(n\log_2 n)$		×
归并排序	$O(n\log_2 n)$	$O(n\log_2 n)$	$O(n\log_2 n)$	$O(n)$	√
基数排序	$O(d(rd+n))$	$O(d(rd+n))$	$O(d(rd+n))$	$O(rd+n)$	√

2. 排序方法的选择

(1) 选择合适的排序方法应考虑的因素

因为不同的排序方法适应不同的应用环境和要求，所以选择合适的排序方法应综合考虑下列因素：

① 待排序的记录数目 n；

② 记录的大小(规模)；

③ 关键字的结构及其初始状态；

④ 对稳定性的要求；

⑤ 语言工具的条件；

⑥ 存储结构；

⑦ 时间和辅助空间复杂度等。

(2) 各种排序方法的选择

① 就平均时间性能而言，快速排序最佳，其所需时间最省，但快速排序在最坏情况下的

时间性能不如堆排序和归并排序。当n较大时，归并排序较堆排序省时间，但归并排序所需的辅助空间最大。

② 简单排序方法中，直接插入排序最简单，当待排序的结点已按键值“基本有序”且n较小时，则应采用直接插入排序或冒泡排序，直接插入排序比冒泡排序更快些，因此经常将直接插入排序和其他的排序方法结合在一起使用。

③ 当n很大且键值位数较小时，采用基数排序较好；而当键值的最高位分布较均匀时，可先按其最高位将待排序结点分成若干子表，而后对各子表进行直接插入排序。

④ 从方法的稳定性来比较，直接插入排序、冒泡排序、归并排序和基数排序是稳定的排序方法；而直接选择排序、希尔排序、堆排序和快速排序都是不稳定的排序方法。

(3) 不同条件下，排序方法的选择

① 若n较小(如$n \leqslant 50$)，可采用直接插入或直接选择排序。

当记录规模较小时，直接插入排序较好；否则因为直接选择移动的记录数少于直接插入，应选直接选择排序为宜。

② 若文件初始状态基本有序(指正序)，则应选用直接插入、冒泡或随机的快速排序为宜。

③ 若n较大，则应采用时间复杂度为$O(n\lg n)$的排序方法：快速排序、堆排序或归并排序。

快速排序是目前基于比较的内部排序中被认为是最好的方法，当待排序的关键字是随机分布时，快速排序的平均时间最短。

堆排序所需的辅助空间少于快速排序，并且不会出现快速排序可能出现的最坏情况。这两种排序都是不稳定的。

若要求排序稳定，则可选用归并排序。但本章介绍的从单个记录起进行两两归并的排序算法并不值得提倡，通常可以将它和直接插入排序结合在一起使用。先利用直接插入排序求得较长的有序子文件，然后再两两归并之。因为直接插入排序是稳定的，所以改进后的归并排序仍是稳定的。

④ 在基于比较的排序方法中，每次比较两个关键字的大小之后，仅仅出现两种可能的转移，因此可以用一棵二叉树来描述比较判定过程。

当文件的n个关键字随机分布时，任何借助于“比较”的排序算法，至少需要$O(n\lg n)$的时间。

⑤ 若n很大，记录的关键字位数较少且可以分解时，采用基数排序较好。

9.8 外排序

本节前面讨论的排序方法统称为内部排序。整个排序过程中不涉及数据的内外存交换，待排序的记录存放在内存储器中。本节我们介绍大型文件的排序技术。由于文件很大，无法把整个文件的所有记录同时调入内存中进行排序，即无法进行内排序，从而需要研究外存设备上(文件)的排序技术，称这种排序为外排序。

外部排序是指对大型文件的排序，其基本处理过程是：首先，按照内存可以使用的存储空间的大小，将外存上含有n个记录的文件分成若干个内存可以容纳的子文件，依次读入内存，利用有效的内部排序的方法对它们进行排序，并将排序后得到的有序子文件重新写入外存，通常称这些有序子文件为初始归并段。然后，对这些初始归并段进行逐趟归并，每一趟归并又会形成一些新的归并段，从而使归并段的个数逐趟减少，而每一个归并段中的记录数逐趟增加，直至最后得到一个完整的有序文件。从上述处理过程可见，外部排序的过程可分为两个相对独立的阶段。第一个阶段是分段进行内部排序生成初始归并段的过程，第二个阶段是对初始归并段进行归并的过程。

假设有一个含有 10 000 个记录的文件，首先通过 10 次内部排序得到 10 个初始归并段 F1～F10，其中每个归并段都有 1000 个记录。然后对它们作如图 9.6 所示的两两归并过程，直至得到一个有序文件为止。

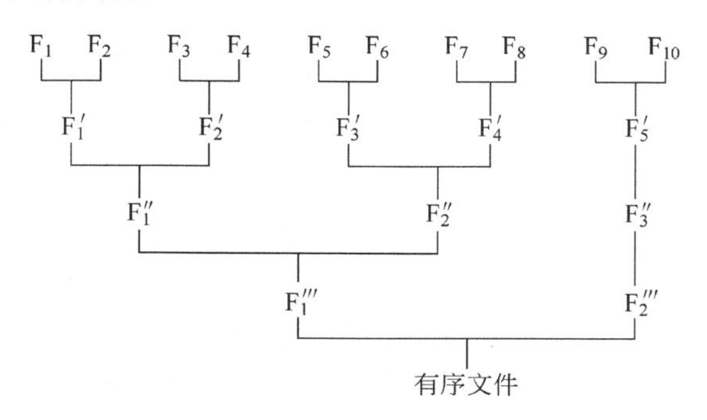

图 9.6　2 路归并过程示例

由图 9.6 可见，由 10 个初始归并段进行 2 路归并，直至最后得到一个有序文件共进行了四趟归并，也就是说要启动外存进行八次读写，而访问外存所需的时间比访问内存所需的时间要多得多。由此可见，提高外部排序时间执行效率的有效的措施是减少归并的趟数，而要减少归并的趟数就要增加归并的路数，因此，采用多路平衡归并可大大提高外部排序的执行效率。例如，对上例进行 5 路归并，其过程如图 9.7 所示。

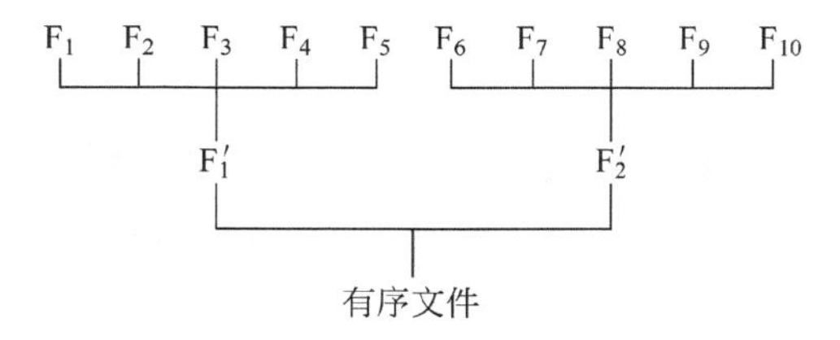

图 9.7　5 路归并过程示例

一般，在各趟归并中都将 k 个归并段归并成一个大的归并段(零头除外)，称为 k 路平衡归并，而对 m 个初始归并段进行 k 路平衡归并时所需的处理次数称为归并趟数，由 s 表示。s 与 m、k 之间的关系如下：

$$s = \lfloor \log_k m \rfloor$$

可以通过增加归并的路数 k，来减少归并的趟数 s，从而减少访问外存的次数，提高外部排序的执行效率。

9.8.1 磁盘排序

1. 磁盘的概念

磁盘是一种直接存取存储设备，容量大，速度快，可以直接存取任何字符组，磁盘是一个扁平的圆盘，盘面上有许多同心圆，称为磁道，如图 9.8 所示。若干个盘片组成盘组，若盘组有六片，除了最顶上和最底下的两个面不存信息外，有 10 个面用来存储信息。

盘片装在磁盘驱动器的主轴上，可绕主轴高速旋转，当磁道在读写头下通过时，即可读出或写入信息，并可分为固定头盘和活动头盘，对固定头盘而言，每一道上有一个独立的磁头，以负责读写该道的信息。

活动头盘的每一面上有一个磁头，可沿径向移动，不同面上的磁头装在一个动臂上同时移动，处于同一个柱面上，各个面上半径相同的磁道组成一个柱面，圆柱面的个数就是盘片面上的磁道数，一般每面有 300—400 道，在磁盘上通常以磁道或柱面为存储单位。一个盘组包含若干个柱面，一个柱面含有若干个磁道，而每个磁道又可分为若干区段（扇区），因此在磁盘上标明一个具体信息的存储位置要用三个地址，即：柱面号，盘面号（磁道号），扇区号。

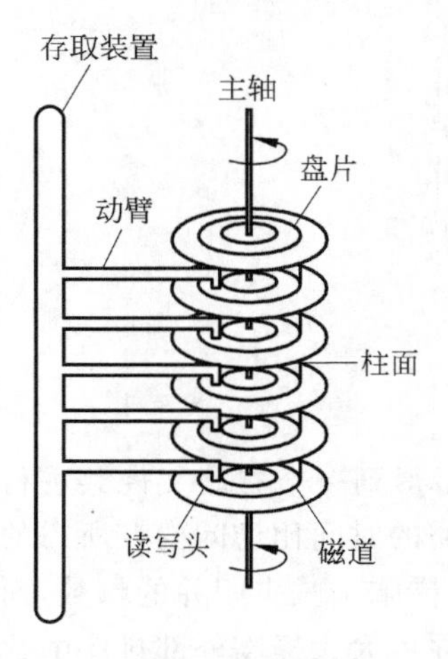

图 9.8 磁盘结构

为了访问某个信息，首先要找到柱面（对活动头盘要使动臂沿径向移动到所需柱面上，称为定位或寻查），然后等所要访问的信息转到磁头之下，才能读写信息，故存取时间分别为：

寻查时间——磁头定位时间。

等待时间——等待磁道上所需信息转到磁头下的时间。

磁盘转速可快达 7200 转/分，存取时间主要花在查找上，故进行软件设计时应尽量减少磁头来回移动的次数。

2. 磁盘排序

通过前面的讨论，我们知道，把一大型文件中已排序的文件段通常称为归并段，且记作 R。整个文件经过逐段排序后又逐段写回到磁盘上。这样，在磁盘上就形成了许多初始归并段。第二阶段是对这些初始归并段使用某种归并方法（如 2 路归并法），进行多遍归并。最后在磁盘上形成一个排序的文件。

下面以 2 路归并为例。设某一文件共有 3600 个记录，若磁盘的读/写单位是 200 个记录的数据块，于是文件共占 18 块外存空间。

假设内存空间最多只能容纳 600 个记录，另外有一个磁盘用来暂存中间结果。排序过程如下：

(1) 每次从磁盘上输入三个数据块共 600 个记录到内存中进行归并排序，排序后把这三块数据写回到磁盘，这样得到 6 个初始归并段 $R1 \sim R6$，每个归并段都是有序的。

(2) 将内存空间分成三个相等的块 $B1, B2, B3$，每块可容纳 200 条记录，其中 $B1, B2$ 作为输入缓冲区，$B3$ 作为输出缓冲区。

先归并 $R1$ 和 $R2$，开始归并时，分别从 $R1$ 和 $R2$ 中各读入 200 条记录给 $B1$ 和 $B2$，把

$B1$,$B2$ 中的数据进行两路归并排序,合并到 $B3$,当 $B3$ 装满 200 个记录后,就写回磁盘。

归并期间 $B1$ 或 $B2$ 中的数据已经合并完毕后,就从相应的 $Ri(i=1,2)$ 中读取后续记录装满,直到 $R1$ 和 $R2$ 为空,这样就得到了 1200 条记录的"大"块,块内数据有序。

类似地,再归并 $R3$ 和 $R4$,$R5$ 和 $R6$,形成三个都包含 1200 个记录的归并段。

再利用 $B1$,$B2$,$B3$ 将其中两个"大"块进行归并,得到一个共 2400 个记录的归并段。最后将这个归并段与剩下的另一个有 1200 个记录的归并段进行归并,就得到了所求的排序文件。图 9.9 反映了这个归并过程。

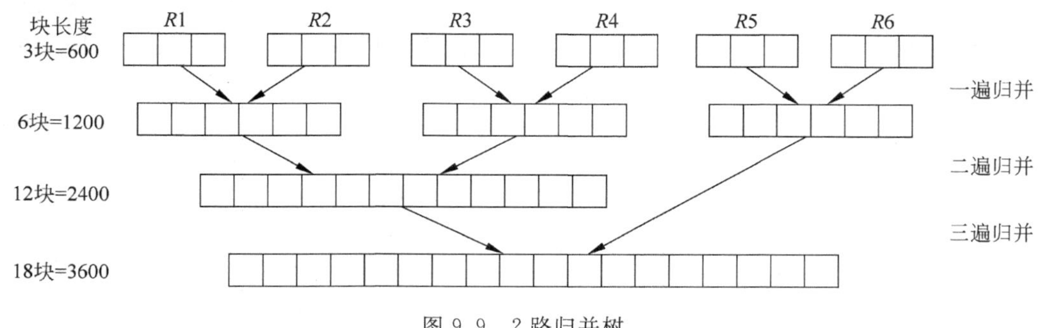

图 9.9 2 路归并树

对 18 块记录采用 2 路归并需进行三遍归并,第一遍归并块读 18 次,块写 18 次,第二遍归并块读写 24 次,第三遍归并块读写 36 次,总共需要读 48 块次,写 48 块次。

3. 多路归并

图 9.9 所示的归并过程是 2 路归并。2 路归并简单,但归并次数较多,可以采用多路归并来加速排序过程。仍以上面的例子为例,进行 3 路归并,可以减少归并的次数和块读写的次数。图 9.10 显示了 3 路归并的情况。

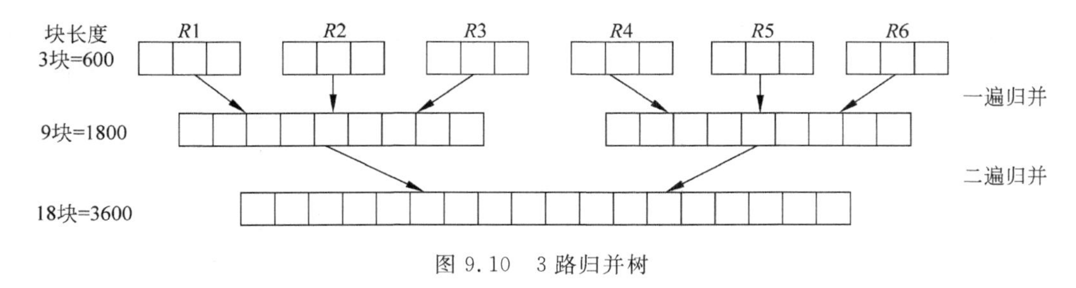

图 9.10 3 路归并树

在 3 路归并中,只进行了二遍归并,使得块读写的次数为 72 次,减少了读写次数和归并的遍数。

显然,归并的路数越多,归并的遍数越少。

与 2 路归并类似,在 k 路归并中,为了确定下一个要输出的记录,就需要在 k 个顺序块中寻找关键字值最小的那个记录,将这个最小元从输入缓冲区移入输出缓冲区。因为是从 k 个顺序块中选出一个关键字值最小的记录,因此需要进行 $k-1$ 次比较。

多路归并的效率请参考图 9.7 后的讨论。

9.8.2 胜者树和败者树

1. 胜者树

为了理解胜者树，我们先来看由8位选手参加比赛的树的构造。设8位选手分别用代号①，②，③，④，⑤，⑥，⑦，⑧表示，第一轮比赛不妨设①，②为一组，③，④为一组，⑤，⑥为一组，⑦，⑧为一组，每组的胜者进入第二轮，与另一组的胜者比赛，第二轮比赛的胜者只有两个，进入第三轮决赛产生冠军，图9.11所示的过程就是这个过程的描述，所以此树又叫比赛树。两两比赛的胜者进入下一轮，所以非叶子结点都是优胜者，上层结点是下层两个结点中的胜者，位于根的结点就是冠军。

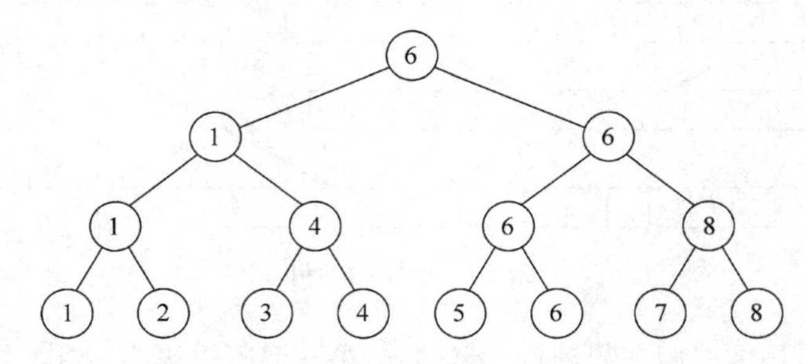

图9.11 比赛树的构造

所谓的“胜者树”就是如图9.11表示的满二叉树。由于非叶子结点总是代表比赛中的优胜者，因而把这种树称为胜者树。

k 路归并选择树是一棵具有 k 个叶子结点的比赛树，每个叶子结点的指针指向一个顺序块所对应的缓冲区，指针所指的记录是本顺序块中的当前记录。叶子结点为各归并段在归并过程中的当前记录（图中标出了它们各自的关键字值），每个非叶子结点都代表其两个子结点中关键字值较小的一个。因此根结点是树中的最小结点，即为下一个要输出的记录结点。在非叶子结点中，可以只存关键字值及指向相应记录的指针，而不必存放整个记录内容。

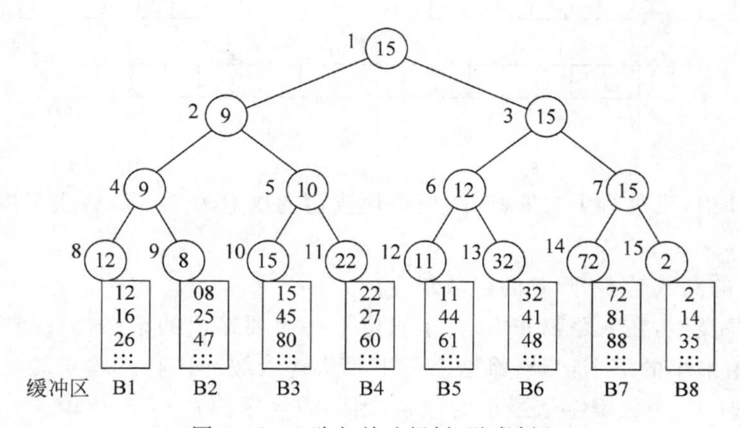

图9.12 8路归并选择树（胜者树）

根据多路归并排序,小者进入输出缓冲区,然后,从小者所在的缓冲区删除该元素,该缓冲区的指针指向下一个元素。如图 9.12 所示,为每一个结点编号,分别是 1~15 号,在每次选择后,结点中的数字是结点的编号,4 号结点的值为 9,是因为 4 号结点的左孩子(8 号结点)所指的缓冲区元素值大于其右儿子(9 号结点)所指缓冲区的元素值,所以 9 号结点所指的元素是胜者,它将参加上一级比赛。

同理,7 号结点的值为 15,是因为其右孩子(15 号结点)所指的元素值比其左孩子(14 号结点)所指的元素值小,所以 7 号结点的值 15 号结点是胜者。

在 2 号结点处,9 号结点打败 15 号结点成为胜者; 3 号结点处,15 号结点打败 12 号结点成为胜者。

最后,15 号打败 9 号成为冠军,1 号结点的值为 15,从而可以把该结点所指的元素输出到输出缓冲区。同时 15 号结点的指针指向该缓冲区的下一个元素 14。从而完成一次选择最小元的工作。

然后,继续下面的比赛……,直到归并完成。

8 路归并需要 8 个输入缓冲区,1 个输出缓冲区,共 9 个缓冲区。对于任意的 k 路归并,需要 $k+1$ 个缓冲区。由于内存的限制,k 不能随意增大。

由此我们得到如下的结论:

① k 路归并选择树是一棵具有 k 片叶子的正则完全二叉树。因此含有 k 个外结点,$k-1$ 个内结点,树高为 $\log_2 k$。

② k 路归并选择树是“胜者树”,第一次需要进行 $k-1$ 次比较,此后需要进行 $\log_2 k$ 次比较。

③ k 路归并需要 $k+1$ 个缓冲区。

每选出一个最小元后,将由其后继元素替代它,所以这种选择最小元的方法又叫替代选择方法。

当输出最小元后,需要修改胜者树,如图 9.12 中,当缓冲区 B8 中输出关键字 2 以后,下一个元素是 14,这时需要进行重新比较,与兄弟比较,然后与父结点比较,重新给父结点(7 号结点)赋值。修改过程如图 9.13 所示,图中的箭头表示修改的过程。

胜者树在选取一个记录之后重构选择树的修改工作比较麻烦,既要查找兄弟结点,又要查找父结点。为了减少重构选择树的代价,可以采用败者树的办法来简化重构的过程。

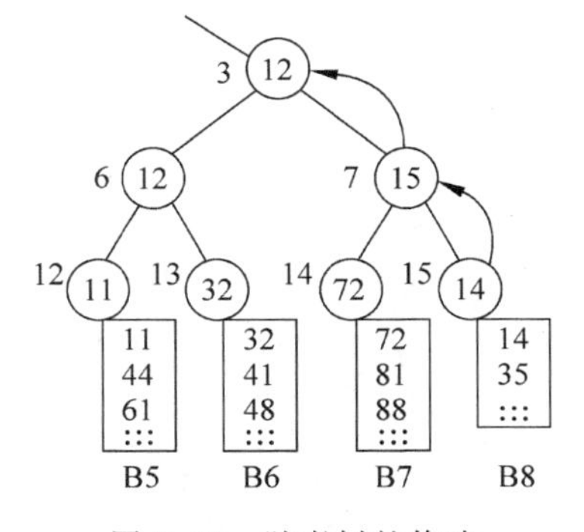

图 9.13 胜者树的修改

2. 败者树

所谓败者树,就是在比赛选择树中,每个非叶子结点存放其两个子结点中的败方。与胜者树的建立过程一样,从叶子结点开始分别对每两个兄弟结点进行比较,败者(较大的关键字值)存放在父结点中,最终结果是每个“选手”都停在自己失败的“比赛场”上。所不同的是上层结点的值是其左右孩子中的败者,而非胜者。这样,在败者树中全胜者所在的叶子结点到根的路径上的内结点中存放了全胜者所击败的对手。

为了便于观察和理解败者树，一是在所有的内结点右边增加一个胜者数字，表示该轮比赛的胜者，但不存储。另外在根结点之上增加一个附加的结点，存放全胜者。图 9.14 是图 9.12 的败者树。

在败者树中，当输出全胜者后，对树的修改比胜者树容易一些。将新进入树的叶子结点与父结点进行比较，大的存放在父结点，小的与上一级父结点再进行比较，此过程不断进行，直至到根，最后把新的全局优胜者存放到附加的结点。例如在图 9.14 中输出关键字值最小的记录(归并段 $B8$ 中的 2)之后，败者树的修改过程如图 9.15 所示。

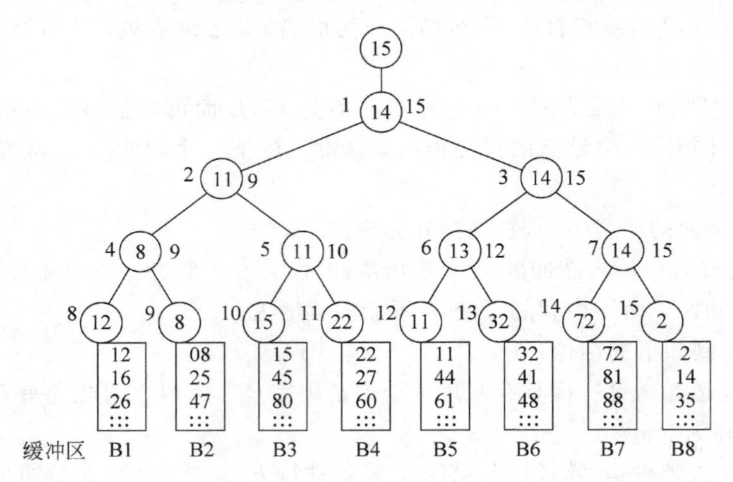

图 9.14　图 9.12 对应的败者树

当输出最小元后，需要修改败者树，如图 9.14 中，当缓冲区 B8 中输出关键字 2 以后，下一个元素是 14，这时需要进行重新比较，只需要与其父结点比较，比较后发现不必修改结点的值，所以修改结束。修改过程如图 9.15 所示，图中的箭头表示修改的过程。

由上述分析可见，在修改败者树时只需要查找父结点，而不必查找兄弟结点，因而修改败者树比修改胜者树更容易一些。

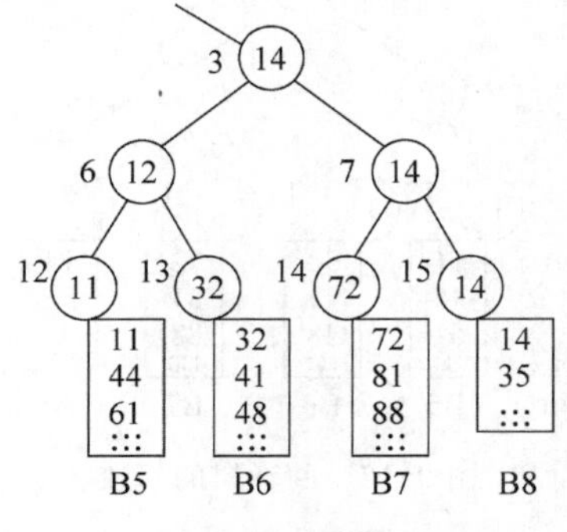

图 9.15　败者树的修改

采用多路归并可以减少对数据的扫描遍数从而减少了输入/输出量。但也应该看到，若归并的路数 k 增大时，缓冲区就要设置得比较大。若可供使用的内存空间是固定的，则路数 k 的递增就会使每个缓冲区的容量压缩，这就意味着内外存交换的数据页块长度就要缩减。于是每遍数据扫描要读写更多的数据块，这样就增加了访问的次数和时间。由此可见，k 值过大时，尽管所作的扫描遍数减少，但输入/输出时间仍可能增加。因此 k 值要选择适当，k 的最优值与可用缓冲区的内存空间大小及磁盘的特性参数均有关系。

一般地，外排序的时间由三部分组成：

(1) 预处理时间；(2) 内部归并的时间；(3) 外存读/写记录的时间。

采用多路归并可减少对数据扫描的遍数，即减少对外存读/写的时间。但归并的路数 K 也不能过分大。因为，当归并路数 k 增大时，归并所需的缓冲区增多。归并中，每一路需要一个输入缓冲区。因此，k 路归并至少需要 k 个输入缓冲区和一个输出缓冲区，而可供使用的内存空间是固定的。此外，缓冲区数目增加意味着缓冲区大小缩减，于是每遍扫描要读/写更多的数据块，这同样也增加访问外存的时间。因此 k 值的选择要适当。

9.8.3 最佳归并树

本节讨论与磁盘排序有关的最佳归并树问题。

在外存上进行排序的最通常的方法是合并排序。这种方法由两个相对独立的阶段组成：预处理和合并排序，即首先根据内存的大小，将有 n 个记录的磁盘文件分批读入内存，采用有效的排序方法进行排序，将其预处理为若干个有序的子文件，这些有序子文件被称为初始归并段，然后采用合并的方法将这些初始归并段逐趟合并成一个有序文件。

由预处理产生的初始归并段的长度可能是不相等的，这对归并会带来什么影响呢？

假定有 9 个初始归并段，它们的长度(即记录数)依次为：15，17，2，11，3，21，12，7，9。现在作 3 路归并，其归并树如图 9.16 所示。结点中的数字是初始归并段的长度，需要进行两遍扫描才能完成归并排序。假如每个记录占一个物理块，则在两遍扫描中对外存进行读/写的总的次数是(15+17+2+11+3+21+12+16+9)＊2＊2=388，读和写各一次。如果把初始归并段的长度看成是归并树上叶结点的权值，那么，这棵三叉树上叶子结点带权路径长度是 194，读一次写一次共 388 次。

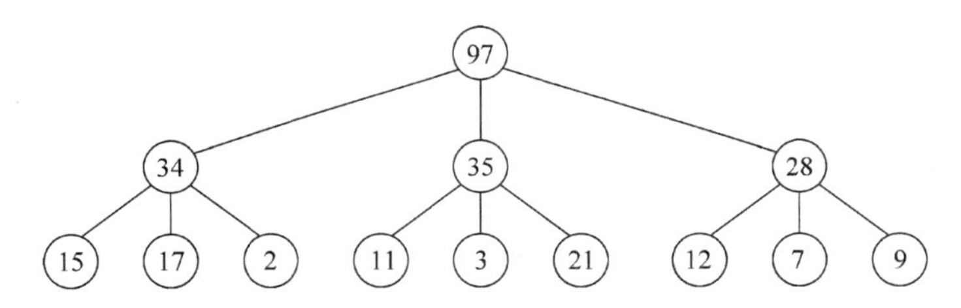

图 9.16　3 路归并的归并树

在第 6 章中我们讨论过有 k 个叶结点的带权路径长度最短的二叉树是哈夫曼树。同理，可以对长度不一的 m 个初始归并段以 k 叉哈夫曼树的方式进行 k 路归并，使得在归并过程中所需的对外存读/写的次数最少。有 k 个叶结点的带权路径长度最短的 k 叉树也称为哈夫曼树。如果根据哈夫曼树的构造规则，重新构造 3 路归并的哈夫曼树，则可以构造出图 9.16 的 3 叉哈夫曼树。此时，叶子结点的带权路径长度为 185，读/写的总次数是 370。k 路归并的哈夫曼树又叫做“最佳归并树”。

显然归并的方案不同，所得的归并树不同，树的带权路径长度也不同。

k 元的最佳归并树是一个正则树，设其叶子结点为 n，非叶子结点为 n'，则根据正则树的结点数目与边数的关系，有：

$$n=(k-1)n'+1$$

此式说明，一棵 k 元哈夫曼树的叶子数等于 $k-1$ 的某个整数倍加 1。

当初始归并段的数目 m 不是 k 的整数倍时，则需要附加长度为 0 的“虚归并段”，满足上式的叶子数，才能得到 k 元最佳归并树，否则就不是最佳归并树。按照哈夫曼树的构造原则，权为零的叶结点应离树根最远。图 9.18 是只有 6 个归并段 1，2，5，7，9，10 时，增加的一

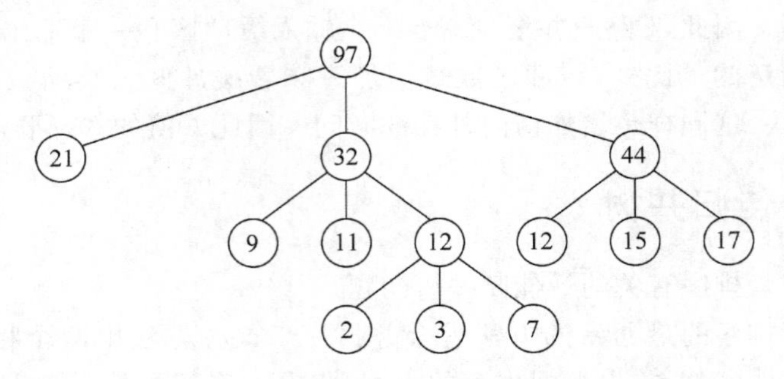

图 9.17　3 路归并的最佳归并树

个虚拟归并段的情形。

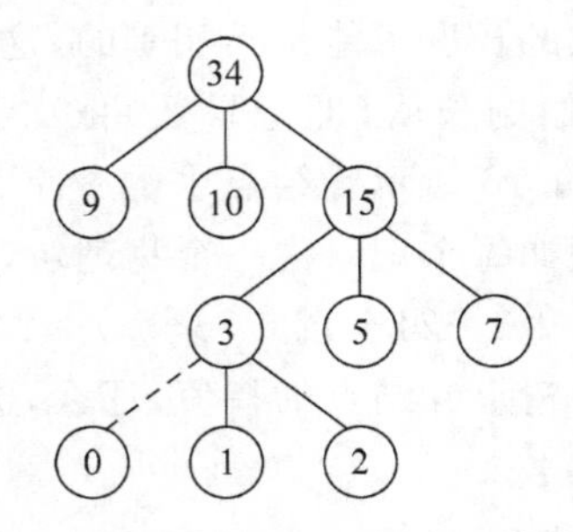

图 9.18　带虚拟叶子的 3 路最佳归并树

9.8.4　磁带排序

1. 磁带的有关概念

磁带是一个顺序存取设备，如图 9.19 所示。存取时间取决于读写磁头的当前位置与所读信息的位置之间的距离，距离越大，所需时间越长，这就是顺序存取设备的主要缺点，对检索和修改信息带来不便，一般用于处理那些变化少且进行顺序存取的大量数据。图 9.20 为磁带上的数据块。

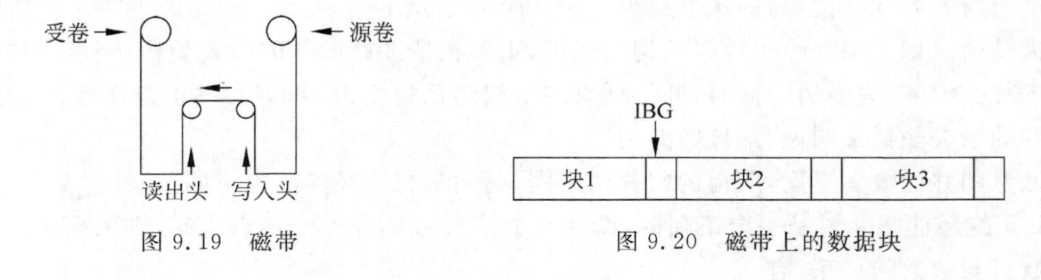

图 9.19　磁带　　图 9.20　磁带上的数据块

2. 磁带排序

磁带机上文件的排序，其操作的基本步骤与磁盘文件相类似。但因磁带机是顺序存取设备。读取信息块的时间与所读信息块的位置关系极大。故在磁带机上进行文件排序时，研究归并段信息块的分布是个极为重要的问题。在磁带机上常用的排序方法是平衡归并排序和多阶段归并排序(即斐波那契归并排序)。

若有 T 台磁带机,则可进行 $T/2$ 路的平衡归并排序。现以 2 路平衡归并排序为例进行说明。2 路平衡归并的基本思想是:从两条输入磁带上平衡地取初始归并段到内存缓冲区,经过归并排序后,平衡分配、输出到另外两条空带(输出带)上。直到输入带上所有的归并段平衡地归并完为止。上述过程称为一趟归并。到下一趟时,输入带和输出带互相转换再逐个对归并段进行平衡归并,直到归并成一个归并段为止。

设有 6000 个记录的文件,经内部排序后生成 $R1 \sim R6$ 六个初始归并段,每段大小为 1000 个记录。归并前 4 台磁带机上归并段的分布如下:

T1: $R1$ $R3$ $R5$

T2: $R2$ $R4$ $R6$

T3: 空

T4: 空

经过一趟 2 路平衡归并排序后,各磁带机上归并段分布如下:

T1: 空

T2: 空

T3: $R1-R2$ $R5-R6$

T4: $R3-R4$

经第二趟外排序后得:

T1: $R1-R4$

T2: $R5-R6$

T3: 空

T4: 空

经第三趟外排序后得:

T1: 空

T2: 空

T3: $R1-R6$

T4: 空

至此全部排序结束。

如果我们有六台磁带机,就可进行 3 路平衡归并排序。若结合上例,只要经过两趟归并就可完成外排序。

本章小结

本章主要讨论了以下知识要点:

(1) 排序的基本概念,包括排序的稳定性、内排序和外排序之间的差异。

排序是将数据的任意序列,重新排列成一个按关键字有序的序列。排序前与排序后的关键字位置保持不变的排序方法称为是排序稳定的。

整个排序过程在内存中进行的排序称为内排序,否则,称为外排序。

(2) 排序算法包括插入排序算法,交换排序算法、选择排序算法、归并排序、基数排序。

插入排序算法包括直接插入排序和希尔排序，交换排序算法包括冒泡排序和快速排序，选择排序算法包括直接选择排序和堆排序，归并排序包括内排序和外排序。

(3) 讨论了各种排序算法的比较和选择。

(4) 外排序中讨论归并排序、胜者树和败者树、最佳归并树、磁带排序。

习题 9

一、单项选择题

1. 某内排序方法的稳定性是指________。
   A. 该排序算法不允许有相同的关键字记录
   B. 该排序算法允许有相同的关键字记录
   C. 平均时间为 $O(n\log n)$ 的排序方法
   D. 以上都不对

2. 下面给出的四种排序法中________排序法是不稳定的排序法。
   A. 插入　　B. 冒泡　　C. 二路归并　　D. 堆

3. 下列排序算法中，其中________是稳定的。
   A. 堆排序，冒泡排序　　B. 快速排序，堆排序
   C. 直接选择排序，归并排序　　D. 归并排序，冒泡排序

4. 稳定的排序方法是________。
   A. 直接插入排序和快速排序　　B. 折半插入排序和冒泡排序
   C. 简单选择排序和四路归并排序　　D. 树形选择排序和 Shell 排序

5. 下列排序方法中，哪一个是稳定的排序方法？________。
   A. 直接选择排序　　B. 二分法插入排序　　C. 希尔排序　　D. 快速排序

6. 若要求尽可能快地对序列进行稳定的排序，则应选________。
   A. 快速排序　　B. 归并排序　　C. 冒泡排序

7. 如果待排序序列中两个数据元素具有相同的值，在排序前后它们的相互位置发生颠倒，则称该排序算法是不稳定的。________就是不稳定的排序方法。
   A. 冒泡排序　　B. 归并排序　　C. Shell 排序　　D. 直接插入排序
   E. 简单选择排序

8. 若要求排序是稳定的，且关键字为实数，则在下列排序方法中应选________排序为宜。
   A. 直接插入　　B. 直接选择　　C. 堆　　D. 快速
   E. 基数

9. 若需在 $O(n\log_2 n)$ 的时间内完成对数组的排序，且要求排序是稳定的，则可选择的排序方法是________。
   A. 快速排序　　B. 堆排序　　C. 归并排序　　D. 直接插入排序

10. 下面的排序算法中，不稳定的是________。

A. 冒泡排序　　B. 折半插入排序　　C. 简单选择排序　　D. 希尔排序
E. 基数排序　　F. 堆排序

11. 数据序列(8,9,10,4,5,6,20,1,2)只能是下列排序算法中的________的两趟排序后的结果。

A. 选择排序　　B. 冒泡排序　　C. 插入排序　　D. 堆排序

12. 有一组数据(15,9,7,8,20,−1,7,4)用快速排序的划分方法进行一趟划分后数据的排序为________。(按递增序)

A. 下面的B,C,D都不对　　B. 9,7,8,4,−1,7,15,20
C. 20,15,8,9,7,−1,4,7　　D. 9,4,7,8,7,−1,15,20

13. 一组记录的关键码为(46,79,56,38,40,84),则利用快速排序的方法,以第一个记录为基准得到的一次划分结果为________。

A. (38,40,46,56,79,84)　　B. (40,38,46,79,56,84)
C. (40,38,46,56,79,84)　　D. (40,38,46,84,56,79)

14. 如果只想得到1000个元素组成的序列中第5个最小元素之前的部分排序的序列,用________方法最快。

A. 冒泡排序　　B. 快速排列　　C. Shell排序　　D. 堆排序
E. 简单选择排序

15. 在文件"局部有序"或文件长度较小的情况下,最佳内部排序的方法是________。

A. 直接插入排序　　B. 冒泡排序　　C. 简单选择排序

16. 若用冒泡排序方法对序列{10,14,26,29,41,52}从大到小排序,需进行________次比较。

A. 3　　B. 10　　C. 15　　D. 25

17. 归并排序中,归并的趟数是________。

A. $O(n)$　　B. $O(\log_2 n)$　　C. $O(n\log_2 n)$　　D. $O(n^2)$

18. 采用败者树进行k路平衡归并的外部排序算法,其总的归并效率与k________。

A. 有关　　B. 无关

二、判断题(判断正确与错误,正确的打√,错误的打×)

1. 当待排序的元素很大时,为了交换元素的位置,移动元素要占用较多的时间,这是影响时间复杂度的主要因素。　(　)

2. 内排序要求数据一定要以顺序方式存储。　(　)

3. 排序算法中的比较次数与初始元素序列的排列无关。　(　)

4. 排序的稳定性是指排序算法中的比较次数保持不变,且算法能够终止。　(　)

5. 在执行某个排序算法过程中,出现了排序码朝着最终排序序列位置相反方向移动,则该算法是不稳定的。　(　)

6. 直接选择排序算法在最好情况下的时间复杂度为$O(N)$。　(　)

7. 二分法插入排序所需比较次数与待排序记录的初始排列状态相关。　(　)

8. 在初始数据表已经有序时,快速排序算法的时间复杂度为$O(n\log_2 n)$。　(　)

9. 在待排数据基本有序的情况下,快速排序效果最好。　(　)

10. 当待排序记录已经从小到大排序或者已经从大到小排序时，快速排序的执行时间最省。 (　　)

三、填空题

1. 若不考虑基数排序，则在排序过程中，主要进行的两种基本操作是关键字的________和记录的________。

2. 外排序的基本操作过程是________和________。

3. 属于不稳定排序的有________。

4. 分别采用堆排序，快速排序，冒泡排序和归并排序，对初态为有序的表进行排序，则最省时间的是________算法，最费时间的是________算法。

5. 不受待排序初始序列的影响，时间复杂度为 $O(N^2)$ 的排序算法是________，在排序算法的最后一趟开始之前，所有元素都可能不在其最终位置上的排序算法是________。

6. 直接插入排序用监视哨的作用是________。

7. 对 n 个记录的表 $r[1,\cdots,n]$ 进行直接选择排序，所需进行的关键字间的比较次数为________。

8. 外部排序的基本方法是归并排序，但在之前必须先生成________。

9. 磁盘排序过程主要是先生成________，然后对________合并，而提高排序速度很重要的是________，我们将采用________方法来提高排序速度。

四、简答题

1. 什么是内部排序？

2. 在各种排序方法中，哪些是稳定的？哪些是不稳定的？并为每一种不稳定的排序方法举出一个不稳定的实例。

3. 简述直接插入排序，简单选择排序，2 路归并排序的基本思想以及在时间复杂度和排序稳定性上的差别。

4. 在执行某个排序算法过程中，出现了排序关键字朝着最终排序序列相反的方向的移动，从而认为该算法是不稳定的。这种说法对吗？为什么？

五、算法分析

1. 冒泡排序算法是把大的元素向上移(气泡的上浮)，也可以把小的元素向下移(气泡的下沉)请给出上浮和下沉过程交替的冒泡排序算法。

2. 叙述基数排序算法，并对下列整数序列图示其基数排序的全过程。(179,208,93,306,55,859,984,9,271,33)

第10章 文件

前面章节里讨论的各种数据结构都是以完全存储在计算机的内存中为基本出发点的，为了长期保存原始数据和加工处理过的数据，也需要将这些数据以文件的形式存放在外存上。和表相似，文件是大量记录的集合。本章主要介绍文件的概念和几种基本的数据文件的构造方法及其使用，讨论文件在外存储器中的表示及其操作的实现。

10.1 文件的基本概念

1. 文件的定义

文件是存储在外部介质上的大量性质相同的记录的有序集合。记录是文件中可以存取的数据的基本单位。文件对应一个二维表，表的每一行为一个记录，每一列为一个数据项。一般称存储在内存中的记录集合为表，而称存储在外存储器中的记录集合为文件。文件中的记录是按某一种确定的次序线性排列，所以文件的逻辑结构是线性结构。

2. 文件的分类

按照记录的类型，可以把文件分为操作系统文件和数据库文件两大类。

按照记录的长度特性，可以把文件分为定长记录文件和不定长记录文件。定长记录文件中每个记录含有的信息长度相同，而不定长记录文件中每个记录含有的信息长度不等。

按照记录中关键字的多少，可以把文件分为单关键字文件和多关键字文件。单关键字文件中的记录只有一个唯一标识记录的主关键字；而多关键字文件中的记录除了主关键字外，还含有一个或多个次关键字，记录中所有非关键字的数据项称作记录的属性。

例如：表10.1为一数据库文件，每个职工的情况是一个记录，由7个数据项组成。

表10.1　职工文件

职工编号	姓名	性别	出生年月	婚否	职务	工资
1001	张林	男	1955.7	已婚	高工	2000
1002	李斯	男	1966.3	已婚	工程师	1500
1003	王义	女	1970.5	已婚	工程师	1400
1004	刘文	女	1980.2	未婚	技工	900

记录中能识别不同记录的数据项被称为关键字，若该数据项能唯一识别一个记录，则称

为主关键字，若能识别多个记录则称为次关键字。例如，职工编号可以作为主关键字。

3. 文件的逻辑结构

文件的逻辑结构是指呈现在用户面前的文件中记录之间的逻辑关系；文件的物理结构指的是文件中的逻辑记录在存储器中的组织方式。通常，记录的逻辑结构是为了用户使用方便，记录的物理结构是为了提高存储效率和减少存取数据的时间。一般说来，一条物理记录(是指计算机用一条 I/O 指令进行读写的基本数据单位)是不变的，一条逻辑记录的大小是根据用户使用而可以变化的。

4. 文件的操作

一般文件的操作有检索、修改和排序三类。

检索的方式有三种：①顺序检索；②按记录号检索；③按关键字检索。

修改操作包括插入、删除和更新这三种操作。

排序操作则是为了检索方便高效而对文件中记录的重新有序整理。

另外，文件的操作也可以有实时和批处理两种不同的方式。实时处理通常对应答时间要求严格，应在接收询问后立即完成相应的操作；而批处理则不同，可以根据需要对积累一段时间的记录进行成批处理。

5. 文件的物理结构

文件的物理结构是指文件在外存上的组织形式。

常用的文件组织方式有三种基本形式：顺序组织、随机组织和链表组织。

按照文件的检索方式和物理结构，文件分为顺序文件、索引文件、索引顺序文件、直接存取文件、链接文件和多重链表文件、倒排文件。按所存放的外存设备，文件又可以分为磁带文件和磁盘文件等几类。下面分别加以讨论。

10.2 顺序文件

1. 顺序文件的结构特点

顺序文件是物理结构最简单的文件，也是数据处理历史上最早使用的文件结构。顺序文件是记录按其在文件中的逻辑顺序依次存入存储介质的。它是一种顺序组织方式。由于顺序文件中记录的物理次序与逻辑次序是一致的，所以适宜顺序存取(即存取一个记录之后接着存取其后继记录)和批量处理。但是对顺序文件中记录的随机存取效率很低。表 10.1 所示的职工数据库文件是按关键字“职工编号”排序的文件，它存放到外存的连续存储区后便得到一个按关键字排序的顺序文件。

顺序文件的具体组织形式有两种：

(1) 连续文件：次序相继的两个逻辑记录其存储位置相邻；

(2) 串联文件：物理记录之间的顺序由指针相链。

磁带是一种典型的顺序存取设备，存储在磁带上的文件就是顺序文件。对磁盘上的顺序文件进行修改时，若不增加记录的长度，也可在原文件上直接修改而不必复制文件。对顺序文件进行顺序检索的方法类似于静态表的顺序检索，也可以对磁盘文件进行分块检索或二分法检索。

2. 操作特点

(1) 便于进行顺序存取；

(2) 不便于进行直接存取，因为取第 i 个记录，必须先读出前 $i-1$ 个记录，对于磁带上的等长记录的连续文件可以进行折半查找；

(3) 插入新的记录只能加在文件的末尾；

(4) 删除记录时，只做标记；

(5) 更新记录必须生成新的文件。

顺序文件的插入、删除和更新操作在多数情况下都采用批处理方式。此时，为处理方便，通常将顺序文件做成有序文件，称作“主文件”，同时将所有的操作做成一个“事务文件”(经过排序也成为有序文件)，所谓“批处理”，就是将这两个文件“合”为一个新的主文件。具体操作相当于“归并两个有序表”，但不同的是：

① 对于事务文件中的每个操作首先要判别其“合法性”；

② 事务文件中可能存在多个操作是对主文件中同一个记录进行的。

3. 批处理的时间分析

假设主文件中含有 n 个记录，事务文件中含有 m 个记录，则对事务文件进行排序的时间复杂度为 $O(m\log_2 m)$；内部归并的时间复杂度为 $O(m+n)$，则总的内部处理的时间为 $O(m\log_2 m+n)$；假设对外存进行一次读/取为 s 个记录，则整个批处理过程中读/写外存的次数为：

$$2\times(\lceil m/2\rceil+\lceil(m+n)/s\rceil$$

10.3 索引文件

索引文件是指具有索引存储结构的文件。简单的文件包含一个主文件和一个索引表，主文件是原有数据文件的顺序存储或链接存储的文件，而索引表是在主文件的基础上建立的顺序表，索引表中的每个索引项同文件中的每个记录一一对应，每个索引项由对应记录的关键字和存储该记录的首地址组成，而且无论主文件是否按关键字有序，索引表将组织成按关键字有序，即除了主文件(即数据文件)之外，再建立一张索引表来指示逻辑记录和物理记录之间的一一对应关系；索引表中的每一项称作索引项，由记录的关键字和记录的存放地址构成；把索引表和主文件总称为索引文件(Indexed File)。

在索引文件中，若主文件也按关键字升序排列，则构成的索引文件称作索引顺序文件；若主文件是无序的，则称所构造的索引文件为索引非顺序文件。索引文件只适用于直接存取的外存储器(如磁盘)。索引文件的存储分索引区和数据区来进行，索引区存放索引表，数据区存放主文件。在输入记录建立数据区的同时建立索引表，表中的索引项按记录输入的先后次序排列；待全部记录输入完毕后再对索引表按关键字排序，排序后的索引表和主文件一起构成了索引文件。

1. 结构特点

(1) 索引文件由“主文件”和多级“索引”组成。

(2) 索引中的每个记录由“关键字”和“指针”组成。

(3) 通常，索引文件中的主文件是无序文件，索引是（按关键字有序）有序文件。

(4) “索引”是在输入数据建立文件时自动生成。初建时的“索引”为无序文件，经过排序后成为有序文件。

2. 操作的特点

(1) 检索方式为：直接存取和按关键字存取。“检索”将分两步进行：先查索引，然后根据索引中指针所指索取记录。

(2) 插入记录时，“记录”插入在主文件的末尾，而相应的“索引项”必须插入在索引的合适位置上。因此，最好在建索引表时留有一定“空位”。

(3) 删除记录时，仅需删除索引表中相应的索引项即可。

(4) 更新记录时，应将更新后的记录插入在主文件的末尾，同时修改相应的索引项。

3. “索引”的结构

(1) 多级静态索引

此时的索引文件结构见图 10.1。

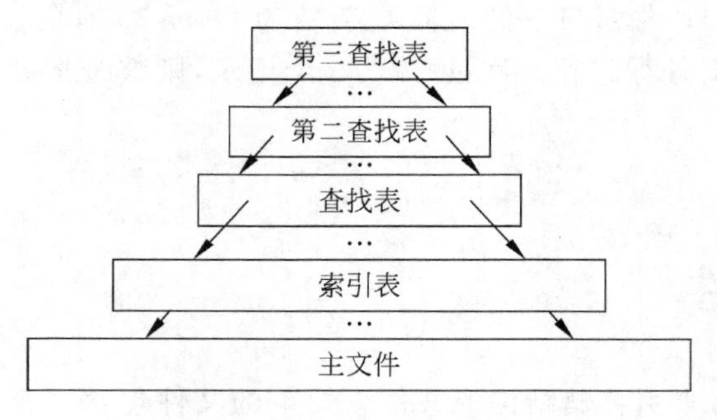

图 10.1　索引文件结构

对主文件中每个记录建立一个索引项：

主关键字	记录在主文件中的存储位置

称作稠密索引，由这些索引项构成索引表；从索引表建立的索引称查找表，其中每个索引项为：

最大关键字	其所在数据块的存储位置

称这类索引为非稠密索引。类似地，由查找表建立的索引为第二查找表；由第二查找表建立的索引为第三查找表。

(2) 动态索引

索引表采用查找树表或哈希表。优点:

① 不需要建立多级索引;

② 初建索引不需要进行排序;

③ 插入或删除记录时,修改索引方便。

用查找树表作索引时,查找索引所需访问外存次数的最大值恰为查找树的深度。可以作索引的树表有:二叉排序树、B一树和键树。

显然,索引文件只能是磁盘文件。

10.4 索引顺序文件(ISAM 和 VSAM)

1. ISAM 文件

ISAM(Index Sequential Access Method)索引顺序存取方法,是一种专为磁盘存取设计的文件组织方式。

在 ISAM 文件上检索记录时,先从主索引出发检索到相应的柱面索引,然后从柱面索引检索到记录所在柱面的磁道索引,最后从磁道索引检索到记录所在磁道的第一个记录的位置,由此出发在该磁道上进行顺序查找直至检索到为止;反之,若检索完所有磁道而不存在此记录,则表明文件中无此记录。

ISAM 文件中删除记录比较简单,只需做删除标记而不用移动记录或改变指针。当然应该周期性地把记录读入内存重排整理 ISAM 文件,以尽量填满基本区而空出溢出区。

(1) 文件的组织方式

主文件按柱面集中存放,同时建立三级索引:磁道索引、柱面索引和主索引,如图 10.2 所示。

(2) 操作的特点

检索:有两种方式。

顺序存取——依关键字最小至大顺序存取。

按关键字存取——从主索引开始,到柱面索引,到磁道索引,最后取得记录,先后访问四次外存。

插入:将记录插入在某个磁道的合适位置上;将该磁道上关键字最大的记录移出到本柱面的溢出区中;修改本磁道的索引项(包括基本索引项和溢出索引项)。

删除:在被删记录当前存储位置上做“删除标记”。

(3) 文件重组

在经过多次的插入和删除操作之后,大量的记录进入文件的“溢出区”,而“基本存储区”中出现很多已被删去的记录空间,此时的文件结构很不合理。因此,对 ISAM 文件,需要周期地进行重整。

(4) 柱面索引的位置

ISAM 文件占有多个柱面,其柱面索引应设在数据文件的中间位置上,以使“磁头”的平均移动距离最小。

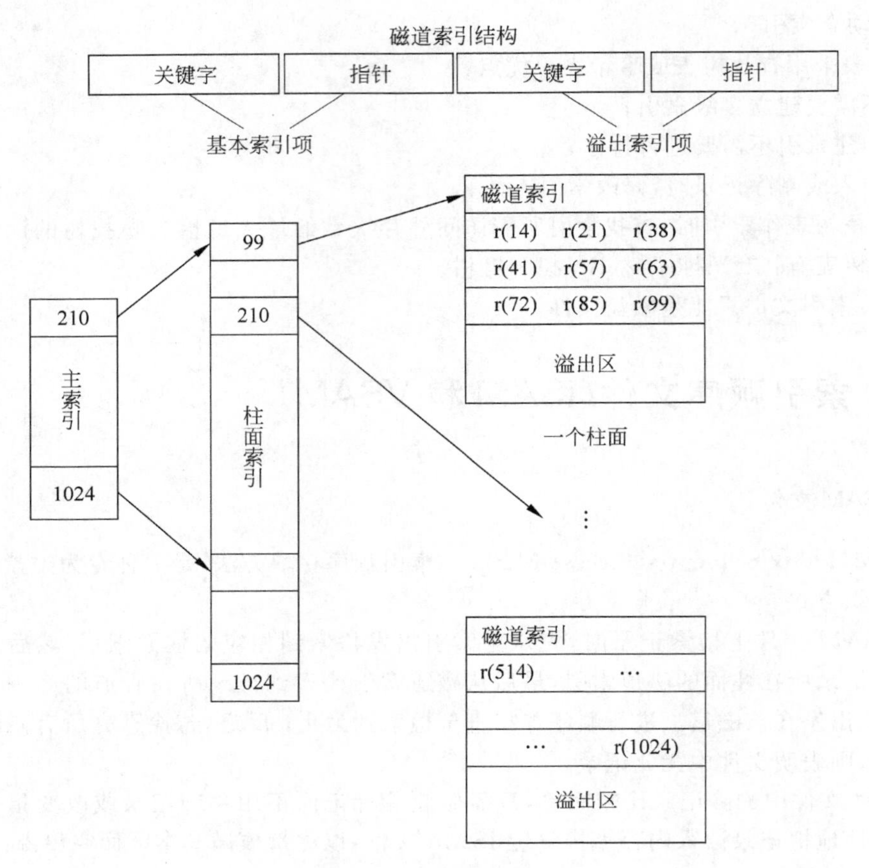

图 10.2　ISAM 文件结构

2. VSAM 文件

VSAM(Virtual Storage Access Method)虚拟存储存取方法。它使用户只需考虑控制区间等逻辑存储单位，而无需考虑其物理位置以及何时对外存储器进行读写操作，给用户使用文件提供了方便。

(1) 文件的结构：由索引集、顺序集和数据集三部分组成。

数据集内含若干控制区域，而控制区域内含若干控制区间，每个控制区间内含一个或多个记录，当含多个记录时，同一控制区间内的记录按关键字自小至大有序排列，且文件中第一个控制区间中记录的关键字最小。

顺序集内存放的是数据集的索引，每个控制区间有一个索引项，它由两部分信息组成：该控制区间中记录的最大关键字和指向该控制区间的指针。若干相邻控制区间的索引项形成顺序集中的一个结点，结点之间用指针相链。

索引集是顺序集的索引即文件的高层索引项，由最大关键字和指针两部分信息组成。

从索引文件的角度看，数据集即为主文件，而顺序集和索引集构成“索引”。

(2) 控制区间是用户进行一次存取的逻辑单位，可看成是一个逻辑磁道。但它的实际大小和物理磁道无关。

控制区域由若干控制区间和它们的索引项组成，可看成是一个逻辑柱面。

VSAM 文件初建时，每个控制区间内的记录数不足额定数，并且有的控制区间内的记录数为零。

(3) 顺序集本身是一个单链表，它包含文件的全部索引项，同时，顺序集中的每个结点即为 B+树的叶子结点，索引集中的结点即为 B+树的非叶结点。

(4) 文件的操作。

检索：可进行顺序存取和按关键字存取。

插入：按关键字大小插入在某个适当的控制区间中，当控制区间中的记录数超过文件规定的大小时，要“分裂”控制区间，必要时，还需要“分裂”控制区域。

删除：必须“真实地”删除记录，因此要在控制区间内“移动”记录。

(5) VSAM 文件通常作为组织大型索引顺序文件的标准方式。

优点：动态分配和释放空间，不需要重组文件；能较快实现对“后插入”记录的检索。

缺点：占有较多的存储空间，一般只能保持约 75%的存储空间利用率。(因此，一般情况下，极少产生需要分裂控制区域的情况)

10.5 直接存取文件(散列文件)

直接存取文件也称作散列文件(Hash File)，它是利用哈希方法组织的数据文件，即根据文件中的关键字特点设计一种哈希函数(也叫做散列函数)和处理冲突的方法来确定记录的存储位置，将记录散列在存储介质上，这样的文件被称作散列文件。散列文件是一种随机组织方式。

对散列文件的随机存取效率很高，对于关键字值等于给定值的记录的访问，可以直接由散列函数及冲突处理方法求得在外存上的存储位置，从而方便地对它存取。但散列文件不适宜顺序存取和成批处理。

1. 直接存取文件的特点

由记录的关键字“直接”得到记录在外存上的映像地址。

类似于哈希表的构造方法，根据文件中关键字的特点设计一种“哈希函数”和“处理冲突的方法”将记录散列到外存储设备上，又称“散列文件”。

2. 哈希文件的结构

磁盘上的文件的若干个记录组成一个存储单位，在散列文件中这个存储单位称作桶。一个桶能存放的逻辑记录的总数称作桶的容量。假如桶的容量为 m，即 m 个同义词的记录可以存放在同一地址的桶中，当第 $m+1$ 个同义词记录出现时则发生溢出。处理溢出也可采用哈希表中的各种处理冲突的方法，但对散列文件主要是采用链地址法消解冲突。

当发生溢出时，需要将第 $m+1$ 个同义词存放到另一个桶中，通常称作“溢出桶”；相应地把存放前 m 个同义词的桶称作“基桶”。溢出桶可以有多个，它们和基桶大小相同，相互之间用指针相链接。当在基桶中没有检索到待查记录时，就顺指针所指到溢出桶中去检索。

例如，某一个文件有个记录，其关键字分别为 28,19,13,93,89,14,55,69,8,9,16,21,

33,81,62,11,15,34,35,用除留余数法作哈希函数 $H(\text{key})=\text{key}\ \%7$,桶的容量 $m=3$,基桶数=7,由此得到的散列文件如图 10.3 所示。

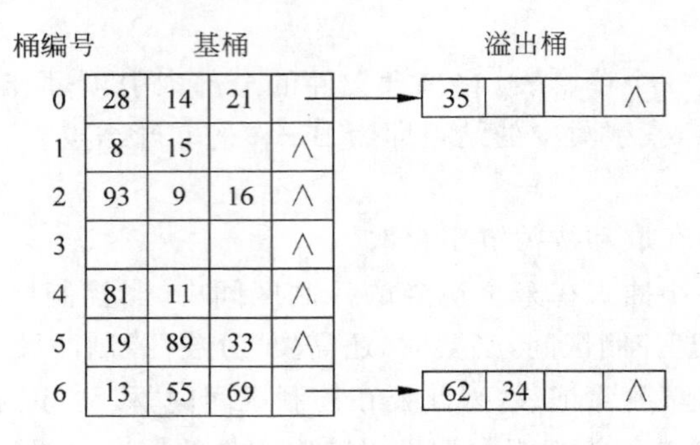

图 10.3 散列文件示例

在哈希文件中,“冲突”和“溢出”是不同的概念。一般情况下,假设桶的大小为 m,则允许哈希地址产生 $m-1$ 次的冲突,当发生第 m 次冲突时,才需要进行“冲突处理”,对散列文件而言,通常采用链地址法解决冲突。为区别起见,称直接“散列”的数据块为“基桶”,而因“溢出”存放的数据块为“溢出桶”。

3. 文件的操作

检索：只能进行按关键字的查找,不能进行顺序查找。检索时,先在基桶内进行查找,若不存在,则再到溢出桶中进行查找。

插入：当查找不成功时,将记录插入在相应的基桶或溢出桶内。

删除：对被删记录做特殊标记。

4. 文件的特点

优点：记录随机存放,不需要进行排序；插入、删除方便,存取速度快；节省存储空间,不需要索引区。

缺点：不能进行顺序存取；在经过多次插入和删除操作之后,需进行“重组文件”的操作。

10.6 多关键字文件

所谓多关键字是指文件索引的关键字不仅仅只有一个,而是有多个。对文件进行索引时,除了对主关键字进行查询外,还要对次关键字进行检索。

1. 多关键字文件

多关键字文件(Multiple Key File)需要对主关键字建立“主索引”,还要对各个次关键字建立“次索引”,这就是多关键字文件。

对于多关键字文件,次索引项为：

次关键字	（指向记录的）指针

次关键字索引和主关键字索引所不同的是，每个索引项应包含次关键字和具有同一次关键字的多个记录的主关键字或物理记录号。多重链表文件和倒排文件是常见的两种多关键字文件的组织方法。

2. 次索引的组织方法

（1）多重链表文件

多重链表文件(Multilist File)是指文件中不仅具有一个主关键字，除了主关键字，还有若干次关键字。主关键字链接文件中的记录，使文件根据主关键字形成链表，顺序构成一个串联文件，并建立主关键字索引(称为主索引)；次关键字链接表中某个同义词的所有表项，所有具有同一次关键字的记录构成一个链表，并建立次关键字索引(称为次索引)。主索引为非稠密索引，一组记录建立一个索引项；次索引为稠密索引，每个记录建立一个索引项，每个索引项包括次关键字、头指针和链表长度。

记录号	姓名	学号		专业		已修学分		选修科目					
01	张　三	0201	20	物理	02	78	02	甲	05	乙	02		
02	李　四	0203	03	物理	06	56	03	乙	08	丙	03	丁	03
03	王丽丽	0203	04	计算机	09	96	06	丙	05	丁	04		
04	张天保	0204	∧	数学	05	108	05	丁	05				
05	寸曾明	0205	06	数学	∧	103	07	甲	06	丙	07	丁	06
06	宁　露	0206	07	物理	∧	89	09	甲	08	丁	07		
07	潘　元	0207	08	化学	07	121	08	丙	09	丁	∧		
08	候　敏	0208	∧	化学	∧	110	10	甲	∧				
09	王小明	0209	10	计算机	10	72	∧	乙	09	丙	∧		
10	欧月民	0210	∧	计算机	∧	134	∧	乙	∧				

(a) 数据文件

主关键字	头指针
0204	01
0208	05
0210	09

(b) 主关键字索引

次关键字	头指针	长度
物理	01	3
计算机	03	3
数学	04	2
化学	07	2

(c)“专业”索引

次关键字	头指针	长度
50～99	01	5
100～150	04	5

(d)“已修学分”索引

次关键字	头指针	长度
甲	01	4
乙	01	4
丙	02	5
丁	02	6

(e)“选修科目”索引

图 10.4　多重文件示例

例如，图 10.4(a)是一个具有多重链的数据文件，根据这个文件，学号是主关键字，学号旁边的数字(指针)按照顺序链接到记录号，并分成 3 个子链表，其索引如图 10.4(b)，主关键字为子表的最大值；专业、已修学分和选修科目为三个次关键字，其索引如图 10.4(c)～图 10.4(e)，具有相同次关键字的记录被安排在同一个链表中。数据文件中的“∧”表示链表的指针域为空。

根据主关键字，可以在多个记录中查找指定的那条记录。根据次关键字，很容易查找各种次关键字的查询，如要找选修科目中的“乙”课程，只要在“选修科目”的次索引表中查找“乙”这一项，然后从“乙”表项的链表头指针出发，列出该链表的所有记录即可。

在多重链表中插入记录时，先根据主关键字，把记录插入到相应的位置。然后根据次关键字，修改原表中各次关键字的尾指针，指向刚插入记录的相关项。

在多重链表中删除一条记录，在删除记录的同时，要修改主关键字的指针，然后在修改各次关键字的指向被删除记录的指针，操作稍微复杂些。

(2) 倒排文件

倒排文件(Inverted File)和多重链表文件的区别在于次关键字索引的结构不同。倒排文件的次关键字索引称为倒排表，在倒排表的索引项中没有头指针和链长度，而是直接用一个项存放具有同一关键字的所有记录的物理记录号或主关键字值。图 10.5 是关于图 10.4 的数据文件的倒排文件。

次关键字	头指针
物理	01,02,06
计算机	03,09,10
数学	04,05
化学	07,08

(a)“专业”倒排表

次关键字	头指针
甲	01,05,06,08
乙	01,02,09,10
丙	02,03,05,07,09
丁	02,03,04,05,06,07

(b)“选修科目”倒排表

次关键字	头指针
50～99	01,02,03,09,10
100～150	04,05,06,07,08

(c)“已修学分”倒排表

图 10.5 多重文件的倒排文件索引示例

将所有具有相同次关键字的记录构成一个次索引顺序表，此时的次索引顺序表中仅存放记录的“主关键字”或记录的“物理记录号”。次索引项中的“指针”指向相应的次索引顺序表。

倒排文件的主要优点：在处理复杂的多关键字查询时，可在倒排表中先完成查询的交、并等逻辑运算，得到结果后再对记录进行存取。这样不必对每个记录随机存取，把对记录的查询转换为地址集合的运算，从而提高查找速度。缺点是：各倒排表的长度不同，同一倒排表中各项长度也不同，这给文件的维护带来困难。而且倒排表需要额外存储空间。

倒排文件与一般文件组织的区别：在一般的文件组织中，是先找记录，然后再找到该记录所含的各次关键字；而倒排文件中，是先给定次关键字，然后查找含有该次关键字的各个记录，这种文件的查找次序正好与一般文件的查找次序相反，因此称之为“倒排”。

在插入和删除记录时，倒排表也要作相应修改，同时需移动索引项中的记录号以保持其有序排列。

本章小结

本章主要介绍了如下概念：数据项、记录、文件、关键字等基本概念。

文件的主要操作有：插入、删除、修改、检索等。

文件的物理结构是指文件在外存上的组织形式。按照文件的检索方式和物理结构，文件分为顺序文件、索引文件、索引顺序文件、直接存取文件、链接文件和多重链表文件、倒排文件。按所存放的外存设备，文件又可以分为磁带文件和磁盘文件等几类。

习题 10

一、单项选择题

1. 散列文件使用散列函数将记录的关键字值计算转化为记录的存放地址，因为散列函数是一对一的关系，则选择好的________方法是散列文件的关键。

A. 散列函数　　B. 除余法中的质数
C. 冲突处理　　D. 散列函数和冲突处理

2. 顺序文件采用顺序结构实现文件的存储，对大型的顺序文件的少量修改，要求重新复制整个文件，代价很高，采用________的方法可降低所需的代价。

A. 附加文件　　B. 按关键字大小排序
C. 按记录输入先后排序　　D. 连续排序

3. 用 ISAM 组织文件适合________。

A. 磁带　　B. 磁盘

4. 下述文件中适合磁带存储的是________。

A. 顺序文件　　B. 索引文件　　C. 散列文件　　D. 多关键字文件

5. 用 ISAM 和 VSAM 组织文件属于________。

A. 顺序文件　　B. 索引文件　　C. 散列文件

6. ISAM 文件和 VASM 文件属于________。

A. 索引非顺序文件　　B. 索引顺序文件　　C. 顺序文件　　D. 散列文件

7. B+树应用在________文件系统中。

A. ISAM　　B. VSAM

8. 倒排文件的主要优点是________。

A. 便于进行插入和删除操作运算　　B. 便于进行文件的合并
C. 能大大提高次关键字的查找速度　　D. 能大大节省存储空间

二、判断题(判断正确与错误，正确的打√，错误的打×)

1. 文件是记录的集合，每个记录由一个或多个数据项组成，因而一个文件可看作由多个记录组成的数据结构。（　　）

2. 倒排文件是对次关键字建立索引。 （ ）
3. 倒排文件的优点是维护简单。 （ ）
4. 倒排文件与多重表文件的次关键字索引结构是不同的。 （ ）
5. Hash 表与 Hash 文件的唯一区别是 Hash 文件引入了“桶”的概念。 （ ）
6. 文件系统采用索引结构是为了节省存储空间。 （ ）
7. 对处理大量数据的外存介质而言，索引顺序存取方法是一种方便的文件组织方法。 （ ）
8. 对磁带机而言，ISAM 是一种方便的稳健组织方法。 （ ）
9. 直接访问文件也能顺序访问，只是一般效率不高。 （ ）
10. 存放在磁盘，磁带上的文件，既可以是顺序文件，也可以是索引结构或其他结构类型的文件。 （ ）

三、填空题

1. 文件可按其记录的类型不同而分成两类，即________和________文件。
2. 文件由________组成；记录由________组成。
3. 物理记录之间的次序由指针相链表示的顺序文件称为________。
4. 建立索引文件的目的是________。
5. 索引顺序文件是最常用的文件组织之一，通常用________结构来组织索引。
6. 散列检索技术的关键是________和________。
7. 检索是为了在文件中寻找满足一定条件的记录而设置的操作。检索可以按________检索，也可以按________检索。
8. VSAM 系统是由________、________、________构成的。
9. VSAM（虚拟存储存取方法）文件的优点是：动态地________，不需要文件进行________，并能较快地________进行查找。
10. 倒排序文件的主要优点在于________。

四、简答题

1. 文件存储结构的基本形式有哪些？一个文件采用何种存储结构应考虑哪些因素？
2. 试比较顺序文件，索引文件，索引顺序文件，散列文件各有什么特点、优点和缺点。
3. 索引顺序存取方法(ISAM)中，主文件已按关键字排序，为何还需要主关键字索引？
4. 一个 ISAM 文件除了主索引外，还包括哪两级索引？
5. 分析 ISAM 文件和 VSAM 文件的应用场合、优缺点等。

参考文献

1. [美]DONALD E KNUTH，The Art of Computer Programming(Volume 1～Volume 3). 北京：清华大学出版社，2002.
2. 严蔚敏，吴伟民. 数据结构(C语言版). 北京：清华大学出版社，1997.
3. 陈元春，张亮，王勇. 实用数据结构基础. 北京：中国铁道出版社，2003.
4. 陈文博，朱青. 数据结构与算法. 北京：机械工业出版社，1996.
5. 刘大有. 数据结构. 北京：高等教育出版社，2001.
6. 徐孝凯. 数据结构教程. 北京：清华大学出版社，2002.
7. 李春葆. 数据结构教程. 北京：清华大学出版社，2005.
8. 陈慧南. 数据结构——C语言描述. 西安：西安电子科技大学出版社，2004.
9. 杨秀金. 数据结构(第二版). 西安：西安电子科技大学出版社，2005.
10. 高一凡. 数据结构算法实现及解析(第二版). 西安：西安电子科技大学出版社，2005.

参考文献